全国建筑装饰装修行业培训系列教材

中国建筑装饰协会培训中心组织编写
主编　王燕鸣

建筑装饰装修行业法律法规选编

（第三版）

中国建筑工业出版社

图书在版编目（CIP）数据

建筑装饰装修行业法律法规选编/中国建筑装饰协会培训中心组织编写．—3版．—北京：中国建筑工业出版社，2013.4（2021.2重印）
全国建筑装饰装修行业培训系列教材
ISBN 978-7-112-16329-8

Ⅰ.①建…　Ⅱ.①中…　Ⅲ.①建筑装饰-法规-汇编-中国②工程装修-国家标准-汇编-中国　Ⅳ.①D922.297.9②TU767-65

中国版本图书馆CIP数据核字（2014）第012966号

责任编辑：朱首明　刘平平
责任设计：张　虹
责任校对：姜小莲　关　健

全国建筑装饰装修行业培训系列教材
中国建筑装饰协会培训中心组织编写
主编　王燕鸣
建筑装饰装修行业法律法规选编
（第三版）
*
中国建筑工业出版社出版、发行（北京西郊百万庄）
各地新华书店、建筑书店经销
北京红光制版公司制版
北京建筑工业印刷厂印刷
*
开本：787×1092毫米　1/16　印张：27　字数：656千字
2014年8月第三版　2021年2月第十七次印刷
定价：**55.00**元
ISBN 978-7-112-16329-8
（25049）

《全国建筑装饰装修行业培训系列教材》
序

随着中国建筑装饰行业规模不断增长，产业化水平、技术创新和科技进步水平不断提升，建筑装饰装修工程已经发展为相对独立、具有较高技术含量和艺术创造性的专业化管理体系，其施工管理是一项由设计、材料、施工、监理等各种生产要素构成的多领域、多专业、多关联、多元化的系统工程，是一个按照工程项目的内在规律进行科学的计划、组织、协调和控制的管理过程，而建筑装饰装修工程项目管理者的综合素质和管理水平直接影响着工程质量和服务品质，反映着装饰施工企业的整体形象和管理水平，关系着企业的生存和发展。

因此，不断提升项目管理人员乃至全行业各级各类从业人员的专业技术能力、管理能力、执业能力和职业操守，培养和造就一支专技术、懂管理、会经营、高素质的建筑装饰装修工程项目管理队伍，对于加快转变建筑装饰行业发展方式，提高科技含量和生产效率，保障工程质量和安全，降低资源消耗和保护环境，提高建筑装饰装修行业整体水平及在国内外市场中的竞争力，实现行业健康可持续发展成为重要途径。

《全国建筑装饰装修行业培训系列教材》，是中国建筑装饰协会培训中心在12年前受住房和城乡建设部（原建设部）主管部门的委托，在装饰项目经理培训教材的基础上，陆续组织担任主要课程的教学人员和业内专家编写的。随着培训工作的广泛开展，本套教材多次重印，在建筑装饰行业人才培训过程中发挥了重大作用。

自2011年开始，根据国家对建筑装饰行业发展的要求和建筑装饰行业发展对人才素质和能力的新需求和新要求，在中国建筑工业出版社的支持下，培训中心和作者一起共同对全套教材陆续实施修订工作，包括更新、补充、完善和增加新种类，使之更加符合行业发展的需要，更加适合行业人才培养的需要。

本套教材在修订过程中，仍然立足于突出建筑装饰装修行业的特点，加强建筑装饰装修施工项目管理理论和专业技术知识的系统性、准确性和先进性，强调理论与实践相结合，完善建筑装饰装修工程项目管理人员的知识能力结构，体现出较高的科学性、针对性、时效性和实用性。

本套教材的修订工作得到了多方关心和支持，在此谨向给予这套教材在使用过程中提出宝贵意见和建议的教师、学员和读者致以衷心的感谢！谨向给予我们重托并给予我们大力支持和指导的住房和城乡建设部相关主管部门和为此套教材出版发行给予大力支持的中国建筑工业出版社致以衷心的感谢！

中国建筑装饰协会培训中心
王燕鸣
2014年3月

前　言

为了提升建筑装饰装修行业从业人员的法律意识，依法施工，依法管理，规范行为，健康发展，我们将《建筑装饰装修行业法律法规选编》作为全国建筑装饰装修行业培训系列教材的重要组成部分，并将其作为学员培训学习的重点。

根据建筑装饰装修行业的特点，结合我国立法的新状况，中国建筑装饰协会培训中心组织有关专家对《建筑装饰装修行业法律法规选编》（第二版）进行了修订。

本次修订对原版内容作了一些调整和增删，主要在原版的基础上增加了2005年至2013年我国有关部门新发布和施行的法律、行政法规、司法解释、部门规章、行政性文件等与建筑装饰装修行业相关的规范性文件，删除了部分已经废止的法规、规章及规范性文件。修订时侧重围绕建筑装饰装修的节能、环保、低碳、新技术等行业发展方向，节选了相关的法律、法规，使选编的内容更符合国家对建筑装饰装修行业的宏观发展目标，也更加便于读者参考使用。

修编后，本书基本涵盖了建筑装饰装修行业项目经理、工程监理、设计人员、一二级建造师和企业管理人员必须了解、熟悉、掌握的法律法规、标准规范，既可以作为从业人员培训教材，又可以作为建筑装饰装修行业从业人员的法律工具书。

感谢对本次修订工作给予大力支持的危冠元律师和江清源先生。

2014年3月

目　　录

第一部分　法　律

第二部分　行　政　法　规

第三部分　部　门　规　章

第四部分　重要司法解释及相关行政性文件

第五部分　装饰装修工程相关标准、规范

第六部分　辅　导　材　料

第一部分

法　律

中华人民共和国建筑法

（1997 年 11 月 1 日第八届全国人民代表大会常务委员会第二十八次会议通过）
（根据 2011 年 4 月 22 日第十一届全国人民代表大会常务委员会第二十次会议
《关于修改〈中华人民共和国建筑法〉的决定》修正）

目　　录

第一章　总　　则

第一条　为了加强对建筑活动的监督管理，维护建筑市场秩序，保证建筑工程的质量和安全，促进建筑业健康发展，制定本法。

第二条　在中华人民共和国境内从事建筑活动，实施对建筑活动的监督管理，应当遵守本法。

本法所称建筑活动，是指各类房屋建筑及其附属设施的建造和与其配套的线路、管道、设备的安装活动。

第三条　建筑活动应当确保建筑工程质量和安全，符合国家的建筑工程安全标准。

第四条　国家扶持建筑业的发展，支持建筑科学技术研究，提高房屋建筑设计水平，鼓励节约能源和保护环境，提倡采用先进技术、先进设备、先进工艺、新型建筑材料和现代管理方式。

第五条　从事建筑活动应当遵守法律、法规，不得损害社会公共利益和他人的合法权益。任何单位和个人都不得妨碍和阻挠依法进行的建筑活动。

第六条　国务院建设行政主管部门对全国的建筑活动实施统一监督管理。

第二章　建　筑　许　可

第一节　建筑工程施工许可

第七条　建筑工程开工前，建设单位应当按照国家有关规定向工程所在地县级以上人民政府建设行政主管部门申请领取施工许可证；但是，国务院建设行政主管部门确定的限额以下的小型工程除外。

按照国务院规定的权限和程序批准开工报告的建筑工程，不再领取施工许可证。

第八条　申请领取施工许可证，应当具备下列条件：

（一）已经办理该建筑工程用地批准手续；

（二）在城市规划区的建筑工程，已经取得规划许可证；

（三）需要拆迁的，其拆迁进度符合施工要求；

（四）已经确定建筑施工企业；

（五）有满足施工需要的施工图纸及技术资料；

（六）有保证工程质量和安全的具体措施；

（七）建设资金已经落实；

（八）法律、行政法规规定的其他条件。

建设行政主管部门应当自收到申请之日起十五日内，对符合条件的申请颁发施工许可证。

第九条　建设单位应当自领取施工许可证之日起三个月内开工。因故不能按期开工的，应当向发证机关申请延期；延期以两次为限，每次不超过三个月。既不开工又不申请延期或超过延期时限的，施工许可证自行废止。

第十条　在建的建筑工程因故中止施工的，建设单位应当自中止施工之日起一个月内，向发证机关报告，并按照规定做好建筑工程的维护管理工作。

建筑工程恢复施工时，应当向发证机关报告；中止施工满一年的工程恢复施工前，建设单位应当报发证机关核验施工许可证。

第十一条　按照国务院有关规定批准开工报告的建筑工程，因故不能按期开工或者中止施工的，应当及时向批准机关报告情况。因故不能按期开工超过六个月的，应当重新办理开工报告的批准手续。

第二节　从　业　资　格

第十二条　从事建筑活动的建筑施工企业、勘察单位、设计单位和工程监理单位，应当具备下列条件：

（一）有符合国家规定的注册资本；

（二）有与其从事的建筑活动相适应的具有法定执业资格的专业技术人员；

（三）有从事相关建筑活动所应有的技术装备；

（四）法律、行政法规规定的其他条件。

第十三条　从事建筑活动的建筑施工企业、勘察单位、设计单位和工程监理单位，按照其拥有的注册资本、专业技术人员、技术准备和已完成的建筑工程业绩等资质条件，划分为不同的资质等级，经资质审查合格，取得相应等级的资质证书后，方可在其资质等级许可的范围内从事建筑活动。

第十四条 从事建筑活动的专业技术人员，应当依法取得相应的执业资格证书，并在执业资格证书许可的范围内从事建筑活动。

第三章 建筑工程发包与承包

第一节 一般规定

第十五条 建筑工程的发包单位与承包单位应当依法订立书面合同，明确双方的权利和义务。

发包单位和承包单位应当全面履行合同约定的义务。不按照合同约定履行义务的，依法承担违约责任。

第十六条 建筑工程发包与承包的招标投标活动，应当遵循公开、公正、平等竞争的原则，择优选择承包单位。

建筑工程的招标投标，本法没有规定的，适用有关招标投标法律的规定。

第十七条 发包单位及其工作人员在建筑工程发包中不得收受贿赂、回扣或者索取其他好处。

承包单位及其工作人员不得利用向发包单位及其工作人员行贿、提供回扣或者给予其他好处等不正当手段承揽工程。

第十八条 建筑工程造价应当按照国家有关规定，由发包单位与承包单位在合同中约定。公开招标发包的，其造价的约定，须遵守招标投标法律的规定。

发包单位应当按照合同的约定，及时拨付工程款项。

第二节 发 包

第十九条 建筑工程依法实行招标发包，对不适于招标发包的可以直接发包。

第二十条 建筑工程实行公开招标的，发包单位应当依照法定程序和方式，发布招标公告，提供载有招标工程的主要技术要求、主要的合同条款、评标的标准和方法以及开标、评标、定标的程序等内容的招标文件。

开标应当在招标文件规定的时间、地点公开进行。开标后应当按照招标文件规定的评标标准和程序对标书进行评价、比较，在具备相应资质条件的投标者中，择优选定中标者。

第二十一条 建筑工程招标的开标、评标、定标由建设单位依法组织实施，并接受有关行政主管部门的监督。

第二十二条 建筑工程实行招标发包的，发包单位应当将建筑工程发包给依法中标的承包单位。建筑工程实行直接发包的，发包单位应当将建筑工程发包给具有相应资质条件的承包单位。

第二十三条 政府及其所属部门不得滥用行政权力，限定发包单位将招标发包的建筑工程发包给指定的承包单位。

第二十四条 提倡对建筑工程实行总承包，禁止将建筑工程肢解发包。

建筑工程的发包单位可以将建筑工程的勘察、设计、施工、设备采购一并发包给一个工程总承包单位，也可以将建筑工程勘察、设计、施工、设备采购的一项或者多项发包给一个工程总承包单位；但是，不得将应当由一个承包单位完成的建筑工程肢解成若干部分发包给几个承包单位。

第二十五条 按照合同约定，建筑材料、建筑构配件和设备由工程承包单位采购的，发包单位不得指定承包单位购入用于工程的建筑材料、建筑构配件和设备或者指定生产厂、供应商。

第三节 承 包

第二十六条 承包建筑工程的单位应当持有依法取得的资质证书，并在其资质等级许可的业务范围内承揽工程。

禁止建筑施工企业超越本企业资质等级许可的业务范围或者以任何形式用其他建筑施工企业的名义承揽工程。禁止建筑施工企业以任何形式允许其他单位或者个人使用本企业的资质证书、营业执照，以本企业的名义承揽工程。

第二十七条 大型建筑工程或者结构复杂的建筑工程，可以由两个以上的承包单位联合共同承包。共同承包的各方对承包合同的履行承担连带责任。

两个以上不同资质等级的单位实行联合共同承包的，应当按照资质等级低的单位的业务许可范围承揽工程。

第二十八条 禁止承包单位将其承包的全部建筑工程转包给他人，禁止承包单位将其承包的全部建筑工程肢解以后以分包的名义分别转包给他人。

第二十九条 建筑工程总承包单位可以将承包工程中的部分工程发包给具有相应资质条件的分包单位；但是，除总承包合同中约定的分包外，必须经建设单位认可。施工总承包的，建筑工程主体结构的施工必须由总承包单位自行完成。

建筑工程总承包单位按照总承包合同的约定对建设单位负责；分包单位按照分包合同的约定对总承包单位负责。总承包单位和分包单位就分包工程对建设单位承担连带责任。

禁止总承包单位将工程分包给不具备相应资质条件的单位。禁止分包单位将其承包的工程再分包。

第四章 建筑工程监理

第三十条 国家推行建筑工程监理制度。

国务院可以规定实行强制监理的建筑工程的范围。

第三十一条 实行监理的建筑工程，由建设单位委托具有相应资质条件的工程监理单位监理。建设单位与其委托的工程监理单位应当订立书面委托监理合同。

第三十二条 建筑工程监理应当依照法律、行政法规及有关的技术标准、设计文件和建筑工程承包合同，对承包单位在施工质量、建设工期和建设资金使用等方面，代表建设单位实施监督。

工程监理人员认为工程施工不符合工程设计要求、施工技术标准和合同约定的，有权要求建筑施工企业改正。

工程监理人员发现工程设计不符合建筑工程质量标准或者合同约定的质量要求的，应当报告建设单位要求设计单位改正。

第三十三条 实施建筑工程监理前，建设单位应当将委托的工程监理单位、监理的内容及监理权限，书面通知被监理的建筑施工企业。

第三十四条 工程监理单位应当在其资质等级许可的监理范围内，承担工程监理业务。

工程监理单位应当根据建设单位的委托，客观、公正地执行监理任务。

工程监理单位与被监理工程的承包单位以及建筑材料、建筑构配件和设备供应单位不得有隶属关系或者其他利害关系。工程监理单位不得转让工程监理业务。

第三十五条 工程监理单位不按照委托监理合同的约定履行监理义务，对应当监督检查的项目不检查或者不按照规定检查，给建设单位造成损失的，应当承担相应的赔偿责任。

工程监理单位与承包单位串通，为承包单位谋取非法利益，给建设单位造成损失的，应当与承包单位承担连带赔偿责任。

第五章 建筑安全生产管理

第三十六条 建筑工程安全生产管理必须坚持安全第一、预防为主的方针，建立健全安全生产的责任制度和群防群治制度。

第三十七条 建筑工程设计应当符合按照国家规定制定的建筑安全规程和技术规范，保证工程的安全性能。

第三十八条 建筑施工企业在编制施工组织设计时，应当根据建筑工程的特点制定相应的安全技术措施；对专业性较强的工程项目，应当编制专项安全施工组织设计，并采取安全技术措施。

第三十九条 建筑施工企业应当在施工现场采取维护安全、防范危险、预防火灾等措施；有条件的，应当对施工现场实行封闭管理。

施工现场对毗邻的建筑物、构筑物和特殊作业环境可能造成损害的，建筑施工企业应当采取安全防护措施。

第四十条 建设单位应当向建筑施工企业提供与施工现场相关的地下管线资料，建筑施工企业应当采取措施加以保护。

第四十一条 建筑施工企业应当遵守有关环境保护和安全生产的法律、法规的规定，采取控制和处理施工现场的各种粉尘、废气、废水、固体废物以及噪声、振动对环境的污染和危害的措施。

第四十二条 有下列情形之一的，建设单位应当按照国家有关规定办理申请批准手续：

（一）需要临时占用规划批准范围以外场地的；

（二）可能损坏道路、管线、电力、邮电通讯等公共设施的；

（三）需要临时停水、停电、中断道路交通的；

（四）需要进行爆破作业的；

（五）法律、法规规定需要办理报批手续的其他情形。

第四十三条 建设行政主管部门负责建筑安全生产的管理，并依法接受劳动行政主管部门对建筑安全生产的指导和监督。

第四十四条 建筑施工企业必须依法加强对建筑安全生产的管理，执行安全生产责任制度，采取有效措施，防止伤亡和其他安全生产事故的发生。

建筑施工企业的法定代表人对本企业的安全生产负责。

第四十五条 施工现场安全由建筑施工企业负责。实行施工总承包的，由总承包单位负责。分包单位向总承包单位负责，服从总承包单位对施工现场的安全生产管理。

第四十六条 建筑施工企业应当建立健全劳动安全生产教育培训制度，加强对职工安全生产的教育培训；未经安全生产教育培训的人员，不得上岗作业。

第四十七条 建筑施工企业和作业人员在施工过程中，应当遵守有关安全生产的法律、法规和建筑行业安全规章、规程，不得违章指挥或者违章作业。作业人员有权对影响人身健康的作业程序和作业条件提出改进意见，有权获得安全生产所需的防护用品。作业人员对危及生命安全和人身健康的行为有权提出批评、检举和控告。

第四十八条 建筑施工企业应当依法为职工参加工伤保险缴纳工伤保险费。鼓励企业为从事危险作业的职工办理意外伤害保险，支付保险费。

第四十九条 涉及建筑主体和承重结构变动的装修工程，建设单位应当在施工前委托原设计单位或者具有相应资质条件的设计单位提出设计方案；没有设计方案的，不得施工。

第五十条 房屋拆除应当由具备保证安全条件的建筑施工单位承包，由建筑施工单位负责人对安全负责。

第五十一条 施工中发生事故时，建筑施工企业应当采取紧急措施减少人员伤亡和事故损失，并按照国家有关规定及时向有关部门报告。

第六章 建筑工程质量管理

第五十二条 建筑工程勘察、设计、施工的质量必须符合国家有关建筑工程安全标准的要求，具体管理办法由国务院规定。

有关建筑工程安全的国家标准不能适应确保建筑安全的要求时，应当及时修订。

第五十三条 国家对从事建筑活动的单位推行质量体系认证制度。从事建筑活动的单位根据自愿原则可以向国务院产品质量监督管理部门或者国务院产品质量监督管理部门授权的部门认可的认证机构申请质量体系认证。经认证合格的，由认证机构颁发质量体系认证证书。

第五十四条 建设单位不得以任何理由，要求建筑设计单位或者建筑施工企业在工程设计或者施工作业中，违反法律、行政法规和建筑工程质量、安全标准，降低工程质量。

建筑设计单位和建筑施工企业对建设单位违反前款规定提出的降低工程质量的要求，应当予以拒绝。

第五十五条 建筑工程实行总承包的，工程质量由工程总承包单位负责，总承包单位将建筑工程分包给其他单位的，应当对分包工程的质量与分包单位承担连带责任。分包单位应当接受总承包单位的质量管理。

第五十六条 建筑工程的勘察、设计单位必须对其勘察、设计的质量负责。勘察、设计文件应当符合有关法律、行政法规的规定和建筑工程质量、安全标准、建筑工程勘察、设计技术规范以及合同的约定。设计文件选用的建筑材料、建筑构配件和设备，应当注明其规格、型号、性能等技术指标，其质量要求必须符合国家规定的标准。

第五十七条 建筑设计单位对设计文件选用的建筑材料、建筑构配件和设备，不得指定生产厂、供应商。

第五十八条 建筑施工企业对工程的施工质量负责。

建筑施工企业必须按照工程设计图纸和施工技术标准施工，不得偷工减料。工程设计的修改由原设计单位负责，建筑施工企业不得擅自修改工程设计。

第五十九条 建筑施工企业必须按照工程设计要求、施工技术标准和合同的约定，对建筑材料、建筑构配件和设备进行检验，不合格的不得使用。

第六十条 建筑物在合理使用寿命内，必须确保地基基础工程和主体结构的质量。

建筑工程竣工时，屋顶、墙面不得留有渗漏、开裂等质量缺陷；对已发现的质量缺陷，建筑施工企业应当修复。

第六十一条 交付竣工验收的建筑工程，必须符合规定的建筑工程质量标准，有完整的工程技术经济资料和经签署的工程保修书，并具备国家规定的其他竣工条件。建筑工程竣工经验收合格后方可交付使用；未经验收或者验收不合格的，不得交付使用。

第六十二条 建筑工程实行质量保修制度。

建筑工程的保修范围应当包括地基基础工程、主体结构工程、屋面防水工程和其他土建工程，以及电气管线、上下水管线的安装工程，供热、供冷系统工程等项目；保修的期限应当按照保证建筑物合理寿命年限内正常使用，维护使用者合法权益的原则确定。具体的保修范围和最低保修期限由国务院规定。

第六十三条 任何单位和个人对建筑工程的质量事故、质量缺陷都有权向建设行政主管部门或者其他有关部门进行检举、控告、投诉。

第七章 法 律 责 任

第六十四条 违反本法规定，未取得施工许可证或者开工报告未经批准擅自施工的，责令改正，对不符合开工条件的责令停止施工，可以处以罚款。

第六十五条 发包单位将工程发包给不具有相应资质条件的承包单位的，或者违反本法规定将建筑工程肢解发包的，责令改正，处以罚款。

超越本单位资质等级承揽工程的，责令停止违法行为，处以罚款，可以责令停业整顿，降低资质等级；情节严重的，吊销资质证书；有违法所得的，予以没收。

未取得资质证书承揽工程的，予以取缔，并处罚款，有违法所得的，予以没收；以欺骗手段取得资质证书的，吊销资质证书，处以罚款；构成犯罪的，依法追究刑事责任。

第六十六条 建筑施工企业转让、出借资质证书或者以其他方式允许他人以本企业的名义承揽工程的，责令改正，没收违法所得，并处罚款，可以责令停业整顿，降低资质等级；情节严重的，吊销资质证书。对因该项承揽工程不符合规定的质量标准造成的损失，建筑施工企业与使用本企业名义的单位或者个人承担连带赔偿责任。

第六十七条 承包单位将承包的工程转包的，或者违反本法规定进行分包的，责令改正，没收违法所得，并处罚款，可以责令停业整顿，降低资质等级；情节严重的，吊销资质证书。

承包单位有前款规定的违法行为的，对因转包工程或者违法分包的工程不符合规定的质量标准造成的损失，与接受转包或者分包的单位承担连带赔偿责任。

第六十八条 在工程发包与承包中索贿、受贿、行贿，构成犯罪的，依法追究刑事责任；不构成犯罪的，分别处以罚款，没收贿赂的财物，对直接负责的主管人员和其他直接责任人员给予处分。

对在工程承包中行贿的承包单位，除依照前款规定处罚外，可以责令停业整顿，降低资质等级或者吊销资质证书。

第六十九条 工程监理单位与建设单位或者建筑施工企业串通，弄虚作假、降低工程质量的，责令改正，处以罚款，降低资质等级或者吊销资质证书；有违法所得的，予以没收；造成损失的，承担连带赔偿责任；构成犯罪的，依法追究刑事责任。

工程监理单位转让监理业务的，责令改正，没收违法所得，可以责令停业整顿，降低资质等级；情节严重的，吊销资质证书。

第七十条 违反本法规定，涉及建筑主体或者承重结构变动的装修工程擅自施工的，责令改正，处以罚款；造成损失的，承担赔偿责任；构成犯罪的，依法追究刑事责任。

第七十一条 建筑施工企业违反本法规定，对建筑安全事故隐患不采取措施予以消除的，责令改正，可以处以罚款；情节严重的，责令停业整顿，降低资质等级或者吊销资质证书；构成犯罪的，依法追究刑事责任。

建筑施工企业的管理人员违章指挥、强令职工冒险作业，因而发生重大伤亡事故或者造成其他严重后果的，依法追究刑事责任。

第七十二条 建设单位违反本法规定，要求建筑设计单位或者建筑施工企业违反建筑工程质量、安全标准，降低工程质量的，责令改正，可以处以罚款；构成犯罪的，依法追究刑事责任。

第七十三条 建筑设计单位不按照建筑工程质量、安全标准进行设计的，责令改正，处以罚款；造成工程质量事故的，责令停业整顿，降低资质等级或者吊销资质证书，没收违法所得，并处罚款；造成损失的，承担赔偿责任；构成犯罪的，依法追究刑事责任。

第七十四条 建筑施工企业在施工中偷工减料的，使用不合格的建筑材料、建筑构配件和设备的，或者有其他不按照工程设计图纸或者施工技术标准施工的行为的，责令改正，处以罚款；情节严重的，责令停业整顿，降低资质等级或者吊销资质证书；造成建筑工程质量不符合规定的质量标准的，负责返工、修理，并赔偿因此造成的损失；构成犯罪的，依法追究刑事责任。

第七十五条 建筑施工企业违反本法规定，不履行保修义务或者拖延履行保修义务的，责令改正，可以处以罚款，并对在保修期内因屋顶、墙面渗漏、开裂等质量缺陷造成的损失，承担赔偿责任。

第七十六条 本法规定的责令停业整顿、降低资质等级和吊销资质证书的行政处罚，由颁发资质证书的机关决定；其他行政处罚，由建设行政主管部门或者有关部门依照法律和国务院规定的职权范围决定。

依照本法规定被吊销资质证书的，由工商行政管理部门吊销其营业执照。

第七十七条 违反本法规定，对不具备相应资质等级条件的单位颁发该等级资质证书的，由其上级机关责令收回所发的资质证书，对直接负责的主管人员和其他直接人员给予行政处分；构成犯罪的，依法追究刑事责任。

第七十八条 政府及其所属部门的工作人员违反本法规定，限定发包单位将招标发包的工程发包给指定的承包单位的，由上级机关责令改正；构成犯罪的，依法追究刑事责任。

第七十九条 负责颁发建筑工程施工许可证的部门及其工作人员对不符合施工条件的建筑工程颁发施工许可证的，负责工程质量监督检查或者竣工验收的部门及其工作人员对不合格的建筑工程出具质量合格文件或者按合格工程验收的，由上级机关责令改正，对责任人员给予行政处分；构成犯罪的，依法追究刑事责任；造成损失的，由该部门承担相应的赔偿责任。

第八十条 在建筑物的合理使用寿命内，因建筑工程质量不合格受到损害的，有权向责任者要求赔偿。

第八章 附 则

第八十一条 本法关于施工许可、建筑施工企业资质审查和建筑工程发包、承包、禁止转包，以及建筑工程监理、建筑工程安全和质量管理的规定，适用于其他专业建筑工程的建筑活动，具体办法由国务院规定。

第八十二条 建设行政主管部门和其他有关部门在对建筑活动实施监督管理中，除按照国务院有关规定收取费用外，不得收取其他费用。

第八十三条 省、自治区、直辖市人民政府确定的小型房屋建筑工程的建筑活动，参照本法执行。

依法核定作为文物保护的纪念建筑物和古建筑等的修缮，依照文物保护的有关法律规定执行。

抢险救灾及其他临时性房屋建筑和农民自建低层住宅的建筑活动，不适用本法。

第八十四条 军用房屋建筑工程建筑活动的具体管理办法，由国务院、中央军事委员会依据本法制定。

第八十五条 本法自1998年3月1日起施行。

中华人民共和国合同法（节选）

（1999 年 3 月 15 日第九届全国人民代表大会第二次会议通过）

目　录

总　则

第一章　一　般　规　定

第一条　为了保护合同当事人的合法权益，维护社会经济秩序，促进社会主义现代化建设，制定本法。

第二条　本法所称合同是平等主体的自然人、法人、其他组织之间设立、变更、终止民事权利义务关系的协议。

婚姻、收养、监护等有关身份关系的协议，适用其他法律的规定。

第三条　合同当事人的法律地位平等，一方不得将自己的意志强加给另一方。

第四条　当事人依法享有自愿订立合同的权利，任何单位和个人不得非法干预。

第五条　当事人应当遵循公平原则确定各方的权利和义务。

第六条　当事人行使权利、履行义务应当遵循诚实信用原则。

注：本法（节选）选自《中华人民共和国国务院公报》1999 年第 11 号。

第七条 当事人订立、履行合同，应当遵守法律、行政法规，尊重社会公德，不得扰乱社会经济秩序，损害社会公共利益。

第八条 依法成立的合同，对当事人具有法律约束力。当事人应当按照约定履行自己的义务，不得擅自变更或者解除合同。

依法成立的合同，受法律保护。

第二章 合同的订立

第九条 当事人订立合同，应当具有相应的民事权利能力和民事行为能力。

当事人依法可以委托代理人订立合同。

第十条 当事人订立合同，有书面形式、口头形式和其他形式。

法律、行政法规规定采用书面形式的，应当采用书面形式。当事人约定采用书面形式的，应当采用书面形式。

第十一条 书面形式是指合同书、信件和数据电文（包括电报、电传、传真、电子数据交换和电子邮件）等可以有形地表现所载内容的形式。

第十二条 合同的内容由当事人约定，一般包括以下条款：

（一）当事人的名称或者姓名和住所；

（二）标的；

（三）数量；

（四）质量；

（五）价款或者报酬；

（六）履行期限、地点和方式；

（七）违约责任；

（八）解决争议的方法。

当事人可以参照各类合同的示范文本订立合同。

第十三条 当事人订立合同，采取要约、承诺方式。

第十四条 要约是希望和他人订立合同的意思表示，该意思表示应当符合下列规定：

（一）内容具体确定；

（二）表明经受要约人承诺，要约人即受该意思表示约束。

第十五条 要约邀请是希望他人向自己发出要约的意思表示。寄送的价目表、拍卖公告、招标公告、招股说明书、商业广告等为要约邀请。

商业广告的内容符合要约规定的，视为要约。

第十六条 要约到达受要约人时生效。

采用数据电文形式订立合同，收件人指定特定系统接收数据电文的，该数据电文进入该特定系统的时间，视为到达时间；未指定特定系统的，该数据电文进入收件人的任何系统的首次时间，视为到达时间。

第十七条 要约可以撤回。撤回要约的通知应当在要约到达受要约人之前或者与要约同时到达受要约人。

第十八条 要约可以撤销。撤销要约的通知应当在受要约人发出承诺通知之前到达受要约人。

第十九条 有下列情形之一的，要约不得撤销：

（一）要约人确定了承诺期限或者以其他形式明示要约不可撤销；

（二）受要约人有理由认为要约是不可撤销的，并已经为履行合同作了准备工作。

第二十条 有下列情形之一的，要约失效：

（一）拒绝要约的通知到达要约人；

（二）要约人依法撤销要约；

（三）承诺期限届满，受要约人未作出承诺；

（四）受要约人对要约的内容作出实质性变更。

第二十一条 承诺是受要约人同意要约的意思表示。

第二十二条 承诺应当以通知的方式作出，但根据交易习惯或者要约表明可以通过行为作出承诺的除外。

第二十三条 承诺应当在要约确定的期限内到达要约人。

要约没有确定承诺期限的，承诺应当依照下列规定到达：

（一）要约以对话方式作出的，应当即时作出承诺，但当事人另有约定的除外；

（二）要约以非对话方式作出的，承诺应当在合理期限内到达。

第二十四条 要约以信件或者电报作出的，承诺期限自信件载明的日期或者电报交发之日开始计算。信件未载明日期的，自投寄该信件的邮戳日期开始计算。要约以电话、传真等快速通讯方式作出的，承诺期限自要约到达受要约人时开始计算。

第二十五条 承诺生效时合同成立。

第二十六条 承诺通知到达要约人时生效。承诺不需要通知的，根据交易习惯或者要约的要求作出承诺的行为时生效。

采用数据电文形式订立合同的，承诺到达的时间适用本法第十六条第二款的规定。

第二十七条 承诺可以撤回。撤回承诺的通知应当在承诺通知到达要约人之前或者与承诺通知同时到达要约人。

第二十八条 受要约人超过承诺期限发出承诺的，除要约人及时通知受要约人该承诺有效的以外，为新要约。

第二十九条 受要约人在承诺期限内发出承诺，按照通常情形能够及时到达要约人，但因其他原因承诺到达要约人时超过承诺期限的，除要约人及时通知受要约人因承诺超过期限不接受该承诺的以外，该承诺有效。

第三十条 承诺的内容应当与要约的内容一致。受要约人对要约的内容作出实质性变更的，为新要约。有关合同标的、数量、质量、价款或者报酬、履行期限、履行地点和方式、违约责任和解决争议方法等的变更，是对要约内容的实质性变更。

第三十一条 承诺对要约的内容作出非实质性变更的，除要约人及时表示反对或者要约表明承诺不得对要约的内容作出任何变更的以外，该承诺有效，合同的内容以承诺的内容为准。

第三十二条 当事人采用合同书形式订立合同的，自双方当事人签字或者盖章时合同成立。

第三十三条 当事人采用信件、数据电文等形式订立合同的，可以在合同成立之前要求签订确认书。签订确认书时合同成立。

第三十四条 承诺生效的地点为合同成立的地点。

采用数据电文形式订立合同的，收件人的主营业地为合同成立的地点；没有主营业地的，其经常居住地为合同成立的地点。当事人另有约定的，按照其约定。

第三十五条 当事人采用合同书形式订立合同的，双方当事人签字或者盖章的地点为合同成立的地点。

第三十六条 法律、行政法规规定或者当事人约定采用书面形式订立合同，当事人未采用书面形式但一方已经履行主要义务，对方接受的，该合同成立。

第三十七条 采用合同书形式订立合同，在签字或者盖章之前，当事人一方已经履行主要义务，对方接受的，该合同成立。

第三十八条 国家根据需要下达指令性任务或者国家订货任务的，有关法人、其他组织之间应当依照有关法律、行政法规规定的权利和义务订立合同。

第三十九条 采用格式条款订立合同的，提供格式条款的一方应当遵循公平原则确定当事人之间的权利和义务，并采取合理的方式提请对方注意免除或者限制其责任的条款，按照对方的要求，对该条款予以说明。

格式条款是当事人为了重复使用而预先拟定，并在订立合同时未与对方协商的条款。

第四十条 格式条款具有本法第52条和第53条规定情形的，或者提供格式条款一方免除其责任、加重对方责任、排除对方主要权利的，该条款无效。

第四十一条 对格式条款的理解发生争议的，应当按照通常理解予以解释。对格式条款有两种以上解释的，应当作出不利于提供格式条款一方的解释。格式条款和非格式条款不一致的，应当采用非格式条款。

第四十二条 当事人在订立合同过程中有下列情形之一，给对方造成损失的，应当承担损害赔偿责任：

（一）假借订立合同，恶意进行磋商；

（二）故意隐瞒与订立合同有关的重要事实或者提供虚假情况；

（三）有其他违背诚实信用原则的行为。

第四十三条 当事人在订立合同过程中知悉的商业秘密，无论合同是否成立，不得泄露或者不正当地使用。泄露或者不正当地使用该商业秘密给对方造成损失的，应当承担损害赔偿责任。

第三章 合同的效力

第四十四条 依法成立的合同，自成立时生效。

法律、行政法规规定应当办理批准、登记等手续生效的，依照其规定。

第四十五条 当事人对合同的效力可以约定附条件。附生效条件的合同，自条件成就时生效。附解除条件的合同，自条件成就时失效。

当事人为自己的利益不正当地阻止条件成就的，视为条件已成就；不正当地促成条件成就的，视为条件不成就。

第四十六条 当事人对合同的效力可以约定附期限。附生效期限的合同，自期限届至时生效。附终止期限的合同，自期限届满时失效。

第四十七条 限制民事行为能力人订立的合同，经法定代理人追认后，该合同有效，但纯获利益的合同或者与其年龄、智力、精神健康状况相适应而订立的合同，不必经法定代理人追认。

相对人可以催告法定代理人在一个月内予以追认。法定代理人未作表示的，视为拒绝追认。合同被追认之前，善意相对人有撤销的权利。撤销应当以通知的方式作出。

第四十八条 行为人没有代理权、超越代理权或者代理权终止后以被代理人名义订立的合同，未经被代理人追认，对被代理人不发生效力，由行为人承担责任。

相对人可以催告被代理人在一个月内予以追认。被代理人未作表示的，视为拒绝追认。合同被追认之前，善意相对人有撤销的权利。撤销应当以通知的方式作出。

第四十九条 行为人没有代理权、超越代理权或者代理权终止后以被代理人名义订立合同，相对人有理由相信行为人有代理权的，该代理行为有效。

第五十条 法人或者其他组织的法定代表人、负责人超越权限订立的合同，除相对人知道或者应当知道其超越权限的以外，该代表行为有效。

第五十一条 无处分权的人处分他人财产，经权利人追认或者无处分权的人订立合同后取得处分权的，该合同有效。

第五十二条 有下列情形之一的，合同无效：

（一）一方以欺诈、胁迫的手段订立合同，损害国家利益；

（二）恶意串通，损害国家、集体或者第三人利益；

（三）以合法形式掩盖非法目的；

（四）损害社会公共利益；

（五）违反法律、行政法规的强制性规定。

第五十三条 合同中的下列免责条款无效：

（一）造成对方人身伤害的；

（二）因故意或者重大过失造成对方财产损失的。

第五十四条 下列合同，当事人一方有权请求人民法院或者仲裁机构变更或者撤销：

（一）因重大误解订立的；

（二）在订立合同时显失公平的。

一方以欺诈、胁迫的手段或者乘人之危，使对方在违背真实意思的情况下订立的合同，受损害方有权请求人民法院或者仲裁机构变更或者撤销。

当事人请求变更的，人民法院或者仲裁机构不得撤销。

第五十五条 有下列情形之一的，撤销权消灭：

（一）具有撤销权的当事人自知道或者应当知道撤销事由之日起一年内没有行使撤销权；

（二）具有撤销权的当事人知道撤销事由后明确表示或者以自己的行为放弃撤销权。

第五十六条 无效的合同或者被撤销的合同自始没有法律约束力。合同部分无效，不影响其他部分效力的，其他部分仍然有效。

第五十七条 合同无效、被撤销或者终止的，不影响合同中独立存在的有关解决争议方法的条款的效力。

第五十八条 合同无效或者被撤销后，因该合同取得的财产，应当予以返还；不能返还或者没有必要返还的，应当折价补偿。有过错的一方应当赔偿对方因此所受到的损失，双方都有过错的，应当各自承担相应的责任。

第五十九条 当事人恶意串通，损害国家、集体或者第三人利益的，因此取得的财产收归国家所有或者返还集体、第三人。

第四章 合同的履行

第六十条 当事人应当按照约定全面履行自己的义务。

当事人应当遵循诚实信用原则，根据合同的性质、目的和交易习惯履行通知、协助、保密等义务。

第六十一条 合同生效后，当事人就质量、价款或者报酬、履行地点等内容没有约定或者约定不明确的，可以协议补充；不能达成补充协议的，按照合同有关条款或者交易习惯确定。

第六十二条 当事人就有关合同内容约定不明确，依照本法第 61 条的规定仍不能确定的，适用下列规定：

（一）质量要求不明确的，按照国家标准、行业标准履行；没有国家标准、行业标准的，按照通常标准或者符合合同目的的特定标准履行。

（二）价款或者报酬不明确的，按照订立合同时履行地的市场价格履行；依法应当执行政府定价或者政府指导价的，按照规定履行。

（三）履行地点不明确，给付货币的，在接受货币一方所在地履行；交付不动产的，在不动产所在地履行；其他标的，在履行义务一方所在地履行。

（四）履行期限不明确的，债务人可以随时履行，债权人也可以随时要求履行，但应当给对方必要的准备时间。

（五）履行方式不明确的，按照有利于实现合同目的的方式履行。

（六）履行费用的负担不明确的，由履行义务一方负担。

第六十三条 执行政府定价或者政府指导价的，在合同约定的交付期限内政府价格调整时，按照交付时的价格计价。逾期交付标的物的，遇价格上涨时，按照原价格执行；价格下降时，按照新价格执行。逾期提取标的物或者逾期付款的，遇价格上涨时，按照新价格执行，价格下降时，按照原价格执行。

第六十四条 当事人约定由债务人向第三人履行债务的，债务人未向第三人履行债务或者履行债务不符合约定，应当向债权人承担违约责任。

第六十五条 当事人约定由第三人向债权人履行债务的，第三人不履行债务或者履行债务不符合约定，债务人应当向债权人承担违约责任。

第六十六条 当事人互负债务，没有先后履行顺序的，应当同时履行。一方在对方履行之前有权拒绝其履行要求。一方在对方履行债务不符合约定时，有权拒绝其相应的履行要求。

第六十七条 当事人互负债务，有先后履行顺序，先履行一方未履行的，后履行一方有权拒绝其履行要求。先履行一方履行债务不符合约定的，后履行一方有权拒绝其相应的履行要求。

第六十八条 应当先履行债务的当事人，有确切证据证明对方有下列情形之一的，可以中止履行：

（一）经营状况严重恶化；

（二）转移财产、抽逃资金，以逃避债务；

（三）丧失商业信誉；

（四）有丧失或者可能丧失履行债务能力的其他情形。

当事人没有确切证据中止履行的，应当承担违约责任。

第六十九条 当事人依照本法第 68 条的规定中止履行的，应当及时通知对方。对方提供适当担保时，应当恢复履行。中止履行后，对方在合理期限内未恢复履行能力并且未提供适当担保的，中止履行的一方可以解除合同。

第七十条 债权人分立、合并或者变更住所没有通知债务人，致使履行债务发生困难的，债务人可以中止履行或者将标的物提存。

第七十一条 债权人可以拒绝债务人提前履行债务，但提前履行不损害债权人利益的除外。债务人提前履行债务给债权人增加的费用，由债务人负担。

第七十二条 债权人可以拒绝债务人部分履行债务，但部分履行不损害债权人利益的除外。债务人部分履行债务给债权人增加的费用，由债务人负担。

第七十三条 因债务人怠于行使其到期债权，对债权人造成损害的，债权人可以向人民法院请求以自己的名义代位行使债务人的债权，但该债权专属于债务人自身的除外。

代位权的行使范围以债权人的债权为限。债权人行使代位权的必要费用，由债务人负担。

第七十四条 因债务人放弃其到期债权或者无偿转让财产，对债权人造成损害的，债权人可以请求人民法院撤销债务人的行为。债务人以明显不合理的低价转让财产，对债权人造成损害，并且受让人知道该情形的，债权人也可以请求人民法院撤销债务人的行为。

撤销权的行使范围以债权人的债权为限。债权人行使撤销权的必要费用，由债务人负担。

第七十五条 撤销权自债权人知道或者应当知道撤销事由之日起一年内行使。自债务人的行为发生之日起五年内没有行使撤销权的，该撤销权消灭。

第七十六条 合同生效后，当事人不得因姓名、名称的变更或者法定代表人、负责人、承办人的变动而不履行合同义务。

第五章 合同的变更和转让

第七十七条 当事人协商一致，可以变更合同。

法律、行政法规规定变更合同应当办理批准、登记等手续的，依照其规定。

第七十八条 当事人对合同变更的内容约定不明确的，推定为未变更。

第七十九条 债权人可以将合同的权利全部或者部分转让给第三人，但有下列情形之一的除外：

（一）根据合同性质不得转让；

（二）按照当事人约定不得转让；

（三）依照法律规定不得转让。

第八十条 债权人转让权利的，应当通知债务人。未经通知，该转让对债务人不发生效力。

债权人转让权利的通知不得撤销，但经受让人同意的除外。

第八十一条 债权人转让权利的，受让人取得与债权有关的从权利，但该从权利专属于债权人自身的除外。

第八十二条 债务人接到债权转让通知后，债务人对让与人的抗辩，可以向受让人主张。

第八十三条 债务人接到债权转让通知时，债务人对让与人享有债权，并且债务人的债权先于转让的债权到期或者同时到期的，债务人可以向受让人主张抵销。

第八十四条 债务人将合同的义务全部或者部分转移给第三人的，应当经债权人同意。

第八十五条 债务人转移义务的，新债务人可以主张原债务人对债权人的抗辩。

第八十六条 债务人转移义务的，新债务人应当承担与主债务有关的从债务，但该从债务专属于原债务人自身的除外。

第八十七条 法律、行政法规规定转让权利或者转移义务应当办理批准、登记等手续的，依照其规定。

第八十八条 当事人一方经对方同意，可以将自己在合同中的权利和义务一并转让给第三人。

第八十九条 权利和义务一并转让的，适用本法第79条、第81条至第83条、第85条至第87条的规定。

第九十条 当事人订立合同后合并的，由合并后的法人或者其他组织行使合同权利，履行合同义务。当事人订立合同后分立的，除债权人和债务人另有约定的以外，由分立的法人或者其他组织对合同的权利和义务享有连带债权，承担连带债务。

第六章 合同的权利义务终止

第九十一条 有下列情形之一的，合同的权利义务终止：

（一）债务已经按照约定履行；

（二）合同解除；

（三）债务相互抵销；

（四）债务人依法将标的物提存；

（五）债权人免除债务；

（六）债权债务同归于一人；

（七）法律规定或者当事人约定终止的其他情形。

第九十二条 合同的权利义务终止后，当事人应当遵循诚实信用原则，根据交易习惯履行通知、协助、保密等义务。

第九十三条 当事人协商一致，可以解除合同。

当事人可以约定一方解除合同的条件。解除合同的条件成就时，解除权人可以解除合同。

第九十四条 有下列情形之一的，当事人可以解除合同：

（一）因不可抗力致使不能实现合同目的；

（二）在履行期限届满之前，当事人一方明确表示或者以自己的行为表明不履行主要债务；

（三）当事人一方迟延履行主要债务，经催告后在合理期限内仍未履行；

（四）当事人一方迟延履行债务或者有其他违约行为致使不能实现合同目的；

（五）法律规定的其他情形。

第九十五条 法律规定或者当事人约定解除权行使期限，期限届满当事人不行使的，该权利消灭。

法律没有规定或者当事人没有约定解除权行使期限，经对方催告后在合理期限内不行使的，该权利消灭。

第九十六条 当事人一方依照本法第93条第二款、第94条的规定主张解除合同的，应当通知对方。合同自通知到达对方时解除。对方有异议的，可以请求人民法院或者仲裁机构确认解除合同的效力。

法律、行政法规规定解除合同应当办理批准、登记等手续的，依照其规定。

第九十七条 合同解除后，尚未履行的，终止履行；已经履行的，根据履行情况和合同性质，当事人可以要求恢复原状、采取其他补救措施，并有权要求赔偿损失。

第九十八条 合同的权利义务终止，不影响合同中结算和清理条款的效力。

第九十九条 当事人互负到期债务，该债务的标的物种类、品质相同的，任何一方可以将自己的债务与对方的债务抵销，但依照法律规定或者按照合同性质不得抵销的除外。

当事人主张抵销的，应当通知对方。通知自到达对方时生效。抵销不得附条件或者附期限。

第一百条 当事人互负债务，标的物种类、品质不相同的，经双方协商一致，也可以抵销。

第一百零一条 有下列情形之一，难以履行债务的，债务人可以将标的物提存：

（一）债权人无正当理由拒绝受领；

（二）债权人下落不明；

（三）债权人死亡未确定继承人或者丧失民事行为能力未确定监护人；

（四）法律规定的其他情形。

标的物不适于提存或者提存费用过高的，债务人依法可以拍卖或者变卖标的物，提存所得的价款。

第一百零二条 标的物提存后，除债权人下落不明的以外，债务人应当及时通知债权人或者债权人的继承人、监护人。

第一百零三条 标的物提存后，毁损、灭失的风险由债权人承担。提存期间，标的物的孳息归债权人所有。提存费用由债权人负担。

第一百零四条 债权人可以随时领取提存物，但债权人对债务人负有到期债务的，在债权人未履行债务或者提供担保之前，提存部门根据债务人的要求应当拒绝其领取提存物。

债权人领取提存物的权利，自提存之日起五年内不行使而消失，提存物扣除提存费用后归国家所有。

第一百零五条 债权人免除债务人部分或者全部债务的，合同的权利义务部分或者全部终止。

第一百零六条 债权和债务同归于一人的，合同的权利义务终止，但涉及第三人利益的除外。

第七章 违 约 责 任

第一百零七条 当事人一方不履行合同义务或者履行合同义务不符合约定的，应当承担继续履行、采取补救措施或者赔偿损失等违约责任。

第一百零八条 当事人一方明确表示或者以自己的行为表明不履行合同义务的，对方可以在履行期限届满之前要求其承担违约责任。

第一百零九条 当事人一方未支付价款或者报酬的，对方可以要求其支付价款或者报酬。

第一百一十条 当事人一方不履行非金钱债务或者履行非金钱债务不符合约定的，对方可以要求履行，但有下列情形之一的除外：

（一）法律上或者事实上不能履行；

（二）债务的标的不适于强制履行或者履行费用过高；

（三）债权人在合理期限内未要求履行。

第一百一十一条 质量不符合约定的，应当按照当事人的约定承担违约责任。对违约责任没有约定或者约定不明确，依照本法第 61 条的规定仍不能确定的，受损害方根据标的性质以及损失的大小，可以合理选择要求对方承担修理、更换、重作、退货、减少价款或者报酬等违约责任。

第一百一十二条 当事人一方不履行合同义务或者履行合同义务不符合约定的，在履行义务或者采取补救措施后，对方还有其他损失的，应当赔偿损失。

第一百一十三条 当事人一方不履行合同义务或者履行合同义务不符合约定，给对方造成损失的，损失赔偿额应当相当于因违约所造成的损失，包括合同履行后可以获得的利益，但不得超过违反合同一方订立合同时预见到或者应当预见到的因违反合同可能造成的损失。

经营者对消费者提供商品或者服务有欺诈行为的，依照《中华人民共和国消费者权益保护法》的规定承担损害赔偿责任。

第一百一十四条 当事人可以约定一方违约时应当根据违约情况向对方支付一定数额的违约金，也可以约定因违约产生的损失赔偿额的计算方法。

约定的违约金低于造成的损失的，当事人可以请求人民法院或者仲裁机构予以增加；约定的违约金过分高于造成的损失的，当事人可以请求人民法院或者仲裁机构予以适当减少。

当事人就迟延履行约定违约金的，违约方支付违约金后，还应当履行债务。

第一百一十五条　当事人可以依照《中华人民共和国担保法》约定一方向对方给付定金作为债权的担保。债务人履行债务后，定金应当抵作价款或者收回。给付定金的一方不履行约定的债务的，无权要求返还定金；收受定金的一方不履行约定的债务的，应当双倍返还定金。

第一百一十六条　当事人既约定违约金，又约定定金的，一方违约时，对方可以选择适用违约金或者定金条款。

第一百一十七条　因不可抗力不能履行合同的，根据不可抗力的影响，部分或者全部免除责任，但法律另有规定的除外。当事人迟延履行后发生不可抗力的，不能免除责任。

本法所称不可抗力，是指不能预见、不能避免并不能克服的客观情况。

第一百一十八条　当事人一方因不可抗力不能履行合同的，应当及时通知对方，以减轻可能给对方造成的损失，并应当在合理期限内提供证明。

第一百一十九条　当事人一方违约后，对方应当采取适当措施防止损失的扩大；没有采取适当措施致使损失扩大的，不得就扩大的损失要求赔偿。

当事人因防止损失扩大而支出的合理费用，由违约方承担。

第一百二十条　当事人双方都违反合同的，应当各自承担相应的责任。

第一百二十一条　当事人一方因第三人的原因造成违约的，应当向对方承担违约责任。当事人一方和第三人之间的纠纷，依照法律规定或者按照约定解决。

第一百二十二条　因当事人一方的违约行为，侵害对方人身、财产权益的，受损害方有权选择依照本法要求其承担违约责任或者依照其他法律要求其承担侵权责任。

第八章　其　他　规　定

第一百二十三条　其他法律对合同另有规定的，依照其规定。

第一百二十四条　本法分则或者其他法律没有明文规定的合同，适用本法总则的规定，并可以参照本法分则或者其他法律最相类似的规定。

第一百二十五条　当事人对合同条款的理解有争议的，应当按照合同所使用的词句、合同的有关条款、合同的目的、交易习惯以及诚实信用原则，确定该条款的真实意思。

合同文本采用两种以上文字订立并约定具有同等效力的，对各文本使用的词句推定具有相同含义。各文本使用的词句不一致的，应当根据合同的目的予以解释。

第一百二十六条　涉外合同的当事人可以选择处理合同争议所适用的法律，但法律另有规定的除外。涉外合同的当事人没有选择的，适用与合同有最密切联系的国家的法律。

在中华人民共和国境内履行的中外合资经营企业合同、中外合作经营企业合同、中外合作勘探开发自然资源合同，适用中华人民共和国法律。

第一百二十七条　工商行政管理部门和其他有关行政主管部门在各自的职权范围内，依照法律、行政法规的规定，对利用合同危害国家利益、社会公共利益的违法行为，负责监督处理；构成犯罪的，依法追究刑事责任。

第一百二十八条　当事人可以通过和解或者调解解决合同争议。

当事人不愿和解、调解或者和解、调解不成的，可以根据仲裁协议向仲裁机构申请仲裁。涉外合同的当事人可以根据仲裁协议向中国仲裁机构或者其他仲裁机构申请仲裁。当事人没有订立仲裁协议或者仲裁协议无效的，可以向人民法院起诉。当事人应当履行发生法律效力的判决、仲裁裁决、调解书；拒不履行的，对方可以请求人民法院执行。

第一百二十九条 因国际货物买卖合同和技术进出口合同争议提起诉讼或者申请仲裁的期限为四年，自当事人知道或者应当知道其权利受到侵害之日起计算。因其他合同争议提起诉讼或者申请仲裁的期限，依照有关法律的规定。

分 则

第九章～第十四章（略）

第十五章 承 揽 合 同

第二百五十一条 承揽合同是承揽人按照定作人的要求完成工作，交付工作成果，定作人给付报酬的合同。

承揽包括加工、定作、修理、复制、测试、检验等工作。

第二百五十二条 承揽合同的内容包括承揽的标的、数量、质量、报酬、承揽方式、材料的提供、履行期限、验收标准和方法等条款。

第二百五十三条 承揽人应当以自己的设备、技术和劳力，完成主要工作，但当事人另有约定的除外。

承揽人将其承揽的主要工作交由第三人完成的，应当就该第三人完成的工作成果向定作人负责；未经定作人同意的，定作人也可以解除合同。

第二百五十四条 承揽人可以将其承揽的辅助工作交由第三人完成。承揽人将其承揽的辅助工作交由第三人完成的，应当就该第三人完成的工作成果向定作人负责。

第二百五十五条 承揽人提供材料的，承揽人应当按照约定选用材料，并接受定作人检验。

第二百五十六条 定作人提供材料的，定作人应当按照约定提供材料。承揽人对定作人提供的材料，应当及时检验，发现不符合约定时，应当及时通知定作人更换、补齐或者采取其他补救措施。

承揽人不得擅自更换定作人提供的材料，不得更换不需要修理的零部件。

第二百五十七条 承揽人发现定作人提供的图纸或者技术要求不合理的，应当及时通知定作人。因定作人怠于答复等原因造成承揽人损失的，应当赔偿损失。

第二百五十八条 定作人中途变更承揽工作的要求，造成承揽人损失的，应当赔偿损失。

第二百五十九条 承揽工作需要定作人协助的，定作人有协助的义务。

定作人不履行协助义务致使承揽工作不能完成的，承揽人可以催告定作人在合理期限内履行义务，并可以顺延履行期限；定作人逾期不履行的，承揽人可以解除合同。

第二百六十条 承揽人在工作期间，应当接受定作人必要的监督检验。定作人不得因监督检验妨碍承揽人的正常工作。

第二百六十一条 承揽人完成工作的，应当向定作人交付工作成果，并提交必要的技术资料和有关质量证明。定作人应当验收该工作成果。

第二百六十二条 承揽人交付的工作成果不符合质量要求的，定作人可以要求承揽人承担修理、重作、减少报酬、赔偿损失等违约责任。

第二百六十三条 定作人应当按照约定的期限支付报酬。对支付报酬的期限没有约定或者约定不明确，依照本法第六十一条的规定仍不能确定的，定作人应当在承揽人交付工作成果时支付；工作成果部分交付的，定作人应当相应支付。

第二百六十四条 定作人未向承揽人支付报酬或者材料费等价款的，承揽人对完成的工作成果享有留置权，但当事人另有约定的除外。

第二百六十五条 承揽人应当妥善保管定作人提供的材料以及完成的工作成果，因保管不善造成毁损、灭失的，应当承担损害赔偿责任。

第二百六十六条 承揽人应当按照定作人的要求保守秘密，未经定作人许可，不得留存复制品或者技术资料。

第二百六十七条 共同承揽人对定作人承担连带责任，但当事人另有约定的除外。

第二百六十八条 定作人可以随时解除承揽合同，造成承揽人损失的，应当赔偿损失。

第十六章 建设工程合同

第二百六十九条 建设工程合同是承包人进行工程建设，发包人支付价款的合同。

建设工程合同包括工程勘察、设计、施工合同。

第二百七十条 建设工程合同应当采用书面形式。

第二百七十一条 建设工程的招标投标活动，应当依照有关法律的规定公开、公平、公正进行。

第二百七十二条 发包人可以与总承包人订立建设工程合同，也可以分别与勘察人、设计人、施工人订立勘察、设计、施工承包合同。发包人不得将应当由一个承包人完成的建设工程肢解成若干部分发包给几个承包人。

总承包人或者勘察、设计、施工承包人经发包人同意，可以将自己承包的部分工作交由第三人完成。第三人就其完成的工作成果与总承包人或者勘察、设计、施工承包人向发包人承担连带责任。承包人不得将其承包的全部建设工程转包给第三人或者将其承包的全部建设工程肢解以后以分包的名义分别转包给第三人。

禁止承包人将工程分包给不具备相应资质条件的单位。禁止分包单位将其承包的工程再分包。建设工程主体结构的施工必须由承包人自行完成。

第二百七十三条 国家重大建设工程合同，应当按照国家规定的程序和国家批准的投资计划、可行性研究报告等文件订立。

第二百七十四条 勘察、设计合同的内容包括提交有关基础资料和文件（包括概预算）的期限、质量要求、费用以及其他协作条件等条款。

第二百七十五条 施工合同的内容包括工程范围、建设工期、中间交工工程的开工和竣工时间、工程质量、工程造价、技术资料交付时间、材料和设备供应责任、拨款和结算、竣工验收、质量保修范围和质量保证期、双方相互协作等条款。

第二百七十六条 建设工程实行监理的，发包人应当与监理人采用书面形式订立委托监理合同。发包人与监理人的权利和义务以及法律责任，应当依照本法委托合同以及其他有关法律、行政法规的规定。

第二百七十七条 发包人在不妨碍承包人正常作业的情况下，可以随时对作业进度、质量进行检查。

第二百七十八条 隐蔽工程在隐蔽以前，承包人应当通知发包人检查。发包人没有及时检查的，承包人可以顺延工程日期，并有权要求赔偿停工、窝工等损失。

第二百七十九条 建设工程竣工后，发包人应当根据施工图纸及说明书、国家颁发的施工验收规范和质量检验标准及时进行验收。验收合格的，发包人应当按照约定支付价款，并接收该建设工程。

建设工程竣工经验收合格后，方可交付使用；未经验收或者验收不合格的，不得交付使用。

第二百八十条 勘察、设计的质量不符合要求或者未按照期限提交勘察、设计文件拖延工期，造成发包人损失的，勘察人、设计人应当继续完善勘察、设计，减收或者免收勘察、设计费并赔偿损失。

第二百八十一条 因施工人的原因致使建设工程质量不符合约定的，发包人有权要求施工人在合理期限内无偿修理或者返工、改建。经过修理或者返工、改建后，造成逾期交付的，施工人应当承担违约责任。

第二百八十二条 因承包人的原因致使建设工程在合理使用期限内造成人身和财产损害的，承包人应当承担损害赔偿责任。

第二百八十三条 发包人未按照约定的时间和要求提供原材料、设备、场地、资金、技术资料的，承包人可以顺延工程日期，并有权要求赔偿停工、窝工等损失。

第二百八十四条 因发包人的原因致使工程中途停建、缓建的，发包人应当采取措施弥补或者减少损失，赔偿承包人因此造成的停工、窝工、倒运、机械设备调迁、材料和构件积压等损失和实际费用。

第二百八十五条 因发包人变更计划，提供的资料不准确，或者未按照期限提供必需的勘察、设计工作条件而造成勘察、设计的返工、停工或者修改设计，发包人应当按照勘察人、设计人实际消耗的工作量增付费用。

第二百八十六条 发包人未按照约定支付价款的，承包人可以催告发包人在合理期限内支付价款。发包人逾期不支付的，除按照建设工程的性质不宜折价、拍卖的以外，承包人可以与发包人协议将该工程折价，也可以申请人民法院将该工程依法拍卖。建设工程的价款就该工程折价或者拍卖的价款优先受偿。

第二百八十七条 本章没有规定的，适用承揽合同的有关规定。

第十七章～第二十三章（略）

附　则

第四百二十八条 本法自 1999 年 10 月 1 日起施行，《中华人民共和国经济合同法》、《中华人民共和国涉外经济合同法》、《中华人民共和国技术合同法》同时废止。

中华人民共和国招标投标法

（1999年8月30日第九届全国人民代表大会常务委员会第十一次会议通过）

目　录

第一章　总　则

第一条　为了规范招标投标活动，保护国家利益、社会公共利益和招标投标活动当事人的合法权益，提高经济效益，保证项目质量，制定本法。

第二条　在中华人民共和国境内进行招标投标活动，适用本法。

第三条　在中华人民共和国境内进行下列工程建设项目包括项目的勘察、设计、施工、监理以及与工程建设有关的重要设备、材料等的采购，必须进行招标：

（一）大型基础设施、公用事业等关系社会公共利益、公众安全的项目；

（二）全部或者部分使用国有资金投资或者国家融资的项目；

（三）使用国际组织或者外国政府贷款、援助资金的项目。

前款所列项目的具体范围和规模标准，由国务院发展计划部门会同国务院有关部门制订，报国务院批准。

法律或者国务院对必须进行招标的其他项目的范围有规定的，依照其规定。

第四条　任何单位和个人不得将依法必须进行招标的项目化整为零或者以其他任何方式规避招标。

第五条　招标投标活动应当遵循公开、公平、公正和诚实信用的原则。

第六条　依法必须进行招标的项目，其招标投标活动不受地区或者部门的限制。任何单位和个人不得违法限制或者排斥本地区、本系统以外的法人或者其他组织参加投标，不得以任何方式非法干涉招标投标活动。

第七条　招标投标活动及其当事人应当接受依法实施的监督。有关行政监督部门依法对招标投标活动实施监督，依法查处招标投标活动中的违法行为。

对招标投标活动的行政监督及有关部门的具体职权划分，由国务院规定。

第二章 招　标

第八条　招标人是依照本法规定提出招标项目、进行招标的法人或者其他组织。

第九条　招标项目按照国家有关规定需要履行项目审批手续的，应当先履行审批手续，取得批准。

招标人应当有进行招标项目的相应资金或者资金来源已经落实，并应当在招标文件中如实载明。

第十条　招标分为公开招标和邀请招标。

公开招标，是指招标人以招标公告的方式邀请不特定的法人或者其他组织投标。

邀请招标，是指招标人以及投标邀请书的方式邀请特定的法人或者其他组织投标。

第十一条　国务院发展计划部门确定的国家重点项目和省、自治区、直辖市人民政府确定的地方重点项目不适宜公开招标的，经国务院发展计划部门或者省、自治区、直辖市人民政府批准，可以进行邀请招标。

第十二条　招标人有权自行选择招标代理机构，委托其办理招标事宜。任何单位和个人不得以任何方式为招标人指定招标代理机构。

招标人具有编制招标文件和组织评标能力的，可以自行办理招标事宜。任何单位和个人不得强制其委托招标代理机构办理招标事宜。依法必须进行招标的项目，招标人自行办理招标事宜的，应当向有关行政监督部门备案。

第十三条　招标代理机构是依法设立、从事招标代理业务并提供相关服务的社会中介组织。

招标代理机构应当具备下列条件：

（一）有从事招标代理业务的营业场所和相应资金；

（二）有能够编制招标文件和组织评标的相应专业力量；

（三）有符合本法第三十七条第三款规定条件、可以作为评标委员会成员人选的技术、等方面的专家库。

第十四条　从事工程建设项目招标代理业务的招标代理机构，其资格由国务院或者省、自治区、直辖市人民政府的建设行政主管部门认定。具体办法由国务院建设行政主管部门会同国务院有关部门制定。从事其他招标代理业务的招标代理机构，其资格认定的主管部门由国务院规定。

招标代理机构与行政机关和其他国家机关不得存在隶属关系或者其他利益关系。

第十五条　招标代理机构应当在招标人委托的范围内办理招标事宜，并遵守本法关于招标人的规定。

第十六条　招标人采用公开招标方式的，应当发布招标公告。依法必须进行招标的项目的招标公告，应当通过国家指定的报刊、信息网络或者其他媒介发布。招标公告应当载明招标人的名称和地址、招标项目的性质、数量、实施地点和时间以及获取招标文件的办法等事项。

第十七条　招标人采用邀请招标方式的，应当向三个以上具备承担招标项目的能力、资信良好的特定的法人或者其他组织发出投标邀请书。

投标邀请书应当载明本法第十六条第二款规定的事项。

第十八条 招标人可以根据招标项目本身的要求，在招标公告或者投标邀请书中，要求潜在投标人提供有关资质证明文件和业绩情况，并对潜在投标人进行资格审查；国家对投标人的资格条件有规定的，依照其规定。招标人不得以不合理的条件限制或者排斥潜在投标人，不得对潜在投标人实行歧视待遇。

第十九条 招标人应当根据招标项目的特点和需要编制招标文件。招标文件应当包括招标项目的技术要求、对投标人资格审查的标准、投标报价要求和评标标准等所有实质性要求和条件以及拟签订合同的主要条款。

国家对招标项目的技术、标准有规定的，招标人应当按照其规定在招标文件中提出相应要求。

招标项目需要划分标段、确定工期的，招标人应当合理划分标段、确定工期，并在招标文件中载明。

第二十条 招标文件不得要求或者标明特定的生产供应者以及含有倾向或者排斥潜在投标人的其他内容。

第二十一条 招标人根据招标项目的具体情况，可以组织潜在投标人踏勘项目现场。

第二十二条 招标人不得向他人透露已获取招标文件的潜在投标人的名称、数量以及可能影响公平竞争的有关招标投标的其他情况。

招标人设有标底的，标底必须保密。

第二十三条 招标人对已发出的招标文件进行必要的澄清或者修改的，应当在招标文件要求提交投标文件截止时间至少十五日前，以书面形式通知所有招标文件收受人。该澄清或者修改的内容为招标文件的组成部分。

第二十四条 招标人应当确定投标人编制投标文件所需要的合理时间；但是，依法必须进行招标的项目，自招标文件开始发出之日起至投标人提交投标文件截止之日止，最短不得少于二十日。

第三章 投　　标

第二十五条 投标人是响应招标、参加投标竞争的法人或者其他组织。

依法招标的科研项目允许个人参加投标的，投标的个人适用本法有关投标人的规定。

第二十六条 投标人应当具备承担招标项目的能力；国家有关规定对投标人资格条件或者招标文件对投标人资格条件有规定的，投标人应当具备规定的资格条件。

第二十七条 投标人应当按照招标文件的要求编制投标文件。投标文件应当对招标文件提出的实质性要求和条件做出响应。

招标项目属于建设施工的，投标文件的内容应当包括拟派出的项目负责人与主要技术人员的简历、业绩和拟用于完成招标项目的机械设备等。

第二十八条 投标人应当在招标文件要求提交投标文件的截止时间前，将投标文件送达投标地点。招标人收到投标文件后，应当签收保存，不得开启。投标人少于三个的，招标人应当依照本法重新招标。

在招标文件要求提交投标文件的截止时间后送达的投标文件，招标人应当拒收。

第二十九条 投标人在招标文件要求提交投标文件的截止时间前，可以补充、修改或者撤回已提交的投标文件，并书面通知招标人。补充、修改的内容为投标文件的组成部分。

第三十条 投标人根据招标文件载明的项目实际情况，拟在中标后将中标项目的部分非主体、非关键性工作进行分包的，应当在投标文件中载明。

第三十一条 两个以上法人或者其他组织可以组成一个联合体，以一个投标人的身份共同投标。

联合体各方均应当具备承担招标项目的相应能力；国家有关规定或者招标文件对投标人资格条件有规定的，联合体各方均应当具备规定的相应资格条件。由同一专业单位组成的联合体，按照资质等级较低的单位确定资质等级。

联合体各方应当签订共同投标协议，明确约定各方拟承担的工作和责任，并将共同投标协议连同投标文件一并提交招标人。联合体中标的，联合体各方应当共同与招标人签订合同，就中标项目向招标人承担连带责任。

招标人不得强制投标人组成联合体共同投标，不得限制投标人之间的竞争。

第三十二条 投标人不得相互串通投标报价，不得排挤其他投标人的公平竞争，损害招标人或者其他投标人的合法权益。

投标人不得与招标人串通投标，损害国家利益、社会公共利益或者他人的合法权益。

禁止投标人以向招标人或者评标委员会成员行贿的手段谋取中标。

第三十三条 投标人不得以低于成本的报价竞标，也不得以他人名义投标或者以其他方式弄虚作假，骗取中标。

第四章 开标、评标和中标

第三十四条 开标应当在招标文件确定的提交投标文件截止时间的同一时间公开进行；开标地点应当为招标文件中预先确定的地点。

第三十五条 开标由招标人主持，邀请所有投标人参加。

第三十六条 开标时，由投标人或者其推选的代表检查投标文件的密封情况，也可以由招标人委托的公证机构检查并公证；经确认无误后，由工作人员当众拆封，宣读投标人名称、投标价格和投标文件的其他主要内容。

招标人在招标文件要求提交投标文件的截止时间前收到的所有投标文件，开标时都应当当众予以拆封、宣读。

开标过程应当记录，并存档备查。

第三十七条 评标由招标人依法组建的评标委员会负责。

依法必须进行招标的项目，其评标委员会由招标人的代表和有关技术、经济等方面的专家组成，成员人数为五人以上单数，其中技术、经济等方面的专家不得少于成员总数的三分之二。

前款专家应当从事相关领域工作满八年并具有高级职称或者具有同等专业水平，由招标人从国务院有关部门或者省、自治区、直辖市人民政府有关部门提供的专家名册或者招标代理机构的专家库内的相关专业的专家名单中确定；一般招标项目可以采取随机抽取方式，特殊招标项目可以由招标人直接确定。

与投标人有利害关系的人不得进入相关项目的评标委员会；已经进入的应当更换。

评标委员会成员的名单在中标结果确定前应当保密。

第三十八条 招标人应当采取必要的措施，保证评标在严格保密的情况下进行。任何单位和个人不得非法干预、影响评标的过程和结果。

第三十九条 评标委员会可以要求投标人对投标文件中含义不明确的内容作必要的澄清或者说明；但是澄清或者说明不得超出投标文件的范围或者改变投标文件的实质性内容。

第四十条 评标委员会应当按照招标文件确定的评标标准和方法，对投标文件进行评审和比较；设有标底的，应当参考标底。评标委员会完成评标后，应当向招标人提出书面评标报告，并推荐合格的中标候选人。

招标人根据评标委员会提出的书面评标报告和推荐的中标候选人确定中标人。招标人也可以授权评标委员会直接确定中标人。

国务院对特定招标项目的评标有特别规定的，从其规定。

第四十一条 中标人的投标应当符合下列条件之一：

（一）能够最大限度地满足招标文件中规定的各项综合评价标准；

（二）能够满足招标文件的实质性要求，并且经评审的投标价格最低；但是投标价格低于成本的除外。

第四十二条 评标委员会经评审，认为所有投标都不符合招标文件要求的，可以否决所有投标。

依法必须进行招标的项目的所有投标被否决的，招标人应当依照本法重新招标。

第四十三条 在确定中标人前，招标人不得与投标人就投标价格、投标方案等实质性内容进行谈判。

第四十四条 评标委员会成员应当客观、公正地履行职务，遵守职业道德，对所提出的评审意见承担个人责任。

评标委员会成员不得私下接触投标人，不得收受投标人的财物或者其他好处。

评标委员会成员和参与评标的有关工作人员不得透露对投标文件的评审和比较、中标候选人的推荐情况以及与评标有关的其他情况。

第四十五条 中标人确定后，招标人应当向中标人发出中标通知书，并同时将中标结果通知所有未中标的投标人。

中标通知书对招标人和中标人具有法律效力。中标通知书发出后，招标人改变中标结果的，或者中标人放弃中标项目的，应当依法承担法律责任。

第四十六条 招标人和中标人应当自中标通知书发出之日起三十日内，按照招标文件和中标人的投标文件订立书面合同。招标人和中标人不得再行订立背离合同实质性内容的其他协议。招标文件要求中标人提交履约保证金的，中标人应当提交。

第四十七条 依法必须进行招标的项目，招标人应当自确定中标人之日起十五日内，向有关行政监督部门提交招标投标情况的书面报告。

第四十八条 中标人应当按照合同约定履行义务，完成中标项目。中标人不得向他人转让中标项目，也不得将中标项目肢解后分别向他人转让。

中标人按照合同约定或者经招标人同意，可以将中标项目的部分非主体、非关键性工作分包给他人完成。接受分包的人应当具备相应的资格条件，并不得再次分包。

中标人应当就分包项目向招标人负责，接受分包的人就分包项目承担连带责任。

第五章　法　律　责　任

第四十九条　违反本法规定，必须进行招标的项目而不招标的，将必须进行招标的项目化整为零或者以其他任何方式规避招标的，责令限期改正，可以处项目合同金额千分之五以上千分之十以下的罚款；对全部或者部分使用国有资金的项目，可以暂停项目执行或者暂停资金拨付；对单位直接负责的主管人员和其他直接责任人员依法给予处分。

第五十条　招标代理机构违反本法规定，泄露应当保密的与招标投标活动有关的情况和资料的，或者与招标人、投标人串通损害国家利益、社会公共利益或者他人合法权益的，处五万元以上二十五万元以下的罚款，对单位直接负责的主管人员和其他直接责任人员处单位罚款数额的百分之五以上百分之十以下的罚款；有违法所得的，并处没收违法所得；情节严重的，暂停直至取消招标代理资格；构成犯罪的，依法追究刑事责任。给他人造成损失的，依法承担赔偿责任。

前款所列行为影响中标结果的，中标无效。

第五十一条　招标人以不合理的条件限制或者排斥潜在投标人的，对潜在投标人实行歧视待遇的，强制要求投标人组成联合体共同投标的，或者限制投标人之间竞争的，责令改正，可以处一万元以上五万元以下的罚款。

第五十二条　依法必须进行招标的项目的招标人向他人透露已获取招标文件的潜在投标人的名称、数量或者可能影响公平竞争的有关招标投标的其他情况的，或者泄露标底的，给予警告，可以并处一万元以上十万元以下的罚款；对单位直接负责的主管人员和其他直接责任人员依法给予处分；构成犯罪的，依法追究刑事责任。

前款所列行为影响中标结果的，中标无效。

第五十三条　投标人相互串通投标或者与招标人串通投标的，投标人以向招标人或者评标委员会成员行贿的手段谋取中标的，中标无效，处中标项目金额千分之五以上千分之十以下的罚款，对单位直接负责的主管人员和其他直接责任人员处单位罚款百分之五以上百分之十以下的罚款；有违法所得的，并处没收违法所得；情节严重的，取消其一年至二年内参加依法必须进行招标的项目的投标资格并予以公告，直至由工商行政管理机关吊销营业执照；构成犯罪的，依法追究刑事责任。给他人造成损失的，依法承担赔偿责任。

第五十四条　投标人以他人名义投标或者以其他方式弄虚作假，骗取中标的，中标无效，给招标人造成损失的，依法承担赔偿责任；构成犯罪的，依法追究刑事责任。

依法必须进行招标的项目的投标人有前款所列行为尚未构成犯罪的，处中标项目金额千分之五以上千分之十以下的罚款，对单位直接负责的主管人员和其他直接责任人员处单位罚款数额百分之五以上百分之十以下的罚款；有违法所得的，并处没收违法所得；情节严重的，取消其一年至三年内参加依法必须进行招标的项目的投标资格并予以公告，直至由工商行政管理机关吊销营业执照。

第五十五条 依法必须进行招标的项目，招标人违反本法规定，与投标人就投标价格、投标方案等实质性内容进行谈判的，给予警告，对单位直接负责的主管人员和其他直接责任人员依法给予处分。

前款所列行为影响中标结果的，中标无效。

第五十六条 评标委员会成员收受投标人的财物或者其他好处的，评标委员会成员或者参加评标的有关工作人员向他人透露对投标文件的评审和比较、中标候选人的推荐以及与评标有关的其他情况的，给予警告，没收收受的财物，可以并处三千元以上五万元以下的罚款，对有所列违法行为的评标委员会成员取消担任评标委员会成员的资格，不得再参加任何依法必须进行招标的项目的评标；构成犯罪的，依法追究刑事责任。

第五十七条 招标人在评标委员会依法推荐的中标候选人以外确定中标人的，依法必须进行招标的项目在所有投标被评标委员会否决后自行确定中标人的，中标无效，责令改正，可以处中标项目金额千分之五以上千分之十以下的罚款；对单位直接负责的主管人员和其他直接责任人员依法给予处分。

第五十八条 中标人将中标项目转让给他人的，将中标项目肢解后分别转让给他人的，违反本法规定将中标项目的部分主体、关键性工作分包给他人的，或者分包人再次分包的，转让、分包无效，处转让、分包项目金额千分之五以上千分之十以下的罚款；有违法所得的，并处没收违法所得；可以责令停业整顿；情节严重的，由工商行政管理机关吊销营业执照。

第五十九条 招标人与中标人不按照招标文件和中标人的投标文件订立合同的，或者招标人、中标人订立背离合同实质性内容的协议的，责令改正；可以处中标项目金额千分之五以上千分之十以下的罚款。

第六十条 中标人不履行与招标人订立的合同的，履约保证金不予退还，给招标人造成的损失超过履约保证金数额的，还应当对超过部分予以赔偿；没有提交履约保证金的，应当对招标人的损失承担赔偿责任。

中标人不按照与招标人订立的合同履行义务，情节严重的，取消其二年至五年内参加依法必须进行招标的项目的投标资格并予以公告，直至由工商行政管理机关吊销营业执照。

因不可抗力不能履行合同的，不适用前两款规定。

第六十一条 本章规定的行政处罚，由国务院规定的有关行政监督部门决定。本法已对实施行政处罚的机关作出规定的除外。

第六十二条 任何单位违反本法规定，限制或者排斥本地区、本系统以外的法人或者其他组织参加投标的，为招标人指定招标代理机构的，强制招标人委托招标代理机构办理招标事宜的，或者以其他方式干涉招标投标活动的，责令改正；对单位直接负责的主管人员和其他直接责任人员依法给予警告、记过、记大过的处分，情节较重的，依法给予降级、撤职、开除的处分。

个人利用职权进行前款违法行为的，依照前款规定追究责任。

第六十三条 对招标投标活动依法负有行政监督职责的国家机关工作人员徇私舞弊、滥用职权或者玩忽职守，构成犯罪的，依法追究刑事责任；不构成犯罪的，依法给予行政处分。

第六十四条　依法必须进行招标的项目违反本法规定，中标无效的，应当依照本法规定的中标条件从其余投标人中重新确定中标人或者依照本法重新进行招标。

第六章　附　　则

第六十五条　投标人和其他利害关系人认为招标投标活动不符合本法有关规定的，有权向招标人提出异议或者依法向有关行政监督部门投诉。

第六十六条　涉及国家安全、国家秘密、抢险救灾或者属于利用扶贫资金实行以工代赈、需要使用农民工等特殊情况，不适宜进行招标的项目，按照国家有关规定可以不进行招标。

第六十七条　使用国际组织或者外国政府贷款、援助资金的项目进行招标，贷款方、资金提供方对招标投标的具体条件和程序有不同规定的，可以适用其规定，但违背中华人民共和国的社会公共利益的除外。

第六十八条　本法自 2000 年 1 月 1 日起施行。

中华人民共和国安全生产法

（2002 年 6 月 29 日中华人民共和国第九届全国人民代表大会常务委员会第二十八次会议通过，2002 年 6 月 29 日中华人民共和国主席令第 70 号发布，自 2002 年 11 月 1 日起施行）

第一章　总　则

第一条　为了加强安全生产监督管理，防止和减少生产安全事故，保障人民群众生命和财产安全，促进经济发展，制定本法。

第二条　在中华人民共和国领域内从事生产经营活动的单位（以下统称生产经营单位）的安全生产，适用本法；有关法律、行政法规对消防安全和道路交通安全、铁路交通安全、水上交通安全、民用航空安全另有规定的，适用其规定。

第三条　安全生产管理，坚持安全第一、预防为主的方针。

第四条　生产经营单位必须遵守本法和其他有关安全生产的法律、法规，加强安全生产管理，建立、健全安全生产责任制度，完善安全生产条件，确保安全生产。

第五条　生产经营单位的主要负责人对本单位的安全生产工作全面负责。

第六条　生产经营单位的从业人员有依法获得安全生产保障的权利，并应当依法履行安全生产方面的义务。

第七条　工会依法组织职工参加本单位安全生产工作的民主管理和民主监督，维护职工在安全生产方面的合法权益。

第八条　国务院和地方各级人民政府应当加强对安全生产工作的领导，支持、督促各有关部门依法履行安全生产监督管理职责。县级以上人民政府对安全生产监督管理中存在的重大问题应当及时予以协调、解决。

第九条　国务院负责安全生产监督管理的部门依照本法，对全国安全生产工作实施综合监督管理；县级以上地方各级人民政府负责安全生产监督管理的部门依照本法，对本行政区域内安全生产工作实施综合监督管理。国务院有关部门依照本法和其他有关法律、行政法规的规定，在各自的职责范围内对有关的安全生产工作实施监督管理；县级以上地方各级人民政府有关部门依照本法和其他有关法律、法规的规定，在各自的职责范围内对有关的安全生产工作实施监督管理。

第十条　国务院有关部门应当按照保障安全生产的要求，依法及时制定有关的国家标准或者行业标准，并根据科技进步和经济发展适时修订。生产经营单位必须执行依法制定的保障安全生产的国家标准或者行业标准。

第十一条　各级人民政府及其有关部门应当采取多种形式，加强对有关安全生产的法律、法规和安全生产知识的宣传，提高职工的安全生产意识。

第十二条 依法设立的为安全生产提供技术服务的中介机构，依照法律、行政法规和执业准则，接受生产经营单位的委托为其安全生产工作提供技术服务。

第十三条 国家实行生产安全事故责任追究制度，依照本法和有关法律、法规的规定，追究生产安全事故责任人员的法律责任。

第十四条 国家鼓励和支持安全生产科学技术研究和安全生产先进技术的推广应用，提高安全生产水平。

第十五条 国家对在改善安全生产条件、防止生产安全事故、参加抢险救护等方面取得显著成绩的单位和个人，给予奖励。

第二章 生产经营单位的安全生产保障

第十六条 生产经营单位应当具备本法和有关法律、行政法规和国家标准或者行业标准规定的安全生产条件；不具备安全生产条件的，不得从事生产经营活动。

第十七条 生产经营单位的主要负责人对本单位安全生产工作负有下列职责：

（一）建立、健全本单位安全生产责任制；

（二）组织制定本单位安全生产规章制度和操作规程；

（三）保证本单位安全生产投入的有效实施；

（四）督促、检查本单位的安全生产工作，及时消除生产安全事故隐患；

（五）组织制定并实施本单位的生产安全事故应急救援预案；

（六）及时、如实报告生产安全事故。

第十八条 生产经营单位应当具备的安全生产条件所必需的资金投入，由生产经营单位的决策机构、主要负责人或者个人经营的投资人予以保证，并对由于安全生产所必需的资金投入不足导致的后果承担责任。

第十九条 矿山、建筑施工单位和危险物品的生产、经营、储存单位，应当设置安全生产管理机构或者配备专职安全生产管理人员。前款规定以外的其他生产经营单位，从业人员超过三百人的，应当设置安全生产管理机构或者配备专职安全生产管理人员；从业人员在三百人以下的，应当配备专职或者兼职的安全生产管理人员，或者委托具有国家规定的相关专业技术资格的工程技术人员提供安全生产管理服务。生产经营单位依照前款规定委托工程技术人员提供安全生产管理服务的，保证安全生产的责任仍由本单位负责。

第二十条 生产经营单位的主要负责人和安全生产管理人员必须具备与本单位所从事的生产经营活动相应的安全生产知识和管理能力。危险物品的生产、经营、储存单位以及矿山、建筑施工单位的主要负责人和安全生产管理人员，应当由有关主管部门对其安全生产知识和管理能力考核合格后方可任职。考核不得收费。

第二十一条 生产经营单位应当对从业人员进行安全生产教育和培训，保证从业人员具备必要的安全生产知识，熟悉有关的安全生产规章制度和安全操作规程，掌握本岗位的安全操作技能。未经安全生产教育和培训合格的从业人员，不得上岗作业。

第二十二条 生产经营单位采用新工艺、新技术、新材料或者使用新设备，必须了解、掌握其安全技术特性，采取有效的安全防护措施，并对从业人员进行专门的安全生产教育和培训。

第二十三条 生产经营单位的特种作业人员必须按照国家有关规定经专门的安全作业培训，取得特种作业操作资格证书，方可上岗作业。

特种作业人员的范围由国务院负责安全生产监督管理的部门会同国务院有关部门确定。

第二十四条 生产经营单位新建、改建、扩建工程项目（以下统称建设项目）的安全设施，必须与主体工程同时设计、同时施工、同时投入生产和使用。安全设施投资应当纳入建设项目概算。

第二十五条 矿山建设项目和用于生产、储存危险物品的建设项目，应当分别按照国家有关规定进行安全条件论证和安全评价。

第二十六条 建设项目安全设施的设计人、设计单位应当对安全设施设计负责。矿山建设项目和用于生产、储存危险物品的建设项目的安全设施设计应当按照国家有关规定报经有关部门审查，审查部门及其负责审查的人员对审查结果负责。

第二十七条 矿山建设项目和用于生产、储存危险物品的建设项目的施工单位必须按照批准的安全设施设计施工，并对安全设施的工程质量负责。

矿山建设项目和用于生产、储存危险物品的建设项目竣工投入生产或者使用前，必须依照有关法律、行政法规的规定对安全设施进行验收；验收合格后，方可投入生产和使用。验收部门及其验收人员对验收结果负责。

第二十八条 生产经营单位应当在有较大危险因素的生产经营场所和有关设施、设备上，设置明显的安全警示标志。

第二十九条 安全设备的设计、制造、安装、使用、检测、维修、改造和报废，应当符合国家标准或者行业标准。生产经营单位必须对安全设备进行经常性维护、保养，并定期检测，保证正常运转。维护、保养、检测应当作好记录，并由有关人员签字。

第三十条 生产经营单位使用的涉及生命安全、危险性较大的特种设备，以及危险物品的容器、运输工具，必须按照国家有关规定，由专业生产单位生产，并经取得专业资质的检测、检验机构检测、检验合格，取得安全使用证或者安全标志，方可投入使用。检测、检验机构对检测、检验结果负责。涉及生命安全、危险性较大的特种设备的目录由国务院负责特种设备安全监督管理的部门制定，报国务院批准后执行。

第三十一条 国家对严重危及生产安全的工艺、设备实行淘汰制度。生产经营单位不得使用国家明令淘汰、禁止使用的危及生产安全的工艺、设备。

第三十二条 生产、经营、运输、储存、使用危险物品或者处置废弃危险物品的，由有关主管部门依照有关法律、法规的规定和国家标准或者行业标准审批并实施监督管理。生产经营单位生产、经营、运输、储存、使用危险物品或者处置废弃危险物品，必须执行有关法律、法规和国家标准或者行业标准，建立专门的安全管理制度，采取可靠的安全措施，接受有关主管部门依法实施的监督管理。

第三十三条 生产经营单位对重大危险源应当登记建档，进行定期检测、评估、监控，并制定应急预案，告知从业人员和相关人员在紧急情况下应当采取的应急措施。生产经营单位应当按照国家有关规定将本单位重大危险源及有关安全措施、应急措施报有关地方人民政府负责安全生产监督管理的部门和有关部门备案。

第三十四条 生产、经营、储存、使用危险物品的车间、商店、仓库不得与员工宿舍在同一座建筑物内，并应当与员工宿舍保持安全距离。生产经营场所和员工宿舍应当设有符合紧急疏散要求、标志明显、保持畅通的出口。禁止封闭、堵塞生产经营场所或者员工宿舍的出口。

第三十五条 生产经营单位进行爆破、吊装等危险作业，应当安排专门人员进行现场安全管理，确保操作规程的遵守和安全措施的落实。

第三十六条 生产经营单位应当教育和督促从业人员严格执行本单位的安全生产规章制度和安全操作规程；并向从业人员如实告知作业场所和工作岗位存在的危险因素、防范措施以及事故应急措施。

第三十七条 生产经营单位必须为从业人员提供符合国家标准或者行业标准的劳动防护用品，并监督、教育从业人员按照使用规则佩戴、使用。

第三十八条 生产经营单位的安全生产管理人员应当根据本单位的生产经营特点，对安全生产状况进行经常性检查；对检查中发现的安全问题，应当立即处理；不能处理的，应当及时报告本单位有关负责人。检查及处理情况应当记录在案。

第三十九条 生产经营单位应当安排用于配备劳动防护用品、进行安全生产培训的经费。

第四十条 两个以上生产经营单位在同一作业区域内进行生产经营活动，可能危及对方生产安全的，应当签订安全生产管理协议，明确各自的安全生产管理职责和应当采取的安全措施，并指定专职安全生产管理人员进行安全检查与协调。

第四十一条 生产经营单位不得将生产经营项目、场所、设备发包或者出租给不具备安全生产条件或者相应资质的单位或者个人。

生产经营项目、场所有多个承包单位、承租单位的，生产经营单位应当与承包单位、承租单位签订专门的安全生产管理协议，或者在承包合同、租赁合同中约定各自的安全生产管理职责；生产经营单位对承包单位、承租单位的安全生产工作统一协调、管理。

第四十二条 生产经营单位发生重大生产安全事故时，单位的主要负责人应当立即组织抢救，并不得在事故调查处理期间擅离职守。

第四十三条 生产经营单位必须依法参加工伤社会保险，为从业人员缴纳保险费。

第三章 从业人员的权利和义务

第四十四条 生产经营单位与从业人员订立的劳动合同，应当载明有关保障从业人员劳动安全、防止职业危害的事项，以及依法为从业人员办理工伤社会保险的事项。

生产经营单位不得以任何形式与从业人员订立协议，免除或者减轻其对从业人员因生产安全事故伤亡依法应承担的责任。

第四十五条 生产经营单位的从业人员有权了解其作业场所和工作岗位存在的危险因素、防范措施及事故应急措施，有权对本单位的安全生产工作提出建议。

第四十六条 从业人员有权对本单位安全生产工作中存在的问题提出批评、检举、控告；有权拒绝违章指挥和强令冒险作业。生产经营单位不得因从业人员对本单位安全生产工作提出批评、检举、控告或者拒绝违章指挥、强令冒险作业而降低其工资、福利等待遇或者解除与其订立的劳动合同。

第四十七条 从业人员发现直接危及人身安全的紧急情况时，有权停止作业或者在采取可能的应急措施后撤离作业场所。生产经营单位不得因从业人员在前款紧急情况下停止作业或者采取紧急撤离措施而降低其工资、福利等待遇或者解除与其订立的劳动合同。

第四十八条 因生产安全事故受到损害的从业人员，除依法享有工伤社会保险外，依照有关民事法律尚有获得赔偿的权利的，有权向本单位提出赔偿要求。

第四十九条 从业人员在作业过程中，应当严格遵守本单位的安全生产规章制度和操作规程，服从管理，正确佩戴和使用劳动防护用品。

第五十条 从业人员应当接受安全生产教育和培训，掌握本职工作所需的安全生产知识，提高安全生产技能，增强事故预防和应急处理能力。

第五十一条 从业人员发现事故隐患或者其他不安全因素，应当立即向现场安全生产管理人员或者本单位负责人报告；接到报告的人员应当及时予以处理。

第五十二条 工会有权对建设项目的安全设施与主体工程同时设计、同时施工、同时投入生产和使用进行监督，提出意见。

工会对生产经营单位违反安全生产法律、法规，侵犯从业人员合法权益的行为，有权要求纠正；发现生产经营单位违章指挥、强令冒险作业或者发现事故隐患时，有权提出解决的建议，生产经营单位应当及时研究答复；发现危及从业人员生命安全的情况时，有权向生产经营单位建议组织从业人员撤离危险场所，生产经营单位必须立即作出处理。

工会有权依法参加事故调查，向有关部门提出处理意见，并要求追究有关人员的责任。

第四章　安全生产的监督管理

第五十三条 县级以上地方各级人民政府应当根据本行政区域内的安全生产状况，组织有关部门按照职责分工，对本行政区域内容易发生重大生产安全事故的生产经营单位进行严格检查；发现事故隐患，应当及时处理。

第五十四条 依照本法第九条规定对安全生产负有监督管理职责的部门（以下统称负有安全生产监督管理职责的部门）依照有关法律、法规的规定，对涉及安全生产的事项需要审查批准（包括批准、核准、许可、注册、认证、颁发证照等，下同）或者验收的，必须严格依照有关法律、法规和国家标准或者行业标准规定的安全生产条件和程序进行审查；不符合有关法律、法规和国家标准或者行业标准规定的安全生产条件的，不得批准或者验收通过。对未依法取得批准或者验收合格的单位擅自从事有关活动的，负责行政审批的部门发现或者接到举报后应当立即予以取缔，并依法予以处理。对已经依法取得批准的单位，负责行政审批的部门发现其不再具备安全生产条件的，应当撤销原批准。

第五十五条 负有安全生产监督管理职责的部门对涉及安全生产的事项进行审查、验收，不得收取费用；不得要求接受审查、验收的单位购买其指定品牌或者指定生产、销售单位的安全设备、器材或者其他产品。

第五十六条 负有安全生产监督管理职责的部门依法对生产经营单位执行有关安全生产的法律、法规和国家标准或者行业标准的情况进行监督检查，行使以下职权：

（一）进入生产经营单位进行检查，调阅有关资料，向有关单位和人员了解情况；

（二）对检查中发现的安全生产违法行为，当场予以纠正或者要求限期改正；对依法应当给予行政处罚的行为，依照本法和其他有关法律、行政法规的规定作出行政处罚决定；

（三）对检查中发现的事故隐患，应当责令立即排除；重大事故隐患排除前或者排除过程中无法保证安全的，应当责令从危险区域内撤出作业人员，责令暂时停产停业或者停止使用；重大事故隐患排除后，经审查同意，方可恢复生产经营和使用；

（四）对有根据认为不符合保障安全生产的国家标准或者行业标准的设施、设备、器材予以查封或者扣押，并应当在十五日内依法作出处理决定。监督检查不得影响被检查单位的正常生产经营活动。

第五十七条 生产经营单位对负有安全生产监督管理职责的部门的监督检查人员（以下统称安全生产监督检查人员）依法履行监督检查职责，应当予以配合，不得拒绝、阻挠。

第五十八条 安全生产监督检查人员应当忠于职守，坚持原则，秉公执法。安全生产监督检查人员执行监督检查任务时，必须出示有效的监督执法证件；对涉及被检查单位的技术秘密和业务秘密，应当为其保密。

第五十九条 安全生产监督检查人员应当将检查的时间、地点、内容、发现的问题及其处理情况，作出书面记录，并由检查人员和被检查单位的负责人签字；被检查单位的负责人拒绝签字的，检查人员应当将情况记录在案，并向负有安全生产监督管理职责的部门报告。

第六十条 负有安全生产监督管理职责的部门在监督检查中，应当互相配合，实行联合检查；确需分别进行检查的，应当互通情况，发现存在的安全问题应当由其他有关部门进行处理的，应当及时移送其他有关部门并形成记录备查，接受移送的部门应当及时进行处理。

第六十一条 监察机关依照行政监察法的规定，对负有安全生产监督管理职责的部门及其工作人员履行安全生产监督管理职责实施监察。

第六十二条 承担安全评价、认证、检测、检验的机构应当具备国家规定的资质条件，并对其作出的安全评价、认证、检测、检验的结果负责。

第六十三条 负有安全生产监督管理职责的部门应当建立举报制度，公开举报电话、信箱或者电子邮件地址，受理有关安全生产的举报；受理的举报事项经调查核实后，应当形成书面材料；需要落实整改措施的，报经有关负责人签字并督促落实。

第六十四条 任何单位或者个人对事故隐患或者安全生产违法行为，均有权向负有安全生产监督管理职责的部门报告或者举报。

第六十五条 居民委员会、村民委员会发现其所在区域内的生产经营单位存有事故隐患或者安全生产违法行为时，应当向当地人民政府或者有关部门报告。

第六十六条 县级以上各级人民政府及其有关部门对报告重大事故隐患或者举报安全生产违法行为的有功人员，给予奖励。具体奖励办法由国务院负责安全生产监督管理的部门会同国务院财政部门制定。

第六十七条 新闻、出版、广播、电影、电视等单位有进行安全生产宣传教育的义务，有对违反安全生产法律、法规的行为进行舆论监督的权利。

第五章　生产安全事故的应急救援与调查处理

第六十八条　县级以上地方各级人民政府应当组织有关部门制定本行政区域内特大生产安全事故应急救援预案，建立应急救援体系。

第六十九条　危险物品的生产、经营、储存单位以及矿山、建筑施工单位应当建立应急救援组织；生产经营规模较小，可以不建立应急救援组织的，应当指定兼职的应急救援人员。

危险物品的生产、经营、储存单位以及矿山、建筑施工单位应当配备必要的应急救援器材、设备，并进行经常性维护、保养，保证正常运转。

第七十条　生产经营单位发生生产安全事故后，事故现场有关人员应当立即报告本单位负责人。单位负责人接到事故报告后，应当迅速采取有效措施，组织抢救，防止事故扩大，减少人员伤亡和财产损失，并按照国家有关规定立即如实报告当地负有安全生产监督管理职责的部门，不得隐瞒不报、谎报或者拖延不报，不得故意破坏事故现场、毁灭有关证据。

第七十一条　负有安全生产监督管理职责的部门接到事故报告后，应当立即按照国家有关规定上报事故情况。负有安全生产监督管理职责的部门和有关地方人民政府对事故情况不得隐瞒不报、谎报或者拖延不报。

第七十二条　有关地方人民政府和负有安全生产监督管理职责的部门的负责人接到重大生产安全事故报告后，应当立即赶到事故现场，组织事故抢救。任何单位和个人都应当支持、配合事故抢救，并提供一切便利条件。

第七十三条　事故调查处理应当按照实事求是、尊重科学的原则，及时、准确地查清事故原因，查明事故性质和责任，总结事故教训，提出整改措施，并对事故责任者提出处理意见。事故调查和处理的具体办法由国务院制定。

第七十四条　生产经营单位发生生产安全事故，经调查确定为责任事故的，除了应当查明事故单位的责任并依法予以追究外，还应当查明对安全生产的有关事项负有审查批准和监督职责的行政部门的责任，对有失职、渎职行为的，依照本法第七十七条的规定追究法律责任。

第七十五条　任何单位和个人不得阻挠和干涉对事故的依法调查处理。

第七十六条　县级以上地方各级人民政府负责安全生产监督管理的部门应当定期统计分析本行政区域内发生生产安全事故的情况，并定期向社会公布。

第六章　法　律　责　任

第七十七条　负有安全生产监督管理职责的部门的工作人员，有下列行为之一的，给予降级或者撤职的行政处分；构成犯罪的，依照刑法有关规定追究刑事责任：

（一）对不符合法定安全生产条件的涉及安全生产的事项予以批准或者验收通过的；

（二）发现未依法取得批准、验收的单位擅自从事有关活动或者接到举报后不予取缔或者不依法予以处理的；

（三）对已经依法取得批准的单位不履行监督管理职责，发现其不再具备安全生产条件而不撤销原批准或者发现安全生产违法行为不予查处的。

第七十八条 负有安全生产监督管理职责的部门，要求被审查、验收的单位购买其指定的安全设备、器材或者其他产品的，在对安全生产事项的审查、验收中收取费用的，由其上级机关或者监察机关责令改正，责令退还收取的费用；情节严重的，对直接负责的主管人员和其他直接责任人员依法给予行政处分。

第七十九条 承担安全评价、认证、检测、检验工作的机构，出具虚假证明，构成犯罪的，依照刑法有关规定追究刑事责任；尚不够刑事处罚的，没收违法所得，违法所得在五千元以上的，并处违法所得二倍以上五倍以下的罚款，没有违法所得或者违法所得不足五千元的，单处或者并处五千元以上二万元以下的罚款，对其直接负责的主管人员和其他直接责任人员处五千元以上五万元以下的罚款；给他人造成损害的，与生产经营单位承担连带赔偿责任。对有前款违法行为的机构，撤销其相应资格。

第八十条 生产经营单位的决策机构、主要负责人、个人经营的投资人不依照本法规定保证安全生产所必需的资金投入，致使生产经营单位不具备安全生产条件的，责令限期改正，提供必需的资金；逾期未改正的，责令生产经营单位停产停业整顿。有前款违法行为，导致发生生产安全事故，构成犯罪的，依照刑法有关规定追究刑事责任；尚不够刑事处罚的，对生产经营单位的主要负责人给予撤职处分，对个人经营的投资人处二万元以上二十万元以下的罚款。

第八十一条 生产经营单位的主要负责人未履行本法规定的安全生产管理职责的，责令限期改正；逾期未改正的，责令生产经营单位停产停业整顿。生产经营单位的主要负责人有前款违法行为，导致发生生产安全事故，构成犯罪的，依照刑法有关规定追究刑事责任；尚不够刑事处罚的，给予撤职处分或者处二万元以上二十万元以下的罚款。生产经营单位的主要负责人依照前款规定受刑事处罚或者撤职处分的，自刑罚执行完毕或者受处分之日起，五年内不得担任任何生产经营单位的主要负责人。

第八十二条 生产经营单位有下列行为之一的，责令限期改正；逾期未改正的，责令停产停业整顿，可以并处二万元以下的罚款：

（一）未按照规定设立安全生产管理机构或者配备安全生产管理人员的；

（二）危险物品的生产、经营、贮存单位以及矿山、建筑施工单位的主要负责人和安全生产管理人员未按照规定经考核合格的；

（三）未按照本法第二十一条、第二十二条的规定对从业人员进行安全生产教育和培训，或者未按照本法第三十六条的规定如实告知从业人员有关的安全生产事项的；

（四）特种作业人员未按照规定经专门的安全作业培训并取得特种作业操作资格证书，上岗作业的。

第八十三条 生产经营单位有下列行为之一的，责令限期改正；逾期未改正的，责令停止建设或者停产停业整顿，可以并处五万元以下的罚款；造成严重后果，构成犯罪的，依照刑法有关规定追究刑事责任：

（一）矿山建设项目或者用于生产、贮存危险物品的建设项目没有安全设施设计或者安全设施设计未按照规定报经有关部门审查同意的；

（二）矿山建设项目或者用于生产、贮存危险物品的建设项目的施工单位未按照批准的安全设施设计施工的；

（三）矿山建设项目或者用于生产、贮存危险物品的建设项目竣工投入生产或者使用前，安全设施未经验收合格的；

（四）未在有较大危险因素的生产经营场所和有关设施、设备上设置明显的安全警示标志的；

（五）安全设备的安装、使用、检测、改造和报废不符合国家标准或者行业标准的；

（六）未对安全设备进行经常性维护、保养和定期检测的；

（七）未为从业人员提供符合国家标准或者行业标准的劳动防护用品的；

（八）特种设备以及危险物品的容器、运输工具未经取得专业资质的机构检测、检验合格，取得安全使用证或者安全标志，投入使用的；

（九）使用国家明令淘汰、禁止使用的危及生产安全的工艺、设备的。

第八十四条 未经依法批准，擅自生产、经营、储存危险物品的，责令停止违法行为或者予以关闭，没收违法所得，违法所得十万元以上的，并处违法所得一倍以上五倍以下的罚款，没有违法所得或者违法所得不足十万元的，单处或者并处二万元以上十万元以下的罚款；造成严重后果，构成犯罪的，依照刑法有关规定追究刑事责任。

第八十五条 生产经营单位有下列行为之一的，责令限期改正；逾期未改正的，责令停产停业整顿，可以并处二万元以上十万元以下的罚款；造成严重后果，构成犯罪的，依照刑法有关规定追究刑事责任：

（一）生产、经营、贮存、使用危险物品，未建立专门安全管理制度、未采取可靠的安全措施或者不接受有关主管部门依法实施的监督管理的；

（二）对重大危险源未登记建档，或者未进行评估、监控，或者未制定应急预案的；

（三）进行爆破、吊装等危险作业，未安排专门管理人员进行现场安全管理的。

第八十六条 生产经营单位将生产经营项目、场所、设备发包或者出租给不具备安全生产条件或者相应资质的单位或者个人的，责令限期改正，没收违法所得；违法所得五万元以上的，并处违法所得一倍以上五倍以下的罚款；没有违法所得或者违法所得不足五万元的，单处或者并处一万元以上五万元以下的罚款；导致发生生产安全事故给他人造成损害的，与承包方、承租方承担连带赔偿责任。生产经营单位未与承包单位、承租单位签订专门的安全生产管理协议或者未在承包合同、租赁合同中明确各自的安全生产管理职责，或者未对承包单位、承租单位的安全生产统一协调、管理的，责令限期改正；逾期未改正的，责令停产停业整顿。

第八十七条 两个以上生产经营单位在同一作业区域内进行可能危及对方安全生产的生产经营活动，未签订安全生产管理协议或者未指定专职安全生产管理人员进行安全检查与协调的，责令限期改正；逾期未改正的，责令停产停业。

第八十八条 生产经营单位有下列行为之一的，责令限期改正；逾期未改正的，责令停产停业整顿；造成严重后果，构成犯罪的，依照刑法有关规定追究刑事责任：

（一）生产、经营、贮存、使用危险物品的车间、商店、仓库与员工宿舍在同一座建筑内，或者与员工宿舍的距离不符合安全要求的；

（二）生产经营场所和员工宿舍未设有符合紧急疏散需要、标志明显、保持畅通的出口，或者封闭、堵塞生产经营场所或者员工宿舍出口的。

第八十九条 生产经营单位与从业人员订立协议，免除或者减轻其对从业人员因生产安全事故伤亡依法应承担的责任的，该协议无效；对生产经营单位的主要负责人、个人经营的投资人处二万元以上十万元以下的罚款。

第九十条 生产经营单位的从业人员不服从管理，违反安全生产规章制度或者操作规程的，由生产经营单位给予批评教育，依照有关规章制度给予处分；造成重大事故，构成犯罪的，依照刑法有关规定追究刑事责任。

第九十一条 生产经营单位主要负责人在本单位发生重大生产安全事故时，不立即组织抢救或者在事故调查处理期间擅离职守或者逃匿的，给予降职、撤职的处分，对逃匿的处十五日以下拘留；构成犯罪的，依照刑法有关规定追究刑事责任。生产经营单位主要负责人对生产安全事故隐瞒不报、谎报或者拖延不报的，依照前款规定处罚。

第九十二条 有关地方人民政府、负有安全生产监督管理职责的部门，对生产安全事故隐瞒不报、谎报或者拖延不报的，对直接负责的主管人员和其他直接责任人员依法给予行政处分；构成犯罪的，依照刑法有关规定追究刑事责任。

第九十三条 生产经营单位不具备本法和其他有关法律、行政法规和国家标准或者行业标准规定的安全生产条件，经停产停业整顿仍不具备安全生产条件的，予以关闭；有关部门应当依法吊销其有关证照。

第九十四条 本法规定的行政处罚，由负责安全生产监督管理的部门决定；予以关闭的行政处罚由负责安全生产监督管理的部门报请县级以上人民政府按照国务院规定的权限决定；给予拘留的行政处罚由公安机关依照治安管理处罚条例的规定决定。有关法律、行政法规对行政处罚的决定机关另有规定的，依照其规定。

第九十五条 生产经营单位发生生产安全事故造成人员伤亡、他人财产损失的，应当依法承担赔偿责任；拒不承担或者其负责人逃匿的，由人民法院依法强制执行。生产安全事故的责任人未依法承担赔偿责任，经人民法院依法采取执行措施后，仍不能对受害人给予足额赔偿的，应当继续履行赔偿义务；受害人发现责任人有其他财产的，可以随时请求人民法院执行。

第七章　附　　则

第九十六条 本法下列用语的含义：

危险物品，是指易燃易爆物品、危险化学品、放射性物品等能够危及人身安全和财产安全的物品。

重大危险源，是指长期地或者临时地生产、搬运、使用或者贮存危险物品，且危险物品的数量等于或者超过临界量的单元（包括场所和设施）。

第九十七条 本法自2002年11月1日起施行。

中华人民共和国环境保护法（节选）

（1989 年 12 月 26 日第七届全国人民代表大会常务委员会第十一次会议通过）

目　录

第一章　总　　则

第一条　为保护和改善生活环境与生态环境，防治污染和其他公害，保障人体健康，促进社会主义现代化建设的发展，制定本法。

第二条　本法所称环境，是指影响人类社会生存和发展的各种天然的和经过人工改造的自然因素总体，包括大气、水、海洋、土地、矿藏、森林、草原、野生动物、自然遗迹、人文遗迹、自然保护区、风景名胜区、城市和乡村等。

第三条　本法适用于中华人民共和国领域和中华人民共和国管辖的其他海域。

第四条～第五条　（略）

第六条　一切单位和个人都有保护环境的义务，并有权对污染和破坏环境的单位和个人进行检举和控告。

第七条～第八条　（略）

第二章　环 境 监 督 管 理

第九条～第十二条　（略）

第十三条　建设污染环境项目，必须遵守国家有关建设项目环境保护管理的规定。

建设项目的环境影响报告书，必须对建设项目产生的污染和对环境的影响作出评价，规定防治措施，经项目主管部门预审并依照规定的程序报环境保护行政主管部门批准。环境影响报告书经批准后，计划部门方可批准建设项目设计任务书。

第十四条～第十五条　（略）

注：本法（节选）选自《中华人民共和国国务院公报》1989 年第 26 号。

第三章　保护和改善环境

第十六条～第十七条　（略）

第十八条　在国务院、国务院有关主管部门和省、自治区、直辖市人民政府规定的风景名胜区、自然保护区和其他需要特别保护的区域内，不得建设污染环境的工业生产设施；建设其他设施，其污染物排放不得超过规定的排放标准。已经建成的设施，其污染物排放超过规定排放标准的，限期治理。

第十九条～第二十二条　（略）

第二十三条　城乡建设应当结合当地自然环境的特点，保护植被、水域和自然景观，加强城市园林、绿地和风景名胜区的建设。

第四章　防治环境污染和其他公害

第二十四条　产生环境污染和其他公害的单位，必须把环境保护工作纳入计划，建立环境保护责任制度；采取有效措施，防治在生产建设或者其他活动中产生的废气、废水、废渣、粉尘、恶臭气体、放射性物质以及噪声、振动、电磁波辐射等对环境的污染和危害。

第二十五条　（略）

第二十六条　建设项目中防治污染的措施，必须与主体工程同时设计、同时施工、同时投产使用。防治污染的设施必须经原审批环境影响报告书的环境保护行政主管部门验收合格后，该建设项目方可投入生产或者使用。

防治污染的设施不得擅自拆除或者闲置，确有必要拆除或者闲置的，必须征得所在地的环境保护行政主管部门同意。

第二十七条～第二十八条　（略）

第二十九条　对造成环境严重污染的企业事业单位，限期治理。

（略）。

第三十条　禁止引进不符合我国环境保护规定要求的技术和设备。

第三十一条　因发生事故或者其他突然性事件，造成或者可能造成污染事故的单位，必须立即采取措施处理，及时通报可能受到污染危害的单位和居民，并向当地环境保护行政主管部门和有关部门报告，接受调查处理。

可能发生重大污染事故的企业事业单位，应当采取措施，加强防范。

第三十二条　（略）

第三十三条　生产、储存、运输、销售、使用有毒化学物品和含有放射性物质的物品，必须遵守国家有关规定，防止污染环境。

第三十四条　（略）

第五章 法 律 责 任

第三十五条 违反本法规定，有下列行为之一的，环境保护行政主管部门或者其他依照法律规定行使环境监督管理权的部门可以根据不同情节，给予警告或者处以罚款：

（一）拒绝环境保护行政主管部门或者其他依照法律规定行使环境监督管理权的部门现场检查或者在被检查时弄虚作假的。

（二）拒报或者谎报国务院环境保护行政主管部门规定的有关污染物排放申报事项的。

（三）不按国家规定缴纳超标准排污费的。

（四）引进不符合我国环境保护规定要求的技术和设备的。

（五）将产生严重污染的生产设备转移给没有污染防治能力的单位使用的。

第三十六条 建设项目的防治污染设施没有建成或者没有达到国家规定的要求，投入生产或者使用的，由批准该建设项目的环境影响报告书的环境保护行政主管部门责令停止生产或者使用，可以并处罚款。

第三十七条 未经环境保护行政主管部门同意，擅自拆除或者闲置防治污染的设施，污染物排放超过规定的排放标准的，由环境保护行政主管部门责令重新安装使用，并处罚款。

第三十八条 对违反本法规定，造成环境污染事故的企业事业单位，由环境保护行政主管部门或者其他依照法律规定行使环境监督管理权的部门根据所造成的危害后果处以罚款；情节较重的，对有关责任人员由其所在单位或者政府主管机关给予行政处分。

第三十九条 （略）

第四十条 当事人对行政处罚不服的，可以在接到处罚通知之日起十五日内，向做出处罚决定的机关的上一级机关申请复议；对复议决定不服的，可以在接到复议通知之日起十五日内，向人民法院起诉。当事人也可以在接到处罚通知之日起十五日内，直接向人民法院起诉。当事人逾期不申请复议、也不向人民法院起诉、又不履行处罚决定的，由做出处罚决定的机关申请人民法院强制执行。

第四十一条 造成环境污染危害的，有责任排除危害，并对直接受到损害的单位或者个人赔偿损失。

赔偿责任和赔偿金额的纠纷，可以根据当事人的请求，由环境保护行政主管部门或者其他依照法律规定行使环境监督管理权的部门处理；当事人对处理决定不服的，可以向人民法院起诉。当事人也可以直接向人民法院起诉。

完全由于不可抗拒的自然灾害，并经及时采取合理措施，仍然不能避免造成环境污染损害的，免于承担责任。

第四十二条 因环境污染损害赔偿提起诉讼的时效期间为三年，从当事人知道或者应当知道受到污染损害起时计算。

第四十三条～第四十五条 （略）

第六章　附　　则

第四十六条　（略）

第四十七条　本法自发布之日起施行。《中华人民共和国环境保护法（试行）》同时废止。

中华人民共和国环境噪声污染防治法（节选）

（1996年10月29日第八届全国人民代表大会常务委员会第二十二次会议通过，中华人民共和国主席令77号公布，1997年3月1日起施行）

第一章　总　　则

第一条　为防治环境噪声污染，保护和改善生活环境，保障人体健康，促进经济和社会发展，制定本法。

第二条　本法所称环境噪声，是指在工业生产、建筑施工、交通运输和社会生活中所产生的干扰周围生活环境的声音。

本法所称环境噪声污染，是指所产生的环境噪声超过国家规定的环境噪声排放标准，并干扰他人正常生活、工作和学习的现象。

第三条　本法适用于中华人民共和国领域内环境噪声污染的防治。

因从事本职生产、经营工作受到噪声危害的防治，不适用本法。

第四条　国务院和地方各级人民政府应当将环境噪声污染防治工作纳入环境保护规则，并采取有利于声环境保护的经济、技术政策和措施。

第五条　地方各级人民政府在制定城乡建设规划时，应当充分考虑建设项目和区域开发、改造所产生的噪声对周围生活环境的影响，统筹规划，合理安排功能区和建设布局，防止或者减轻环境噪声污染。

第六条　国务院环境保护行政主管部门对全国环境噪声污染防治实施统一监督管理。

县级以上地方人民政府环境保护行政主管部门对本行政区域内的环境噪声污染防治实施统一监督管理。

各级公安、交通、铁路、民航等主管部门和港务监督机构，根据各自的职责，对交通运输和社会生活噪声污染防治实施监督管理。

第七条　任何单位和个人都有保护声环境的义务，并有权对造成环境噪声污染的单位和个人进行检举和控告。

第八条　国家鼓励、支持环境噪声污染防治的科学研究、技术开发，推广先进的防治技术和普及防治环境噪声污染的科学知识。

第九条　对在环境噪声污染防治方面成绩显著的单位和个人，由人民政府给予奖励。

第二章　环境噪声污染防治的监督管理

第十二条　城市规划部门在确定建设布局时，应当依据国家声环境质量标准和民用建筑隔声设计规范，合理划定建筑物与交通干线的防噪声距离，并提出相应的规划设计要求。

第十三条　新建、改建、扩建的建设项目，必须遵守国家有关建设项目环境保护管理的规定。

建设项目可能产生环境噪声污染的，建设单位必须提出环境影响报告书，规定环境噪声污染的防治措施，并按照国家规定的程序报环境保护行政主管部门批准。

环境影响报告书中，应当有该建设项目所在地单位和居民的意见。

第十四条　建设项目的环境噪声污染防治设施必须与主体工程同时设计、同时施工、同时投产使用。

建设项目在投入生产或者使用之前，其环境噪声污染防治设施必须经原审批环境影响报告书的环境保护行政主管部门验收；达不到国家规定要求的，该建设项目不得投入生产或者使用。

第十五条　产生环境噪声污染的企业事业单位，必须保持防治环境噪声污染的设施的正常使用；拆除或者闲置环境噪声污染防治设施的，必须事先报经所在地的县级以上地方人民政府环境保护行政主管部门批准。

第十六条　产生环境噪声污染的单位，应当采取措施进行治理，并按照国家规定缴纳超标准排污费。

征收的超标准排污费必须用于污染的防治，不得挪作他用。

第十七条～第二十一条　（略）

第三章　工业噪声污染防治（略）

第四章　建筑施工噪声污染防治

第二十七条　本法所称建筑施工噪声，是指在建筑施工过程中产生的干扰周围生活环境的声音。

第二十八条　在城市市区范围内向周围生活环境排放建筑施工噪声的，应当符合国家规定的建筑施工场界环境噪声排放标准。

第二十九条　在城市市区范围内，建筑施工过程中使用机械设备，可能产生环境噪声污染的，施工单位必须在工程开工十五日以前向工程所在地县级以上地方人民政府环境保护行政主管部门申报该工程的项目名称、施工场所和期限、可能产生的环境噪声值以及所采取的环境噪声污染防治措施的情况。

第三十条　在城市市区噪声敏感建筑物集中区域内，禁止夜间进行产生环境噪声污染的建筑施工作业，但抢修、抢险作业和因生产工艺上要求或者特殊需要必须连续作业的除外。

因特殊需要必须连续作业的，必须有县级以上人民政府或者其有关主管部门的证明。

前款规定的夜间作业，必须公告附近居民。

第五章～第六章 （略）

第七章 法 律 责 任

第四十八条 违反本法第十四条的规定，建设项目中需要配套建设的环境噪声污染防治设施没有建成或者没有达到国家规定的要求，擅自投入生产或者使用的，由批准该建设项目的环境影响报告书的环境保护行政主管部门责令停止生产或者使用，可以并处罚款。

第四十九条 违反本法规定，拒报或者谎报规定的环境噪声排放申报事项的，县级以上地方人民政府环境保护行政主管部门可以根据不同情节，给予警告或者处以罚款。

第五十条 违反本法第十五条的规定，未经环境保护行政主管部门批准，擅自拆除或者闲置环境噪声污染防治设施，致使环境噪声排放超过规定标准的，由县级以上地方人民政府环境保护行政主管部门责令改正，并处罚款。

第五十一条 违反本法第十六条的规定，不按照国家规定缴纳超标准排污费的，县级以上地方人民政府环境保护行政主管部门可以根据不同情节，给予警告或者处以罚款。

第五十二条 违反本法第十七条的规定，对经限期治理逾期未完成治理任务的企业事业单位，除依照国家规定加收超标准排污费外，可以根据所造成的危害后果处以罚款，或者责令停业、搬迁、关闭。

前款规定的罚款由环境保护行政主管部门决定。责令停业、搬迁、关闭由县级以上人民政府按照国务院规定的权限决定。

第五十三条 违反本法第十八条的规定，生产、销售、进口禁止生产、销售、进口的设备的，由县级以上人民政府经济综合主管部门责令改正；情节严重的，由县级以上人民政府经济综合主管部门提出意见，报请同级人民政府按照国务院规定的权限责令停业、关闭。

第五十四条 违反本法第十九条的规定，未经当地公安机关批准，进行产生偶发性强烈噪声活动的由公安机关根据不同情节给予警告或者处以罚款。

第五十五条 排放环境噪声的单位违反本法第二十一条的规定，拒绝环境保护行政主管部门或者其他依照本法规定行使环境噪声监督管理权的部门、机构现场检查或者在被检查时弄虚作假的，环境保护行政主管部门或者其他依照本法规定行使环境噪声监督管理权的监督管理部门、机构可以根据不同情节，给予警告或者处以罚款。

第五十六条 建筑施工单位违反本法第三十条第一款的规定，在城市市区噪声敏感建筑物集中区域内，夜间进行禁止进行的产生环境噪声污染的建筑施工作业的，由工程所在地县级以上地方人民政府环境保护行政主管部门责令改正，可以并处罚款。

第五十七条 违反本法第三十四条的规定，机动车辆不按照规定使用声响装置的，由当地公安机关根据不同情节给予警告或者处以罚款。

机动船舶有前款违法行为的，由港务监督机构根据不同情节给予警告或者处以罚款。

铁路机车有第一款违法行为的，由铁路主管部门对有关责任人员给予行政处分。

第五十八条 违反本法规定，有下列行为之一的，由公安机关给予警告，可以并处罚款：

（一）在城市市噪声敏感建筑物集中区域内使用高音广播喇叭；

（二）违反当地公安机关的规定，在城市市区街道、广场、公园等公共场所组织娱乐、集会等活动，使用音响器材，产生干扰周围生活环境的过大音量的；

（三）未按本法第四十六条和第四十七条规定采取措施，从家庭室内发出严重干扰周围居民生活的环境噪声。

第五十九条 违反本法第四十三条第二款、第四十四条第二款的规定，造成环境噪声污染的，由县级以上地方人民政府环境保护行政主管部门责令改正，可以并处罚款。

第六十条 违反本法第四十四条第一款的规定，造成环境噪声污染的，由公安机关责令改正，可以并处罚款。

第六十一条 受到环境噪声污染危害的单位和个人，有权要求加害人排除危害；造成损失的，依法赔偿损失。

赔偿责任和赔偿金额的纠纷，可以根据当事人的请求，由环境保护行政主管部门或者其他环境噪声污染防治工作的监督管理部门、机构调解处理；调解不成的，当事人可以向人民法院起诉。当事人也可以直接向人民法院起诉。

第六十二条 环境噪声污染防治监督管理人员滥用职权、玩忽职守、徇私舞弊的，由其所在单位或者上级主管机关给予行政处分；构成犯罪的，依法追究刑事责任。

第八章 附 则

第六十三条 本法中下列用语的含义是：

（一）“噪声排放”是指噪声源向周围生活环境辐射噪声。

（二）“噪声敏感建筑物”是指医院、学校、机关、科研单位、住宅等需要保持安静的建筑物。

（三）“噪声敏感建筑物集中区域”是指医疗区、文教科研区和机关或者居民住宅为主的区域。

（四）“夜间”是指晚二十二点至晨六点之间的期间。

（五）“机动车辆”是指汽车和摩托车。

第六十四条 本法自1997年3月1日起施行。1989年9月26日国务院发布的《中华人民共和国环境噪声污染防治条例》同时废止。

中华人民共和国职业病防治法（节选）

（2001年10月27日第九届全国人民代表大会常务委员会第二十四次会议通过根据2011年12月31日第十一届全国人民代表大会常务委员会第二十四次会议《关于修改〈中华人民共和国职业病防治法〉的决定》修正）

第一章 总 则

第一条～第七条 （略）

第八条 国家鼓励和支持研制、开发、推广、应用有利于职业病防治和保护劳动者健康的新技术、新工艺、新设备、新材料，加强对职业病的机理和发生规律的基础研究，提高职业病防治科学技术水平；积极采用有效的职业病防治技术、工艺、设备、材料；限制使用或者淘汰职业病危害严重的技术、工艺、设备、材料。

国家鼓励和支持职业病医疗康复机构的建设。

第九条～第十二条 （略）

第十三条 任何单位和个人有权对违反本法的行为进行检举和控告。有关部门收到相关的检举和控告后，应当及时处理。

对防治职业病成绩显著的单位和个人，给予奖励。

第二章 前 期 预 防

第十四条～第十六条 （略）

第十七条 新建、扩建、改建建设项目和技术改造、技术引进项目（以下统称建设项目）可能产生职业病危害的，建设单位在可行性论证阶段应当向安全生产监督管理部门提交职业病危害预评价报告。安全生产监督管理部门应当自收到职业病危害预评价报告之日起三十日内，作出审核决定并书面通知建设单位。未提交预评价报告或者预评价报告未经安全生产监督管理部门审核同意的，有关部门不得批准该建设项目。

职业病危害预评价报告应当对建设项目可能产生的职业病危害因素及其对工作场所和劳动者健康的影响作出评价，确定危害类别和职业病防护措施。

建设项目职业病危害分类管理办法由国务院安全生产监督管理部门制定。

第十八条 建设项目的职业病防护设施所需费用应当纳入建设项目工程预算，并与主体工程同时设计，同时施工，同时投入生产和使用。

职业病危害严重的建设项目的防护设施设计，应当经安全生产监督管理部门审查，符合国家职业卫生标准和卫生要求的，方可施工。

建设项目在竣工验收前，建设单位应当进行职业病危害控制效果评价。建设项目竣工验收时，其职业病防护设施经安全生产监督管理部门验收合格后，方可投入正式生产和使用。

第十九条～第二十条 （略）

第三章～第五章（略）

第六章 法 律 责 任

第七十条 建设单位违反本法规定，有下列行为之一的，由安全生产监督管理部门给予警告，责令限期改正；逾期不改正的，处十万元以上五十万元以下的罚款；情节严重的，责令停止产生职业病危害的作业，或者提请有关人民政府按照国务院规定的权限责令停建、关闭：

（一）未按照规定进行职业病危害预评价或者未提交职业病危害预评价报告，或者职业病危害预评价报告未经安全生产监督管理部门审核同意，开工建设的；

（二）建设项目的职业病防护设施未按照规定与主体工程同时投入生产和使用的；

（三）职业病危害严重的建设项目，其职业病防护设施设计未经安全生产监督管理部门审查，或者不符合国家职业卫生标准和卫生要求施工的；

（四）未按照规定对职业病防护设施进行职业病危害控制效果评价、未经安全生产监督管理部门验收或者验收不合格，擅自投入使用的。

第七十一条～第七十六条 （略）

第七十七条 生产、经营或者进口国家明令禁止使用的可能产生职业病危害的设备或者材料的，依照有关法律、行政法规的规定给予处罚。

第七十八条～第八十三条 （略）

第八十四条 违反本法第十七条 、第十八条 规定，有关部门擅自批准建设项目或者发放施工许可的，对该部门直接负责的主管人员和其他直接责任人员，由监察机关或者上级机关依法给予记过直至开除的处分。

第八十五条 （略）

第八十六条 违反本法规定，构成犯罪的，依法追究刑事责任。

第七章 附 则

第八十七条～第八十九条 （略）

第九十条 本法自2002年5月1日起施行。

中华人民共和国消防法（节选）

（1998年4月29日第九届全国人民代表大会
常务委员会第二次会议通过，2008年10月28日
第十一届全国人民代表大会常务委员会
第五次会议修订）

第一章 总 则

第一条 为了预防火灾和减少火灾危害，加强应急救援工作，保护人身、财产安全，维护公共安全，制定本法。

第二条 消防工作贯彻预防为主、防消结合的方针，按照政府统一领导、部门依法监管、单位全面负责、公民积极参与的原则，实行消防安全责任制，建立健全社会化的消防工作网络。

第三条～第六条 （略）

第七条 国家鼓励、支持消防科学研究和技术创新，推广使用先进的消防和应急救援技术、设备；鼓励、支持社会力量开展消防公益活动。

对在消防工作中有突出贡献的单位和个人，应当按照国家有关规定给予表彰和奖励。

第二章 火 灾 预 防

第八条 （略）

第九条 建设工程的消防设计、施工必须符合国家工程建设消防技术标准。建设、设计、施工、工程监理等单位依法对建设工程的消防设计、施工质量负责。

第十条 按照国家工程建设消防技术标准需要进行消防设计的建设工程，除本法第十一条另有规定的外，建设单位应当自依法取得施工许可之日起七个工作日内，将消防设计文件报公安机关消防机构备案，公安机关消防机构应当进行抽查。

第十一条 国务院公安部门规定的大型的人员密集场所和其他特殊建设工程，建设单位应当将消防设计文件报送公安机关消防机构审核。公安机关消防机构依法对审核的结果负责。

第十二条 依法应当经公安机关消防机构进行消防设计审核的建设工程，未经依法审核或者审核不合格的，负责审批该工程施工许可的部门不得给予施工许可，建设单位、施工单位不得施工；其他建设工程取得施工许可后经依法抽查不合格的，应当停止施工。

第十三条 按照国家工程建设消防技术标准需要进行消防设计的建设工程竣工，依照下列规定进行消防验收、备案：

（一）本法第十一条规定的建设工程，建设单位应当向公安机关消防机构申请消防验收；

（二）其他建设工程，建设单位在验收后应当报公安机关消防机构备案，公安机关消防机构应当进行抽查。

依法应当进行消防验收的建设工程，未经消防验收或者消防验收不合格的，禁止投入使用；其他建设工程经依法抽查不合格的，应当停止使用。

第十四条～第十七条 （略）

第十八条 同一建筑物由两个以上单位管理或者使用的，应当明确各方的消防安全责任，并确定责任人对共用的疏散通道、安全出口、建筑消防设施和消防车通道进行统一管理。

住宅区的物业服务企业应当对管理区域内的共用消防设施进行维护管理，提供消防安全防范服务。

第十九条 生产、储存、经营易燃易爆危险品的场所不得与居住场所设置在同一建筑物内，并应当与居住场所保持安全距离。

生产、储存、经营其他物品的场所与居住场所设置在同一建筑物内的，应当符合国家工程建设消防技术标准。

第二十条 （略）

第二十一条 禁止在具有火灾、爆炸危险的场所吸烟、使用明火。因施工等特殊情况需要使用明火作业的，应当按照规定事先办理审批手续，采取相应的消防安全措施；作业人员应当遵守消防安全规定。

进行电焊、气焊等具有火灾危险作业的人员和自动消防系统的操作人员，必须持证上岗，并遵守消防安全操作规程。

第二十二条 （略）

第二十三条 生产、储存、运输、销售、使用、销毁易燃易爆危险品，必须执行消防技术标准和管理规定。

进入生产、储存易燃易爆危险品的场所，必须执行消防安全规定。禁止非法携带易燃易爆危险品进入公共场所或者乘坐公共交通工具。

储存可燃物资仓库的管理，必须执行消防技术标准和管理规定。

第二十四条 消防产品必须符合国家标准；没有国家标准的，必须符合行业标准。禁止生产、销售或者使用不合格的消防产品以及国家明令淘汰的消防产品。

依法实行强制性产品认证的消防产品，由具有法定资质的认证机构按照国家标准、行业标准的强制性要求认证合格后，方可生产、销售、使用。实行强制性产品认证的消防产品目录，由国务院产品质量监督部门会同国务院公安部门制定并公布。

新研制的尚未制定国家标准、行业标准的消防产品，应当按照国务院产品质量监督部门会同国务院公安部门规定的办法，经技术鉴定符合消防安全要求的，方可生产、销售、使用。

依照本条规定经强制性产品认证合格或者技术鉴定合格的消防产品，国务院公安部门消防机构应当予以公布。

第二十五条 （略）

第二十六条 建筑构件、建筑材料和室内装修、装饰材料的防火性能必须符合国家标准；没有国家标准的，必须符合行业标准。

人员密集场所室内装修、装饰，应当按照消防技术标准的要求，使用不燃、难燃材料。

第二十七条 （略）

第二十八条 任何单位、个人不得损坏、挪用或者擅自拆除、停用消防设施、器材，不得埋压、圈占、遮挡消火栓或者占用防火间距，不得占用、堵塞、封闭疏散通道、安全出口、消防车通道。人员密集场所的门窗不得设置影响逃生和灭火救援的障碍物。

第二十九条 负责公共消防设施维护管理的单位，应当保持消防供水、消防通信、消防车通道等公共消防设施的完好有效。在修建道路以及停电、停水、截断通信线路时有可能影响消防队灭火救援的，有关单位必须事先通知当地公安机关消防机构。

第三十条～第三十四条 （略）

第三章～第五章 （略）

第六章 法 律 责 任

第五十八条 违反本法规定，有下列行为之一的，责令停止施工、停止使用或者停产停业，并处三万元以上三十万元以下罚款：

（一）依法应当经公安机关消防机构进行消防设计审核的建设工程，未经依法审核或者审核不合格，擅自施工的；

（二）消防设计经公安机关消防机构依法抽查不合格，不停止施工的；

（三）依法应当进行消防验收的建设工程，未经消防验收或者消防验收不合格，擅自投入使用的；

（四）建设工程投入使用后经公安机关消防机构依法抽查不合格，不停止使用的；

（五）公众聚集场所未经消防安全检查或者经检查不符合消防安全要求，擅自投入使用、营业的。

建设单位未依照本法规定将消防设计文件报公安机关消防机构备案，或者在竣工后未依照本法规定报公安机关消防机构备案的，责令限期改正，处五千元以下罚款。

第五十九条 违反本法规定，有下列行为之一的，责令改正或者停止施工，并处一万元以上十万元以下罚款：

（一）建设单位要求建筑设计单位或者建筑施工企业降低消防技术标准设计、施工的；

（二）建筑设计单位不按照消防技术标准强制性要求进行消防设计的；

（三）建筑施工企业不按照消防设计文件和消防技术标准施工，降低消防施工质量的；

（四）工程监理单位与建设单位或者建筑施工企业串通，弄虚作假，降低消防施工质量的。

第六十条 单位违反本法规定，有下列行为之一的，责令改正，处五千元以上五万元以下罚款：

（一）消防设施、器材或者消防安全标志的配置、设置不符合国家标准、行业标准，或者未保持完好有效的；

（二）损坏、挪用或者擅自拆除、停用消防设施、器材的；

（三）占用、堵塞、封闭疏散通道、安全出口或者有其他妨碍安全疏散行为的；

（四）埋压、圈占、遮挡消火栓或者占用防火间距的；

（五）占用、堵塞、封闭消防车通道，妨碍消防车通行的；

（六）人员密集场所在门窗上设置影响逃生和灭火救援的障碍物的；

（七）对火灾隐患经公安机关消防机构通知后不及时采取措施消除的。

个人有前款第二项、第三项、第四项、第五项行为之一的，处警告或者五百元以下罚款。

有本条第一款第三项、第四项、第五项、第六项行为，经责令改正拒不改正的，强制执行，所需费用由违法行为人承担。

第六十一条 生产、储存、经营易燃易爆危险品的场所与居住场所设置在同一建筑物内，或者未与居住场所保持安全距离的，责令停产停业，并处五千元以上五万元以下罚款。

生产、储存、经营其他物品的场所与居住场所设置在同一建筑物内，不符合消防技术标准的，依照前款规定处罚。

第六十二条 （略）

第六十三条 违反本法规定，有下列行为之一的，处警告或者五百元以下罚款；情节严重的，处五日以下拘留：

（一）违反消防安全规定进入生产、储存易燃易爆危险品场所的；

（二）违反规定使用明火作业或者在具有火灾、爆炸危险的场所吸烟、使用明火的。

第六十四条 违反本法规定，有下列行为之一，尚不构成犯罪的，处十日以上十五日以下拘留，可以并处五百元以下罚款；情节较轻的，处警告或者五百元以下罚款：

（一）指使或者强令他人违反消防安全规定，冒险作业的；

（二）过失引起火灾的；

（三）在火灾发生后阻拦报警，或者负有报告职责的人员不及时报警的；

（四）扰乱火灾现场秩序，或者拒不执行火灾现场指挥员指挥，影响灭火救援的；

（五）故意破坏或者伪造火灾现场的；

（六）擅自拆封或者使用被公安机关消防机构查封的场所、部位的。

第六十五条～第六十六条 （略）

第六十七条 机关、团体、企业、事业等单位违反本法第十六条、第十七条、第十八条、第二十一条第二款规定的，责令限期改正；逾期不改正的，对其直接负责的主管人员和其他直接责任人员依法给予处分或者给予警告处罚。

第六十八条～第七十一条 （略）

第七十二条 违反本法规定，构成犯罪的，依法追究刑事责任。

第七章 附 则

第七十三条 （略）

第七十四条 本法自 2009 年 5 月 1 日起施行。

中华人民共和国清洁生产促进法（节选）

（2002年6月29日第九届全国人民代表大会常务委员会第二十八次会议通过，自2003年1月1日起施行；2012年2月29日第十一届全国人大常委会第二十五次会议修订）

第一章　总　则

第一条　为了促进清洁生产，提高资源利用效率，减少和避免污染物的产生，保护和改善环境，保障人体健康，促进经济与社会可持续发展，制定本法。

第二条　本法所称清洁生产，是指不断采取改进设计、使用清洁的能源和原料、采用先进的工艺技术与设备、改善管理、综合利用等措施，从源头削减污染，提高资源利用效率，减少或者避免生产、服务和产品使用过程中污染物的产生和排放，以减轻或者消除对人类健康和环境的危害。

第三条　在中华人民共和国领域内，从事生产和服务活动的单位以及从事相关管理活动的部门依照本法规定，组织、实施清洁生产。

第四条　国家鼓励和促进清洁生产。国务院和县级以上地方人民政府，应当将清洁生产促进工作纳入国民经济和社会发展规划、年度计划以及环境保护、资源利用、产业发展、区域开发等规划。

第五条～第六条　（略）

第二章　（略）

第三章　清洁生产的实施

第十八条　新建、改建和扩建项目应当进行环境影响评价，对原料使用、资源消耗、资源综合利用以及污染物产生与处置等进行分析论证，优先采用资源利用率高以及污染物产生量少的清洁生产技术、工艺和设备。

第十九条～第二十三条　（略）

第二十四条　建筑工程应当采用节能、节水等有利于环境与资源保护的建筑设计方案、建筑和装修材料、建筑构配件及设备。

建筑和装修材料必须符合国家标准。禁止生产、销售和使用有毒、有害物质超过国家标准的建筑和装修材料。

第二十五条～第二十九条　（略）

第四章　（略）

第五章　法　律　责　任

第三十五条～第三十七条　（略）

第三十八条　违反本法第二十四条第二款规定，生产、销售有毒、有害物质超过国家标准的建筑和装修材料的，依照产品质量法和有关民事、刑事法律的规定，追究行政、民事、刑事法律责任。

第三十九条　（略）

第六章　附　　则

第四十条　本法自 2003 年 1 月 1 日起施行。

中华人民共和国节约能源法（节选）

（1997年11月1日第八届全国人民代表大会常务委员会
第二十八次会议通过，2007年10月28日第十届全国人民
代表大会常务委员会第三十次会议修订）

第一章　总　　则

第一条　为了推动全社会节约能源，提高能源利用效率，保护和改善环境，促进经济社会全面协调可持续发展，制定本法。

第二条　本法所称能源，是指煤炭、石油、天然气、生物质能和电力、热力以及其他直接或者通过加工、转换而取得有用能的各种资源。

第三条　本法所称节约能源（以下简称节能），是指加强用能管理，采取技术上可行、经济上合理以及环境和社会可以承受的措施，从能源生产到消费的各个环节，降低消耗、减少损失和污染物排放、制止浪费，有效、合理地利用能源。

第四条～第七条　（略）

第八条　国家鼓励、支持节能科学技术的研究、开发、示范和推广，促进节能技术创新与进步。

国家开展节能宣传和教育，将节能知识纳入国民教育和培训体系，普及节能科学知识，增强全民的节能意识，提倡节约型的消费方式。

第九条～第十条　（略）

第二章　（略）

第三章　合理使用与节约能源

第一节～第二节（略）

第三节　建　筑　节　能

第三十四条　（略）

第三十五条　建筑工程的建设、设计、施工和监理单位应当遵守建筑节能标准。

不符合建筑节能标准的建筑工程，建设主管部门不得批准开工建设；已经开工建设的，应当责令停止施工、限期改正；已经建成的，不得销售或者使用。

建设主管部门应当加强对在建建筑工程执行建筑节能标准情况的监督检查。

第三十六条 房地产开发企业在销售房屋时，应当向购买人明示所售房屋的节能措施、保温工程保修期等信息，在房屋买卖合同、质量保证书和使用说明书中载明，并对其真实性、准确性负责。

第三十七条 使用空调采暖、制冷的公共建筑应当实行室内温度控制制度。具体办法由国务院建设主管部门制定。

第三十八条 国家采取措施，对实行集中供热的建筑分步骤实行供热分户计量、按照用热量收费的制度。新建建筑或者对既有建筑进行节能改造，应当按照规定安装用热计量装置、室内温度调控装置和供热系统调控装置。具体办法由国务院建设主管部门会同国务院有关部门制定。

第三十九条～第四十条 （略）

第四章～第五章 （略）

第六章 法 律 责 任

第六十八条～第七十条 （略）

第七十一条 使用国家明令淘汰的用能设备或者生产工艺的，由管理节能工作的部门责令停止使用，没收国家明令淘汰的用能设备；情节严重的，可以由管理节能工作的部门提出意见，报请本级人民政府按照国务院规定的权限责令停业整顿或者关闭。

第七十二条～第七十三条 （略）

第七十四条 用能单位未按照规定配备、使用能源计量器具的，由产品质量监督部门责令限期改正；逾期不改正的，处一万元以上五万元以下罚款。

第七十五条 瞒报、伪造、篡改能源统计资料或者编造虚假能源统计数据的，依照《中华人民共和国统计法》的规定处罚。

第七十六条 （略）

第七十七条 违反本法规定，无偿向本单位职工提供能源或者对能源消费实行包费制的，由管理节能工作的部门责令限期改正；逾期不改正的，处五万元以上二十万元以下罚款。

第七十八条 （略）

第七十九条 建设单位违反建筑节能标准的，由建设主管部门责令改正，处二十万元以上五十万元以下罚款。

设计单位、施工单位、监理单位违反建筑节能标准的，由建设主管部门责令改正，处十万元以上五十万元以下罚款；情节严重的，由颁发资质证书的部门降低资质等级或者吊销资质证书；造成损失的，依法承担赔偿责任。

第八十条 房地产开发企业违反本法规定，在销售房屋时未向购买人明示所售房屋的节能措施、保温工程保修期等信息的，由建设主管部门责令限期改正，逾期不改正的，处三万元以上五万元以下罚款；对以上信息作虚假宣传的，由建设主管部门责令改正，处五万元以上二十万元以下罚款。

第八十一条～第八十六条 （略）

第七章 附 则

第八十七条 本法自2008年4月1日起施行。

中华人民共和国固体废物污染环境防治法（节选）

（1995 年 10 月 30 日第八届全国人民代表大会常务委员会第十六次会议通过，2004 年 12 月 29 日第十届全国人民代表大会常务委员会第十三次会议修订）

第一章　总　　则

第一条　为了防治固体废物污染环境，保障人体健康，维护生态安全，促进经济社会可持续发展，制定本法。

第二条　本法适用于中华人民共和国境内固体废物污染环境的防治。

固体废物污染海洋环境的防治和放射性固体废物污染环境的防治不适用本法。

第三条　国家对固体废物污染环境的防治，实行减少固体废物的产生量和危害性、充分合理利用固体废物和无害化处置固体废物的原则，促进清洁生产和循环经济发展。

国家采取有利于固体废物综合利用活动的经济、技术政策和措施，对固体废物实行充分回收和合理利用。

国家鼓励、支持采取有利于保护环境的集中处置固体废物的措施，促进固体废物污染环境防治产业发展。

第四条　（略）

第五条　国家对固体废物污染环境防治实行污染者依法负责的原则。

产品的生产者、销售者、进口者、使用者对其产生的固体废物依法承担污染防治责任。

第六条　国家鼓励、支持固体废物污染环境防治的科学研究、技术开发、推广先进的防治技术和普及固体废物污染环境防治的科学知识。

各级人民政府应当加强防治固体废物污染环境的宣传教育，倡导有利于环境保护的生产方式和生活方式。

第七条　国家鼓励单位和个人购买、使用再生产品和可重复利用产品。

第八条～第九条　（略）

第十条　国务院环境保护行政主管部门对全国固体废物污染环境的防治工作实施统一监督管理。国务院有关部门在各自的职责范围内负责固体废物污染环境防治的监督管理工作。

县级以上地方人民政府环境保护行政主管部门对本行政区域内固体废物污染环境的防治工作实施统一监督管理。县级以上地方人民政府有关部门在各自的职责范围内负责固体废物污染环境防治的监督管理工作。

国务院建设行政主管部门和县级以上地方人民政府环境卫生行政主管部门负责生活垃圾清扫、收集、贮存、运输和处置的监督管理工作。

第二章 固体废物污染环境防治的监督管理

第十一条～第十二条 （略）

第十三条 建设产生固体废物的项目以及建设贮存、利用、处置固体废物的项目，必须依法进行环境影响评价，并遵守国家有关建设项目环境保护管理的规定。

第十四条 建设项目的环境影响评价文件确定需要配套建设的固体废物污染环境防治设施，必须与主体工程同时设计、同时施工、同时投入使用。固体废物污染环境防治设施必须经原审批环境影响评价文件的环境保护行政主管部门验收合格后，该建设项目方可投入生产或者使用。对固体废物污染环境防治设施的验收应当与对主体工程的验收同时进行。

第十五条 （略）

第三章 固体废物污染环境的防治

第一节 一 般 规 定

第十六条 产生固体废物的单位和个人，应当采取措施，防止或者减少固体废物对环境的污染。

第十七条 收集、贮存、运输、利用、处置固体废物的单位和个人，必须采取防扬散、防流失、防渗漏或者其他防止污染环境的措施；不得擅自倾倒、堆放、丢弃、遗撒固体废物。

禁止任何单位或者个人向江河、湖泊、运河、渠道、水库及其最高水位线以下的滩地和岸坡等法律、法规规定禁止倾倒、堆放废弃物的地点倾倒、堆放固体废物。

第十八条～第二十六条 （略）

第二节 （略）

第三节 生活垃圾污染环境的防治

第三十八条～第四十五条 （略）

第四十六条 工程施工单位应当及时清运工程施工过程中产生的固体废物，并按照环境卫生行政主管部门的规定进行利用或者处置。

第四十七条 （略）

第四十八条 从事城市新区开发、旧区改建和住宅小区开发建设的单位，以及机场、码头、车站、公园、商店等公共设施、场所的经营管理单位，应当按照国家有关环境卫生的规定，配套建设生活垃圾收集设施。

第四十九条 （略）

第四章 （略）

第五章 法 律 责 任

第六十七条 县级以上人民政府环境保护行政主管部门或者其他固体废物污染环境防治工作的监督管理部门违反本法规定，有下列行为之一的，由本级人民政府或者上级人民政府有关行政主管部门责令改正，对负有责任的主管人员和其他直接责任人员依法给予行政处分；构成犯罪的，依法追究刑事责任：

（一）不依法作出行政许可或者办理批准文件的；

（二）发现违法行为或者接到对违法行为的举报后不予查处的；

（三）有不依法履行监督管理职责的其他行为的。

第六十八条 违反本法规定，有下列行为之一的，由县级以上人民政府环境保护行政主管部门责令停止违法行为，限期改正，处以罚款：

（一）不按照国家规定申报登记工业固体废物，或者在申报登记时弄虚作假的；

（二）对暂时不利用或者不能利用的工业固体废物未建设贮存的设施、场所安全分类存放，或者未采取无害化处置措施的；

（三）将列入限期淘汰名录被淘汰的设备转让给他人使用的；

（四）擅自关闭、闲置或者拆除工业固体废物污染环境防治设施、场所的；

（五）在自然保护区、风景名胜区、饮用水水源保护区、基本农田保护区和其他需要特别保护的区域内，建设工业固体废物集中贮存、处置的设施、场所和生活垃圾填埋场的；

（六）擅自转移固体废物出省、自治区、直辖市行政区域贮存、处置的；

（七）未采取相应防范措施，造成工业固体废物扬散、流失、渗漏或者造成其他环境污染的；

（八）在运输过程中沿途丢弃、遗撒工业固体废物的。

有前款第一项、第八项行为之一的，处五千元以上五万元以下的罚款；有前款第二项、第三项、第四项、第五项、第六项、第七项行为之一的，处一万元以上十万元以下的罚款。

第六十九条 违反本法规定，建设项目需要配套建设的固体废物污染环境防治设施未建成、未经验收或者验收不合格，主体工程即投入生产或者使用的，由审批该建设项目环境影响评价文件的环境保护行政主管部门责令停止生产或者使用，可以并处十万元以下的罚款。

第七十条 违反本法规定，拒绝县级以上人民政府环境保护行政主管部门或者其他固体废物污染环境防治工作的监督管理部门现场检查的，由执行现场检查的部门责令限期改正；拒不改正或者在检查时弄虚作假的，处二千元以上二万元以下的罚款。

第七十一条～第七十三条 （略）

第七十四条 违反本法有关城市生活垃圾污染环境防治的规定，有下列行为之一的，由县级以上地方人民政府环境卫生行政主管部门责令停止违法行为，限期改正，处以罚款：

（一）随意倾倒、抛撒或者堆放生活垃圾的；

（二）擅自关闭、闲置或者拆除生活垃圾处置设施、场所的；

（三）工程施工单位不及时清运施工过程中产生的固体废物，造成环境污染的；

（四）工程施工单位不按照环境卫生行政主管部门的规定对施工过程中产生的固体废物进行利用或者处置的；

（五）在运输过程中沿途丢弃、遗撒生活垃圾的。

单位有前款第一项、第三项、第五项行为之一的，处五千元以上五万元以下的罚款；有前款第二项、第四项行为之一的，处一万元以上十万元以下的罚款。个人有前款第一项、第五项行为之一的，处二百元以下的罚款。

第七十五条～第八十四条 （略）

第八十五条 造成固体废物污染环境的，应当排除危害，依法赔偿损失，并采取措施恢复环境原状。

第八十六条 因固体废物污染环境引起的损害赔偿诉讼，由加害人就法律规定的免责事由及其行为与损害结果之间不存在因果关系承担举证责任。

第八十七条 固体废物污染环境的损害赔偿责任和赔偿金额的纠纷，当事人可以委托环境监测机构提供监测数据。环境监测机构应当接受委托，如实提供有关监测数据。

第六章 附 则

第八十八条～第九十条 （略）

第九十一条 本法自 2005 年 4 月 1 日起施行。

中华人民共和国可再生能源法（节选）

（2005 年 2 月 28 日第十届全国人民代表大会常务委员会
第十四次会议通过，自 2006 年 1 月 1 日起施行）

第一章　总　　则

第一条　为了促进可再生能源的开发利用，增加能源供应，改善能源结构，保障能源安全，保护环境，实现经济社会的可持续发展，制定本法。

第二条　本法所称可再生能源，是指风能、太阳能、水能、生物质能、地热能、海洋能等非化石能源。

水力发电对本法的适用，由国务院能源主管部门规定，报国务院批准。

通过低效率炉灶直接燃烧方式利用秸秆、薪柴、粪便等，不适用本法。

第三条　本法适用于中华人民共和国领域和管辖的其他海域。

第四条　国家将可再生能源的开发利用列为能源发展的优先领域，通过制定可再生能源开发利用总量目标和采取相应措施，推动可再生能源市场的建立和发展。

国家鼓励各种所有制经济主体参与可再生能源的开发利用，依法保护可再生能源开发利用者的合法权益。

第五条　国务院能源主管部门对全国可再生能源的开发利用实施统一管理。国务院有关部门在各自的职责范围内负责有关的可再生能源开发利用管理工作。

县级以上地方人民政府管理能源工作的部门负责本行政区域内可再生能源开发利用的管理工作。县级以上地方人民政府有关部门在各自的职责范围内负责有关的可再生能源开发利用管理工作。

第二章～第三章　（略）

第四章　推 广 与 应 用

第十三条～第十六条　（略）

第十七条　国家鼓励单位和个人安装和使用太阳能热水系统、太阳能供热采暖和制冷系统、太阳能光伏发电系统等太阳能利用系统。

国务院建设行政主管部门会同国务院有关部门制定太阳能利用系统与建筑结合的技术经济政策和技术规范。

房地产开发企业应当根据前款规定的技术规范，在建筑物的设计和施工中，为太阳能利用提供必备条件。

对已建成的建筑物，住户可以在不影响其质量与安全的前提下安装符合技术规范和产品标准的太阳能利用系统；但是，当事人另有约定的除外。

第十八条 国家鼓励和支持农村地区的可再生能源开发利用。

县级以上地方人民政府管理能源工作的部门会同有关部门，根据当地经济社会发展、生态保护和卫生综合治理需要等实际情况，制定农村地区可再生能源发展规划，因地制宜地推广应用沼气等生物质资源转化、户用太阳能、小型风能、小型水能等技术。

县级以上人民政府应当对农村地区的可再生能源利用项目提供财政支持。

第五章～第七章 （略）

第八章 附 则

第三十二条 本法中下列用语的含义：

（一）生物质能，是指利用自然界的植物、粪便以及城乡有机废物转化成的能源。

（二）可再生能源独立电力系统，是指不与电网连接的单独运行的可再生能源电力系统。

（三）能源作物，是指经专门种植，用以提供能源原料的草本和木本植物。

（四）生物液体燃料，是指利用生物质资源生产的甲醇、乙醇和生物柴油等液体燃料。

第三十三条 本法自2006年1月1日起施行。

第 二 部 分

行 政 法 规

建设工程质量管理条例

（2000年1月10日国务院第25次常务会议通过，
2000年1月30日发布）

第一章　总　　则

第一条　为了加强对建设工程质量的管理，保证建设工程质量，保护人民生命和财产安全，根据《中华人民共和国建筑法》，制定本条例。

第二条　凡在中华人民共和国境内从事建设工程的新建、扩建、改建等有关活动及实施对建设工程质量监督管理的，必须遵守本条例。

本条例所称建设工程，是指土木工程、建筑工程、线路管道和设备安装工程及装修工程。

第三条　建设单位、勘察单位、设计单位、施工单位、工程监理单位依法对建设工程质量负责。

第四条　县级以上人民政府建设行政主管部门和其他有关部门应当加强对建设工程质量的监督管理。

第五条　从事建设工程活动，必须严格执行基本建设程序，坚持先勘察、后设计、再施工的原则。

县级以上人民政府及其有关部门不得超越权限审批建设项目或者擅自简化基本建设程序。

第六条　国家鼓励采用先进的科学技术和管理方法，提高建设工程质量。

第二章　建设单位的质量责任和义务

第七条　建设单位应当将工程发包给具有相应资质等级的单位。

建设单位不得将建设工程肢解发包。

第八条　建设单位应当依法对工程建设项目的勘察、设计、施工、监理以及与工程建设有关的重要设备、材料等的采购进行招标。

第九条　建设单位必须向有关的勘察、设计、施工、工程监理等单体提供与建设工程有关的原始资料。

原始资料必须真实、准确、齐全。

第十条　建设工程发包单位不得迫使承包方以低于成本的价格竞标，不得任意压缩合理工期。

建设单位不得明示或者暗示设计单位或者施工单位违反工程建设强制性标准，降低建设工程质量。

第十一条 建设单位应当将施工图设计文件报县级以上人民政府建设行政主管部门或者其他有关部门审查。施工图设计文件审查的具体办法，由国务院建设行政主管部门会同国务院其他有关部门制定。

施工图设计文件未经审查批准的，不得使用。

第十二条 实行监理的建设工程，建设单位应当委托具有相应资质等级的工程监理单位进行监理，也可以委托具有工程监理相应资质等级并与被监理工程的施工承包单位没有隶属关系或者其他利害关系的该工程的设计单位进行监理。

下列建设工程必须实行监理：

（一）国家重点建设工程；

（二）大中型公用事业工程；

（三）成片开发建设的住宅小区工程；

（四）利用外国政府或者国际组织贷款、援助资金的工程；

（五）国家规定必须实行监理的其他工程。

第十三条 建设单位在领取施工许可证或者开工报告前，应当按照国家有关规定办理工程质量监督手续。

第十四条 按照合同约定，由建设单位采购建筑材料、建筑构配件和设备的，建设单位应当保证建筑材料、建筑构配件和设备符合设计文件和合同要求。

建设单位不得明示或者暗示施工单位使用不合格的建筑材料、建筑构配件和设备。

第十五条 涉及建筑主体和承重结构变动的装修工程，建设单位应当在施工前委托原设计单位或者具有相应资质等级的设计单位提出设计方案；没有设计方案的，不得施工。

房屋建筑使用者在装修过程中，不得擅自变动房屋建筑主体和承重结构。

第十六条 建设单位收到建设工程竣工报告后，应当组织设计、施工、工程监理等有关单位进行竣工验收。

建设工程竣工验收应当具备下列条件：

（一）完成建设工程设计和合同约定的各项内容；

（二）有完整的技术档案和施工管理资料；

（三）有工程使用的主要建筑材料、建筑构配件和设备的进场试验报告；

（四）有勘察、设计、施工、工程监理等单位分别签署的质量合格文件；

（五）有施工单位签署的工程保修书。

建设工程经验收合格的，方可交付使用。

第十七条 建设单位应当严格按照国家有关档案管理的规定，及时收集、整理建设项目各环节的文件资料，建立、健全建设项目档案，并在建设工程竣工验收后，及时向建设行政主管部门或者其他有关部门移交建设项目档案。

第三章 勘察、设计单位的质量责任和义务

第十八条 从事建设工程勘察、设计的单位应当依法取得相应等级的资质证书，并在其资质等级许可的范围内承揽工程。

禁止勘察、设计单位超越其资质等级许可的范围或者以其他勘察、设计单位的名义承揽工程。禁止勘察、设计单位允许其他单位或者个人以本单位的名义承揽工程。

勘察、设计单位不得转包或者违法分包所承揽的工程。

第十九条 勘察、设计单位必须按照工程建设强制性标准进行勘察、设计，并对其勘察、设计的质量负责。

注册建筑师、注册结构工程师等注册执业人员应当在设计文件上签字，对设计文件负责。

第二十条 勘察单位提供的地质、测量、水文等勘察成果必须真实、准确。

第二十一条 设计单位应当根据勘察成果文件进行建设工程设计。

设计文件应当符合国家规定的设计深度要求，注明工程合理使用年限。

第二十二条 设计单位在设计文件中选用的建筑材料、建筑构配件和设备，应当注明规格、型号、性能等技术指标，其质量要求必须符合国家规定的标准。

除有特殊要求的建筑材料、专用设备、工艺生产线等外，设计单位不得指定生产厂、供应商。

第二十三条 设计单位应当就审查合格的施工图设计文件向施工单位作出详细说明。

第二十四条 设计单位应当参与建设工程质量事故分析，并对因设计造成的质量事故，提出相应的技术处理方案。

第四章　施工单位的质量责任和义务

第二十五条 施工单位应当依法取得相应等级的资质证书，并在其资质等级许可的范围内承揽工程。

禁止施工单位超越本单位资质等级许可的业务范围或者以其他施工单位的名义承揽工程。禁止施工单位允许其他单位或者个人以本单位的名义承揽工程。

施工单位不得转包或者违法分包工程。

第二十六条 施工单位对建设工程的施工质量负责。

施工单位应当建立质量责任制，确定工程项目的项目经理、技术负责人和施工管理负责人。

建设工程实行总承包的，总承包单位应当对全部建设工程质量负责；建设工程勘察、设计、施工、设备采购的一项或者多项实行总承包的，总承包单位应当对其承包的建设工程或者采购的设备的质量负责。

第二十七条 总承包单位依法将建设工程分包给其他单位的，分包单位应当按照分包合同的约定对其分包工程的质量向总承包单位负责，总承包单位与分包单位对分包工程的质量承担连带责任。

第二十八条 施工单位必须按照工程设计图纸和施工技术标准施工，不得擅自修改工程设计，不得偷工减料。

施工单位在施工过程中发现设计文件和图纸有差错的，应当及时提出意见和建议。

第二十九条 施工单位必须按照工程设计要求、施工技术标准和合同约定，对建筑材料、建筑构配件、设备和商品混凝土进行检验，检验应当有书面记录和专人签字；未经检验或者检验不合格的，不得使用。

第三十条 施工单位必须建立、健全施工质量的检验制度，严格工序管理，作好隐蔽工程的质量检查和记录。隐蔽工程在隐蔽前，施工单位应当通知建设单位和建设工程质量监督机构。

第三十一条 施工人员对涉及结构安全的试块、试件以及有关材料，应当在建设单位或者工程监理单位监督下现场取样，并送具有相应资质等级的质量检测单位进行检测。

第三十二条 施工单位对施工中出现质量问题的建设工程或者竣工验收不合格的建设工程，应当负责返修。

第三十三条 施工单位应当建立、健全教育培训制度，加强对职工的教育培训；未经教育培训或者考核不合格的人员，不得上岗作业。

第五章 工程监理单位的质量责任和义务

第三十四条 工程监理单位应当依法取得相应等级的资质证书，并在其资质等级许可的范围内承担工程监理业务。

禁止工程监理单位超越本单位资质等级许可的范围或者以其他工程监理单位的名义承担工程监理业务。禁止工程监理单位允许其他单位或者个人以本单位的名义承担工程监理业务。

工程监理单位不得转让工程监理业务。

第三十五条 工程监理单位与被监理工程的施工承包单位以及建筑材料、建筑构配件和设备供应单位有隶属关系或者其他利害关系的，不得承担该项建设工程的监理业务。

第三十六条 工程监理单位应当依照法律、法规以及有关技术标准、设计文件和建设工程承包合同，代表建设单位对施工质量实施监理，并对施工质量承担监理责任。

第三十七条 工程监理单位应当选派具备相应资格的总监理工程师和监理工程师进驻施工现场。

未经监理工程师签字，建筑材料、建筑构配件和设备不得在工程上使用或者安装，施工单位不得进行下一道工序的施工。未经总监理工程师签字，建设单位不拨付工程款，不进行竣工验收。

第三十八条 监理工程师应当按照工程监理规范的要求，采取旁站、巡视和平行检验等形式，对建设工程实施监理。

第六章 建设工程质量保障

第三十九条 建设工程实行质量保修制度。

建设工程承包单位在向建设单位提交工程竣工验收报告时，应当向建设单位出具质量保修书。质量保修书中应当明确建设工程的保修范围、保修期限和保修责任等。

第四十条 在正常使用条件下，建设工程的最低保修期限为：

（一）基础设施工程、房屋建筑的地基基础工程和主体结构工程，为设计文件规定的该工程的合理使用年限；

（二）屋面防水工程，有防水要求的卫生间、房间和外墙面的防渗漏，为5年；

（三）供热与供冷系统，为2个采暖期、供冷期；

（四）电气管线、给排水管道、设备安装和装修工程，为2年。

其他项目的保修期限由发包方与承包方约定。

建设工程的保修期，自竣工验收合格之日起计算。

第四十一条 建设工程在保修范围和保修期限内发生质量问题的，施工单位应当履行保修义务，并对造成的损失承担赔偿责任。

第四十二条 建设工程在超过合理使用年限后需要继续使用的，产权所有人应当委托具有相应资质等级的勘察、设计单位鉴定，并根据鉴定结果采取加固、维修等措施，重新界定使用期。

第七章 监 督 管 理

第四十三条 国家实行建设工程质量监督管理制度。

国务院建设行政主管部门对全国的建设工程质量实施统一监督管理。国务院铁路、交通、水利等有关部门按照国务院规定的职责分工，负责对全国的有关专业建设工程质量的监督管理。

县级以上地方人民政府建设行政主管部门对本行政区域内的建设工程质量实施监督管理。县级以上地方人民政府交通、水利等有关部门在各自的职责范围内，负责对本行政区域内的专业建设工程质量的监督管理。

第四十四条 国务院建设行政主管部门和国务院铁路、交通、水利等有关部门应当加强对有关建设工程质量的法律、法规和强制性标准执行情况的监督检查。

第四十五条 国务院发展计划部门按照国务院规定的职责，组织稽察特派员，对国家出资的重大建设项目实施监督检查。

国务院经济贸易主管部门按照国务院规定的职责，对国家重大技术改造项目实施监督检查。

第四十六条 建设工程质量监督管理，可以由建设行政主管部门或者其他有关部门委托的建设工程质量监督机构具体实施。

从事房屋建筑工程和市政基础设施工程质量监督的机构，必须按照国家有关规定经国务院建设行政主管部门或者省、自治区、直辖市人民政府建设行政主管部门考核；从事专业建设工程质量监督的机构，必须按照国家有关规定经国务院有关部门或者省、自治区、直辖市人民政府有关部门考核。经考核合格后，方可实施质量监督。

第四十七条 县级以上地方人民政府建设行政主管部门和其他有关部门应当加强对有关建设工程质量的法律、法规和强制性标准执行情况的监督检查。

第四十八条 县级以上人民政府建设行政主管部门和其他有关部门履行监督检查职责时，有权采取下列措施：

（一）要求被检查的单位提供有关工程质量的文件和资料；

（二）进入被检查单位的施工现场进行检查；

（三）发现有影响工程质量的问题时，责令改正。

第四十九条 建设单位应当自建设工程竣工验收合格之日起 15 日内，将建设工程竣工验收报告和规划、公安消防、环保等部门出具的认可文件或者准许使用文件报建设行政主管部门或者其他有关部门备案。

建设行政主管部门或者其他有关部门发现建设单位在竣工验收过程中有违反国家有关建设工程质量管理规定行为的，责令停止使用，重新组织竣工验收。

第五十条 有关单位和个人对县级以上人民政府建设行政主管部门和其他有关部门进行的监督检查应当支持与配合，不得拒绝或者阻碍建设工程质量监督检查人员依法执行职务。

第五十一条 供水、供电、供气、公安消防等部门或者单位不得明示或者暗示建设单位、施工单位购买其指定的生产供应单位的建筑材料、建筑构配件和设备。

第五十二条 建设工程发生质量事故，有关单位应当在 24 小时内向当地建设行政主管部门和其他有关部门报告。对重大质量事故，事故发生地的建设行政主管部门和其他有关部门应当按照事故类别和等级向当地人民政府和上级建设行政主管部门和其他有关部门报告。

特别重大质量事故的调查程序按照国务院有关规定办理。

第五十三条 任何单位和个人对建设工程的质量事故、质量缺陷都有权检举、控告、投诉。

第八章 罚 则

第五十四条 违反本条例规定，建设单位将建设工程发包给不具有相应资质等级的勘察、设计、施工单位或者委托给不具有相应资质等级的工程监理单位的，责令改正，处 50 万元以上 100 万元以下的罚款。

第五十五条 违反本条例规定，建设单位将建设工程肢解发包的，责令改正，处工程合同价款 0.5%以上 1%以下的罚款；对全部或者部分使用国有资金的项目，并可以暂停项目执行或者暂停资金拨付。

第五十六条 违反本条例规定，建设单位有下列行为之一的，责令改正，处 20 万元以上 50 万元以下的罚款：

（一）迫使承包方以低于成本的价格竞标的；

（二）任意压缩合理工期的；

（三）明示或者暗示设计单位或者施工单位违反工程建设强制性标准，降低工程质量的；

（四）施工图设计文件未经审查或者审查不合格，擅自施工的；

（五）建设项目必须实行工程监理而未实行工程监理的；

（六）未按照国家规定办理工程质量监督手续的；

（七）明示或者暗示施工单位使用不合格的建筑材料、建筑构配件和设备的；

（八）未按照国家规定将竣工验收报告、有关认可文件或者准许使用文件报送备案的。

第五十七条 违反本条例规定，建设单位未取得施工许可证或者开工报告未经批准，擅自施工的，责令停止施工，限期改正，处工程合同价款 1%以上 2%以下的罚款。

第五十八条 违反本条例规定，建设单位有下列行为之一的，责令改正，处工程合同价款2%以上4%以下的罚款；造成损失的，依法承担赔偿责任：

（一）未组织竣工验收，擅自交付使用的；

（二）验收不合格，擅自交付使用的；

（三）对不合格的建设工程按照合格工程验收的。

第五十九条 违反本条例规定，建设工程竣工验收后，建设单位未向建设行政主管部门或者其他有关部门移交建设项目档案的，责令改正，处1万元以上10万元以下的罚款。

第六十条 违反本条例规定，勘察、设计、施工、工程监理单位超越本单位资质等级承揽工程的，责令停止违法行为，对勘察、设计单位或者工程监理单位处合同约定的勘察费、设计费或者监理酬金1倍以上2倍以下的罚款；对施工单位处工程合同价款2%以上4%以下的罚款，可以责令停业整顿，降低资质等级；情节严重的，吊销资质证书；有违法所得的，予以没收。

未取得资质证书承揽工程的，予以取缔，依照前款规定处以罚款；有违法所得的，予以没收。

以欺骗手段取得资质证书承揽工程的，吊销资质证书，依照本条第一款规定处以罚款；有违法所得的，予以没收。

第六十一条 违反本条例规定，勘察、设计、施工、工程监理单位允许其他单位或者个人以本单位名义承揽工程的，责令改正，没收违法所得，对勘察、设计单位和工程监理单位处合同约定的勘察费、设计费和监理酬金1倍以上2倍以下的罚款；对施工单位处工程合同价款2%以上4%以下的罚款；可以责令停业整顿，降低资质等级；情节严重的，吊销资质证书。

第六十二条 违反本条例规定，承包单位将承包的工程转包或者违法分包的，责令改正，没收违法所得，对勘察、设计单位处合同约定的勘察费、设计费25%以上50%以下的罚款；对施工单位处工程合同价款0.5%以上1%以下的罚款；可以责令停业整顿，降低资质等级；情节严重的，吊销资质证书。

工程监理单位转让工程监理业务的，责令改正，没收违法所得，处合同约定的监理酬金25%以上50%以下的罚款；可以责令停业整顿，降低资质等级；情节严重的，吊销资质证书。

第六十三条 违反本条例规定，有下列行为之一的，责令改正，处10万元以上30万元以下的罚款：

（一）勘察单位未按照工程建设强制性标准进行勘察的；

（二）设计单位未根据勘察成果文件进行工程设计的；

（三）设计单位指定建筑材料、建筑构配件的生产厂、供应商的；

（四）设计单位未按照工程建设强制性标准进行设计的。

有前款所列行为，造成重大工程质量事故的，责令停业整顿，降低资质等级；情节严重的，吊销资质证书；造成损失的，依法承担赔偿责任。

第六十四条 违反本条例规定，施工单位在施工中偷工减料的，使用不合格的建筑材料、建筑构配件和设备的，或者有不按照工程设计图纸或者施工技术标准施工的其他行为的，责令改正，处工程合同价款2%以上4%以下的罚款；造成建设工程质量不符合规定的质量标准的，负责返工、修理，并赔偿因此造成的损失；情节严重的，责令停业整顿、降低资质等级或者吊销资质证书。

第六十五条 违反本条例规定，施工单位未对建筑材料、建筑构配件、设备和商品混凝土进行检验，或者未对涉及结构安全的试块、试件以及有关材料取样检测的，责令改正，处 10 万元以上 20 万元以下的罚款；情节严重的，责令停业整顿，降低资质等级或者吊销资质证书；造成损失的，依法承担赔偿责任。

第六十六条 违反本条例规定，施工单位不履行保修义务或者拖延履行保修义务的，责令改正，处 10 万元以上 20 万元以下的罚款，并对在保修期内因质量缺陷造成的损失承担赔偿责任。

第六十七条 工程监理单位有下列行为之一的，责令改正，处 50 万元以上 100 万元以下的罚款，降低资质等级或者吊销资质证书；有违法所得的，予以没收；造成损失的，承担连带赔偿责任：

（一）与建设单位或者施工单位串通，弄虚作假、降低工程质量的；

（二）将不合格的建设工程、建筑材料、建筑构配件和设备按照合格签字的。

第六十八条 违反本条例规定，工程监理单位与被监理工程的施工承包单位以及建筑材料、建筑构配件和设备供应单位有隶属关系或者其他利害关系承担该项建设工程的监理业务的，责令改正，处 5 万元以上 10 万元以下的罚款，降低资质等级或者吊销资质证书；有违法所得的，予以没收。

第六十九条 违反本条例规定，涉及建筑主体或者承重结构变动的装修工程，没有设计方案擅自施工的，责令改正，处 50 万元以上 100 万元以下的罚款；房屋建筑使用者在装修过程中擅自变动房屋建筑主体和承重结构的，责令改正，处 5 万元以上 10 万元以下的罚款。

有前款所列行为，造成损失的，依法承担赔偿责任。

第七十条 发生重大工程质量事故隐瞒不报、谎报或者拖延报告期限的，对直接负责的主管人员和其他责任人员依法给予行政处分。

第七十一条 违反本条例规定，供水、供电、供气、公安消防等部门或者单位明示或者暗示建设单位或者施工单位购买其指定的生产供应单位的建筑材料、建筑构配件和设备的，责令改正。

第七十二条 违反本条例规定，注册建筑师、注册结构工程师、监理工程师等注册执业人员因过错造成质量事故的，责令停止执业 1 年；造成重大质量事故的，吊销执业资格证书，5 年以内不予注册；情节特别恶劣的，终身不予注册。

第七十三条 依照本条例规定，给予单位罚款处罚的，对单位直接负责的主管人员和其他直接责任人员处单位罚款数额 5%以上 10%以下的罚款。

第七十四条 建设单位、设计单位、施工单位、工程监理单位违反国家规定，降低工程质量标准，造成重大安全事故，构成犯罪的，对直接责任人员依法追究刑事责任。

第七十五条 本条例规定的责令停业整顿，降低资质等级和吊销资质证书的行政处罚，由颁发资质证书的机关决定；其他行政处罚，由建设行政主管部门或者其他有关部门依照法定职权决定。

依照本条例规定被吊销资质证书的，由工商行政管理部门吊销其营业执照。

第七十六条　国家机关工作人员在建设工程质量监督管理工作中玩忽职守、滥用职权、徇私舞弊，构成犯罪的，依法追究刑事责任；尚不构成犯罪的，依法给予行政处分。

第七十七条　建设、勘察、设计、施工、工程监理单位的工作人员因调动工作、退休等原因离开该单位后，被发现在该单位工作期间违反国家有关建设工程质量管理规定，造成重大工程质量事故的，仍应当依法追究法律责任。

第九章　附　　则

第七十八条　本条例所称肢解发包，是指建设单位将应当由一个承包单位完成的建设工程分解成若干部分发包给不同的承包单位的行为。

本条例所称违法分包，是指下列行为：

（一）总承包单位将建设工程分包给不具备相应资质条件的单位的；

（二）建设工程总承包合同中未有约定，又未经建设单位认可，承包单位将其承包的部分建设工程交由其他单位完成的；

（三）施工总承包单位将建设工程主体结构的施工分包给其他单位的；

（四）分包单位将其承包的建设工程再分包的。

本条例所称转包，是指承包单位承包建设工程，不履行合同约定的责任和义务，将其承包的全部建设工程转给他人或者将其承包的全部建设工程肢解以后以分包的名义分别转给其他单位承包的行为。

第七十九条　本条例规定的罚款和没收的违法所得，必须全部上缴国库。

第八十条　抢险救灾及其他临时性房屋建筑和农民自建低层住宅的建设活动，不适用本条例。

第八十一条　军事建设工程的管理，按照中央军事委员会的有关规定执行。

第八十二条　本条例自 2000 年 1 月 30 日起施行。

附　刑法有关条款

第一百三十七条　建设单位、设计单位、施工单位、工程监理单位违反国家规定，降低工程质量标准，造成重大安全事故的，对直接责任人员处五年以下有期徒刑或者拘役，并处罚金；后果特别严重的，处五年以上十年以下有期徒刑，并处罚金。

建设工程安全生产管理条例

（2003年11月12日国务院第28次常务会议通过，
2003年11月24日中华人民共和国国务院令
第393号发布，自2004年2月1日起施行）

第一章　总　　则

第一条　为了加强建设工程安全生产监督管理，保障人民群众生命和财产安全，根据《中华人民共和国建筑法》、《中华人民共和国安全生产法》，制定本条例。

第二条　在中华人民共和国境内从事建设工程的新建、扩建、改建和拆除等有关活动及实施对建设工程安全生产的监督管理，必须遵守本条例。

本条例所称建设工程，是指土木工程、建筑工程、线路管道和设备安装工程及装修工程。

第三条　建设工程安全生产管理，坚持安全第一、预防为主的方针。

第四条　建设单位、勘察单位、设计单位、施工单位、工程监理单位及其他与建设工程安全生产有关的单位，必须遵守安全生产法律、法规的规定，保证建设工程安全生产，依法承担建设工程安全生产责任。

第五条　国家鼓励建设工程安全生产的科学技术研究和先进技术的推广应用，推进建设工程安全生产的科学管理。

第二章　建设单位的安全责任

第六条　建设单位应当向施工单位提供施工现场及毗邻区域内供水、排水、供电、供气、供热、通信、广播电视等地下管线资料，气象和水文观测资料，相邻建筑物和构筑物、地下工程的有关资料，并保证资料的真实、准确、完整。

建设单位因建设工程需要，向有关部门或者单位查询前款规定的资料时，有关部门或者单位应当及时提供。

第七条　建设单位不得对勘察、设计、施工、工程监理等单位提出不符合建设工程安全生产法律、法规和强制性标准规定的要求，不得压缩合同约定的工期。

第八条　建设单位在编制工程概算时，应当确定建设工程安全作业环境及安全施工措施所需费用。

第九条　建设单位不得明示或者暗示施工单位购买、租赁、使用不符合安全施工要求的安全防护用具、机械设备、施工机具及配件、消防设施和器材。

第十条　建设单位在申请领取施工许可证时，应当提供建设工程有关安全施工措施的资料。

依法批准开工报告的建设工程，建设单位应当自开工报告批准之日起15日内，将保证安全施工的措施报送建设工程所在地的县级以上地方人民政府建设行政主管部门或者其他有关部门备案。

第十一条 建设单位应当将拆除工程发包给具有相应资质等级的施工单位。

建设单位应当在拆除工程施工15日前，将下列资料报送建设工程所在地的县级以上地方人民政府建设行政主管部门或者其他有关部门备案：

（一）施工单位资质等级证明；

（二）拟拆除建筑物、构筑物及可能危及毗邻建筑的说明；

（三）拆除施工组织方案；

（四）堆放、清除废弃物的措施。

实施爆破作业的，应当遵守国家有关民用爆炸物品管理的规定。

第三章 勘察、设计、工程监理及其他有关单位的安全责任

第十二条 勘察单位应当按照法律、法规和工程建设强制性标准进行勘察，提供的勘察文件应当真实、准确，满足建设工程安全生产的需要。

勘察单位在勘察作业时，应当严格执行操作规程，采取措施保证各类管线、设施和周边建筑物、构筑物的安全。

第十三条 设计单位应当按照法律、法规和工程建设强制性标准进行设计，防止因设计不合理导致生产安全事故的发生。

设计单位应当考虑施工安全操作和防护的需要，对涉及施工安全的重点部位和环节在设计文件中注明，并对防范生产安全事故提出指导意见。

采用新结构、新材料、新工艺的建设工程和特殊结构的建设工程，设计单位应当在设计中提出保障施工作业人员安全和预防生产安全事故的措施建议。

设计单位和注册建筑师等注册执业人员应当对其设计负责。

第十四条 工程监理单位应当审查施工组织设计中的安全技术措施或者专项施工方案是否符合工程建设强制性标准。

工程监理单位在实施监理过程中，发现存在安全事故隐患的，应当要求施工单位整改；情况严重的，应当要求施工单位暂时停止施工，并及时报告建设单位。施工单位拒不整改或者不停止施工的，工程监理单位应当及时向有关主管部门报告。

工程监理单位和监理工程师应当按照法律、法规和工程建设强制性标准实施监理，并对建设工程安全生产承担监理责任。

第十五条 为建设工程提供机械设备和配件的单位，应当按照安全施工的要求配备齐全有效的保险、限位等安全设施和装置。

第十六条 出租的机械设备和施工机具及配件，应当具有生产（制造）许可证、产品合格证。

出租单位应当对出租的机械设备和施工机具及配件的安全性能进行检测，在签订租赁

协议时，应当出具检测合格证明。

禁止出租检测不合格的机械设备和施工机具及配件。

第十七条 在施工现场安装、拆卸施工起重机械和整体提升脚手架、模板等自升式架设设施，必须由具有相应资质的单位承担。

安装、拆卸施工起重机械和整体提升脚手架、模板等自升式架设设施，应当编制拆装方案、制定安全施工措施，并由专业技术人员现场监督。

施工起重机械和整体提升脚手架、模板等自升式架设设施安装完毕后，安装单位应当自检，出具自检合格证明，并向施工单位进行安全使用说明，办理验收手续并签字。

第十八条 施工起重机械和整体提升脚手架、模板等自升式架设设施的使用达到国家规定的检验检测期限的，必须经具有专业资质的检验检测机构检测。经检测不合格的，不得继续使用。

第十九条 检验检测机构对检测合格的施工起重机械和整体提升脚手架、模板等自升式架设设施，应当出具安全合格证明文件，并对检测结果负责。

第四章 施工单位的安全责任

第二十条 施工单位从事建设工程的新建、扩建、改建和拆除等活动，应当具备国家规定的注册资本、专业技术人员、技术装备和安全生产等条件，依法取得相应等级的资质证书，并在其资质等级许可的范围内承揽工程。

第二十一条 施工单位主要负责人依法对本单位的安全生产工作全面负责。施工单位应当建立健全安全生产责任制度和安全生产教育培训制度，制定安全生产规章制度和操作规程，保证本单位安全生产条件所需资金的投入，对所承担的建设工程进行定期和专项安全检查，并做好安全检查记录。

施工单位的项目负责人应当由取得相应执业资格的人员担任，对建设工程项目的安全施工负责，落实安全生产责任制度、安全生产规章制度和操作规程，确保安全生产费用的有效使用，并根据工程的特点组织制定安全施工措施，消除安全事故隐患，及时、如实报告生产安全事故。

第二十二条 施工单位对列入建设工程概算的安全作业环境及安全施工措施所需费用，应当用于施工安全防护用具及设施的采购和更新、安全施工措施的落实、安全生产条件的改善，不得挪作他用。

第二十三条 施工单位应当设立安全生产管理机构，配备专职安全生产管理人员。

专职安全生产管理人员负责对安全生产进行现场监督检查。发现安全事故隐患，应当及时向项目负责人和安全生产管理机构报告；对违章指挥、违章操作的，应当立即制止。

专职安全生产管理人员的配备办法由国务院建设行政主管部门会同国务院其他有关部门制定。

第二十四条 建设工程实行施工总承包的，由总承包单位对施工现场的安全生产负总责。

总承包单位应当自行完成建设工程主体结构的施工。

总承包单位依法将建设工程分包给其他单位的，分包合同中应当明确各自的安全生产方面的权利、义务。总承包单位和分包单位对分包工程的安全生产承担连带责任。

分包单位应当服从总承包单位的安全生产管理，分包单位不服从管理导致生产安全事故的，由分包单位承担主要责任。

第二十五条 垂直运输机械作业人员、安装拆卸工、爆破作业人员、起重信号工、登高架设作业人员等特种作业人员，必须按照国家有关规定经过专门的安全作业培训，并取得特种作业操作资格证书后，方可上岗作业。

第二十六条 施工单位应当在施工组织设计中编制安全技术措施和施工现场临时用电方案，对下列达到一定规模的危险性较大的分部分项工程编制专项施工方案，并附具安全验算结果，经施工单位技术负责人、总监理工程师签字后实施，由专职安全生产管理人员进行现场监督：

（一）基坑支护与降水工程；

（二）土方开挖工程；

（三）模板工程；

（四）起重吊装工程；

（五）脚手架工程；

（六）拆除、爆破工程；

（七）国务院建设行政主管部门或者其他有关部门规定的其他危险性较大的工程。

对前款所列工程中涉及深基坑、地下暗挖工程、高大模板工程的专项施工方案，施工单位还应当组织专家进行论证、审查。

本条第一款规定的达到一定规模的危险性较大工程的标准，由国务院建设行政主管部门会同国务院其他有关部门制定。

第二十七条 建设工程施工前，施工单位负责项目管理的技术人员应当对有关安全施工的技术要求向施工作业班组、作业人员作出详细说明，并由双方签字确认。

第二十八条 施工单位应当在施工现场入口处、施工起重机械、临时用电设施、脚手架、出入通道口、楼梯口、电梯井口、孔洞口、桥梁口、隧道口、基坑边沿、爆破物及有害危险气体和液体存放处等危险部位，设置明显的安全警示标志。安全警示标志必须符合国家标准。

施工单位应当根据不同施工阶段和周围环境及季节、气候的变化，在施工现场采取相应的安全施工措施。施工现场暂时停止施工的，施工单位应当做好现场防护，所需费用由责任方承担，或者按照合同约定执行。

第二十九条 施工单位应当将施工现场的办公、生活区与作业区分开设置，并保持安全距离；办公、生活区的选址应当符合安全性要求。职工的膳食、饮水、休息场所等应当符合卫生标准。施工单位不得在尚未竣工的建筑物内设置员工集体宿舍。

施工现场临时搭建的建筑物应当符合安全使用要求。施工现场使用的装配式活动房屋应当具有产品合格证。

第三十条 施工单位对因建设工程施工可能造成损害的毗邻建筑物、构筑物和地下管线等，应当采取专项防护措施。

施工单位应当遵守有关环境保护法律、法规的规定，在施工现场采取措施，防止或者减少粉尘、废气、废水、固体废物、噪声、振动和施工照明对人和环境的危害和污染。

在城市市区内的建设工程，施工单位应当对施工现场实行封闭围挡。

第三十一条 施工单位应当在施工现场建立消防安全责任制度，确定消防安全责任人，制定用火、用电、使用易燃易爆材料等各项消防安全管理制度和操作规程，设置消防通道、消防水源，配备消防设施和灭火器材，并在施工现场入口处设置明显标志。

第三十二条 施工单位应当向作业人员提供安全防护用具和安全防护服装，并书面告知危险岗位的操作规程和违章操作的危害。

作业人员有权对施工现场的作业条件、作业程序和作业方式中存在的安全问题提出批评、检举和控告，有权拒绝违章指挥和强令冒险作业。

在施工中发生危及人身安全的紧急情况时，作业人员有权立即停止作业或者在采取必要的应急措施后撤离危险区域。

第三十三条 作业人员应当遵守安全施工的强制性标准、规章制度和操作规程，正确使用安全防护用具、机械设备等。

第三十四条 施工单位采购、租赁的安全防护用具、机械设备、施工机具及配件，应当具有生产（制造）许可证、产品合格证，并在进入施工现场前进行查验。

施工现场的安全防护用具、机械设备、施工机具及配件必须由专人管理，定期进行检查、维修和保养，建立相应的资料档案，并按照国家有关规定及时报废。

第三十五条 施工单位在使用施工起重机械和整体提升脚手架、模板等自升式架设设施前，应当组织有关单位进行验收，也可以委托具有相应资质的检验检测机构进行验收；使用承租的机械设备和施工机具及配件的，由施工总承包单位、分包单位、出租单位和安装单位共同进行验收。验收合格的方可使用。

《特种设备安全监察条例》规定的施工起重机械，在验收前应当经有相应资质的检验检测机构监督检验合格。

施工单位应当自施工起重机械和整体提升脚手架、模板等自升式架设设施验收合格之日起30日内，向建设行政主管部门或者其他有关部门登记。登记标志应当置于或者附着于该设备的显著位置。

第三十六条 施工单位的主要负责人、项目负责人、专职安全生产管理人员应当经建设行政主管部门或者其他有关部门考核合格后方可任职。

施工单位应当对管理人员和作业人员每年至少进行一次安全生产教育培训，其教育培训情况记入个人工作档案。安全生产教育培训考核不合格的人员，不得上岗。

第三十七条 作业人员进入新的岗位或者新的施工现场前，应当接受安全生产教育培训。未经教育培训或者教育培训考核不合格的人员，不得上岗作业。

施工单位在采用新技术、新工艺、新设备、新材料时，应当对作业人员进行相应的安全生产教育培训。

第三十八条 施工单位应当为施工现场从事危险作业的人员办理意外伤害保险。

意外伤害保险费由施工单位支付。实行施工总承包的，由总承包单位支付意外伤害保险费。意外伤害保险期限自建设工程开工之日起至竣工验收合格止。

第五章 监 督 管 理

第三十九条 国务院负责安全生产监督管理的部门依照《中华人民共和国安全生产法》的规定，对全国建设工程安全生产工作实施综合监督管理。

县级以上地方人民政府负责安全生产监督管理的部门依照《中华人民共和国安全生产法》的规定，对本行政区域内建设工程安全生产工作实施综合监督管理。

第四十条 国务院建设行政主管部门对全国的建设工程安全生产实施监督管理。国务院铁路、交通、水利等有关部门按照国务院规定的职责分工，负责有关专业建设工程安全生产的监督管理。

县级以上地方人民政府建设行政主管部门对本行政区域内的建设工程安全生产实施监督管理。县级以上地方人民政府交通、水利等有关部门在各自的职责范围内，负责本行政区域内的专业建设工程安全生产的监督管理。

第四十一条 建设行政主管部门和其他有关部门应当将本条例第十条、第十一条规定的有关资料的主要内容抄送同级负责安全生产监督管理的部门。

第四十二条 建设行政主管部门在审核发放施工许可证时，应当对建设工程是否有安全施工措施进行审查，对没有安全施工措施的，不得颁发施工许可证。

建设行政主管部门或者其他有关部门对建设工程是否有安全施工措施进行审查时，不得收取费用。

第四十三条 县级以上人民政府负有建设工程安全生产监督管理职责的部门在各自的职责范围内履行安全监督检查职责时，有权采取下列措施：

（一）要求被检查单位提供有关建设工程安全生产的文件和资料；

（二）进入被检查单位施工现场进行检查；

（三）纠正施工中违反安全生产要求的行为；

（四）对检查中发现的安全事故隐患，责令立即排除；重大安全事故隐患排除前或者排除过程中无法保证安全的，责令从危险区域内撤出作业人员或者暂时停止施工。

第四十四条 建设行政主管部门或者其他有关部门可以将施工现场的监督检查委托给建设工程安全监督机构具体实施。

第四十五条 国家对严重危及施工安全的工艺、设备、材料实行淘汰制度。具体目录由国务院建设行政主管部门会同国务院其他有关部门制定并公布。

第四十六条 县级以上人民政府建设行政主管部门和其他有关部门应当及时受理对建设工程生产安全事故及安全事故隐患的检举、控告和投诉。

第六章 生产安全事故的应急救援和调查处理

第四十七条 县级以上地方人民政府建设行政主管部门应当根据本级人民政府的要求，制定本行政区域内建设工程特大生产安全事故应急救援预案。

第四十八条 施工单位应当制定本单位生产安全事故应急救援预案，建立应急救援组织或者配备应急救援人员，配备必要的应急救援器材、设备，并定期组织演练。

第四十九条 施工单位应当根据建设工程施工的特点、范围，对施工现场易发生重大事故的部位、环节进行监控，制定施工现场生产安全事故应急救援预案。实行施工总承包的，由总承包单位统一组织编制建设工程生产安全事故应急救援预案，工程总承包单位和分包单位按照应急救援预案，各自建立应急救援组织或者配备应急救援人员，配备救援器材、设备，并定期组织演练。

第五十条 施工单位发生生产安全事故，应当按照国家有关伤亡事故报告和调查处理的规定，及时、如实地向负责安全生产监督管理的部门、建设行政主管部门或者其他有关部门报告；特种设备发生事故的，还应当同时向特种设备安全监督管理部门报告。接到报告的部门应当按照国家有关规定，如实上报。

实行施工总承包的建设工程，由总承包单位负责上报事故。

第五十一条 发生生产安全事故后，施工单位应当采取措施防止事故扩大，保护事故现场。需要移动现场物品时，应当做出标记和书面记录，妥善保管有关证物。

第五十二条 建设工程生产安全事故的调查、对事故责任单位和责任人的处罚与处理，按照有关法律、法规的规定执行。

第七章 法 律 责 任

第五十三条 违反本条例的规定，县级以上人民政府建设行政主管部门或者其他有关行政管理部门的工作人员，有下列行为之一的，给予降级或者撤职的行政处分；构成犯罪的，依照刑法有关规定追究刑事责任：

（一）对不具备安全生产条件的施工单位颁发资质证书的；

（二）对没有安全施工措施的建设工程颁发施工许可证的；

（三）发现违法行为不予查处的；

（四）不依法履行监督管理职责的其他行为。

第五十四条 违反本条例的规定，建设单位未提供建设工程安全生产作业环境及安全施工措施所需费用的，责令限期改正；逾期未改正的，责令该建设工程停止施工。

建设单位未将保证安全施工的措施或者拆除工程的有关资料报送有关部门备案的，责令限期改正，给予警告。

第五十五条 违反本条例的规定，建设单位有下列行为之一的，责令限期改正，处20万元以上50万元以下的罚款；造成重大安全事故，构成犯罪的，对直接责任人员，依照刑法有关规定追究刑事责任；造成损失的，依法承担赔偿责任：

（一）对勘察、设计、施工、工程监理等单位提出不符合安全生产法律、法规和强制性标准规定的要求的；

（二）要求施工单位压缩合同约定的工期的；

（三）将拆除工程发包给不具有相应资质等级的施工单位的。

第五十六条 违反本条例的规定，勘察单位、设计单位有下列行为之一的，责令限期改正，处10万元以上30万元以下的罚款；情节严重的，责令停业整顿，降低资质等级，直至吊销资质证书；造成重大安全事故，构成犯罪的，对直接责任人员，依照刑法有关规定追究刑事责任；造成损失的，依法承担赔偿责任：

（一）未按照法律、法规和工程建设强制性标准进行勘察、设计的；

（二）采用新结构、新材料、新工艺的建设工程和特殊结构的建设工程，设计单位未在设计中提出保障施工作业人员安全和预防生产安全事故的措施建议的。

第五十七条 违反本条例的规定，工程监理单位有下列行为之一的，责令限期改正；逾期未改正的，责令停业整顿，并处10万元以上30万元以下的罚款；情节严重的，降低资质等级，直至吊销资质证书；造成重大安全事故，构成犯罪的，对直接责任人员，依照刑法有关规定追究刑事责任；造成损失的，依法承担赔偿责任：

（一）未对施工组织设计中的安全技术措施或者专项施工方案进行审查的；

（二）发现安全事故隐患未及时要求施工单位整改或者暂时停止施工的；

（三）施工单位拒不整改或者不停止施工，未及时向有关主管部门报告的；

（四）未依照法律、法规和工程建设强制性标准实施监理的。

第五十八条 注册执业人员未执行法律、法规和工程建设强制性标准的，责令停止执业3个月以上1年以下；情节严重的，吊销执业资格证书，5年内不予注册；造成重大安全事故的，终身不予注册；构成犯罪的，依照刑法有关规定追究刑事责任。

第五十九条 违反本条例的规定，为建设工程提供机械设备和配件的单位，未按照安全施工的要求配备齐全有效的保险、限位等安全设施和装置的，责令限期改正，处合同价款1倍以上3倍以下的罚款；造成损失的，依法承担赔偿责任。

第六十条 违反本条例的规定，出租单位出租未经安全性能检测或者经检测不合格的机械设备和施工机具及配件的，责令停业整顿，并处5万元以上10万元以下的罚款；造成损失的，依法承担赔偿责任。

第六十一条 违反本条例的规定，施工起重机械和整体提升脚手架、模板等自升式架设设施安装、拆卸单位有下列行为之一的，责令限期改正，处5万元以上10万元以下的罚款；情节严重的，责令停业整顿，降低资质等级，直至吊销资质证书；造成损失的，依法承担赔偿责任：

（一）未编制拆装方案、制定安全施工措施的；

（二）未由专业技术人员现场监督的；

（三）未出具自检合格证明或者出具虚假证明的；

（四）未向施工单位进行安全使用说明，办理移交手续的。

施工起重机械和整体提升脚手架、模板等自升式架设设施安装、拆卸单位有前款规定的第（一）项、第（三）项行为，经有关部门或者单位职工提出后，对事故隐患仍不采取措施，因而发生重大伤亡事故或者造成其他严重后果，构成犯罪的，对直接责任人员，依照刑法有关规定追究刑事责任。

第六十二条 违反本条例的规定，施工单位有下列行为之一的，责令限期改正；逾期未改正的，责令停业整顿，依照《中华人民共和国安全生产法》的有关规定处以罚款；造成重大安全事故，构成犯罪的，对直接责任人员，依照刑法有关规定追究刑事责任：

（一）未设立安全生产管理机构、配备专职安全生产管理人员或者分部分项工程施工时无专职安全生产管理人员现场监督的；

（二）施工单位的主要负责人、项目负责人、专职安全生产管理人员、作业人员或者特种作业人员，未经安全教育培训或者经考核不合格即从事相关工作的；

（三）未在施工现场的危险部位设置明显的安全警示标志，或者未按照国家有关规定在施工现场设置消防通道、消防水源、配备消防设施和灭火器材的；

（四）未向作业人员提供安全防护用具和安全防护服装的；

（五）未按照规定在施工起重机械和整体提升脚手架、模板等自升式架设设施验收合格后登记的；

（六）使用国家明令淘汰、禁止使用的危及施工安全的工艺、设备、材料的。

第六十三条 违反本条例的规定，施工单位挪用列入建设工程概算的安全生产作业环境及安全施工措施所需费用的，责令限期改正，处挪用费用20%以上50%以下的罚款；造成损失的，依法承担赔偿责任。

第六十四条 违反本条例的规定，施工单位有下列行为之一的，责令限期改正；逾期未改正的，责令停业整顿，并处5万元以上10万元以下的罚款；造成重大安全事故，构成犯罪的，对直接责任人员，依照刑法有关规定追究刑事责任：

（一）施工前未对有关安全施工的技术要求作出详细说明的；

（二）未根据不同施工阶段和周围环境及季节、气候的变化，在施工现场采取相应的安全施工措施，或者在城市市区内的建设工程的施工现场未实行封闭围挡的；

（三）在尚未竣工的建筑物内设置员工集体宿舍的；

（四）施工现场临时搭建的建筑物不符合安全使用要求的；

（五）未对因建设工程施工可能造成损害的毗邻建筑物、构筑物和地下管线等采取专项防护措施的。

施工单位有前款规定第（四）项、第（五）项行为，造成损失的，依法承担赔偿责任。

第六十五条 违反本条例的规定，施工单位有下列行为之一的，责令限期改正；逾期未改正的，责令停业整顿，并处10万元以上30万元以下的罚款；情节严重的，降低资质等级，直至吊销资质证书；造成重大安全事故，构成犯罪的，对直接责任人员，依照刑法有关规定追究刑事责任；造成损失的，依法承担赔偿责任：

（一）安全防护用具、机械设备、施工机具及配件在进入施工现场前未经查验或者查验不合格即投入使用的；

（二）使用未经验收或者验收不合格的施工起重机械和整体提升脚手架、模板等自升式架设设施的；

（三）委托不具有相应资质的单位承担施工现场安装、拆卸施工起重机械和整体提升脚手架、模板等自升式架设设施的；

（四）在施工组织设计中未编制安全技术措施、施工现场临时用电方案或者专项施工方案的。

第六十六条 违反本条例的规定，施工单位的主要负责人、项目负责人未履行安全生产管理职责的，责令限期改正；逾期未改正的，责令施工单位停业整顿；造成重大安全事故、重大伤亡事故或者其他严重后果，构成犯罪的，依照刑法有关规定追究刑事责任。

作业人员不服管理、违反规章制度和操作规程冒险作业造成重大伤亡事故或者其他严重后果，构成犯罪的，依照刑法有关规定追究刑事责任。

施工单位的主要负责人、项目负责人有前款违法行为，尚不够刑事处罚的，处2万元以上20万元以下的罚款或者按照管理权限给予撤职处分；自刑罚执行完毕或者受处分之日起，5年内不得担任任何施工单位的主要负责人、项目负责人。

第六十七条 施工单位取得资质证书后，降低安全生产条件的，责令限期改正；经整改仍未达到与其资质等级相适应的安全生产条件的，责令停业整顿，降低其资质等级直至吊销资质证书。

第六十八条 本条例规定的行政处罚，由建设行政主管部门或者其他有关部门依照法定职权决定。

违反消防安全管理规定的行为，由公安消防机构依法处罚。

有关法律、行政法规对建设工程安全生产违法行为的行政处罚决定机关另有规定的，从其规定。

第八章 附 则

第六十九条 抢险救灾和农民自建低层住宅的安全生产管理，不适用本条例。

第七十条 军事建设工程的安全生产管理，按照中央军事委员会的有关规定执行。

第七十一条 本条例自2004年2月1日起施行。

建设工程勘察设计管理条例

（2000 年 9 月 20 日国务院第 31 次常务会议通过，2000 年 9 月 25 日
中华人民共和国国务院令第 293 号发布，自 2000 年 9 月 25 日起施行）

第一章 总 则

第一条 为了加强对建设工程勘察、设计活动的管理，保证建设工程勘察、设计质量，保护人民生命和财产安全，制定本条例。

第二条 从事建设工程勘察、设计活动，必须遵守本条例。

本条例所称建设工程勘察，是指根据建设工程的要求，查明、分析、评价建设场地的地质地理环境特征和岩土工程条件，编制建设工程勘察文件的活动。本条例所称建设工程设计，是指根据建设工程的要求，对建设工程所需的技术、经济、资源、环境等条件进行综合分析、论证，编制建设工程设计文件的活动。

第三条 建设工程勘察、设计应当与社会、经济发展水平相适应，做到经济效益、社会效益和环境效益相统一。

第四条 从事建设工程勘察、设计活动，应当坚持先勘察、后设计、再施工的原则。

第五条 县级以上人民政府建设行政主管部门和交通、水利等有关部门应当依照本条例的规定，加强对建设工程勘察、设计活动的监督管理。

建设工程勘察、设计单位必须依法进行建设工程勘察、设计，严格执行工程建设强制性标准，并对建设工程勘察、设计的质量负责。

第六条 国家鼓励在建设工程勘察、设计活动中采用先进技术、先进工艺、先进设备、新型材料和现代管理方法。

第二章 资质资格管理

第七条 国家对从事建设工程勘察、设计活动的单位，实行资质管理制度。具体办法由国务院建设行政主管部门商国务院有关部门制定。

第八条 建设工程勘察、设计单位应当在其资质等级许可的范围内承揽建设工程勘察、设计业务。

禁止建设工程勘察、设计单位超越其资质等级许可的范围或者以其他建设工程勘察、设计单位的名义承揽建设工程勘察、设计业务。禁止建设工程勘察、设计单位允许其他单位或者个人以本单位的名义承揽建设工程勘察、设计业务。

第九条 国家对从事建设工程勘察、设计活动的专业技术人员，实行执业资格注册管理制度。

未经注册的建设工程勘察、设计人员，不得以注册执业人员的名义从事建设工程勘察、设计活动。

第十条 建设工程勘察、设计注册执业人员和其他专业技术人员只能受聘于一个建设工程勘察、设计单位；未受聘于建设工程勘察、设计单位的，不得从事建设工程的勘察、设计活动。

第十一条 建设工程勘察、设计单位资质证书和执业人员注册证书，由国务院建设行政主管部门统一制作。

第三章 建设工程勘察设计发包与承包

第十二条 建设工程勘察、设计发包依法实行招标发包或者直接发包。

第十三条 建设工程勘察、设计应当依照《中华人民共和国招标投标法》的规定，实行招标发包。

第十四条 建设工程勘察、设计方案评标，应当以投标人的业绩、信誉和勘察、设计人员的能力以及勘察、设计方案的优劣为依据，进行综合评定。

第十五条 建设工程勘察、设计的招标人应当在评标委员会推荐的候选方案中确定中标方案。但是，建设工程勘察、设计的招标人认为评标委员会推荐的候选方案不能最大限度满足招标文件规定的要求的，应当依法重新招标。

第十六条 下列建设工程的勘察、设计，经有关主管部门批准，可以直接发包：

（一）采用特定的专利或者专有技术的；

（二）建筑艺术造型有特殊要求的；

（三）国务院规定的其他建设工程的勘察、设计。

第十七条 发包方不得将建设工程勘察、设计业务发包给不具有相应勘察、设计资质等级的建设工程勘察、设计单位。

第十八条 发包方可以将整个建设工程的勘察、设计发包给一个勘察、设计单位；也可以将建设工程的勘察、设计分别发包给几个勘察、设计单位。

第十九条 除建设工程主体部分的勘察、设计外，经发包方书面同意，承包方可以将建设工程其他部分的勘察、设计再分包给其他具有相应资质等级的建设工程勘察、设计单位。

第二十条 建设工程勘察、设计单位不得将所承揽的建设工程勘察、设计转包。

第二十一条 承包方必须在建设工程勘察、设计资质证书规定的资质等级和业务范围内承揽建设工程的勘察、设计业务。

第二十二条 建设工程勘察、设计的发包方与承包方，应当执行国家规定的建设工程勘察、设计程序。

第二十三条 建设工程勘察、设计的发包方与承包方应当签订建设工程勘察、设计合同。

第二十四条 建设工程勘察、设计发包方与承包方应当执行国家有关建设工程勘察费、设计费的管理规定。

第四章 建设工程勘察设计文件的编制与实施

第二十五条 编制建设工程勘察、设计文件，应当以下列规定为依据：

（一）项目批准文件；

（二）城市规划；

（三）工程建设强制性标准；

（四）国家规定的建设工程勘察、设计深度要求。

铁路、交通、水利等专业建设工程，还应当以专业规划的要求为依据。

第二十六条 编制建设工程勘察文件，应当真实、准确，满足建设工程规划、选址、设计、岩土治理和施工的需要。

编制方案设计文件，应当满足编制初步设计文件和控制概算的需要。

编制初步设计文件，应当满足编制施工招标文件、主要设备材料订货和编制施工图设计文件的需要。

编制施工图设计文件，应当满足设备材料采购、非标准设备制作和施工的需要，并注明建设工程合理使用年限。

第二十七条 设计文件中选用的材料、构配件、设备，应当注明其规格、型号、性能等技术指标，其质量要求必须符合国家规定的标准。

除有特殊要求的建筑材料、专用设备和工艺生产线等外，设计单位不得指定生产厂、供应商。

第二十八条 建设单位、施工单位、监理单位不得修改建设工程勘察、设计文件；确需修改建设工程勘察、设计文件的，应当由原建设工程勘察、设计单位修改。经原建设工程勘察、设计单位书面同意，建设单位也可以委托其他具有相应资质的建设工程勘察、设计单位修改。修改单位对修改的勘察、设计文件承担相应责任。

施工单位、监理单位发现建设工程勘察、设计文件不符合工程建设强制性标准、合同约定的质量要求的，应当报告建设单位，建设单位有权要求建设工程勘察、设计单位对建设工程勘察、设计文件进行补充、修改。

建设工程勘察、设计文件内容需要作重大修改的，建设单位应当报经原审批机关批准后，方可修改。

第二十九条 建设工程勘察、设计文件中规定采用的新技术、新材料，可能影响建设工程质量和安全，又没有国家技术标准的，应当由国家认可的检测机构进行试验、论证，出具检测报告，并经国务院有关部门或者省、自治区、直辖市人民政府有关部门组织的建设工程技术专家委员会审定后，方可使用。

第三十条 建设工程勘察、设计单位应当在建设工程施工前，向施工单位和监理单位说明建设工程勘察、设计意图，解释建设工程勘察、设计文件。

建设工程勘察、设计单位应当及时解决施工中出现的勘察、设计问题。

第五章 监 督 管 理

第三十一条 国务院建设行政主管部门对全国的建设工程勘察、设计活动实施统一监督管理。国务院铁路、交通、水利等有关部门按照国务院规定的职责分工，负责对全国的有关专业建设工程勘察、设计活动的监督管理。

县级以上地方人民政府建设行政主管部门对本行政区域内的建设工程勘察、设计活动实施监督管理。县级以上地方人民政府交通、水利等有关部门在各自的职责范围内，负责对本行政区域内的有关专业建设工程勘察、设计活动的监督管理。

第三十二条 建设工程勘察、设计单位在建设工程勘察、设计资质证书规定的业务范围内跨部门、跨地区承揽勘察、设计业务的，有关地方人民政府及其所属部门不得设置障碍，不得违反国家规定收取任何费用。

第三十三条 县级以上人民政府建设行政主管部门或者交通、水利等有关部门应当对施工图设计文件中涉及公共利益、公众安全、工程建设强制性标准的内容进行审查。

施工图设计文件未经审查批准的，不得使用。

第三十四条 任何单位和个人对建设工程勘察、设计活动中的违法行为都有权检举、控告、投诉。

第六章 罚 则

第三十五条 违反本条例第八条规定的，责令停止违法行为，处合同约定的勘察费、设计费1倍以上2倍以下的罚款，有违法所得的，予以没收；可以责令停业整顿，降低资质等级；情节严重的，吊销资质证书。

未取得资质证书承揽工程的，予以取缔，依照前款规定处以罚款；有违法所得的，予以没收。

以欺骗手段取得资质证书承揽工程的，吊销资质证书，依照本条第一款规定处以罚款；有违法所得的，予以没收。

第三十六条 违反本条例规定，未经注册，擅自以注册建设工程勘察、设计人员的名义从事建设工程勘察、设计活动的，责令停止违法行为，没收违法所得，处违法所得2倍以上5倍以下罚款；给他人造成损失的，依法承担赔偿责任。

第三十七条 违反本条例规定，建设工程勘察、设计注册执业人员和其他专业技术人员未受聘于一个建设工程勘察、设计单位或者同时受聘于两个以上建设工程勘察、设计单位，从事建设工程勘察、设计活动的，责令停止违法行为，没收违法所得，处违法所得2倍以上5倍以下的罚款；情节严重的，可以责令停止执行业务或者吊销资格证书；给他人造成损失的，依法承担赔偿责任。

第三十八条 违反本条例规定，发包方将建设工程勘察、设计业务发包给不具有相应资质等级的建设工程勘察、设计单位的，责令改正，处50万元以上100万元以下的罚款。

第三十九条 违反本条例规定，建设工程勘察、设计单位将所承揽的建设工程勘察、设计转包的，责令改正，没收违法所得，处合同约定的勘察费、设计费25%以上50%以下的罚款，可以责令停业整顿，降低资质等级；情节严重的，吊销资质证书。

第四十条 违反本条例规定，有下列行为之一的，依照《建设工程质量管理条例》第六十三条的规定给予处罚：

（一）勘察单位未按照工程建设强制性标准进行勘察的；

（二）设计单位未根据勘察成果文件进行工程设计的；

（三）设计单位指定建筑材料、建筑构配件的生产厂、供应商的；

（四）设计单位未按照工程建设强制性标准进行设计的。

第四十一条 本条例规定的责令停业整顿、降低资质等级和吊销资质证书、资格证书的行政处罚，由颁发资质证书、资格证书的机关决定；其他行政处罚，由建设行政主管部门或者其他有关部门依据法定职权范围决定。

依照本条例规定被吊销资质证书的，由工商行政管理部门吊销其营业执照。

第四十二条 国家机关工作人员在建设工程勘察、设计活动的监督管理工作中玩忽职守、滥用职权、徇私舞弊，构成犯罪的，依法追究刑事责任；尚不构成犯罪的，依法给予行政处分。

第七章 附 则

第四十三条 抢险救灾及其他临时性建筑和农民自建两层以下住宅的勘察、设计活动，不适用本条例。

第四十四条 军事建设工程勘察、设计的管理，按照中央军事委员会的有关规定执行。

第四十五条 本条例自公布之日起施行。

建设项目环境保护管理条例

（1998年11月18日国务院第10次常务会议通过，1998年11月29日中华人民共和国国务院令第253号发布，自1998年11月29日起施行）

第一章　总　　则

第一条　为了防止建设项目产生新的污染、破坏生态环境，制定本条例。

第二条　在中华人民共和国领域和中华人民共和国管辖的其他海域内建设对环境有影响的建设项目，适用本条例。

第三条　建设产生污染的建设项目，必须遵守污染物排放的国家标准和地方标准；在实施重点污染物排放总量控制的区域内，还必须符合重点污染物排放总量控制的要求。

第四条　工业建设项目应当采用能耗物耗小、污染物产生量少的清洁生产工艺，合理利用自然资源，防止环境污染和生态破坏。

第五条　改建、扩建项目和技术改造项目必须采取措施，治理与该项目有关的原有环境污染和生态破坏。

第二章　环境影响评价

第六条　国家实行建设项目环境影响评价制度。

建设项目的环境影响评价工作，由取得相应资格证书的单位承担。

第七条　国家根据建设项目对环境的影响程度，按照下列规定对建设项目的环境保护实行分类管理：

（一）建设项目对环境可能造成重大影响的，应当编制环境影响报告书，对建设项目产生的污染和对环境的影响进行全面、详细的评价；

（二）建设项目对环境可能造成轻度影响的，应当编制环境影响报告表，对建设项目产生的污染和对环境的影响进行分析或者专项评价；

（三）建设项目对环境影响很小，不需要进行环境影响评价的，应当填报环境影响登记表。

建设项目环境保护分类管理名录，由国务院环境保护行政主管部门制定并公布。

第八条　建设项目环境影响报告书，应当包括下列内容：

（一）建设项目概况；

（二）建设项目周围环境现状；

（三）建设项目对环境可能造成影响的分析和预测；

（四）环境保护措施及其经济、技术论证；

（五）环境影响经济损益分析；

（六）对建设项目实施环境监测的建议；

（七）环境影响评价结论。

涉及水土保持的建设项目，还必须有经水行政主管部门审查同意的水土保持方案。

建设项目环境影响报告表、环境影响登记表的内容和格式，由国务院环境保护行政主管部门规定。

第九条 建设单位应当在建设项目可行性研究阶段报批建设项目环境影响报告书、环境影响报告表或者环境影响登记表；但是，铁路、交通等建设项目，经有审批权的环境保护行政主管部门同意，可以在初步设计完成前报批环境影响报告书或者环境影响报告表。

按照国家有关规定，不需要进行可行性研究的建设项目，建设单位应当在建设项目开工前报批建设项目环境影响报告书、环境影响报告表或者环境影响登记表；其中，需要办理营业执照的，建设单位应当在办理营业执照前报批建设项目环境影响报告书、环境影响报告表或者环境影响登记表。

第十条 建设项目环境影响报告书、环境影响报告表或者环境影响登记表，由建设单位报有审批权的环境保护行政主管部门审批；建设项目有行业主管部门的，其环境影响报告书或者环境影响报告表应当经行业主管部门预审后，报有审批权的环境保护行政主管部门审批。

海岸工程建设项目环境影响报告书或者环境影响报告表，经海洋行政主管部门审核并签署意见后，报环境保护行政主管部门审批。

环境保护行政主管部门应当自收到建设项目环境影响报告书之日起60日内、收到环境影响报告表之日起30日内、收到环境影响登记表之日起15日内，分别作出审批决定并书面通知建设单位。

预审、审核、审批建设项目环境影响报告书、环境影响报告表或者环境影响登记表，不得收取任何费用。

第十一条 国务院环境保护行政主管部门负责审批下列建设项目环境影响报告书、环境影响报告表或者环境影响登记表：

（一）核设施、绝密工程等特殊性质的建设项目；

（二）跨省、自治区、直辖市行政区域的建设项目；

（三）国务院审批的或者国务院授权有关部门审批的建设项目。

前款规定以外的建设项目环境影响报告书、环境影响报告表或者环境影响登记表的审批权限，由省、自治区、直辖市人民政府规定。

建设项目造成跨行政区域环境影响，有关环境保护行政主管部门对环境影响评价结论有争议的，其环境影响报告书或者环境影响报告表由共同上一级环境保护行政主管部门审批。

第十二条 建设项目环境影响报告书、环境影响报告表或者环境影响登记表经批准后，建设项目的性质、规模、地点或者采用的生产工艺发生重大变化的，建设单位应当重新报批建设项目环境影响报告书、环境影响报告表或者环境影响登记表。

建设项目环境影响报告书、环境影响报告表或者环境影响登记表自批准之日起满 5 年，建设项目方开工建设的，其环境影响报告书、环境影响报告表或者环境影响登记表应当报原审批机关重新审核。原审批机关应当自收到建设项目环境影响报告书、环境影响报告表或者环境影响登记表之日起 10 日内，将审核意见书面通知建设单位；逾期未通知的，视为审核同意。

第十三条 国家对从事建设项目环境影响评价工作的单位实行资格审查制度。

从事建设项目环境影响评价工作的单位，必须取得国务院环境保护行政主管部门颁发的资格证书，按照资格证书规定的等级和范围，从事建设项目环境影响评价工作，并对评价结论负责。

国务院环境保护行政主管部门对已经颁发资格证书的从事建设项目环境影响评价工作的单位名单，应当定期予以公布。具体办法由国务院环境保护行政主管部门制定。

从事建设项目环境影响评价工作的单位，必须严格执行国家规定的收费标准。

第十四条 建设单位可以采取公开招标的方式，选择从事环境影响评价工作的单位，对建设项目进行环境影响评价。

任何行政机关不得为建设单位指定从事环境影响评价工作的单位，进行环境影响评价。

第十五条 建设单位编制环境影响报告书，应当依照有关法律规定，征求建设项目所在地有关单位和居民的意见。

第三章 环境保护设施建设

第十六条 建设项目需要配套建设的环境保护设施，必须与主体工程同时设计、同时施工、同时投产使用。

第十七条 建设项目的初步设计，应当按照环境保护设计规范的要求，编制环境保护篇章，并依据经批准的建设项目环境影响报告书或者环境影响报告表，在环境保护篇章中落实防治环境污染和生态破坏的措施以及环境保护设施投资概算。

第十八条 建设项目的主体工程完工后，需要进行试生产的，其配套建设的环境保护设施必须与主体工程同时投入试运行。

第十九条 建设项目试生产期间，建设单位应当对环境保护设施运行情况和建设项目对环境的影响进行监测。

第二十条 建设项目竣工后，建设单位应当向审批该建设项目环境影响报告书、环境影响报告表或者环境影响登记表的环境保护行政主管部门，申请该建设项目需要配套建设的环境保护设施竣工验收。

环境保护设施竣工验收，应当与主体工程竣工验收同时进行。需要进行试生产的建设项目，建设单位应当自建设项目投入试生产之日起 3 个月内，向审批该建设项目环境影响报告书、环境影响报告表或者环境影响登记表的环境保护行政主管部门，申请该建设项目需要配套建设的环境保护设施竣工验收。

第二十一条 分期建设、分期投入生产或者使用的建设项目，其相应的环境保护设施应当分期验收。

第二十二条 环境保护行政主管部门应当自收到环境保护设施竣工验收申请之日起30日内，完成验收。

第二十三条 建设项目需要配套建设的环境保护设施经验收合格，该建设项目方可正式投入生产或者使用。

第四章 法 律 责 任

第二十四条 违反本条例规定，有下列行为之一的，由负责审批建设项目环境影响报告书、环境影响报告表或者环境影响登记表的环境保护行政主管部门责令限期补办手续；逾期不补办手续，擅自开工建设的，责令停止建设，可以处10万元以下的罚款：

（一）未报批建设项目环境影响报告书、环境影响报告表或者环境影响登记表的；

（二）建设项目的性质、规模、地点或者采用的生产工艺发生重大变化，未重新报批建设项目环境影响报告书、环境影响报告表或者环境影响登记表的；

（三）建设项目环境影响报告书、环境影响报告表或者环境影响登记表自批准之日起满5年，建设项目方开工建设，其环境影响报告书、环境影响报告表或者环境影响登记表未报原审批机关重新审核的。

第二十五条 建设项目环境影响报告书、环境影响报告表或者环境影响登记表未经批准或者未经原审批机关重新审核同意，擅自开工建设的，由负责审批该建设项目环境影响报告书、环境影响报告表或者环境影响登记表的环境保护行政主管部门责令停止建设，限期恢复原状，可以处10万元以下的罚款。

第二十六条 违反本条例规定，试生产建设项目配套建设的环境保护设施未与主体工程同时投入试运行的，由审批该建设项目环境影响报告书、环境影响报告表或者环境影响登记表的环境保护行政主管部门责令限期改正；逾期不改正的，责令停止试生产，可以处5万元以下的罚款。

第二十七条 违反本条例规定，建设项目投入试生产超过3个月，建设单位未申请环境保护设施竣工验收的，由审批该建设项目环境影响报告书、环境影响报告表或者环境影响登记表的环境保护行政主管部门责令限期办理环境保护设施竣工验收手续；逾期未办理的，责令停止试生产，可以处5万元以下的罚款。

第二十八条 违反本条例规定，建设项目需要配套建设的环境保护设施未建成、未经验收或者经验收不合格，主体工程正式投入生产或者使用的，由审批该建设项目环境影响报告书、环境影响报告表或者环境影响登记表的环境保护行政主管部门责令停止生产或者使用，可以处10万元以下的罚款。

第二十九条 从事建设项目环境影响评价工作的单位，在环境影响评价工作中弄虚作假的，由国务院环境保护行政主管部门吊销资格证书，并处所收费用1倍以上3倍以下的罚款。

第三十条 环境保护行政主管部门的工作人员徇私舞弊、滥用职权、玩忽职守，构成犯罪的，依法追究刑事责任；尚不构成犯罪的，依法给予行政处分。

第五章　附　　则

第三十一条　流域开发、开发区建设、城市新区建设和旧区改建等区域性开发，编制建设规划时，应当进行环境影响评价。具体办法由国务院环境保护行政主管部门会同国务院有关部门另行规定。

第三十二条　海洋石油勘探开发建设项目的环境保护管理，按照国务院关于海洋石油勘探开发环境保护管理的规定执行。

第三十三条　军事设施建设项目的环境保护管理，按照中央军事委员会的有关规定执行。

第三十四条　本条例自发布之日起施行。

安全生产许可证条例

（2004年1月7日国务院第34次常务会议通过，自2004年1月13日起施行）

第一条 为了严格规范安全生产条件，进一步加强安全生产监督管理，防止和减少生产安全事故，根据《中华人民共和国安全生产法》的有关规定，制定本条例。

第二条 国家对矿山企业、建筑施工企业和危险化学品、烟花爆竹、民用爆破器材生产企业（以下统称企业）实行安全生产许可制度。

企业未取得安全生产许可证的，不得从事生产活动。

第三条 国务院安全生产监督管理部门负责中央管理的非煤矿矿山企业和危险化学品、烟花爆竹生产企业安全生产许可证的颁发和管理。

省、自治区、直辖市人民政府安全生产监督管理部门负责前款规定以外的非煤矿矿山企业和危险化学品、烟花爆竹生产企业安全生产许可证的颁发和管理，并接受国务院安全生产监督管理部门的指导和监督。

国家煤矿安全监察机构负责中央管理的煤矿企业安全生产许可证的颁发和管理。

在省、自治区、直辖市设立的煤矿安全监察机构负责前款规定以外的其他煤矿企业安全生产许可证的颁发和管理，并接受国家煤矿安全监察机构的指导和监督。

第四条 国务院建设主管部门负责中央管理的建筑施工企业安全生产许可证的颁发和管理。

省、自治区、直辖市人民政府建设主管部门负责前款规定以外的建筑施工企业安全生产许可证的颁发和管理，并接受国务院建设主管部门的指导和监督。

第五条 国务院国防科技工业主管部门负责民用爆破器材生产企业安全生产许可证的颁发和管理。

第六条 企业取得安全生产许可证，应当具备下列安全生产条件：

（一）建立、健全安全生产责任制，制定完备的安全生产规章制度和操作规程；

（二）安全投入符合安全生产要求；

（三）设置安全生产管理机构，配备专职安全生产管理人员；

（四）主要负责人和安全生产管理人员经考核合格；

（五）特种作业人员经有关业务主管部门考核合格，取得特种作业操作资格证书；

（六）从业人员经安全生产教育和培训合格；

（七）依法参加工伤保险，为从业人员缴纳保险费；

（八）厂房、作业场所和安全设施、设备、工艺符合有关安全生产法律、法规、标准和规程的要求；

（九）有职业危害防治措施，并为从业人员配备符合国家标准或者行业标准的劳动防护用品；

（十）依法进行安全评价；

（十一）有重大危险源检测、评估、监控措施和应急预案；

（十二）有生产安全事故应急救援预案、应急救援组织或者应急救援人员，配备必要的应急救援器材、设备；

（十三）法律、法规规定的其他条件。

第七条 企业进行生产前，应当依照本条例的规定向安全生产许可证颁发管理机关申请领取安全生产许可证，并提供本条例第六条规定的相关文件、资料。安全生产许可证颁发管理机关应当自收到申请之日起45日内审查完毕，经审查符合本条例规定的安全生产条件的，颁发安全生产许可证；不符合本条例规定的安全生产条件的，不予颁发安全生产许可证，书面通知企业并说明理由。

煤矿企业应当以矿（井）为单位，在申请领取煤炭生产许可证前，依照本条例的规定取得安全生产许可证。

第八条 安全生产许可证由国务院安全生产监督管理部门规定统一的式样。

第九条 安全生产许可证的有效期为3年。安全生产许可证有效期满需要延期的，企业应当于期满前3个月向原安全生产许可证颁发管理机关办理延期手续。

企业在安全生产许可证有效期内，严格遵守有关安全生产的法律法规，未发生死亡事故的，安全生产许可证有效期届满时，经原安全生产许可证颁发管理机关同意，不再审查，安全生产许可证有效期延期3年。

第十条 安全生产许可证颁发管理机关应当建立、健全安全生产许可证档案管理制度，并定期向社会公布企业取得安全生产许可证的情况。

第十一条 煤矿企业安全生产许可证颁发管理机关、建筑施工企业安全生产许可证颁发管理机关、民用爆破器材生产企业安全生产许可证颁发管理机关，应当每年向同级安全生产监督管理部门通报其安全生产许可证颁发和管理情况。

第十二条 国务院安全生产监督管理部门和省、自治区、直辖市人民政府安全生产监督管理部门对建筑施工企业、民用爆破器材生产企业、煤矿企业取得安全生产许可证的情况进行监督。

第十三条 企业不得转让、冒用安全生产许可证或者使用伪造的安全生产许可证。

第十四条 企业取得安全生产许可证后，不得降低安全生产条件，并应当加强日常安全生产管理，接受安全生产许可证颁发管理机关的监督检查。

安全生产许可证颁发管理机关应当加强对取得安全生产许可证的企业的监督检查，发现其不再具备本条例规定的安全生产条件的，应当暂扣或者吊销安全生产许可证。

第十五条 安全生产许可证颁发管理机关工作人员在安全生产许可证颁发、管理和监督检查工作中，不得索取或者接受企业的财物，不得谋取其他利益。

第十六条 监察机关依照《中华人民共和国行政监察法》的规定，对安全生产许可证颁发管理机关及其工作人员履行本条例规定的职责实施监察。

第十七条 任何单位或者个人对违反本条例规定的行为，有权向安全生产许可证颁发管理机关或者监察机关等有关部门举报。

第十八条 安全生产许可证颁发管理机关工作人员有下列行为之一的，给予降级或者撤职的行政处分；构成犯罪的，依法追究刑事责任：

（一）向不符合本条例规定的安全生产条件的企业颁发安全生产许可证的；

（二）发现企业未依法取得安全生产许可证擅自从事生产活动，不依法处理的；

（三）发现取得安全生产许可证的企业不再具备本条例规定的安全生产条件，不依法处理的；

（四）接到对违反本条例规定行为的举报后，不及时处理的；

（五）在安全生产许可证颁发、管理和监督检查工作中，索取或者接受企业的财物，或者谋取其他利益的。

第十九条 违反本条例规定，未取得安全生产许可证擅自进行生产的，责令停止生产，没收违法所得，并处10万元以上50万元以下的罚款；造成重大事故或者其他严重后果，构成犯罪的，依法追究刑事责任。

第二十条 违反本条例规定，安全生产许可证有效期满未办理延期手续，继续进行生产的，责令停止生产，限期补办延期手续，没收违法所得，并处5万元以上10万元以下的罚款；逾期仍不办理延期手续，继续进行生产的，依照本条例第十九条的规定处罚。

第二十一条 违反本条例规定，转让安全生产许可证的，没收违法所得，处10万元以上50万元以下的罚款，并吊销其安全生产许可证；构成犯罪的，依法追究刑事责任；接受转让的，依照本条例第十九条的规定处罚。

冒用安全生产许可证或者使用伪造的安全生产许可证的，依照本条例第十九条的规定处罚。

第二十二条 本条例施行前已经进行生产的企业，应当自本条例施行之日起1年内，依照本条例的规定向安全生产许可证颁发管理机关申请办理安全生产许可证；逾期不办理安全生产许可证，或者经审查不符合本条例规定的安全生产条件，未取得安全生产许可证，继续进行生产的，依照本条例第十九条的规定处罚。

第二十三条 本条例规定的行政处罚，由安全生产许可证颁发管理机关决定。

第二十四条 本条例自公布之日起施行。

中华人民共和国招标投标法实施条例

（2011年11月30日国务院第183次常务会议通过，自2012年2月1日起施行）

第一章 总 则

第一条 为了规范招标投标活动，根据《中华人民共和国招标投标法》（以下简称招标投标法），制定本条例。

第二条 招标投标法第三条所称工程建设项目，是指工程以及与工程建设有关的货物、服务。

前款所称工程，是指建设工程，包括建筑物和构筑物的新建、改建、扩建及其相关的装修、拆除、修缮等；所称与工程建设有关的货物，是指构成工程不可分割的组成部分，且为实现工程基本功能所必需的设备、材料等；所称与工程建设有关的服务，是指为完成工程所需的勘察、设计、监理等服务。

第三条 依法必须进行招标的工程建设项目的具体范围和规模标准，由国务院发展改革部门会同国务院有关部门制订，报国务院批准后公布施行。

第四条 国务院发展改革部门指导和协调全国招标投标工作，对国家重大建设项目的工程招标投标活动实施监督检查。国务院工业和信息化、住房城乡建设、交通运输、铁道、水利、商务等部门，按照规定的职责分工对有关招标投标活动实施监督。

县级以上地方人民政府发展改革部门指导和协调本行政区域的招标投标工作。县级以上地方人民政府有关部门按照规定的职责分工，对招标投标活动实施监督，依法查处招标投标活动中的违法行为。县级以上地方人民政府对其所属部门有关招标投标活动的监督职责分工另有规定的，从其规定。

财政部门依法对实行招标投标的政府采购工程建设项目的预算执行情况和政府采购政策执行情况实施监督。

监察机关依法对与招标投标活动有关的监察对象实施监察。

第五条 设区的市级以上地方人民政府可以根据实际需要，建立统一规范的招标投标交易场所，为招标投标活动提供服务。招标投标交易场所不得与行政监督部门存在隶属关系，不得以营利为目的。

国家鼓励利用信息网络进行电子招标投标。

第六条 禁止国家工作人员以任何方式非法干涉招标投标活动。

第二章　招　　标

第七条　按照国家有关规定需要履行项目审批、核准手续的依法必须进行招标的项目，其招标范围、招标方式、招标组织形式应当报项目审批、核准部门审批、核准。项目审批、核准部门应当及时将审批、核准确定的招标范围、招标方式、招标组织形式通报有关行政监督部门。

第八条　国有资金占控股或者主导地位的依法必须进行招标的项目，应当公开招标；但有下列情形之一的，可以邀请招标：

（一）技术复杂、有特殊要求或者受自然环境限制，只有少量潜在投标人可供选择；

（二）采用公开招标方式的费用占项目合同金额的比例过大。

有前款第二项所列情形，属于本条例第七条规定的项目，由项目审批、核准部门在审批、核准项目时作出认定；其他项目由招标人申请有关行政监督部门作出认定。

第九条　除招标投标法第六十六条规定的可以不进行招标的特殊情况外，有下列情形之一的，可以不进行招标：

（一）需要采用不可替代的专利或者专有技术；

（二）采购人依法能够自行建设、生产或者提供；

（三）已通过招标方式选定的特许经营项目投资人依法能够自行建设、生产或者提供；

（四）需要向原中标人采购工程、货物或者服务，否则将影响施工或者功能配套要求；

（五）国家规定的其他特殊情形。

招标人为适用前款规定弄虚作假的，属于招标投标法第四条规定的规避招标。

第十条　招标投标法第十二条第二款规定的招标人具有编制招标文件和组织评标能力，是指招标人具有与招标项目规模和复杂程度相适应的技术、经济等方面的专业人员。

第十一条　招标代理机构的资格依照法律和国务院的规定由有关部门认定。

国务院住房城乡建设、商务、发展改革、工业和信息化等部门，按照规定的职责分工对招标代理机构依法实施监督管理。

第十二条　招标代理机构应当拥有一定数量的取得招标职业资格的专业人员。取得招标职业资格的具体办法由国务院人力资源社会保障部门会同国务院发展改革部门制定。

第十三条　招标代理机构在其资格许可和招标人委托的范围内开展招标代理业务，任何单位和个人不得非法干涉。

招标代理机构代理招标业务，应当遵守招标投标法和本条例关于招标人的规定。招标代理机构不得在所代理的招标项目中投标或者代理投标，也不得为所代理的招标项目的投标人提供咨询。

招标代理机构不得涂改、出租、出借、转让资格证书。

第十四条　招标人应当与被委托的招标代理机构签订书面委托合同，合同约定的收费标准应当符合国家有关规定。

第十五条　公开招标的项目，应当依照招标投标法和本条例的规定发布招标公告、编制招标文件。

招标人采用资格预审办法对潜在投标人进行资格审查的，应当发布资格预审公告、编制资格预审文件。

依法必须进行招标的项目的资格预审公告和招标公告，应当在国务院发展改革部门依法指定的媒介发布。在不同媒介发布的同一招标项目的资格预审公告或者招标公告的内容应当一致。指定媒介发布依法必须进行招标的项目的境内资格预审公告、招标公告，不得收取费用。

编制依法必须进行招标的项目的资格预审文件和招标文件，应当使用国务院发展改革部门会同有关行政监督部门制定的标准文本。

第十六条 招标人应当按照资格预审公告、招标公告或者投标邀请书规定的时间、地点发售资格预审文件或者招标文件。资格预审文件或者招标文件的发售期不得少于5日。

招标人发售资格预审文件、招标文件收取的费用应当限于补偿印刷、邮寄的成本支出，不得以营利为目的。

第十七条 招标人应当合理确定提交资格预审申请文件的时间。依法必须进行招标的项目提交资格预审申请文件的时间，自资格预审文件停止发售之日起不得少于5日。

第十八条 资格预审应当按照资格预审文件载明的标准和方法进行。

国有资金占控股或者主导地位的依法必须进行招标的项目，招标人应当组建资格审查委员会审查资格预审申请文件。资格审查委员会及其成员应当遵守招标投标法和本条例有关评标委员会及其成员的规定。

第十九条 资格预审结束后，招标人应当及时向资格预审申请人发出资格预审结果通知书。未通过资格预审的申请人不具有投标资格。

通过资格预审的申请人少于3个的，应当重新招标。

第二十条 招标人采用资格后审办法对投标人进行资格审查的，应当在开标后由评标委员会按照招标文件规定的标准和方法对投标人的资格进行审查。

第二十一条 招标人可以对已发出的资格预审文件或者招标文件进行必要的澄清或者修改。澄清或者修改的内容可能影响资格预审申请文件或者投标文件编制的，招标人应当在提交资格预审申请文件截止时间至少3日前，或者投标截止时间至少15日前，以书面形式通知所有获取资格预审文件或者招标文件的潜在投标人；不足3日或者15日的，招标人应当顺延提交资格预审申请文件或者投标文件的截止时间。

第二十二条 潜在投标人或者其他利害关系人对资格预审文件有异议的，应当在提交资格预审申请文件截止时间2日前提出；对招标文件有异议的，应当在投标截止时间10日前提出。招标人应当自收到异议之日起3日内作出答复；作出答复前，应当暂停招标投标活动。

第二十三条 招标人编制的资格预审文件、招标文件的内容违反法律、行政法规的强制性规定，违反公开、公平、公正和诚实信用原则，影响资格预审结果或者潜在投标人投标的，依法必须进行招标的项目的招标人应当在修改资格预审文件或者招标文件后重新招标。

第二十四条 招标人对招标项目划分标段的，应当遵守招标投标法的有关规定，不得利用划分标段限制或者排斥潜在投标人。依法必须进行招标的项目的招标人不得利用划分标段规避招标。

第二十五条 招标人应当在招标文件中载明投标有效期。投标有效期从提交投标文件的截止之日起算。

第二十六条 招标人在招标文件中要求投标人提交投标保证金的，投标保证金不得超过招标项目估算价的2%。投标保证金有效期应当与投标有效期一致。

依法必须进行招标的项目的境内投标单位，以现金或者支票形式提交的投标保证金应当从其基本账户转出。

招标人不得挪用投标保证金。

第二十七条 招标人可以自行决定是否编制标底。一个招标项目只能有一个标底。标底必须保密。

接受委托编制标底的中介机构不得参加受托编制标底项目的投标，也不得为该项目的投标人编制投标文件或者提供咨询。

招标人设有最高投标限价的，应当在招标文件中明确最高投标限价或者最高投标限价的计算方法。招标人不得规定最低投标限价。

第二十八条 招标人不得组织单个或者部分潜在投标人踏勘项目现场。

第二十九条 招标人可以依法对工程以及与工程建设有关的货物、服务全部或者部分实行总承包招标。以暂估价形式包括在总承包范围内的工程、货物、服务属于依法必须进行招标的项目范围且达到国家规定规模标准的，应当依法进行招标。

前款所称暂估价，是指总承包招标时不能确定价格而由招标人在招标文件中暂时估定的工程、货物、服务的金额。

第三十条 对技术复杂或者无法精确拟定技术规格的项目，招标人可以分两阶段进行招标。

第一阶段，投标人按照招标公告或者投标邀请书的要求提交不带报价的技术建议，招标人根据投标人提交的技术建议确定技术标准和要求，编制招标文件。

第二阶段，招标人向在第一阶段提交技术建议的投标人提供招标文件，投标人按照招标文件的要求提交包括最终技术方案和投标报价的投标文件。

招标人要求投标人提交投标保证金的，应当在第二阶段提出。

第三十一条 招标人终止招标的，应当及时发布公告，或者以书面形式通知被邀请的或者已经获取资格预审文件、招标文件的潜在投标人。已经发售资格预审文件、招标文件或者已经收取投标保证金的，招标人应当及时退还所收取的资格预审文件、招标文件的费用，以及所收取的投标保证金及银行同期存款利息。

第三十二条 招标人不得以不合理的条件限制、排斥潜在投标人或者投标人。

招标人有下列行为之一的，属于以不合理条件限制、排斥潜在投标人或者投标人：

（一）就同一招标项目向潜在投标人或者投标人提供有差别的项目信息；

（二）设定的资格、技术、商务条件与招标项目的具体特点和实际需要不相适应或者与合同履行无关；

（三）依法必须进行招标的项目以特定行政区域或者特定行业的业绩、奖项作为加分条件或者中标条件；

（四）对潜在投标人或者投标人采取不同的资格审查或者评标标准；

（五）限定或者指定特定的专利、商标、品牌、原产地或者供应商；

（六）依法必须进行招标的项目非法限定潜在投标人或者投标人的所有制形式或者组

织形式；

（七）以其他不合理条件限制、排斥潜在投标人或者投标人。

第三章　投　　标

第三十三条　投标人参加依法必须进行招标的项目的投标，不受地区或者部门的限制，任何单位和个人不得非法干涉。

第三十四条　与招标人存在利害关系可能影响招标公正性的法人、其他组织或者个人，不得参加投标。

单位负责人为同一人或者存在控股、管理关系的不同单位，不得参加同一标段投标或者未划分标段的同一招标项目投标。

违反前两款规定的，相关投标均无效。

第三十五条　投标人撤回已提交的投标文件，应当在投标截止时间前书面通知招标人。招标人已收取投标保证金的，应当自收到投标人书面撤回通知之日起5日内退还。

投标截止后投标人撤销投标文件的，招标人可以不退还投标保证金。

第三十六条　未通过资格预审的申请人提交的投标文件，以及逾期送达或者不按照招标文件要求密封的投标文件，招标人应当拒收。

招标人应当如实记载投标文件的送达时间和密封情况，并存档备查。

第三十七条　招标人应当在资格预审公告、招标公告或者投标邀请书中载明是否接受联合体投标。

招标人接受联合体投标并进行资格预审的，联合体应当在提交资格预审申请文件前组成。资格预审后联合体增减、更换成员的，其投标无效。

联合体各方在同一招标项目中以自己名义单独投标或者参加其他联合体投标的，相关投标均无效。

第三十八条　投标人发生合并、分立、破产等重大变化的，应当及时书面告知招标人。投标人不再具备资格预审文件、招标文件规定的资格条件或者其投标影响招标公正性的，其投标无效。

第三十九条　禁止投标人相互串通投标。

有下列情形之一的，属于投标人相互串通投标：

（一）投标人之间协商投标报价等投标文件的实质性内容；

（二）投标人之间约定中标人；

（三）投标人之间约定部分投标人放弃投标或者中标；

（四）属于同一集团、协会、商会等组织成员的投标人按照该组织要求协同投标；

（五）投标人之间为谋取中标或者排斥特定投标人而采取的其他联合行动。

第四十条　有下列情形之一的，视为投标人相互串通投标：

（一）不同投标人的投标文件由同一单位或者个人编制；

（二）不同投标人委托同一单位或者个人办理投标事宜；

（三）不同投标人的投标文件载明的项目管理成员为同一人；

（四）不同投标人的投标文件异常一致或者投标报价呈规律性差异；

（五）不同投标人的投标文件相互混装；

（六）不同投标人的投标保证金从同一单位或者个人的账户转出。

第四十一条 禁止招标人与投标人串通投标。

有下列情形之一的，属于招标人与投标人串通投标：

（一）招标人在开标前开启投标文件并将有关信息泄露给其他投标人；

（二）招标人直接或者间接向投标人泄露标底、评标委员会成员等信息；

（三）招标人明示或者暗示投标人压低或者抬高投标报价；

（四）招标人授意投标人撤换、修改投标文件；

（五）招标人明示或者暗示投标人为特定投标人中标提供方便；

（六）招标人与投标人为谋求特定投标人中标而采取的其他串通行为。

第四十二条 使用通过受让或者租借等方式获取的资格、资质证书投标的，属于招标投标法第三十三条规定的以他人名义投标。

投标人有下列情形之一的，属于招标投标法第三十三条规定的以其他方式弄虚作假的行为：

（一）使用伪造、变造的许可证件；

（二）提供虚假的财务状况或者业绩；

（三）提供虚假的项目负责人或者主要技术人员简历、劳动关系证明；

（四）提供虚假的信用状况；

（五）其他弄虚作假的行为。

第四十三条 提交资格预审申请文件的申请人应当遵守招标投标法和本条例有关投标人的规定。

第四章 开标、评标和中标

第四十四条 招标人应当按照招标文件规定的时间、地点开标。

投标人少于 3 个的，不得开标；招标人应当重新招标。

投标人对开标有异议的，应当在开标现场提出，招标人应当当场作出答复，并制作记录。

第四十五条 国家实行统一的评标专家专业分类标准和管理办法。具体标准和办法由国务院发展改革部门会同国务院有关部门制定。

省级人民政府和国务院有关部门应当组建综合评标专家库。

第四十六条 除招标投标法第三十七条第三款规定的特殊招标项目外，依法必须进行招标的项目，其评标委员会的专家成员应当从评标专家库内相关专业的专家名单中以随机抽取方式确定。任何单位和个人不得以明示、暗示等任何方式指定或者变相指定参加评标委员会的专家成员。

依法必须进行招标的项目的招标人非因招标投标法和本条例规定的事由，不得更换依法确定的评标委员会成员。更换评标委员会的专家成员应当依照前款规定进行。

评标委员会成员与投标人有利害关系的，应当主动回避。

有关行政监督部门应当按照规定的职责分工，对评标委员会成员的确定方式、评标专家的抽取和评标活动进行监督。行政监督部门的工作人员不得担任本部门负责监督项目的评标委员会成员。

第四十七条 招标投标法第三十七条第三款所称特殊招标项目，是指技术复杂、专业性强或者国家有特殊要求，采取随机抽取方式确定的专家难以保证胜任评标工作的项目。

第四十八条 招标人应当向评标委员会提供评标所必需的信息，但不得明示或者暗示其倾向或者排斥特定投标人。

招标人应当根据项目规模和技术复杂程度等因素合理确定评标时间。超过三分之一的评标委员会成员认为评标时间不够的，招标人应当适当延长。

评标过程中，评标委员会成员有回避事由、擅离职守或者因健康等原因不能继续评标的，应当及时更换。被更换的评标委员会成员作出的评审结论无效，由更换后的评标委员会成员重新进行评审。

第四十九条 评标委员会成员应当依照招标投标法和本条例的规定，按照招标文件规定的评标标准和方法，客观、公正地对投标文件提出评审意见。招标文件没有规定的评标标准和方法不得作为评标的依据。

评标委员会成员不得私下接触投标人，不得收受投标人给予的财物或者其他好处，不得向招标人征询确定中标人的意向，不得接受任何单位或者个人明示或者暗示提出的倾向或者排斥特定投标人的要求，不得有其他不客观、不公正履行职务的行为。

第五十条 招标项目设有标底的，招标人应当在开标时公布。标底只能作为评标的参考，不得以投标报价是否接近标底作为中标条件，也不得以投标报价超过标底上下浮动范围作为否决投标的条件。

第五十一条 有下列情形之一的，评标委员会应当否决其投标：

（一）投标文件未经投标单位盖章和单位负责人签字；

（二）投标联合体没有提交共同投标协议；

（三）投标人不符合国家或者招标文件规定的资格条件；

（四）同一投标人提交两个以上不同的投标文件或者投标报价，但招标文件要求提交备选投标的除外；

（五）投标报价低于成本或者高于招标文件设定的最高投标限价；

（六）投标文件没有对招标文件的实质性要求和条件作出响应；

（七）投标人有串通投标、弄虚作假、行贿等违法行为。

第五十二条 投标文件中有含义不明确的内容、明显文字或者计算错误，评标委员会认为需要投标人作出必要澄清、说明的，应当书面通知该投标人。投标人的澄清、说明应当采用书面形式，并不得超出投标文件的范围或者改变投标文件的实质性内容。

评标委员会不得暗示或者诱导投标人作出澄清、说明，不得接受投标人主动提出的澄清、说明。

第五十三条 评标完成后，评标委员会应当向招标人提交书面评标报告和中标候选人名单。中标候选人应当不超过3个，并标明排序。

评标报告应当由评标委员会全体成员签字。对评标结果有不同意见的评标委员会成员应当以书面形式说明其不同意见和理由，评标报告应当注明该不同意见。评标委员会成员拒绝在评标报告上签字又不书面说明其不同意见和理由的，视为同意评标结果。

第五十四条 依法必须进行招标的项目，招标人应当自收到评标报告之日起3日内公示中标候选人，公示期不得少于3日。

投标人或者其他利害关系人对依法必须进行招标的项目的评标结果有异议的，应当在中标候选人公示期间提出。招标人应当自收到异议之日起3日内作出答复；作出答复前，应当暂停招标投标活动。

第五十五条 国有资金占控股或者主导地位的依法必须进行招标的项目，招标人应当确定排名第一的中标候选人为中标人。排名第一的中标候选人放弃中标、因不可抗力不能履行合同、不按照招标文件要求提交履约保证金，或者被查实存在影响中标结果的违法行为等情形，不符合中标条件的，招标人可以按照评标委员会提出的中标候选人名单排序依次确定其他中标候选人为中标人，也可以重新招标。

第五十六条 中标候选人的经营、财务状况发生较大变化或者存在违法行为，招标人认为可能影响其履约能力的，应当在发出中标通知书前由原评标委员会按照招标文件规定的标准和方法审查确认。

第五十七条 招标人和中标人应当依照招标投标法和本条例的规定签订书面合同，合同的标的、价款、质量、履行期限等主要条款应当与招标文件和中标人的投标文件的内容一致。招标人和中标人不得再行订立背离合同实质性内容的其他协议。

招标人最迟应当在书面合同签订后5日内向中标人和未中标的投标人退还投标保证金及银行同期存款利息。

第五十八条 招标文件要求中标人提交履约保证金的，中标人应当按照招标文件的要求提交。履约保证金不得超过中标合同金额的10%。

第五十九条 中标人应当按照合同约定履行义务，完成中标项目。中标人不得向他人转让中标项目，也不得将中标项目肢解后分别向他人转让。

中标人按照合同约定或者经招标人同意，可以将中标项目的部分非主体、非关键性工作分包给他人完成。接受分包的人应当具备相应的资格条件，并不得再次分包。

中标人应当就分包项目向招标人负责，接受分包的人就分包项目承担连带责任。

第五章 投诉与处理

第六十条 投标人或者其他利害关系人认为招标投标活动不符合法律、行政法规规定的，可以自知道或者应当知道之日起10日内向有关行政监督部门投诉。投诉应当有明确的请求和必要的证明材料。

就本条例第二十二条、第四十四条、第五十四条规定事项投诉的，应当先向招标人提出异议，异议答复期间不计算在前款规定的期限内。

第六十一条 投诉人就同一事项向两个以上有权受理的行政监督部门投诉的，由最先收到投诉的行政监督部门负责处理。

行政监督部门应当自收到投诉之日起3个工作日内决定是否受理投诉，并自受理投诉之日起30个工作日内作出书面处理决定；需要检验、检测、鉴定、专家评审的，所需时间不计算在内。

投诉人捏造事实、伪造材料或者以非法手段取得证明材料进行投诉的，行政监督部门应当予以驳回。

第六十二条 行政监督部门处理投诉，有权查阅、复制有关文件、资料，调查有关情况，相关单位和人员应当予以配合。必要时，行政监督部门可以责令暂停招标投标活动。

行政监督部门的工作人员对监督检查过程中知悉的国家秘密、商业秘密，应当依法予以保密。

第六章 法 律 责 任

第六十三条 招标人有下列限制或者排斥潜在投标人行为之一的，由有关行政监督部门依照招标投标法第五十一条的规定处罚：

（一）依法应当公开招标的项目不按照规定在指定媒介发布资格预审公告或者招标公告；

（二）在不同媒介发布的同一招标项目的资格预审公告或者招标公告的内容不一致，影响潜在投标人申请资格预审或者投标。

依法必须进行招标的项目的招标人不按照规定发布资格预审公告或者招标公告，构成规避招标的，依照招标投标法第四十九条的规定处罚。

第六十四条 招标人有下列情形之一的，由有关行政监督部门责令改正，可以处10万元以下的罚款：

（一）依法应当公开招标而采用邀请招标；

（二）招标文件、资格预审文件的发售、澄清、修改的时限，或者确定的提交资格预审申请文件、投标文件的时限不符合招标投标法和本条例规定；

（三）接受未通过资格预审的单位或者个人参加投标；

（四）接受应当拒收的投标文件。

招标人有前款第一项、第三项、第四项所列行为之一的，对单位直接负责的主管人员和其他直接责任人员依法给予处分。

第六十五条 招标代理机构在所代理的招标项目中投标、代理投标或者向该项目投标人提供咨询的，接受委托编制标底的中介机构参加受托编制标底项目的投标或者为该项目的投标人编制投标文件、提供咨询的，依照招标投标法第五十条的规定追究法律责任。

第六十六条 招标人超过本条例规定的比例收取投标保证金、履约保证金或者不按照规定退还投标保证金及银行同期存款利息的，由有关行政监督部门责令改正，可以处5万元以下的罚款；给他人造成损失的，依法承担赔偿责任。

第六十七条 投标人相互串通投标或者与招标人串通投标的，投标人向招标人或者评标委员会成员行贿谋取中标的，中标无效；构成犯罪的，依法追究刑事责任；尚不构成犯罪的，依照招标投标法第五十三条的规定处罚。投标人未中标的，对单位的罚款金额按照招标项目合同金额依照招标投标法规定的比例计算。

投标人有下列行为之一的，属于招标投标法第五十三条规定的情节严重行为，由有关行政监督部门取消其1年至2年内参加依法必须进行招标的项目的投标资格：

（一）以行贿谋取中标；

（二）3年内2次以上串通投标；

（三）串通投标行为损害招标人、其他投标人或者国家、集体、公民的合法利益，造成直接经济损失 30 万元以上；

（四）其他串通投标情节严重的行为。

投标人自本条第二款规定的处罚执行期限届满之日起 3 年内又有该款所列违法行为之一的，或者串通投标、以行贿谋取中标情节特别严重的，由工商行政管理机关吊销营业执照。

法律、行政法规对串通投标报价行为的处罚另有规定的，从其规定。

第六十八条 投标人以他人名义投标或者以其他方式弄虚作假骗取中标的，中标无效；构成犯罪的，依法追究刑事责任；尚不构成犯罪的，依照招标投标法第五十四条的规定处罚。依法必须进行招标的项目的投标人未中标的，对单位的罚款金额按照招标项目合同金额依照招标投标法规定的比例计算。

投标人有下列行为之一的，属于招标投标法第五十四条规定的情节严重行为，由有关行政监督部门取消其 1 年至 3 年内参加依法必须进行招标的项目的投标资格：

（一）伪造、变造资格、资质证书或者其他许可证件骗取中标；

（二）3 年内 2 次以上使用他人名义投标；

（三）弄虚作假骗取中标给招标人造成直接经济损失 30 万元以上；

（四）其他弄虚作假骗取中标情节严重的行为。

投标人自本条第二款规定的处罚执行期限届满之日起 3 年内又有该款所列违法行为之一的，或者弄虚作假骗取中标情节特别严重的，由工商行政管理机关吊销营业执照。

第六十九条 出让或者出租资格、资质证书供他人投标的，依照法律、行政法规的规定给予行政处罚；构成犯罪的，依法追究刑事责任。

第七十条 依法必须进行招标的项目的招标人不按照规定组建评标委员会，或者确定、更换评标委员会成员违反招标投标法和本条例规定的，由有关行政监督部门责令改正，可以处 10 万元以下的罚款，对单位直接负责的主管人员和其他直接责任人员依法给予处分；违法确定或者更换的评标委员会成员作出的评审结论无效，依法重新进行评审。

国家工作人员以任何方式非法干涉选取评标委员会成员的，依照本条例第八十一条的规定追究法律责任。

第七十一条 评标委员会成员有下列行为之一的，由有关行政监督部门责令改正；情节严重的，禁止其在一定期限内参加依法必须进行招标的项目的评标；情节特别严重的，取消其担任评标委员会成员的资格：

（一）应当回避而不回避；

（二）擅离职守；

（三）不按照招标文件规定的评标标准和方法评标；

（四）私下接触投标人；

（五）向招标人征询确定中标人的意向或者接受任何单位或者个人明示或者暗示提出的倾向或者排斥特定投标人的要求；

（六）对依法应当否决的投标不提出否决意见；

（七）暗示或者诱导投标人作出澄清、说明或者接受投标人主动提出的澄清、说明；

（八）其他不客观、不公正履行职务的行为。

第七十二条 评标委员会成员收受投标人的财物或者其他好处的，没收收受的财物，处3000元以上5万元以下的罚款，取消担任评标委员会成员的资格，不得再参加依法必须进行招标的项目的评标；构成犯罪的，依法追究刑事责任。

第七十三条 依法必须进行招标的项目的招标人有下列情形之一的，由有关行政监督部门责令改正，可以处中标项目金额10‰以下的罚款；给他人造成损失的，依法承担赔偿责任；对单位直接负责的主管人员和其他直接责任人员依法给予处分：

（一）无正当理由不发出中标通知书；

（二）不按照规定确定中标人；

（三）中标通知书发出后无正当理由改变中标结果；

（四）无正当理由不与中标人订立合同；

（五）在订立合同时向中标人提出附加条件。

第七十四条 中标人无正当理由不与招标人订立合同，在签订合同时向招标人提出附加条件，或者不按照招标文件要求提交履约保证金的，取消其中标资格，投标保证金不予退还。对依法必须进行招标的项目的中标人，由有关行政监督部门责令改正，可以处中标项目金额10‰以下的罚款。

第七十五条 招标人和中标人不按照招标文件和中标人的投标文件订立合同，合同的主要条款与招标文件、中标人的投标文件的内容不一致，或者招标人、中标人订立背离合同实质性内容的协议的，由有关行政监督部门责令改正，可以处中标项目金额5‰以上10‰以下的罚款。

第七十六条 中标人将中标项目转让给他人的，将中标项目肢解后分别转让给他人的，违反招标投标法和本条例规定将中标项目的部分主体、关键性工作分包给他人的，或者分包人再次分包的，转让、分包无效，处转让、分包项目金额5‰以上10‰以下的罚款；有违法所得的，并处没收违法所得；可以责令停业整顿；情节严重的，由工商行政管理机关吊销营业执照。

第七十七条 投标人或者其他利害关系人捏造事实、伪造材料或者以非法手段取得证明材料进行投诉，给他人造成损失的，依法承担赔偿责任。

招标人不按照规定对异议作出答复，继续进行招标投标活动的，由有关行政监督部门责令改正，拒不改正或者不能改正并影响中标结果的，依照本条例第八十二条的规定处理。

第七十八条 取得招标职业资格的专业人员违反国家有关规定办理招标业务的，责令改正，给予警告；情节严重的，暂停一定期限内从事招标业务；情节特别严重的，取消招标职业资格。

第七十九条 国家建立招标投标信用制度。有关行政监督部门应当依法公告对招标人、招标代理机构、投标人、评标委员会成员等当事人违法行为的行政处理决定。

第八十条 项目审批、核准部门不依法审批、核准项目招标范围、招标方式、招标组织形式的，对单位直接负责的主管人员和其他直接责任人员依法给予处分。

有关行政监督部门不依法履行职责，对违反招标投标法和本条例规定的行为不依法查处，或者不按照规定处理投诉、不依法公告对招标投标当事人违法行为的行政处理决定的，对直接负责的主管人员和其他直接责任人员依法给予处分。

项目审批、核准部门和有关行政监督部门的工作人员徇私舞弊、滥用职权、玩忽职守，构成犯罪的，依法追究刑事责任。

第八十一条 国家工作人员利用职务便利，以直接或者间接、明示或者暗示等任何方式非法干涉招标投标活动，有下列情形之一的，依法给予记过或者记大过处分；情节严重的，依法给予降级或者撤职处分；情节特别严重的，依法给予开除处分；构成犯罪的，依法追究刑事责任：

（一）要求对依法必须进行招标的项目不招标，或者要求对依法应当公开招标的项目不公开招标；

（二）要求评标委员会成员或者招标人以其指定的投标人作为中标候选人或者中标人，或者以其他方式非法干涉评标活动，影响中标结果；

（三）以其他方式非法干涉招标投标活动。

第八十二条 依法必须进行招标的项目的招标投标活动违反招标投标法和本条例的规定，对中标结果造成实质性影响，且不能采取补救措施予以纠正的，招标、投标、中标无效，应当依法重新招标或者评标。

第七章　附　　则

第八十三条 招标投标协会按照依法制定的章程开展活动，加强行业自律和服务。

第八十四条 政府采购的法律、行政法规对政府采购货物、服务的招标投标另有规定的，从其规定。

第八十五条 本条例自 2012 年 2 月 1 日起施行。

民用建筑节能条例

（2008年7月23日国务院第18次常务会议通过，自2008年10月1日起施行）

第一章　总　　则

第一条　为了加强民用建筑节能管理，降低民用建筑使用过程中的能源消耗，提高能源利用效率，制定本条例。

第二条　本条例所称民用建筑节能，是指在保证民用建筑使用功能和室内热环境质量的前提下，降低其使用过程中能源消耗的活动。

本条例所称民用建筑，是指居住建筑、国家机关办公建筑和商业、服务业、教育、卫生等其他公共建筑。

第三条　各级人民政府应当加强对民用建筑节能工作的领导，积极培育民用建筑节能服务市场，健全民用建筑节能服务体系，推动民用建筑节能技术的开发应用，做好民用建筑节能知识的宣传教育工作。

第四条　国家鼓励和扶持在新建建筑和既有建筑节能改造中采用太阳能、地热能等可再生能源。

在具备太阳能利用条件的地区，有关地方人民政府及其部门应当采取有效措施，鼓励和扶持单位、个人安装使用太阳能热水系统、照明系统、供热系统、采暖制冷系统等太阳能利用系统。

第五条　国务院建设主管部门负责全国民用建筑节能的监督管理工作。县级以上地方人民政府建设主管部门负责本行政区域民用建筑节能的监督管理工作。

县级以上人民政府有关部门应当依照本条例的规定以及本级人民政府规定的职责分工，负责民用建筑节能的有关工作。

第六条　国务院建设主管部门应当在国家节能中长期专项规划指导下，编制全国民用建筑节能规划，并与相关规划相衔接。

县级以上地方人民政府建设主管部门应当组织编制本行政区域的民用建筑节能规划，报本级人民政府批准后实施。

第七条　国家建立健全民用建筑节能标准体系。国家民用建筑节能标准由国务院建设主管部门负责组织制定，并依照法定程序发布。

国家鼓励制定、采用优于国家民用建筑节能标准的地方民用建筑节能标准。

第八条　县级以上人民政府应当安排民用建筑节能资金，用于支持民用建筑节能的科学技术研究和标准制定、既有建筑围护结构和供热系统的节能改造、可再生能源的应用，以及民用建筑节能示范工程、节能项目的推广。

政府引导金融机构对既有建筑节能改造、可再生能源的应用，以及民用建筑节能示范工程等项目提供支持。

民用建筑节能项目依法享受税收优惠。

第九条 国家积极推进供热体制改革，完善供热价格形成机制，鼓励发展集中供热，逐步实行按照用热量收费制度。

第十条 对在民用建筑节能工作中做出显著成绩的单位和个人，按照国家有关规定给予表彰和奖励。

第二章 新建建筑节能

第十一条 国家推广使用民用建筑节能的新技术、新工艺、新材料和新设备，限制使用或者禁止使用能源消耗高的技术、工艺、材料和设备。国务院节能工作主管部门、建设主管部门应当制定、公布并及时更新推广使用、限制使用、禁止使用目录。

国家限制进口或者禁止进口能源消耗高的技术、材料和设备。

建设单位、设计单位、施工单位不得在建筑活动中使用列入禁止使用目录的技术、工艺、材料和设备。

第十二条 编制城市详细规划、镇详细规划，应当按照民用建筑节能的要求，确定建筑的布局、形状和朝向。

城乡规划主管部门依法对民用建筑进行规划审查，应当就设计方案是否符合民用建筑节能强制性标准征求同级建设主管部门的意见；建设主管部门应当自收到征求意见材料之日起10日内提出意见。征求意见时间不计算在规划许可的期限内。

对不符合民用建筑节能强制性标准的，不得颁发建设工程规划许可证。

第十三条 施工图设计文件审查机构应当按照民用建筑节能强制性标准对施工图设计文件进行审查；经审查不符合民用建筑节能强制性标准的，县级以上地方人民政府建设主管部门不得颁发施工许可证。

第十四条 建设单位不得明示或者暗示设计单位、施工单位违反民用建筑节能强制性标准进行设计、施工，不得明示或者暗示施工单位使用不符合施工图设计文件要求的墙体材料、保温材料、门窗、采暖制冷系统和照明设备。

按照合同约定由建设单位采购墙体材料、保温材料、门窗、采暖制冷系统和照明设备的，建设单位应当保证其符合施工图设计文件要求。

第十五条 设计单位、施工单位、工程监理单位及其注册执业人员，应当按照民用建筑节能强制性标准进行设计、施工、监理。

第十六条 施工单位应当对进入施工现场的墙体材料、保温材料、门窗、采暖制冷系统和照明设备进行查验；不符合施工图设计文件要求的，不得使用。

工程监理单位发现施工单位不按照民用建筑节能强制性标准施工的，应当要求施工单位改正；施工单位拒不改正的，工程监理单位应当及时报告建设单位，并向有关主管部门报告。

墙体、屋面的保温工程施工时，监理工程师应当按照工程监理规范的要求，采取旁站、巡视和平行检验等形式实施监理。

未经监理工程师签字，墙体材料、保温材料、门窗、采暖制冷系统和照明设备不得在建筑上使用或者安装，施工单位不得进行下一道工序的施工。

第十七条　建设单位组织竣工验收，应当对民用建筑是否符合民用建筑节能强制性标准进行查验；对不符合民用建筑节能强制性标准的，不得出具竣工验收合格报告。

第十八条　实行集中供热的建筑应当安装供热系统调控装置、用热计量装置和室内温度调控装置；公共建筑还应当安装用电分项计量装置。居住建筑安装的用热计量装置应当满足分户计量的要求。

计量装置应当依法检定合格。

第十九条　建筑的公共走廊、楼梯等部位，应当安装、使用节能灯具和电气控制装置。

第二十条　对具备可再生能源利用条件的建筑，建设单位应当选择合适的可再生能源，用于采暖、制冷、照明和热水供应等；设计单位应当按照有关可再生能源利用的标准进行设计。

建设可再生能源利用设施，应当与建筑主体工程同步设计、同步施工、同步验收。

第二十一条　国家机关办公建筑和大型公共建筑的所有权人应当对建筑的能源利用效率进行测评和标识，并按照国家有关规定将测评结果予以公示，接受社会监督。

国家机关办公建筑应当安装、使用节能设备。

本条例所称大型公共建筑，是指单体建筑面积2万平方米以上的公共建筑。

第二十二条　房地产开发企业销售商品房，应当向购买人明示所售商品房的能源消耗指标、节能措施和保护要求、保温工程保修期等信息，并在商品房买卖合同和住宅质量保证书、住宅使用说明书中载明。

第二十三条　在正常使用条件下，保温工程的最低保修期限为5年。保温工程的保修期，自竣工验收合格之日起计算。

保温工程在保修范围和保修期内发生质量问题的，施工单位应当履行保修义务，并对造成的损失依法承担赔偿责任。

第三章　既有建筑节能

第二十四条　既有建筑节能改造应当根据当地经济、社会发展水平和地理气候条件等实际情况，有计划、分步骤地实施分类改造。

本条例所称既有建筑节能改造，是指对不符合民用建筑节能强制性标准的既有建筑的围护结构、供热系统、采暖制冷系统、照明设备和热水供应设施等实施节能改造的活动。

第二十五条　县级以上地方人民政府建设主管部门应当对本行政区域内既有建筑的建设年代、结构形式、用能系统、能源消耗指标、寿命周期等组织调查统计和分析，制定既有建筑节能改造计划，明确节能改造的目标、范围和要求，报本级人民政府批准后组织实施。

中央国家机关既有建筑的节能改造，由有关管理机关事务工作的机构制定节能改造计划，并组织实施。

第二十六条　国家机关办公建筑、政府投资和以政府投资为主的公共建筑的节能改造，应当制定节能改造方案，经充分论证，并按照国家有关规定办理相关审批手续方可进行。

各级人民政府及其有关部门、单位不得违反国家有关规定和标准，以节能改造的名义对前款规定的既有建筑进行扩建、改建。

第二十七条 居住建筑和本条例第二十六条规定以外的其他公共建筑不符合民用建筑节能强制性标准的，在尊重建筑所有权人意愿的基础上，可以结合扩建、改建，逐步实施节能改造。

第二十八条 实施既有建筑节能改造，应当符合民用建筑节能强制性标准，优先采用遮阳、改善通风等低成本改造措施。

既有建筑围护结构的改造和供热系统的改造，应当同步进行。

第二十九条 对实行集中供热的建筑进行节能改造，应当安装供热系统调控装置和用热计量装置；对公共建筑进行节能改造，还应当安装室内温度调控装置和用电分项计量装置。

第三十条 国家机关办公建筑的节能改造费用，由县级以上人民政府纳入本级财政预算。

居住建筑和教育、科学、文化、卫生、体育等公益事业使用的公共建筑节能改造费用，由政府、建筑所有权人共同负担。

国家鼓励社会资金投资既有建筑节能改造。

第四章 建筑用能系统运行节能

第三十一条 建筑所有权人或者使用权人应当保证建筑用能系统的正常运行，不得人为损坏建筑围护结构和用能系统。

国家机关办公建筑和大型公共建筑的所有权人或者使用权人应当建立健全民用建筑节能管理制度和操作规程，对建筑用能系统进行监测、维护，并定期将分项用电量报县级以上地方人民政府建设主管部门。

第三十二条 县级以上地方人民政府节能工作主管部门应当会同同级建设主管部门确定本行政区域内公共建筑重点用电单位及其年度用电限额。

县级以上地方人民政府建设主管部门应当对本行政区域内国家机关办公建筑和公共建筑用电情况进行调查统计和评价分析。国家机关办公建筑和大型公共建筑采暖、制冷、照明的能源消耗情况应当依照法律、行政法规和国家其他有关规定向社会公布。

国家机关办公建筑和公共建筑的所有权人或者使用权人应当对县级以上地方人民政府建设主管部门的调查统计工作予以配合。

第三十三条 供热单位应当建立健全相关制度，加强对专业技术人员的教育和培训。

供热单位应当改进技术装备，实施计量管理，并对供热系统进行监测、维护，提高供热系统的效率，保证供热系统的运行符合民用建筑节能强制性标准。

第三十四条 县级以上地方人民政府建设主管部门应当对本行政区域内供热单位的能源消耗情况进行调查统计和分析，并制定供热单位能源消耗指标；对超过能源消耗指标的，应当要求供热单位制定相应的改进措施，并监督实施。

第五章　法　律　责　任

第三十五条　违反本条例规定，县级以上人民政府有关部门有下列行为之一的，对负有责任的主管人员和其他直接责任人员依法给予处分；构成犯罪的，依法追究刑事责任：

（一）对设计方案不符合民用建筑节能强制性标准的民用建筑项目颁发建设工程规划许可证的；

（二）对不符合民用建筑节能强制性标准的设计方案出具合格意见的；

（三）对施工图设计文件不符合民用建筑节能强制性标准的民用建筑项目颁发施工许可证的；

（四）不依法履行监督管理职责的其他行为。

第三十六条　违反本条例规定，各级人民政府及其有关部门、单位违反国家有关规定和标准，以节能改造的名义对既有建筑进行扩建、改建的，对负有责任的主管人员和其他直接责任人员，依法给予处分。

第三十七条　违反本条例规定，建设单位有下列行为之一的，由县级以上地方人民政府建设主管部门责令改正，处20万元以上50万元以下的罚款：

（一）明示或者暗示设计单位、施工单位违反民用建筑节能强制性标准进行设计、施工的；

（二）明示或者暗示施工单位使用不符合施工图设计文件要求的墙体材料、保温材料、门窗、采暖制冷系统和照明设备的；

（三）采购不符合施工图设计文件要求的墙体材料、保温材料、门窗、采暖制冷系统和照明设备的；

（四）使用列入禁止使用目录的技术、工艺、材料和设备的。

第三十八条　违反本条例规定，建设单位对不符合民用建筑节能强制性标准的民用建筑项目出具竣工验收合格报告的，由县级以上地方人民政府建设主管部门责令改正，处民用建筑项目合同价款2%以上4%以下的罚款；造成损失的，依法承担赔偿责任。

第三十九条　违反本条例规定，设计单位未按照民用建筑节能强制性标准进行设计，或者使用列入禁止使用目录的技术、工艺、材料和设备的，由县级以上地方人民政府建设主管部门责令改正，处10万元以上30万元以下的罚款；情节严重的，由颁发资质证书的部门责令停业整顿，降低资质等级或者吊销资质证书；造成损失的，依法承担赔偿责任。

第四十条　违反本条例规定，施工单位未按照民用建筑节能强制性标准进行施工的，由县级以上地方人民政府建设主管部门责令改正，处民用建筑项目合同价款2%以上4%以下的罚款；情节严重的，由颁发资质证书的部门责令停业整顿，降低资质等级或者吊销资质证书；造成损失的，依法承担赔偿责任。

第四十一条　违反本条例规定，施工单位有下列行为之一的，由县级以上地方人民政府建设主管部门责令改正，处10万元以上20万元以下的罚款；情节严重的，由颁发资质证书的部门责令停业整顿，降低资质等级或者吊销资质证书；造成损失的，依法承担赔偿责任：

（一）未对进入施工现场的墙体材料、保温材料、门窗、采暖制冷系统和照明设备进行查验的；

（二）使用不符合施工图设计文件要求的墙体材料、保温材料、门窗、采暖制冷系统和照明设备的；

（三）使用列入禁止使用目录的技术、工艺、材料和设备的。

第四十二条 违反本条例规定，工程监理单位有下列行为之一的，由县级以上地方人民政府建设主管部门责令限期改正；逾期未改正的，处10万元以上30万元以下的罚款；情节严重的，由颁发资质证书的部门责令停业整顿，降低资质等级或者吊销资质证书；造成损失的，依法承担赔偿责任：

（一）未按照民用建筑节能强制性标准实施监理的；

（二）墙体、屋面的保温工程施工时，未采取旁站、巡视和平行检验等形式实施监理的。

对不符合施工图设计文件要求的墙体材料、保温材料、门窗、采暖制冷系统和照明设备，按照符合施工图设计文件要求签字的，依照《建设工程质量管理条例》第六十七条的规定处罚。

第四十三条 违反本条例规定，房地产开发企业销售商品房，未向购买人明示所售商品房的能源消耗指标、节能措施和保护要求、保温工程保修期等信息，或者向购买人明示的所售商品房能源消耗指标与实际能源消耗不符的，依法承担民事责任；由县级以上地方人民政府建设主管部门责令限期改正；逾期未改正的，处交付使用的房屋销售总额2%以下的罚款；情节严重的，由颁发资质证书的部门降低资质等级或者吊销资质证书。

第四十四条 违反本条例规定，注册执业人员未执行民用建筑节能强制性标准的，由县级以上人民政府建设主管部门责令停止执业3个月以上1年以下；情节严重的，由颁发资格证书的部门吊销执业资格证书，5年内不予注册。

第六章　附　　则

第四十五条 本条例自2008年10月1日起施行。

无障碍环境建设条例

（2012年6月13日国务院第208次常务会议通过，自2012年8月1日起施行）

第一章 总 则

第一条 为了创造无障碍环境，保障残疾人等社会成员平等参与社会生活，制定本条例。

第二条 本条例所称无障碍环境建设，是指为便于残疾人等社会成员自主安全地通行道路、出入相关建筑物、搭乘公共交通工具、交流信息、获得社区服务所进行的建设活动。

第三条 无障碍环境建设应当与经济和社会发展水平相适应，遵循实用、易行、广泛受益的原则。

第四条 县级以上人民政府负责组织编制无障碍环境建设发展规划并组织实施。

编制无障碍环境建设发展规划，应当征求残疾人组织等社会组织的意见。

无障碍环境建设发展规划应当纳入国民经济和社会发展规划以及城乡规划。

第五条 国务院住房和城乡建设主管部门负责全国无障碍设施工程建设活动的监督管理工作，会同国务院有关部门制定无障碍设施工程建设标准，并对无障碍设施工程建设的情况进行监督检查。

国务院工业和信息化主管部门等有关部门在各自职责范围内，做好无障碍环境建设工作。

第六条 国家鼓励、支持采用无障碍通用设计的技术和产品，推进残疾人专用的无障碍技术和产品的开发、应用和推广。

第七条 国家倡导无障碍环境建设理念，鼓励公民、法人和其他组织为无障碍环境建设提供捐助和志愿服务。

第八条 对在无障碍环境建设工作中作出显著成绩的单位和个人，按照国家有关规定给予表彰和奖励。

第二章 无障碍设施建设

第九条 城镇新建、改建、扩建道路、公共建筑、公共交通设施、居住建筑、居住区，应当符合无障碍设施工程建设标准。

乡、村庄的建设和发展，应当逐步达到无障碍设施工程建设标准。

第十条 无障碍设施工程应当与主体工程同步设计、同步施工、同步验收投入使用。

新建的无障碍设施应当与周边的无障碍设施相衔接。

第十一条 对城镇已建成的不符合无障碍设施工程建设标准的道路、公共建筑、公共交通设施、居住建筑、居住区，县级以上人民政府应当制定无障碍设施改造计划并组织实施。

无障碍设施改造由所有权人或者管理人负责。

第十二条 县级以上人民政府应当优先推进下列机构、场所的无障碍设施改造：

（一）特殊教育、康复、社会福利等机构；

（二）国家机关的公共服务场所；

（三）文化、体育、医疗卫生等单位的公共服务场所；

（四）交通运输、金融、邮政、商业、旅游等公共服务场所。

第十三条 城市的主要道路、主要商业区和大型居住区的人行天桥和人行地下通道，应当按照无障碍设施工程建设标准配备无障碍设施，人行道交通信号设施应当逐步完善无障碍服务功能，适应残疾人等社会成员通行的需要。

第十四条 城市的大中型公共场所的公共停车场和大型居住区的停车场，应当按照无障碍设施工程建设标准设置并标明无障碍停车位。

无障碍停车位为肢体残疾人驾驶或者乘坐的机动车专用。

第十五条 民用航空器、客运列车、客运船舶、公共汽车、城市轨道交通车辆等公共交通工具应当逐步达到无障碍设施的要求。有关主管部门应当制定公共交通工具的无障碍技术标准并确定达标期限。

第十六条 视力残疾人携带导盲犬出入公共场所，应当遵守国家有关规定，公共场所的工作人员应当按照国家有关规定提供无障碍服务。

第十七条 无障碍设施的所有权人和管理人，应当对无障碍设施进行保护，有损毁或者故障及时进行维修，确保无障碍设施正常使用。

第三章 无障碍信息交流

第十八条 县级以上人民政府应当将无障碍信息交流建设纳入信息化建设规划，并采取措施推进信息交流无障碍建设。

第十九条 县级以上人民政府及其有关部门发布重要政府信息和与残疾人相关的信息，应当创造条件为残疾人提供语音和文字提示等信息交流服务。

第二十条 国家举办的升学考试、职业资格考试和任职考试，有视力残疾人参加的，应当为视力残疾人提供盲文试卷、电子试卷，或者由工作人员予以协助。

第二十一条 设区的市级以上人民政府设立的电视台应当创造条件，在播出电视节目时配备字幕，每周播放至少一次配播手语的新闻节目。

公开出版发行的影视类录像制品应当配备字幕。

第二十二条 设区的市级以上人民政府设立的公共图书馆应当开设视力残疾人阅览室，提供盲文读物、有声读物，其他图书馆应当逐步开设视力残疾人阅览室。

第二十三条 残疾人组织的网站应当达到无障碍网站设计标准，设区的市级以上人民政府网站、政府公益活动网站，应当逐步达到无障碍网站设计标准。

第二十四条 公共服务机构和公共场所应当创造条件为残疾人提供语音和文字提示、手语、盲文等信息交流服务，并对工作人员进行无障碍服务技能培训。

第二十五条 举办听力残疾人集中参加的公共活动，举办单位应当提供字幕或者手语服务。

第二十六条 电信业务经营者提供电信服务，应当创造条件为有需求的听力、言语残疾人提供文字信息服务，为有需求的视力残疾人提供语音信息服务。

电信终端设备制造者应当提供能够与无障碍信息交流服务相衔接的技术、产品。

第四章 无障碍社区服务

第二十七条 社区公共服务设施应当逐步完善无障碍服务功能，为残疾人等社会成员参与社区生活提供便利。

第二十八条 地方各级人民政府应当逐步完善报警、医疗急救等紧急呼叫系统，方便残疾人等社会成员报警、呼救。

第二十九条 对需要进行无障碍设施改造的贫困家庭，县级以上地方人民政府可以给予适当补助。

第三十条 组织选举的部门应当为残疾人参加选举提供便利，为视力残疾人提供盲文选票。

第五章 法 律 责 任

第三十一条 城镇新建、改建、扩建道路、公共建筑、公共交通设施、居住建筑、居住区，不符合无障碍设施工程建设标准的，由住房和城乡建设主管部门责令改正，依法给予处罚。

第三十二条 肢体残疾人驾驶或者乘坐的机动车以外的机动车占用无障碍停车位，影响肢体残疾人使用的，由公安机关交通管理部门责令改正，依法给予处罚。

第三十三条 无障碍设施的所有权人或者管理人对无障碍设施未进行保护或者及时维修，导致无法正常使用的，由有关主管部门责令限期维修；造成使用人人身、财产损害的，无障碍设施的所有权人或者管理人应当承担赔偿责任。

第三十四条 无障碍环境建设主管部门工作人员滥用职权、玩忽职守、徇私舞弊的，依法给予处分；构成犯罪的，依法追究刑事责任。

第六章 附 则

第三十五条 本条例自2012年8月1日起施行。

第 三 部 分

部 门 规 章

工程建设项目招标范围和规模标准规定

（国家发展计划委员会第3号令发布，自2000年5月1日起施行）

第一条 为了确定必须进行招标的工程建设项目的具体范围和规模标准，规范招标投标活动，根据《中华人民共和国招标投标法》第三条的规定，制定本规定。

第二条 关系社会公共利益、公众安全的基础设施项目的范围包括：

（一）煤炭、石油、天然气、电力、新能源等能源项目；

（二）铁路、公路、管道、水运、航空以及其他交通运输业等交通运输项目；

（三）邮政、电信枢纽、通信、信息网络等邮电通讯项目；

（四）防洪、灌溉、排涝、引（供）水、滩涂治理、水土保持、水利枢纽等水利项目；

（五）道路、桥梁、地铁和轻轨交通、污水排放及处理、垃圾处理、地下管道、公共停车场等城市设施项目；

（六）生态环境保护项目；

（七）其他基础设施项目。

第三条 关系社会公共利益、公众安全的公用事业项目的范围包括：

（一）供水、供电、供气、供热等市政工程项目；

（二）科技、教育、文化等项目；

（三）体育、旅游等项目；

（四）卫生、社会福利等项目；

（五）商品住宅，包括经济适用住房；

（六）其他公用事业项目。

第四条 使用国有资金投资项目的范围包括：

（一）使用各级财政预算资金的项目；

（二）使用纳入财政管理的各种政府性专项建设基金的项目；

（三）使用国有企业事业单位自有资金，并且国有资产投资者实际拥有控制权的项目。

第五条 国家融资项目的范围包括：

（一）使用国家发行债券所筹资金的项目；

（二）使用国家对外借款或者担保所筹资金的项目；

（三）使用国家政策性贷款的项目；

（四）国家授权投资主体融资的项目；

（五）国家特许的融资项目。

第六条 使用国际组织或者外国政府资金的项目的范围包括：

（一）使用世界银行、亚洲开发银行等国际组织贷款资金的项目；

（二）使用外国政府及其机构贷款资金的项目；

（三）使用国际组织或者外国政府援助资金的项目。

第七条 本规定第二条至第六条规定范围内的各类工程建设项目，包括项目的勘察、设计、施工、监理以及与工程建设有关的重要设备、材料等的采购，达到下列标准之一的，必须进行招标：

（一）施工单项合同估算价在200万元人民币以上的；

（二）重要设备、材料等货物的采购，单项合同估算价在100万元人民币以上的；

（三）勘察、设计、监理等服务的采购，单项合同估算价在50万元人民币以上的；

（四）单项合同估算价低于第（一）、（二）、（三）项规定的标准，但项目总投资额在3000万元人民币以上的。

第八条 建设项目的勘察、设计，采用特定专利或者专有技术的，或者其建筑艺术造型有特殊要求的，经项目主管部门批准，可以不进行招标。

第九条 依法必须进行招标的项目，全部使用国有资金投资或者国有资金投资占控股或者主导地位的，应当公开招标。

招标投标活动不受地区、部门的限制，不得对潜在投标人实行歧视待遇。

第十条 省、自治区、直辖市人民政府根据实际情况，可以规定本地区必须进行招标的具体范围和规模标准，但不得缩小本规定确定的必须进行招标的范围。

第十一条 国家发展计划委员会可以根据实际需要，会同国务院有关部门对本规定确定的必须进行招标的具体范围和规模标准进行部分调整。

第十二条 本规定自发布之日起施行。

房屋建筑和市政基础设施工程施工招标投标管理办法

（2001年6月1日建设部令第89号发布）

第一章 总 则

第一条 为了规范房屋建筑和市政基础设施工程施工招标投标活动，维护招标投标当事人的合法权益，依据《中华人民共和国建筑法》、《中华人民共和国招标投标法》等法律、行政法规，制定本办法。

第二条 在中华人民共和国境内从事房屋建筑和市政基础设施工程施工招标投标活动，实施对房屋建筑和市政基础设施工程施工招标投标活动的监督管理，适用本办法。

本办法所称房屋建筑工程，是指各类房屋建筑及其附属设施和与其配套的线路、管道、设备安装工程及室内外装修工程。

本办法所称市政基础设施工程，是指城市道路、公共交通、供水、排水、燃气、热力、园林、环卫、污水处理、垃圾处理、防洪、地下公共设施及附属设施的土建、管道、设备安装工程。

第三条 房屋建筑和市政基础设施工程（以下简称工程）的施工单项合同估算价在200万元人民币以上，或者项目总投资在3000万元人民币以上的，必须进行招标。

省、自治区、直辖市人民政府建设行政主管部门报经同级人民政府批准，可以根据实际情况，规定本地区必须进行工程施工招标的具体范围和规模标准，但不得缩小本办法确定的必须进行施工招标的范围。

第四条 国务院建设行政主管部门负责全国工程施工招标投标活动的监督管理。

县级以上地方人民政府建设行政主管部门负责本行政区域内工程施工招标投标活动的监督管理。具体的监督管理工作，可以委托工程招标投标监督管理机构负责实施。

第五条 任何单位和个人不得违反法律、行政法规规定，限制或者排斥本地区、本系统以外的法人或者其他组织参加投标，不得以任何方式非法干涉施工招标投标活动。

第六条 施工招标投标活动及其当事人应当依法接受监督。

建设行政主管部门依法对施工招标投标活动实施监督，查处施工招标投标活动中的违法行为。

第二章 招 标

第七条 工程施工招标由招标人依法组织实施。招标人不得以不合理条件限制或者排斥潜在投标人，不得对潜在投标人实行歧视待遇，不得对潜在投标人提出与招标工程实际要求不符的过高的资质等级要求和其他要求。

第八条 工程施工招标应当具备下列条件：

（一）按照国家有关规定需要履行项目审批手续的，已经履行审批手续；

（二）工程资金或者资金来源已经落实；

（三）有满足施工招标需要的设计文件及其他技术资料；

（四）法律、法规、规章规定的其他条件。

第九条 工程施工招标分为公开招标和邀请招标。

依法必须进行施工招标的工程，全部使用国有资金投资或者国有资金投资占控股或者主导地位的，应当公开招标，但经国家计委或者省、自治区、直辖市人民政府依法批准可以进行邀请招标的重点建设项目除外；其他工程可以实行邀请招标。

第十条 工程有下列情形之一的，经县级以上地方人民政府建设行政主管部门批准，可以不进行施工招标：

（一）停建或者缓建后恢复建设的单位工程，且承包人未发生变更的；

（二）施工企业自建自用的工程，且该施工企业资质等级符合工程要求的；

（三）在建工程追加的附属小型工程或者主体加层工程，且承包人未发生变更的；

（四）法律、法规、规章规定的其他情形。

第十一条 依法必须进行施工招标的工程，招标人自行办理施工招标事宜的，应当具有编制招标文件和组织评标的能力：

（一）有专门的施工招标组织机构；

（二）有与工程规模、复杂程度相适应并具有同类工程施工招标经验、熟悉有关工程施工招标法律法规的工程技术、概预算及工程管理的专业人员。

不具备上述条件的，招标人应当委托具有相应资格的工程招标代理机构代理施工招标。

第十二条 招标人自行办理施工招标事宜的，应当在发布招标公告或者发出投标邀请书的5日前，向工程所在地县级以上地方人民政府建设行政主管部门备案，并报送下列材料：

（一）按照国家有关规定办理审批手续的各项批准文件；

（二）本办法第十一条所列条件的证明材料，包括专业技术人员的名单、职称证书或者执业资格证书及其工作经历的证明材料；

（三）法律、法规、规章规定的其他材料。

招标人不具备自行办理施工招标事宜条件的，建设行政主管部门应当自收到备案材料之日起5日内责令招标人停止自行办理施工招标事宜。

第十三条 全部使用国有资金投资或者国有资金投资占控股或者主导地位，依法必须进行施工招标的工程项目，应当进入有形建筑市场进行招标投标活动。

政府有关管理机关可以在有形建筑市场集中办理有关手续，并依法实施监督。

第十四条 依法必须进行施工公开招标的工程项目，应当在国家或者地方指定的报刊、信息网络或者其他媒介上发布招标公告，并同时在中国工程建设和建筑业信息网上发布招标公告。

招标公告应当载明招标人的名称和地址，招标工程的性质、规模、地点以及获取招标文件的办法等事项。

第十五条 招标人采用邀请招标方式的，应当向3个以上符合资质条件的施工企业发出投标邀请书。

投标邀请书应当载明本办法第十四条第二款规定的事项。

第十六条 招标人可以根据招标工程的需要，对投标申请人进行资格预审，也可以委托工程招标代理机构对投标申请人进行资格预审。实行资格预审的招标工程，招标人应当在招标公告或者投标邀请书中载明资格预审的条件和获取资格预审文件的办法。

资格预审文件一般应当包括资格预审申请书格式、申请人须知，以及需要投标申请人提供的企业资质、业绩、技术装备、财务状况和拟派出的项目经理与主要技术人员的简历、业绩等证明材料。

第十七条 经资格预审后，招标人应当向资格预审合格的投标申请人发出资格预审合格通知书，告知获取招标文件的时间、地点和方法，并同时向资格预审不合格的投标申请人告知资格预审结果。

在资格预审合格的投标申请人过多时，可以由招标人从中选择不少于7家资格预审合格的投标申请人。

第十八条 招标人应当根据招标工程的特点和需要，自行或者委托工程招标代理机构编制招标文件。招标文件应当包括下列内容：

（一）投标须知，包括工程概况，招标范围，资格审查条件，工程资金来源或者落实情况（包括银行出具的资金证明），标段划分，工期要求，质量标准，现场踏勘和答疑安排，投标文件编制、提交、修改、撤回的要求，投标报价要求，投标有效期，开标的时间和地点，评标的方法和标准等；

（二）招标工程的技术要求和设计文件；

（三）采用工程量清单招标的，应当提供工程量清单；

（四）投标函的格式及附录；

（五）拟签订合同的主要条款；

（六）要求投标人提交的其他材料。

第十九条 依法必须进行施工招标的工程，招标人应当在招标文件发出的同时，将招标文件报工程所在地的县级以上地方人民政府建设行政主管部门备案。建设行政主管部门发现招标文件有违反法律、法规内容的，应当责令招标人改正。

第二十条 招标人对已发出的招标文件进行必要的澄清或者修改的，应当在招标文件要求提交投标文件截止时间至少15日前，以书面形式通知所有招标文件收受人，并同时报工程所在地的县级以上地方人民政府建设行政主管部门备案。该澄清或者修改的内容为招标文件的组成部分。

第二十一条 招标人设有标底的，应当依据国家规定的工程量计算规则及招标文件规定的计价方法和要求编制标底，并在开标前保密。一个招标工程只能编制一个标底。

第二十二条 招标人对于发出的招标文件可以酌收工本费。其中的设计文件，招标人可以酌收押金。对于开标后将设计文件退还的，招标人应当退还押金。

第三章　投　　标

第二十三条　施工招标的投标人是响应施工招标、参与投标竞争的施工企业。

投标人应当具备相应的施工企业资质，并在工程业绩、技术能力、项目经理资格条件、财务状况等方面满足招标文件提出的要求。

第二十四条　投标人对招标文件有疑问需要澄清的，应当以书面形式向招标人提出。

第二十五条　投标人应当按照招标文件的要求编制投标文件，对招标文件提出的实质性要求和条件作出响应。

招标文件允许投标人提供备选标的，投标人可以按照招标文件的要求提交替代方案，并作出相应报价作备选标。

第二十六条　投标文件应当包括下列内容：

（一）投标函；

（二）施工组织设计或者施工方案；

（三）投标报价；

（四）招标文件要求提供的其他材料。

第二十七条　招标人可以在招标文件中要求投标人提交投标担保。投标担保可以采用投标保函或者投标保证金的方式。投标保证金可以使用支票、银行汇票等，一般不得超过投标总价的 2%，最高不得超过 50 万元。

投标人应当按照招标文件要求的方式和金额，将投标保函或者投标保证金随投标文件提交招标人。

第二十八条　投标人应当在招标文件要求提交投标文件的截止时间前，将投标文件密封送达投标地点。招标人收到投标文件后，应当向投标人出具标明签收人和签收时间的凭证，并妥善保存投标文件。在开标前，任何单位和个人均不得开启投标文件。在招标文件要求提交投标文件的截止时间后送达的投标文件，为无效的投标文件，招标人应当拒收。

提交投标文件的投标人少于 3 个的，招标人应当依法重新招标。

第二十九条　投标人在招标文件要求提交投标文件的截止时间前，可以补充、修改或者撤回已提交的投标文件。补充、修改的内容为投标文件的组成部分，并应当按照本办法第二十八条第一款的规定送达、签收和保管。在招标文件要求提交投标文件的截止时间后送达的补充或者修改的内容无效。

第三十条　两个以上施工企业可以组成一个联合体，签订共同投标协议，以一个投标人的身份共同投标。联合体各方均应当具备承担招标工程的相应资质条件。相同专业的施工企业组成的联合体，按照资质等级低的施工企业的业务许可范围承揽工程。

招标人不得强制投标人组成联合体共同投标，不得限制投标人之间的竞争。

第三十一条　投标人不得相互串通投标，不得排挤其他投标人的公平竞争，损害招标人或者其他投标人的合法权益。

投标人不得与招标人串通投标，损害国家利益、社会公共利益或者他人的合法权益。

禁止投标人以向招标人或者评标委员会成员行贿的手段谋取中标。

第三十二条　投标人不得以低于其企业成本的报价竞标，不得以他人名义投标或者以其他方式弄虚作假，骗取中标。

第四章　开标、评标和中标

第三十三条　开标应当在招标文件确定的提交投标文件截止时间的同一时间公开进行；开标地点应当为招标文件中预先确定的地点。

第三十四条　开标由招标人主持，邀请所有投标人参加。开标应当按照下列规定进行：

由投标人或者其推选的代表检查投标文件的密封情况，也可以由招标人委托的公证机构进行检查并公证。经确认无误后，由有关工作人员当众拆封，宣读投标人名称、投标价格和投标文件的其他主要内容。

招标人在招标文件要求提交投标文件的截止时间前收到的所有投标文件，开标时都应当当众予以拆封、宣读。

开标过程应当记录，并存档备查。

第三十五条　在开标时，投标文件出现下列情形之一的，应当作为无效投标文件，不得进入评标：

（一）投标文件未按照招标文件的要求予以密封的；

（二）投标文件中的投标函未加盖投标人的企业及企业法定代表人印章的，或者企业法定代表人委托代理人没有合法、有效的委托书（原件）及委托代理人印章的；

（三）投标文件的关键内容字迹模糊、无法辨认的；

（四）投标人未按照招标文件的要求提供投标保函或者投标保证金的；

（五）组成联合体投标的，投标文件未附联合体各方共同投标协议的。

第三十六条　评标由招标人依法组建的评标委员会负责。

依法必须进行施工招标的工程，其评标委员会由招标人的代表和有关技术、经济等方面的专家组成，成员人数为5人以上单数，其中招标人、招标代理机构以外的技术、经济等方面专家不得少于成员总数的三分之二。评标委员会的专家成员，应当由招标人从建设行政主管部门及其他有关政府部门确定的专家名册或者工程招标代理机构的专家库内相关专业的专家名单中确定。确定专家成员一般应当采取随机抽取的方式。

与投标人有利害关系的人不得进入相关工程的评标委员会。评标委员会成员的名单在中标结果确定前应当保密。

第三十七条　建设行政主管部门的专家名册应当拥有一定数量规模并符合法定资格条件的专家。省、自治区、直辖市人民政府建设行政主管部门可以将专家数量少的地区的专家名册予以合并或者实行专家名册计算机联网。

建设行政主管部门应当对进入专家名册的专家组织有关法律和业务培训，对其评标能力、廉洁公正等进行综合评估，及时取消不称职或者违法违规人员的评标专家资格。被取消评标专家资格的人员不得再参加任何评标活动。

第三十八条　评标委员会应当按照招标文件确定的评标标准和方法，对投标文件进行评审和比较，并对评标结果签字确认；设有标底的，应当参考标底。

第三十九条　评标委员会可以用书面形式要求投标人对投标文件中含义不明确的内容

作必要的澄清或者说明。投标人应当采用书面形式进行澄清或者说明，其澄清或者说明不得超出投标文件的范围或者改变投标文件的实质性内容。

第四十条 评标委员会经评审，认为所有投标文件都不符合招标文件要求的，可以否决所有投标。

依法必须进行施工招标工程的所有投标被否决的，招标人应当依法重新招标。

第四十一条 评标可以采用综合评估法、经评审的最低投标价法或者法律法规允许的其他评标方法。

采用综合评估法的，应当对投标文件提出的工程质量、施工工期、投标价格、施工组织设计或者施工方案、投标人及项目经理业绩等，能否最大限度地满足招标文件中规定的各项要求和评价标准进行评审和比较。以评分方式进行评估的，对于各种评比奖项不得额外计分。

采用经评审的最低投标价法的，应当在投标文件能够满足招标文件实质性要求的投标人中，评审出投标价格最低的投标人，但投标价格低于其企业成本的除外。

第四十二条 评标委员会完成评标后，应当向招标人提出书面评标报告，阐明评标委员会对各投标文件的评审和比较意见，并按照招标文件中规定的评标方法，推荐不超过3名有排序的合格的中标候选人。招标人根据评标委员会提出的书面评标报告和推荐的中标候选人确定中标人。

使用国有资金投资或者国家融资的工程项目，招标人应当按照中标候选人的排序确定中标人。当确定中标的中标候选人放弃中标或者因不可抗力提出不能履行合同的，招标人可以依序确定其他中标候选人为中标人。

招标人也可以授权评标委员会直接确定中标人。

第四十三条 有下列情形之一的，评标委员会可以要求投标人作出书面说明并提供相关材料：

（一）设有标底的，投标报价低于标底合理幅度的；

（二）不设标底的，投标报价明显低于其他投标报价，有可能低于其企业成本的。

经评标委员会论证，认定该投标人的报价低于其企业成本的，不能推荐为中标候选人或者中标人。

第四十四条 招标人应当在投标有效期截止时限30日前确定中标人。投标有效期应当在招标文件中载明。

第四十五条 依法必须进行施工招标的工程，招标人应当自确定中标人之日起15日内，向工程所在地的县级以上地方人民政府建设行政主管部门提交施工招标投标情况的书面报告。书面报告应当包括下列内容：

（一）施工招标投标的基本情况，包括施工招标范围、施工招标方式、资格审查、开评标过程和确定中标人的方式及理由等；

（二）相关的文件资料，包括招标公告或者投标邀请书、投标报名表、资格预审文件、招标文件、评标委员会的评标报告（设有标底的，应当附标底）、中标人的投标文件。委托工程招标代理的，还应当附工程施工招标代理委托合同。

前款第二项中已按照本办法的规定办理了备案的文件资料，不再重复提交。

第四十六条 建设行政主管部门自收到书面报告之日起5日内未通知招标人在招标投

标活动中有违法行为的，招标人可以向中标人发出中标通知书，并将中标结果通知所有未中标的投标人。

第四十七条 招标人和中标人应当自中标通知书发出之日起30日内，按照招标文件和中标人的投标文件订立书面合同；招标人和中标人不得再行订立背离合同实质性内容的其他协议。订立书面合同后7日内，中标人应当将合同送工程所在地的县级以上地方人民政府建设行政主管部门备案。

中标人不与招标人订立合同的，投标保证金不予退还并取消其中标资格，给招标人造成的损失超过投标保证金数额的，应当对超过部分予以赔偿；没有提交投标保证金的，应当对招标人的损失承担赔偿责任。

招标人无正当理由不与中标人签订合同，给中标人造成损失的，招标人应当给予赔偿。

第四十八条 招标文件要求中标人提交履约担保的，中标人应当提交。招标人应当同时向中标人提供工程款支付担保。

第五章 罚　　则

第四十九条 有违反《招标投标法》行为的，县级以上地方人民政府建设行政主管部门应当按照《招标投标法》的规定予以处罚。

第五十条 招标投标活动中有《招标投标法》规定中标无效情形的，由县级以上地方人民政府建设行政主管部门宣布中标无效，责令重新组织招标，并依法追究有关责任人责任。

第五十一条 应当招标未招标的，应当公开招标未公开招标的，县级以上地方人民政府建设行政主管部门应当责令改正，拒不改正的，不得颁发施工许可证。

第五十二条 招标人不具备自行办理施工招标事宜条件而自行招标的，县级以上地方人民政府建设行政主管部门应当责令改正，处1万元以下的罚款。

第五十三条 评标委员会的组成不符合法律、法规规定的，县级以上地方人民政府建设行政主管部门应当责令招标人重新组织评标委员会。招标人拒不改正的，不得颁发施工许可证。

第五十四条 招标人未向建设行政主管部门提交施工招标投标情况书面报告的，县级以上地方人民政府建设行政主管部门应当责令改正；在未提交施工招标投标情况书面报告前，建设行政主管部门不予颁发施工许可证。

第六章 附　　则

第五十五条 工程施工专业分包、劳务分包采用招标方式的，参照本办法执行。

第五十六条 招标文件或者投标文件使用两种以上语言文字的，必须有一种是中文；如对不同文本的解释发生异议的，以中文文本为准。用文字表示的金额与数字表示的金额不一致的，以文字表示的金额为准。

第五十七条 涉及国家安全、国家秘密、抢险救灾或者属于利用扶贫资金实行以工代赈、需要使用农民工等特殊情况，不适宜进行施工招标的工程，按照国家有关规定可以不进行施工招标。

第五十八条 使用国际组织或者外国政府贷款、援助资金的工程进行施工招标，贷款方、资金提供方对招标投标的具体条件和程序有不同规定的，可以适用其规定，但违背中华人民共和国的社会公共利益的除外。

第五十九条 本办法由国务院建设行政主管部门负责解释。

第六十条 本办法自发布之日起施行。1992 年 12 月 30 日建设部颁布的《工程建设施工招标投标管理办法》(建设部令第 23 号) 同时废止。

工程建设项目施工招标投标办法

（国家发展计划委员会　建设部　铁道部　交通部　信息产业部　水利部
民用航空总局令第30号发布，自2003年5月1日起施行）

第一章　总　则

第一条　为规范工程建设项目施工（以下简称工程施工）招标投标活动，根据《中华人民共和国招标投标法》和国务院有关部门的职责分工，制定本办法。

第二条　在中华人民共和国境内进行工程施工招标投标活动，适用本办法。

第三条　工程建设项目符合《工程建设项目招标范围和规模标准规定》（国家计委令第3号）规定的范围和标准的，必须通过招标选择施工单位。

任何单位和个人不得将依法必须进行招标的项目化整为零或者以其他任何方式规避招标。

第四条　工程施工招标投标活动应当遵循公开、公平、公正和诚实信用的原则。

第五条　工程施工招标投标活动，依法由招标人负责。任何单位和个人不得以任何方式非法干涉工程施工招标投标活动。

施工招标投标活动不受地区或者部门的限制。

第六条　各级发展计划、经贸、建设、铁道、交通、信息产业、水利、外经贸、民航等部门依照《国务院办公厅印发国务院有关部门实施招标投标活动行政监督的职责分工意见的通知》（国办发［2000］34号）和各地规定的职责分工，对工程施工招标投标活动实施监督，依法查处工程施工招标投标活动中的违法行为。

第二章　招　　标

第七条　工程施工招标人是依法提出施工招标项目、进行招标的法人或者其他组织。

第八条　依法必须招标的工程建设项目，应当具备下列条件才能进行施工招标：

（一）招标人已经依法成立；

（二）初步设计及概算应当履行审批手续的，已经批准；

（三）招标范围、招标方式和招标组织形式等应当履行核准手续的，已经核准；

（四）有相应资金或资金来源已经落实；

（五）有招标所需的设计图纸及技术资料。

第九条　工程施工招标分为公开招标和邀请招标。

第十条　依法必须进行施工招标的工程建设项目，按工程建设项目审批管理规定，凡应报送项目审批部门审批的，招标人必须在报送的可行性研究报告中将招标范围、招标方式、招标组织形式等有关招标内容报项目审批部门核准。

第十一条 国务院发展计划部门确定的国家重点建设项目和各省、自治区、直辖市人民政府确定的地方重点建设项目，以及全部使用国有资金投资或者国有资金投资占控股或者主导地位的工程建设项目，应当公开招标；有下列情形之一的，经批准可以进行邀请招标：

（一）项目技术复杂或有特殊要求，只有少量几家潜在投标人可供选择的；

（二）受自然地域环境限制的；

（三）涉及国家安全、国家秘密或者抢险救灾，适宜招标但不宜公开招标的；

（四）拟公开招标的费用与项目的价值相比，不值得的；

（五）法律、法规规定不宜公开招标的。

国家重点建设项目的邀请招标，应当经国务院发展计划部门批准；地方重点建设项目的邀请招标，应当经各省、自治区、直辖市人民政府批准。

全部使用国有资金投资或者国有资金投资占控股或者主导地位的并需要审批的工程建设项目的邀请招标，应当经项目审批部门批准，但项目审批部门只审批立项的，由有关行政监督部门批准。

第十二条 需要审批的工程建设项目，有下列情形之一的，由本办法第十一条规定的审批部门批准，可以不进行施工招标：

（一）涉及国家安全、国家秘密或者抢险救灾而不适宜招标的；

（二）属于利用扶贫资金实行以工代赈需要使用农民工的；

（三）施工主要技术采用特定的专利或者专有技术的；

（四）施工企业自建自用的工程，且该施工企业资质等级符合工程要求的；

（五）在建工程追加的附属小型工程或者主体加层工程，原中标人仍具备承包能力的；

（六）法律、行政法规规定的其他情形。

不需要审批但依法必须招标的工程建设项目，有前款规定情形之一的，可以不进行施工招标。

第十三条 采用公开招标方式的，招标人应当发布招标公告，邀请不特定的法人或者其他组织投标。依法必须进行施工招标项目的招标公告，应当在国家指定的报刊和信息网络上发布。

采用邀请招标方式的，招标人应当向三家以上具备承担施工招标项目的能力、资信良好的特定的法人或者其他组织发出投标邀请书。

第十四条 招标公告或者投标邀请书应当至少载明下列内容：

（一）招标人的名称和地址；

（二）招标项目的内容、规模、资金来源；

（三）招标项目的实施地点和工期；

（四）获取招标文件或者资格预审文件的地点和时间；

（五）对招标文件或者资格预审文件收取的费用；

（六）对投标人的资质等级的要求。

第十五条 招标人应当按招标公告或者投标邀请书规定的时间、地点出售招标文件或资格预审文件。自招标文件或者资格预审文件出售之日起至停止出售之日止，最短不得少于五个工作日。

招标人可以通过信息网络或者其他媒介发布招标文件，通过信息网络或者其他媒介发布的招标文件与书面招标文件具有同等法律效力，但出现不一致时以书面招标文件为准。招标人应当保持书面招标文件原始正本的完好。

对招标文件或者资格预审文件的收费应当合理，不得以营利为目的。对于所附的设计文件，招标人可以向投标人酌收押金；对于开标后投标人退还设计文件的，招标人应当向投标人退还押金。

招标文件或者资格预审文件售出后，不予退还。招标人在发布招标公告、发出投标邀请书后或者售出招标文件或资格预审文件后不得擅自终止招标。

第十六条 招标人可以根据招标项目本身的特点和需要，要求潜在投标人或者投标人提供满足其资格要求的文件，对潜在投标人或者投标人进行资格审查；法律、行政法规对潜在投标人或者投标人的资格条件有规定的，依照其规定。

第十七条 资格审查分为资格预审和资格后审。

资格预审，是指在投标前对潜在投标人进行的资格审查。

资格后审，是指在开标后对投标人进行的资格审查。

进行资格预审的，一般不再进行资格后审，但招标文件另有规定的除外。

第十八条 采取资格预审的，招标人可以发布资格预审公告。资格预审公告适用本办法第十三条、第十四条有关招标公告的规定。

采取资格预审的，招标人应当在资格预审文件中载明资格预审的条件、标准和方法；采取资格后审的，招标人应当在招标文件中载明对投标人资格要求的条件、标准和方法。

招标人不得改变载明的资格条件或者以没有载明的资格条件对潜在投标人或者投标人进行资格审查。

第十九条 经资格预审后，招标人应当向资格预审合格的潜在投标人发出资格预审合格通知书，告知获取招标文件的时间、地点和方法，并同时向资格预审不合格的潜在投标人告知资格预审结果。资格预审不合格的潜在投标人不得参加投标。

经资格后审不合格的投标人的投标应作废标处理。

第二十条 资格审查应主要审查潜在投标人或者投标人是否符合下列条件：

（一）具有独立订立合同的权利；

（二）具有履行合同的能力，包括专业、技术资格和能力，资金、设备和其他物质设施状况，管理能力，经验、信誉和相应的从业人员；

（三）没有处于被责令停业，投标资格被取消，财产被接管、冻结，破产状态；

（四）在最近三年内没有骗取中标和严重违约及重大工程质量问题；

（五）法律、行政法规规定的其他资格条件。

资格审查时，招标人不得以不合理的条件限制、排斥潜在投标人或者投标人，不得对潜在投标人或者投标人实行歧视待遇。任何单位和个人不得以行政手段或者其他不合理方式限制投标人的数量。

第二十一条 招标人符合法律规定的自行招标条件的，可以自行办理招标事宜。任何单位和个人不得强制其委托招标代理机构办理招标事宜。

第二十二条 招标代理机构应当在招标人委托的范围内承担招标事宜。招标代理机构可以在其资格等级范围内承担下列招标事宜：

（一）拟订招标方案，编制和出售招标文件、资格预审文件；

（二）审查投标人资格；

（三）编制标底；

（四）组织投标人踏勘现场；

（五）组织开标、评标，协助招标人定标；

（六）草拟合同；

（七）招标人委托的其他事项。

招标代理机构不得无权代理、越权代理，不得明知委托事项违法而进行代理。

招标代理机构不得接受同一招标项目的投标代理和投标咨询业务；未经招标人同意，不得转让招标代理业务。

第二十三条 工程招标代理机构与招标人应当签订书面委托合同，并按双方约定的标准收取代理费；国家对收费标准有规定的，依照其规定。

第二十四条 招标人根据施工招标项目的特点和需要编制招标文件。招标文件一般包括下列内容：

（一）投标邀请书；

（二）投标人须知；

（三）合同主要条款；

（四）投标文件格式；

（五）采用工程量清单招标的，应当提供工程量清单；

（六）技术条款；

（七）设计图纸；

（八）评标标准和方法；

（九）投标辅助材料。

招标人应当在招标文件中规定实质性要求和条件，并用醒目的方式标明。

第二十五条 招标人可以要求投标人在提交符合招标文件规定要求的投标文件外，提交备选投标方案，但应当在招标文件中作出说明，并提出相应的评审和比较办法。

第二十六条 招标文件规定的各项技术标准应符合国家强制性标准。

招标文件中规定的各项技术标准均不得要求或标明某一特定的专利、商标、名称、设计、原产地或生产供应者，不得含有倾向或者排斥潜在投标人的其他内容。如果必须引用某一生产供应者的技术标准才能准确或清楚地说明拟招标项目的技术标准时，则应当在参照后面加上“或相当于”的字样。

第二十七条 施工招标项目需要划分标段、确定工期的，招标人应当合理划分标段、确定工期，并在招标文件中载明。对工程技术上紧密相联、不可分割的单位工程不得分割标段。

招标人不得以不合理的标段或工期限制或者排斥潜在投标人或者投标人。

第二十八条 招标文件应当明确规定评标时除价格以外的所有评标因素，以及如何将这些因素量化或者据以进行评估。

在评标过程中，不得改变招标文件中规定的评标标准、方法和中标条件。

第二十九条 招标文件应当规定一个适当的投标有效期，以保证招标人有足够的时间完成评标和与中标人签订合同。投标有效期从投标人提交投标文件截止之日起计算。

在原投标有效期结束前，出现特殊情况的，招标人可以书面形式要求所有投标人延长投标有效期。投标人同意延长的，不得要求或被允许修改其投标文件的实质性内容，但应当相应延长其投标保证金的有效期；投标人拒绝延长的，其投标失效，但投标人有权收回其投标保证金。因延长投标有效期造成投标人损失的，招标人应当给予补偿，但因不可抗力需要延长投标有效期的除外。

第三十条 施工招标项目工期超过十二个月的，招标文件中可以规定工程造价指数体系、价格调整因素和调整方法。

第三十一条 招标人应当确定投标人编制投标文件所需要的合理时间；但是，依法必须进行招标的项目，自招标文件开始发出之日起至投标人提交投标文件截止之日止，最短不得少于二十日。

第三十二条 招标人根据招标项目的具体情况，可以组织潜在投标人踏勘项目现场，向其介绍工程场地和相关环境的有关情况。潜在投标人依据招标人介绍情况作出的判断和决策，由投标人自行负责。

招标人不得单独或者分别组织任何一个投标人进行现场踏勘。

第三十三条 对于潜在投标人在阅读招标文件和现场踏勘中提出的疑问，招标人可以书面形式或召开投标预备会的方式解答，但需同时将解答以书面方式通知所有购买招标文件的潜在投标人。该解答的内容为招标文件的组成部分。

第三十四条 招标人可根据项目特点决定是否编制标底。编制标底的，标底编制过程和标底必须保密。

招标项目编制标底的，应根据批准的初步设计、投资概算，依据有关计价办法，参照有关工程定额，结合市场供求状况，综合考虑投资、工期和质量等方面的因素合理确定。

标底由招标人自行编制或委托中介机构编制。一个工程只能编制一个标底。

任何单位和个人不得强制招标人编制或报审标底，或干预其确定标底。

招标项目可以不设标底，进行无标底招标。

第三章 投 标

第三十五条 投标人是响应招标、参加投标竞争的法人或者其他组织。招标人的任何不具独立法人资格的附属机构（单位），或者为招标项目的前期准备或者监理工作提供设计、咨询服务的任何法人及其任何附属机构（单位），都无资格参加该招标项目的投标。

第三十六条 投标人应当按照招标文件的要求编制投标文件。投标文件应当对招标文件提出的实质性要求和条件作出响应。

投标文件一般包括下列内容：

（一）投标函；

（二）投标报价；

（三）施工组织设计；

（四）商务和技术偏差表。

投标人根据招标文件载明的项目实际情况，拟在中标后将中标项目的部分非主体、非关键性工作进行分包的，应当在投标文件中载明。

第三十七条 招标人可以在招标文件中要求投标人提交投标保证金。投标保证金除现金外，可以是银行出具的银行保函、保兑支票、银行汇票或现金支票。

投标保证金一般不得超过投标总价的百分之二，但最高不得超过八十万元人民币。投标保证金有效期应当超出投标有效期三十天。

投标人应当按照招标文件要求的方式和金额，将投标保证金随投标文件提交给招标人。

投标人不按招标文件要求提交投标保证金的，该投标文件将被拒绝，作废标处理。

第三十八条 投标人应当在招标文件要求提交投标文件的截止时间前，将投标文件密封送达投标地点。招标人收到投标文件后，应当向投标人出具标明签收人和签收时间的凭证，在开标前任何单位和个人不得开启投标文件。

在招标文件要求提交投标文件的截止时间后送达的投标文件，为无效的投标文件，招标人应当拒收。

提交投标文件的投标人少于三个的，招标人应当依法重新招标。重新招标后投标人仍少于三个的，属于必须审批的工程建设项目，报经原审批部门批准后可以不再进行招标；其他工程建设项目，招标人可自行决定不再进行招标。

第三十九条 投标人在招标文件要求提交投标文件的截止时间前，可以补充、修改、替代或者撤回已提交的投标文件，并书面通知招标人。补充、修改的内容为投标文件的组成部分。

第四十条 在提交投标文件截止时间后到招标文件规定的投标有效期终止之前，投标人不得补充、修改、替代或者撤回其投标文件。投标人补充、修改、替代投标文件的，招标人不予接受；投标人撤回投标文件的，其投标保证金将被没收。

第四十一条 在开标前，招标人应妥善保管好已接收的投标文件、修改或撤回通知、备选投标方案等投标资料。

第四十二条 两个以上法人或者其他组织可以组成一个联合体，以一个投标人的身份共同投标。

联合体各方签订共同投标协议后，不得再以自己名义单独投标，也不得组成新的联合体或参加其他联合体在同一项目中投标。

第四十三条 联合体参加资格预审并获通过的，其组成的任何变化都必须在提交投标文件截止之日前征得招标人的同意。如果变化后的联合体削弱了竞争，含有事先未经过资格预审或者资格预审不合格的法人或者其他组织，或者使联合体的资质降到资格预审文件中规定的最低标准以下，招标人有权拒绝。

第四十四条 联合体各方必须指定牵头人，授权其代表所有联合体成员负责投标和合同实施阶段的主办、协调工作，并应当向招标人提交由所有联合体成员法定代表人签署的授权书。

第四十五条 联合体投标的，应当以联合体各方或者联合体中牵头人的名义提交投标保证金。以联合体中牵头人名义提交的投标保证金，对联合体各成员具有约束力。

第四十六条 下列行为均属投标人串通投标报价：

（一）投标人之间相互约定抬高或压低投标报价；

（二）投标人之间相互约定，在招标项目中分别以高、中、低价位报价；

（三）投标人之间先进行内部竞价，内定中标人，然后再参加投标；

（四）投标人之间其他串通投标报价的行为。

第四十七条 下列行为均属招标人与投标人串通投标：

（一）招标人在开标前开启招标文件，并将投标情况告知其他投标人，或者协助投标人撤换投标文件，更改报价；

（二）招标人向投标人泄露标底；

（三）招标人与投标人商定，投标时压低或抬高标价，中标后再给投标人或招标人额外补偿；

（四）招标人预先内定中标人；

（五）其他串通投标行为。

第四十八条 投标人不得以他人名义投标。

前款所称以他人名义投标，指投标人挂靠其他施工单位，或从其他单位通过转让或租借的方式获取资格或资质证书，或者由其他单位及其法定代表人在自己编制的投标文件上加盖印章和签字等行为。

第四章 开标、评标和定标

第四十九条 开标应当在招标文件确定的提交投标文件截止时间的同一时间公开进行；开标地点应当为招标文件中确定的地点。

第五十条 投标文件有下列情形之一的，招标人不予受理：

（一）逾期送达的或者未送达指定地点的；

（二）未按招标文件要求密封的。

投标文件有下列情形之一的，由评标委员会初审后按废标处理：

（一）无单位盖章并无法定代表人或法定代表人授权的代理人签字或盖章的；

（二）未按规定的格式填写，内容不全或关键字迹模糊、无法辨认的；

（三）投标人递交两份或多份内容不同的投标文件，或在一份投标文件中对同一招标项目报有两个或多个报价，且未声明哪一个有效，按招标文件规定提交备选投标方案的除外；

（四）投标人名称或组织结构与资格预审时不一致的；

（五）未按招标文件要求提交投标保证金的；

（六）联合体投标未附联合体各方共同投标协议的。

第五十一条 评标委员会可以书面方式要求投标人对投标文件中含义不明确、对同类问题表述不一致或者有明显文字和计算错误的内容作必要的澄清、说明或补正。评标委员会不得向投标人提出带有暗示性或诱导性的问题，或向其明确投标文件中的遗漏和错误。

第五十二条 投标文件不响应招标文件的实质性要求和条件的，招标人应当拒绝，并不允许投标人通过修正或撤销其不符合要求的差异或保留，使之成为具有响应性的投标。

第五十三条 评标委员会在对实质上响应招标文件要求的投标进行报价评估时，除招标文件另有约定外，应当按下述原则进行修正：

（一）用数字表示的数额与用文字表示的数额不一致时，以文字数额为准；

（二）单价与工程量的乘积与总价之间不一致时，以单价为准。若单价有明显的小数点错位，应以总价为准，并修改单价。

按前款规定调整后的报价经投标人确认后产生约束力。

投标文件中没有列入的价格和优惠条件在评标时不予考虑。

第五十四条 对于投标人提交的优越于招标文件中技术标准的备选投标方案所产生的附加收益，不得考虑进评标价中。符合招标文件的基本技术要求且评标价最低或综合评分最高的投标人，其所提交的备选方案方可予以考虑。

第五十五条 招标人设有标底的，标底在评标中应当作为参考，但不得作为评标的唯一依据。

第五十六条 评标委员会完成评标后，应向招标人提出书面评标报告。评标报告由评标委员会全体成员签字。

评标委员会提出书面评标报告后，招标人一般应当在十五日内确定中标人，但最迟应当在投标有效期结束日三十个工作日前确定。

中标通知书由招标人发出。

第五十七条 评标委员会推荐的中标候选人应当限定在一至三人，并标明排列顺序。招标人应当接受评标委员会推荐的中标候选人，不得在评标委员会推荐的中标候选人之外确定中标人。

第五十八条 依法必须进行招标的项目，招标人应当确定排名第一的中标候选人为中标人。排名第一的中标候选人放弃中标、因不可抗力提出不能履行合同，或者招标文件规定应当提交履约保证金而在规定的期限内未能提交的，招标人可以确定排名第二的中标候选人为中标人。

排名第二的中标候选人因前款规定的同样原因不能签订合同的，招标人可以确定排名第三的中标候选人为中标人。

招标人可以授权评标委员会直接确定中标人。

国务院对中标人的确定另有规定的，从其规定。

第五十九条 招标人不得向中标人提出压低报价、增加工作量、缩短工期或其他违背中标人意愿的要求，以此作为发出中标通知书和签订合同的条件。

第六十条 中标通知书对招标人和中标人具有法律效力。中标通知书发出后，招标人改变中标结果的，或者中标人放弃中标项目的，应当依法承担法律责任。

第六十一条 招标人全部或者部分使用非中标单位投标文件中的技术成果或技术方案时，需征得其书面同意，并给予一定的经济补偿。

第六十二条 招标人和中标人应当自中标通知书发出之日起三十日内，按照招标文件和中标人的投标文件订立书面合同。招标人和中标人不得再行订立背离合同实质性内容的其他协议。

招标文件要求中标人提交履约保证金或者其他形式履约担保的，中标人应当提交；拒绝提交的，视为放弃中标项目。招标人要求中标人提供履约保证金或其他形式履约担保的，招标人应当同时向中标人提供工程款支付担保。

招标人不得擅自提高履约保证金，不得强制要求中标人垫付中标项目建设资金。

第六十三条 招标人与中标人签订合同后五个工作日内，应当向未中标的投标人退还投标保证金。

第六十四条 合同中确定的建设规模、建设标准、建设内容、合同价格应当控制在批准的初步设计及概算文件范围内；确需超出规定范围的，应当在中标合同签订前，报原项目审批部门审查同意。凡应报经审查而未报的，在初步设计及概算调整时，原项目审批部门一律不予承认。

第六十五条 依法必须进行施工招标的项目，招标人应当自发出中标通知书之日起十五日内，向有关行政监督部门提交招标投标情况的书面报告。

前款所称书面报告至少应包括下列内容：

（一）招标范围；

（二）招标方式和发布招标公告的媒介；

（三）招标文件中投标人须知、技术条款、评标标准和方法、合同主要条款等内容；

（四）评标委员会的组成和评标报告；

（五）中标结果。

第六十六条 招标人不得直接指定分包人。

第六十七条 对于不具备分包条件或者不符合分包规定的，招标人有权在签订合同或者中标人提出分包要求时予以拒绝。发现中标人转包或违法分包时，可要求其改正；拒不改正的，可终止合同，并报请有关行政监督部门查处。

监理人员和有关行政部门发现中标人违反合同约定进行转包或违法分包的，应当要求中标人改正，或者告知招标人要求其改正；对于拒不改正的，应当报请有关行政监督部门查处。

第五章　法　律　责　任

第六十八条 依法必须进行招标的项目而不招标的，将必须进行招标的项目化整为零或者以其他任何方式规避招标的，有关行政监督部门责令限期改正，可以处项目合同金额千分之五以上千分之十以下的罚款；对全部或者部分使用国有资金的项目，项目审批部门可以暂停项目执行或者暂停资金拨付；对单位直接负责的主管人员和其他直接责任人员依法给予处分。

第六十九条 招标代理机构违法泄露应当保密的与招标投标活动有关的情况和资料的，或者与招标人、投标人串通损害国家利益、社会公共利益或者他人合法权益的，由有关行政监督部门处五万元以上二十五万元以下罚款，对单位直接负责的主管人员和其他直接责任人员处单位罚款数额百分之五以上百分之十以下罚款；有违法所得的，并处没收违法所得；情节严重的，有关行政监督部门可停止其一定时期内参与相关领域的招标代理业务，资格认定部门可暂停直至取消招标代理资格；构成犯罪的，由司法部门依法追究刑事责任。给他人造成损失的，依法承担赔偿责任。

前款所列行为影响中标结果，并且中标人为前款所列行为的受益人的，中标无效。

第七十条 招标人以不合理的条件限制或者排斥潜在投标人的，对潜在投标人实行歧视待遇的，强制要求投标人组成联合体共同投标的，或者限制投标人之间竞争的，有关行政监督部门责令改正，可处一万元以上五万元以下罚款。

第七十一条 依法必须进行招标项目的招标人向他人透露已获取招标文件的潜在投标人的名称、数量或者可能影响公平竞争的有关招标投标的其他情况的，或者泄露标底的，有关行政监督部门给予警告，可以并处一万元以上十万元以下的罚款；对单位直接负责的主管人员和其他直接责任人员依法给予处分；构成犯罪的，依法追究刑事责任。

前款所列行为影响中标结果，并且中标人为前款所列行为的受益人的，中标无效。

第七十二条 招标人在发布招标公告、发出投标邀请书或者售出招标文件或资格预审文件后终止招标的，除有正当理由外，有关行政监督部门给予警告，根据情节可处三万元以下的罚款；给潜在投标人或者投标人造成损失的，并应当赔偿损失。

第七十三条 招标人或者招标代理机构有下列情形之一的，有关行政监督部门责令其限期改正，根据情节可处三万元以下的罚款；情节严重的，招标无效：

（一）未在指定的媒介发布招标公告的；

（二）邀请招标不依法发出投标邀请书的；

（三）自招标文件或资格预审文件出售之日起至停止出售之日止，少于五个工作日的；

（四）依法必须招标的项目，自招标文件开始发出之日起至提交投标文件截止之日止，少于二十日的；

（五）应当公开招标而不公开招标的；

（六）不具备招标条件而进行招标的；

（七）应当履行核准手续而未履行的；

（八）不按项目审批部门核准内容进行招标的；

（九）在提交投标文件截止时间后接收投标文件的；

（十）投标人数量不符合法定要求不重新招标的。

被认定为招标无效的，应当重新招标。

第七十四条 投标人相互串通投标或者与招标人串通投标的，投标人以向招标人或者评标委员会成员行贿的手段谋取中标的，中标无效，由有关行政监督部门处中标项目金额千分之五以上千分之十以下的罚款，对单位直接负责的主管人员和其他直接责任人员处单位罚款数额百分之五以上百分之十以下的罚款；有违法所得的，并处没收违法所得；情节严重的，取消其一至二年的投标资格，并予以公告，直至由工商行政管理机关吊销营业执照；构成犯罪的，依法追究刑事责任。给他人造成损失的，依法承担赔偿责任。

第七十五条 投标人以他人名义投标或者以其他方式弄虚作假，骗取中标的，中标无效，给招标人造成损失的，依法承担赔偿责任；构成犯罪的，依法追究刑事责任。

依法必须进行招标项目的投标人有前款所列行为尚未构成犯罪的，有关行政监督部门处中标项目金额千分之五以上千分之十以下的罚款，对单位直接负责的主管人员和其他直接责任人员处单位罚款数额百分之五以上百分之十以下的罚款；有违法所得的，并处没收违法所得；情节严重的，取消其一至三年投标资格，并予以公告，直至由工商行政管理机关吊销营业执照。

第七十六条 依法必须进行招标的项目，招标人违法与投标人就投标价格、投标方案等实质性内容进行谈判的，有关行政监督部门给予警告，对单位直接负责的主管人员和其他直接责任人员依法给予处分。

前款所列行为影响中标结果的，中标无效。

第七十七条 评标委员会成员收受投标人的财物或者其他好处的，评标委员会成员或者参加评标的有关工作人员向他人透露对投标文件的评审和比较、中标候选人的推荐以及与评标有关的其他情况的，有关行政监督部门给予警告，没收收受的财物，可以并处三千元以上五万元以下的罚款，对有所列违法行为的评标委员会成员取消担任评标委员会成员的资格并予以公告，不得再参加任何招标项目的评标；构成犯罪的，依法追究刑事责任。

第七十八条 评标委员会成员在评标过程中擅离职守，影响评标程序正常进行，或者在评标过程中不能客观公正地履行职责的，有关行政监督部门给予警告；情节严重的，取消担任评标委员会成员的资格，不得再参加任何招标项目的评标，并处一万元以下的罚款。

第七十九条 评标过程有下列情况之一的，评标无效，应当依法重新进行评标或者重新进行招标，有关行政监督部门可处三万元以下的罚款：

（一）使用招标文件没有确定的评标标准和方法的；

（二）评标标准和方法含有倾向或者排斥投标人的内容，妨碍或者限制投标人之间竞争，且影响评标结果的；

（三）应当回避担任评标委员会成员的人参与评标的；

（四）评标委员会的组建及人员组成不符合法定要求的；

（五）评标委员会及其成员在评标过程中有违法行为，且影响评标结果的。

第八十条 招标人在评标委员会依法推荐的中标候选人以外确定中标人的，依法必须进行招标的项目在所有投标被评标委员会否决后自行确定中标人的，中标无效。有关行政监督部门责令改正，可以处中标项目金额千分之五以上千分之十以下的罚款；对单位直接负责的主管人员和其他直接责任人员依法给予处分。

第八十一条 招标人不按规定期限确定中标人的，或者中标通知书发出后，改变中标结果的，无正当理由不与中标人签订合同的，或者在签订合同时向中标人提出附加条件或者更改合同实质性内容的，有关行政监督部门给予警告，责令改正，根据情节可处三万元以下的罚款；造成中标人损失的，并应当赔偿损失。

中标通知书发出后，中标人放弃中标项目的，无正当理由不与招标人签订合同的，在签订合同时向招标人提出附加条件或者更改合同实质性内容的，或者拒不提交所要求的履约保证金的，招标人可取消其中标资格，并没收其投标保证金；给招标人的损失超过投标保证金数额的，中标人应当对超过部分予以赔偿；没有提交投标保证金的，应当对招标人的损失承担赔偿责任。

第八十二条 中标人将中标项目转让给他人的，将中标项目肢解后分别转让给他人的，违法将中标项目的部分主体、关键性工作分包给他人的，或者分包人再次分包的，转让、分包无效，有关行政监督部门处转让、分包项目金额千分之五以上千分之十以下的罚款；有违法所得的，并处没收违法所得；可以责令停业整顿；情节严重的，由工商行政管理机关吊销营业执照。

第八十三条 招标人与中标人不按照招标文件和中标人的投标文件订立合同的，招标人、中标人订立背离合同实质性内容的协议的，或者招标人擅自提高履约保证金或强制要求中标人垫付中标项目建设资金的，有关行政监督部门责令改正；可以处中标项目金额千分之五以上千分之十以下的罚款。

第八十四条 中标人不履行与招标人订立的合同的，履约保证金不予退还，给招标人造成的损失超过履约保证金数额的，还应当对超过部分予以赔偿；没有提交履约保证金的，应当对招标人的损失承担赔偿责任。

中标人不按照与招标人订立的合同履行义务，情节严重的，有关行政监督部门取消其二至五年参加招标项目的投标资格并予以公告，直至由工商行政管理机关吊销营业执照。

因不可抗力不能履行合同的，不适用前两款规定。

第八十五条 招标人不履行与中标人订立的合同的，应当双倍返还中标人的履约保证金；给中标人造成的损失超过返还的履约保证金的，还应当对超过部分予以赔偿；没有提交履约保证金的，应当对中标人的损失承担赔偿责任。

因不可抗力不能履行合同的，不适用前款规定。

第八十六条 依法必须进行施工招标的项目违反法律规定，中标无效的，应当依照法律规定的中标条件从其余投标人中重新确定中标人或者依法重新进行招标。

中标无效的，发出的中标通知书和签订的合同自始没有法律约束力，但不影响合同中独立存在的有关解决争议方法的条款的效力。

第八十七条 任何单位违法限制或者排斥本地区、本系统以外的法人或者其他组织参加投标的，为招标人指定招标代理机构的，强制招标人委托招标代理机构办理招标事宜的，或者以其他方式干涉招标投标活动的，有关行政监督部门责令改正；对单位直接负责的主管人员和其他直接责任人员依法给予警告、记过、记大过的处分，情节较重的，依法给予降级、撤职、开除的处分。

个人利用职权进行前款违法行为的，依照前款规定追究责任。

第八十八条 对招标投标活动依法负有行政监督职责的国家机关工作人员徇私舞弊、滥用职权或者玩忽职守，构成犯罪的，依法追究刑事责任；不构成犯罪的，依法给予行政处分。

第八十九条 任何单位和个人对工程建设项目施工招标投标过程中发生的违法行为，有权向项目审批部门或者有关行政监督部门投诉或举报。

第六章 附 则

第九十条 使用国际组织或者外国政府贷款、援助资金的项目进行招标，贷款方、资金提供方对工程施工招标投标活动的条件和程序有不同规定的，可以适用其规定，但违背中华人民共和国社会公共利益的除外。

第九十一条 本办法由国家发展计划委员会会同有关部门负责解释。

第九十二条 本办法自 2003 年 5 月 1 日起施行。

建筑工程施工许可管理办法

（建设部令第71号　1999年10月15日发布）

第一条　为了加强对建筑活动的监督管理，维护建筑市场秩序，保证建筑工程的质量和安全，根据《中华人民共和国建筑法》，制定本办法。

第二条　在中华人民共和国境内从事各类房屋建筑及其附属设施的建造、装修装饰和与其配套的线路、管道、设备的安装，以及城镇市政基础设施工程的施工，建设单位在开工前应当依照本办法的规定，向工程所在地的县级以上人民政府建设行政主管部门（以下简称发证机关）申请领取施工许可证。

工程投资额在30万元以下或者建筑面积在300平方米以下的建筑工程，可以不申请办理施工许可证。省、自治区、直辖市人民政府建设行政主管部门可以根据当地的实际情况，对限额进行调整，并报国务院建设行政主管部门备案。

按照国务院规定的权限和程序批准开工报告的建筑工程，不再领取施工许可证。

第三条　本办法规定必须申请领取施工许可证的建筑工程未取得施工许可证的，一律不得开工。

任何单位和个人不得将应该申请领取施工许可证的工程项目分解为若干限额以下的工程项目，规避申请领取施工许可证。

第四条　建设单位申请领取施工许可证，应当具备下列条件，并提交相应的证明文件：

（一）已经办理该建筑工程用地批准手续。

（二）在城市规划区的建筑工程，已经取得建设工程规划许可证。

（三）施工场地已经基本具备施工条件，需要拆迁的，其拆迁进度符合施工要求。

（四）已经确定施工企业。按照规定应该招标的工程没有招标，应该公开招标的工程没有公开招标，或者肢解发包工程，以及将工程发包给不具备相应资质条件的，所确定的施工企业无效。

（五）有满足施工需要的施工图纸及技术资料，施工图设计文件已按规定进行了审查。

（六）有保证工程质量和安全的具体措施。施工企业编制的施工组织设计中有根据建筑工程特点制定的相应质量、安全技术措施，专业性较强的工程项目编制的专项质量、安全施工组织设计，并按照规定办理了工程质量、安全监督手续。

（七）按照规定应该委托监理的工程已委托监理。

（八）建设资金已经落实。建设工期不足一年的，到位资金原则上不得少于工程合同价的50%，建设工期超过一年的，到位资金原则上不得少于工程合同价的30%。建设单位应当提供银行出具的到位资金证明，有条件的可以实行银行付款保函或者其他第三方担保。

（九）法律、行政法规规定的其他条件。

第五条 申请办理施工许可证，应当按照下列程序进行：

（一）建设单位向发证机关领取《建筑工程施工许可证申请表》。

（二）建设单位持加盖单位及法定代表人印鉴的《建筑工程施工许可证申请表》，并附本办法第四条规定的证明文件，向发证机关提出申请。

（三）发证机关在收到建设单位报送的《建筑工程施工许可证申请表》和所附证明文件后，对于符合条件的，应当自收到申请之日起十五日内颁发施工许可证；对于证明文件不齐全或者失效的，应当限期要求建设单位补正，审批时间可以自证明文件补正齐全后作相应顺延；对于不符合条件的，应当自收到申请之日起十五日内书面通知建设单位，并说明理由。

建筑工程在施工过程中，建设单位或者施工单位发生变更的，应当重新申请领取施工许可证。

第六条 建设单位申请领取施工许可证的工程名称、地点、规模，应当与依法签订的施工承包合同一致。

施工许可证应当放置在施工现场备查。

第七条 施工许可证不得伪造和涂改。

第八条 建设单位应当自领取施工许可证之日起三个月内开工。因故不能按期开工的，应当在期满前向发证机关申请延期，并说明理由；延期以两次为限，每次不超过三个月。既不开工又不申请延期或者超过延期次数、时限的，施工许可证自行废止。

第九条 在建的建筑工程因故中止施工的，建设单位应当自中止施工之日起一个月内向发证机关报告，报告内容包括中止施工的时间、原因、在施部位、维修管理措施等，并按照规定做好建筑工程的维护管理工作。

建筑工程恢复施工时，应当向发证机关报告；中止施工满一年的工程恢复施工前，建设单位应当报发证机关核验施工许可证。

第十条 对于未取得施工许可证或者为规避办理施工许可证将工程项目分解后擅自施工的，由有管辖权的发证机关责令改正，对于不符合开工条件的责令停止施工，并对建设单位和施工单位分别处以罚款。

第十一条 对于采用虚假证明文件骗取施工许可证的，由原发证机关收回施工许可证，责令停止施工，并对责任单位处以罚款；构成犯罪的，依法追究刑事责任。

第十二条 对于伪造施工许可证的，该施工许可证无效，由发证机关责令停止施工，并对责任单位处以罚款；构成犯罪的，依法追究刑事责任。

对于涂改施工许可证的，由原发证机关责令改正，并对责任单位处以罚款；构成犯罪的，依法追究刑事责任。

第十三条 本办法中的罚款，法律法规有幅度规定的从其规定，无幅度规定的为5000元以上30000元以下。

第十四条 发证机关及其工作人员对不符合施工条件的建筑工程颁发施工许可证的，由其上级机关责令改正，对责任人员给予行政处分；徇私舞弊、滥用职权的，不得继续从事施工许可管理工作；构成犯罪的，依法追究刑事责任。

对于符合条件、证明文件齐全有效的建筑工程，发证机关在规定时间内不予颁发施工许可证的，建设单位可以依法申请行政复议或者提起行政诉讼。

第十五条 建筑工程施工许可证由国务院建设行政主管部门制定格式，由各省、自治区、直辖市人民政府建设行政主管部门统一印制。

施工许可证分为正本和副本，正本和副本具有同等法律效力。复印的施工许可证无效。

第十六条 本办法关于施工许可管理的规定适用于其他专业建筑工程。有关法律、行政法规有明确规定的，从其规定。抢险救灾工程、临时性建筑工程、农民自建两层以下（含两层）住宅工程，不适用本办法。军事房屋建筑工程施工许可的管理，按国务院。中央军事委员会制定的办法执行。

第十七条 省、自治区、直辖市人民政府建设行政主管部门可以根据本办法制定实施细则。

第十八条 本办法由国务院建设行政主管部门负责解释。

第十九条 本办法自1999年12月1日起施行。

房屋建筑和市政基础设施工程施工分包管理办法

中华人民共和国建设部令

第 124 号

第一条 为了规范房屋建筑和市政基础设施工程施工分包活动，维护建筑市场秩序，保证工程质量和施工安全，根据《中华人民共和国建筑法》、《中华人民共和国招标投标法》、《建设工程质量管理条例》等有关法律、法规，制定本办法。

第二条 在中华人民共和国境内从事房屋建筑和市政基础设施工程施工分包活动，实施对房屋建筑和市政基础设施工程施工分包活动的监督管理，适用本办法。

第三条 国务院建设行政主管部门负责全国房屋建筑和市政基础设施工程施工分包的监督管理工作。

县级以上地方人民政府建设行政主管部门负责本行政区域内房屋建筑和市政基础设施工程施工分包的监督管理工作。

第四条 本办法所称施工分包，是指建筑业企业将其所承包的房屋建筑和市政基础设施工程中的专业工程或者劳务作业发包给其他建筑业企业完成的活动。

第五条 房屋建筑和市政基础设施工程施工分包分为专业工程分包和劳务作业分包。

本办法所称专业工程分包，是指施工总承包企业（以下简称专业分包工程发包人）将其所承包工程中的专业工程发包给具有相应资质的其他建筑业企业（以下简称专业分包工程承包人）完成的活动。

本办法所称劳务作业分包，是指施工总承包企业或者专业承包企业（以下简称劳务作业发包人）将其承包工程中的劳务作业发包给劳务分包企业（以下简称劳务作业承包人）完成的活动。

本办法所称分包工程发包人包括本条第二款、第三款中的专业分包工程发包人和劳务作业发包人；分包工程承包人包括本条第二款、第三款中的专业分包工程承包人和劳务作业承包人。

第六条 房屋建筑和市政基础设施工程施工分包活动必须依法进行。

鼓励发展专业承包企业和劳务分包企业，提倡分包活动进入有形建筑市场公开交易，完善有形建筑市场的分包工程交易功能。

第七条 建设单位不得直接指定分包工程承包人。任何单位和个人不得对依法实施的分包活动进行干预。

第八条 分包工程承包人必须具有相应的资质，并在其资质等级许可的范围内承揽业务。

严禁个人承揽分包工程业务。

第九条 专业工程分包除在施工总承包合同中有约定外，必须经建设单位认可。专业分包工程承包人必须自行完成所承包的工程。

劳务作业分包由劳务作业发包人与劳务作业承包人通过劳务合同约定。劳务作业承包人必须自行完成所承包的任务。

第十条 分包工程发包人和分包工程承包人应当依法签订分包合同，并按照合同履行约定的义务。分包合同必须明确约定支付工程款和劳务工资的时间、结算方式以及保证按期支付的相应措施，确保工程款和劳务工资的支付。

分包工程发包人应当在订立分包合同后7个工作日内，将合同送工程所在地县级以上地方人民政府建设行政主管部门备案。分包合同发生重大变更的，分包工程发包人应当自变更后7个工作日内，将变更协议送原备案机关备案。

第十一条 分包工程发包人应当设立项目管理机构，组织管理所承包工程的施工活动。

项目管理机构应当具有与承包工程的规模、技术复杂程度相适应的技术、经济管理人员。其中，项目负责人、技术负责人、项目核算负责人、质量管理人员、安全管理人员必须是本单位的人员。具体要求由省、自治区、直辖市人民政府建设行政主管部门规定。

前款所指本单位人员，是指与本单位有合法的人事或者劳动合同、工资以及社会保险关系的人员。

第十二条 分包工程发包人可以就分包合同的履行，要求分包工程承包人提供分包工程履约担保；分包工程承包人在提供担保后，要求分包工程发包人同时提供分包工程付款担保的，分包工程发包人应当提供。

第十三条 禁止将承包的工程进行转包。不履行合同约定，将其承包的全部工程发包给他人，或者将其承包的全部工程肢解后以分包的名义分别发包给他人的，属于转包行为。

违反本办法第十一条规定，分包工程发包人将工程分包后，未在施工现场设立项目管理机构和派驻相应人员，并未对该工程的施工活动进行组织管理的，视同转包行为。

第十四条 禁止将承包的工程进行违法分包。下列行为，属于违法分包：

（一）分包工程发包人将专业工程或者劳务作业分包给不具备相应资质条件的分包工程承包人的；

（二）施工总承包合同中未有约定，又未经建设单位认可，分包工程发包人将承包工程中的部分专业工程分包给他人的。

第十五条 禁止转让、出借企业资质证书或者以其他方式允许他人以本企业名义承揽工程。

分包工程发包人没有将其承包的工程进行分包，在施工现场所设项目管理机构的项目负责人、技术负责人、项目核算负责人、质量管理人员、安全管理人员不是工程承包人本单位人员的，视同允许他人以本企业名义承揽工程。

第十六条 分包工程承包人应当按照分包合同的约定对其承包的工程向分包工程发包人负责。分包工程发包人和分包工程承包人就分包工程对建设单位承担连带责任。

第十七条 分包工程发包人对施工现场安全负责，并对分包工程承包人的安全生产进行管理。专业分包工程承包人应当将其分包工程的施工组织设计和施工安全方案报分包工程发包人备案，专业分包工程发包人发现事故隐患，应当及时作出处理。

分包工程承包人就施工现场安全向分包工程发包人负责，并应当服从分包工程发包人对施工现场的安全生产管理。

第十八条 违反本办法规定，转包、违法分包或者允许他人以本企业名义承揽工程的，按照《中华人民共和国建筑法》、《中华人民共和国招标投标法》和《建设工程质量管理条例》的规定予以处罚；对于接受转包、违法分包和用他人名义承揽工程的，处1万元以上3万元以下的罚款。

第十九条 未取得建筑业企业资质承接分包工程的，按照《中华人民共和国建筑法》第六十五条第三款和《建设工程质量管理条例》第六十条第一款、第二款的规定处罚。

第二十条 本办法自2004年4月1日起施行。原城乡建设环境保护部1986年4月30日发布的《建筑安装工程总分包实施办法》同时废止。

建筑工程施工发包与承包计价管理办法

（中华人民共和国建设部令第107号发布，自2001年12月1日起施行）

第一条 为了规范建筑工程施工发包与承包计价行为，维护建筑工程发包与承包双方的合法权益，促进建筑市场的健康发展，根据有关法律、法规，制定本办法。

第二条 在中华人民共和国境内的建筑工程施工发包与承包计价（以下简称工程发承包计价）管理，适用本办法。

本办法所称建筑工程是指房屋建筑和市政基础设施工程。

本办法所称房屋建筑工程，是指各类房屋建筑及其附属设施和与其配套的线路、管道、设备安装工程及室内外装饰装修工程。

本办法所称市政基础设施工程，是指城市道路、公共交通、供水、排水、燃气、热力、园林、环卫、污水处理、垃圾处理、防洪、地下公共设施及附属设施的土建、管道、设备安装工程。

工程发承包计价包括编制施工图预算、招标标底、投标报价、工程结算和签订合同价等活动。

第三条 建筑工程施工发包与承包价在政府宏观调控下，由市场竞争形成。

工程发承包计价应当遵循公平、合法和诚实信用的原则。

第四条 国务院建设行政主管部门负责全国工程发承包计价工作的管理。

县级以上地方人民政府建设行政主管部门负责本行政区域内工程发承包计价工作的管理。其具体工作可以委托工程造价管理机构负责。

第五条 施工图预算、招标标底和投标报价由成本（直接费、间接费）、利润和税金构成。其编制可以采用以下计价方法：

（一）工料单价法。分部分项工程量的单价为直接费。直接费以人工、材料、机械的消耗量及其相应价格确定。间接费、利润、税金按照有关规定另行计算。

（二）综合单价法。分部分项工程量的单价为全费用单价。全费用单价综合计算完成分部分项工程所发生的直接费、间接费、利润、税金。

第六条 招标标底编制的依据为：

（一）国务院和省、自治区、直辖市人民政府建设行政主管部门制定的工程造价计价办法以及其他有关规定；

（二）市场价格信息。

第七条 投标报价应当满足招标文件要求。

投标报价应当依据企业定额和市场价格信息，并按照国务院和省、自治区、直辖市人民政府建设行政主管部门发布的工程造价计价办法进行编制。

第八条 招标投标工程可以采用工程量清单方法编制招标标底和投标报价。

工程量清单应当依据招标文件、施工设计图纸、施工现场条件和国家制定的统一工程量计算规则、分部分项工程项目划分、计量单位等进行编制。

第九条 招标标底和工程量清单由具有编制招标文件能力的招标人或其委托的具有相应资质的工程造价咨询机构、招标代理机构编制。

投标报价由投标人或其委托的具有相应资质的工程造价咨询机构编制。

第十条 对是否低于成本报价的异议，评标委员会可以参照建设行政主管部门发布的计价办法和有关规定进行评审。

第十一条 招标人与中标人应当根据中标价订立合同。

不实行招标投标的工程，在承包方编制的施工图预算的基础上，由发承包双方协商订立合同。

第十二条 合同价可以采用以下方式：

（一）固定价。合同总价或者单价在合同约定的风险范围内不可调整。

（二）可调价。合同总价或者单价在合同实施期内，根据合同约定的办法调整。

（三）成本加酬金。

第十三条 发承包双方在确定合同价时，应当考虑市场环境和生产要素价格变化对合同价的影响。

第十四条 建筑工程的发承包双方应当根据建设行政主管部门的规定，结合工程款、建设工期和包工包料情况在合同中约定预付工程款的具体事宜。

第十五条 建筑工程发承包双方应当按照合同约定定期或者按照工程进度分段进行工程款结算。

第十六条 工程竣工验收合格，应当按照下列规定进行竣工结算：

（一）承包方应当在工程竣工验收合格后的约定期限内提交竣工结算文件。

（二）发包方应当在收到竣工结算文件后的约定期限内予以答复。逾期未答复的，竣工结算文件视为已被认可。

（三）发包方对竣工结算文件有异议的，应当在答复期内向承包方提出，并可以在提出之日起的约定期限内与承包方协商。

（四）发包方在协商期内未与承包方协商或者经协商未能与承包方达成协议的，应当委托工程造价咨询单位进行竣工结算审核。

（五）发包方应当在协商期满后的约定期限内向承包方提出工程造价咨询单位出具的竣工结算审核意见。

发承包双方在合同中对上述事项的期限没有明确约定的，可认为其约定期限均为28日。

发承包双方对工程造价咨询单位出具的竣工结算审核意见仍有异议的，在接到该审核意见后一个月内可以向县级以上地方人民政府建设行政主管部门申请调解，调解不成的，可以依法申请仲裁或者向人民法院提起诉讼。

工程竣工结算文件经发包方与承包方确认即应当作为工程决算的依据。

第十七条 招标标底、投标报价、工程结算审核和工程造价鉴定文件应当由造价工程师签字，并加盖造价工程师执业专用章。

第十八条 县级以上地方人民政府建设行政主管部门应当加强对建筑工程发承包计价

活动的监督检查。

第十九条 造价工程师在招标标底或者投标报价编制、工程结算审核和工程造价鉴定中，有意抬高、压低价格，情节严重的，由造价工程师注册管理机构注销其执业资格。

第二十条 工程造价咨询单位在建筑工程计价活动中有意抬高、压低价格或者提供虚假报告的，县级以上地方人民政府建设行政主管部门责令改正，并可处以一万元以上三万元以下的罚款；情节严重的，由发证机关注销工程造价咨询单位资质证书。

第二十一条 国家机关工作人员在建筑工程计价监督管理工作中，玩忽职守、徇私舞弊、滥用职权的，由有关机关给予行政处分；构成犯罪的，依法追究刑事责任。

第二十二条 建筑工程以外的工程施工发包与承包计价管理可以参照本办法执行。

第二十三条 本办法由国务院建设行政主管部门负责解释。

第二十四条 本办法自 2001 年 12 月 1 日起施行。

实施工程建设强制性标准监督规定

（建设部令第 81 号　2000 年 8 月 25 日发布）

第一条　为加强工程建设强制性标准实施的监督工作，保证建设工程质量，保障人民的生命、财产安全，维护社会公共利益，根据《中华人民共和国标准化法》、《中华人民共和国标准化法实施条例》和《建设工程质量管理条例》，制定本规定。

第二条　在中华人民共和国境内从事新建、扩建、改建等工程建设活动，必须执行工程建设强制性标准。

第三条　本规定所称工程建设强制性标准是指直接涉及工程质量、安全、卫生及环境保护等方面的工程建设标准强制性条文。

国家工程建设标准强制性条文由国务院建设行政主管部门会同国务院有关行政主管部门确定。

第四条　国务院建设行政主管部门负责全国实施工程建设强制性标准的监督管理工作。

国务院有关行政主管部门按照国务院的职能分工负责实施工程建设强制性标准的监督管理工作。

县级以上地方人民政府建设行政主管部门负责本行政区域内实施工程建设强制性标准的监督管理工作。

第五条　工程建设中拟采用的新技术、新工艺、新材料，不符合现行强制性标准规定的，应当由拟采用单位提请建设单位组织专题技术论证，报批准标准的建设行政主管部门或者国务院有关主管部门审定。

工程建设中采用国际标准或者国外标准，现行强制性标准未作规定的，建设单位应当向国务院建设行政主管部门或者国务院有关行政主管部门备案。

第六条　建设项目规划审查机构应当对工程建设规划阶段执行强制性标准的情况实施监督。

施工图设计文件审查单位应当对工程建设勘察、设计阶段执行强制性标准的情况实施监督。

建筑安全监督管理机构应当对工程建设施工阶段执行施工安全强制性标准的情况实施监督。

工程质量监督机构应当对工程建设施工、监理、验收等阶段执行强制性标准的情况实施监督。

第七条　建设项目规划审查机关、施工设计图设计文件审查单位、建筑安全监督管理机构、工程质量监督机构的技术人员必须熟悉、掌握工程建设强制性标准。

第八条　工程建设标准批准部门应当定期对建设项目规划审查机关、施工图设计文件审查单位、建筑安全监督管理机构、工程质量监督机构实施强制性标准的监督进行检查，对监督不力的单位和个人，给予通报批评，建议有关部门处理。

第九条 工程建设标准批准部门应当对工程项目执行强制性标准情况进行监督检查。监督检查可以采取重点检查、抽查和专项检查的方式。

第十条 强制性标准监督检查的内容包括：

（一）有关工程技术人员是否熟悉、掌握强制性标准；

（二）工程项目的规划、勘察、设计、施工、验收等是否符合强制性标准的规定；

（三）工程项目采用的材料、设备是否符合强制性标准的规定；

（四）工程项目的安全、质量是否符合强制性标准的规定；

（五）工程中采用的导则、指南、手册、计算机软件的内容是否符合强制性标准的规定。

第十一条 工程建设标准批准部门应当将强制性标准监督检查结果在一定范围内公告。

第十二条 工程建设强制性标准的解释由工程建设标准批准部门负责。

有关标准具体技术内容的解释，工程建设标准批准部门可以委托该标准的编制管理单位负责。

第十三条 工程技术人员应当参加有关工程建设强制性标准的培训，并可以计入继续教育学时。

第十四条 建设行政主管部门或者有关行政主管部门在处理重大工程事故时，应当有工程建设标准方面的专家参加；工程事故报告应当包括是否符合工程建设强制性标准的意见。

第十五条 任何单位和个人对违反工程建设强制性标准的行为有权向建设行政主管部门或者有关部门检举、控告、投诉。

第十六条 建设单位有下列行为之一的，责令改正，并处以20万元以上50万元以下的罚款：

（一）明示或者暗示施工单位使用不合格的建筑材料、建筑构配件和设备的；

（二）明示或者暗示设计单位或者施工单位违反工程建设强制性标准，降低工程质量的。

第十七条 勘察、设计单位违反工程建设强制性标准进行勘察、设计的，责令改正，并处以10万元以上30万元以下的罚款。

有前款行为，造成工程质量事故的，责令停业整顿，降低资质等级；情节严重的，吊销资质证书；造成损失的，依法承担赔偿责任。

第十八条 施工单位违反工程建设强制性标准的，责令改正，处工程合同价款2%以上4%以下的罚款；造成建设工程质量不符合规定的质量标准的，负责返工、修理，并赔偿因此造成的损失；情节严重的，责令停业整顿，降低资质等级或者吊销资质证书。

第十九条 工程监理单位违反强制性标准规定，将不合格的建设工程以及建筑材料、建筑构配件和设备按照合格签字的，责令改正，处50万元以上100万元以下的罚款，降低资质等级或者吊销资质证书；有违法所得的，予以没收；造成损失的，承担连带赔偿责任。

第二十条 违反工程建设强制性标准造成工程质量、安全隐患或者工程事故的，按照《建设工程质量管理条例》有关规定，对事故责任单位和责任人进行处罚。

第二十一条 有关责令停业整顿、降低资质等级和吊销资质证书的行政处罚，由颁发资质证书的机关决定；其他行政处罚，由建设行政主管部门或者有关部门依照法定职权决定。

第二十二条 建设行政主管部门和有关行政部门工作人员，玩忽职守、滥用职权、徇私舞弊的，给予行政处分；构成犯罪的，依法追究刑事责任。

第二十三条 本规定由国务院建设行政主管部门负责解释。

第二十四条 本规定自发布之日起施行。

住宅室内装饰装修管理办法

中华人民共和国建设部令

第110号

第一章　总　　则

第一条　为加强住宅室内装饰装修管理，保证装饰装修工程质量和安全，维护公共安全和公众利益，根据有关法律、法规，制定本办法。

第二条　在城市从事住宅室内装饰装修活动，实施对住宅室内装饰装修活动的监督管理，应当遵守本办法。

本办法所称住宅室内装饰装修，是指住宅竣工验收合格后，业主或者住宅使用人（以下简称装修人）对住宅室内进行装饰装修的建筑活动。

第三条　住宅室内装饰装修应当保证工程质量和安全，符合工程建设强制性标准。

第四条　国务院建设行政主管部门负责全国住宅室内装饰装修活动的管理工作。

省、自治区人民政府建设行政主管部门负责本行政区域内的住宅室内装饰装修活动的管理工作。

直辖市、市、县人民政府房地产行政主管部门负责本行政区域内的住宅室内装饰装修活动的管理工作。

第二章　一　般　规　定

第五条　住宅室内装饰装修活动，禁止下列行为：

（一）未经原设计单位或者具有相应资质等级的设计单位提出设计方案，变动建筑主体和承重结构；

（二）将没有防水要求的房间或者阳台改为卫生间、厨房间；

（三）扩大承重墙上原有的门窗尺寸，拆除连接阳台的砖、混凝土墙体；

（四）损坏房屋原有节能设施，降低节能效果；

（五）其他影响建筑结构和使用安全的行为。

本办法所称建筑主体，是指建筑实体的结构构造，包括屋盖、楼盖、梁、柱、支撑、墙体、连接接点和基础等。

本办法所称承重结构，是指直接将本身自重与各种外加作用力系统地传递给基础地基的主要结构构件和其连接接点，包括承重墙体、立杆、柱、框架柱、支墩、楼板、梁、屋架、悬索等。

第六条 装修人从事住宅室内装饰装修活动，未经批准，不得有下列行为：

（一）搭建建筑物、构筑物；

（二）改变住宅外立面，在非承重外墙上开门、窗；

（三）拆改供暖管道和设施；

（四）拆改燃气管道和设施。

本条所列第（一）项、第（二）项行为，应当经城市规划行政主管部门批准；第（三）项行为，应当经供暖管理单位批准；第（四）项行为应当经燃气管理单位批准。

第七条 住宅室内装饰装修超过设计标准或者规范增加楼面荷载的，应当经原设计单位或者具有相应资质等级的设计单位提出设计方案。

第八条 改动卫生间、厨房间防水层的，应当按照防水标准制订施工方案，并做闭水试验。

第九条 装修人经原设计单位或者具有相应资质等级的设计单位提出设计方案变动建筑主体和承重结构的，或者装修活动涉及本办法第六条、第七条、第八条内容的，必须委托具有相应资质的装饰装修企业承担。

第十条 装饰装修企业必须按照工程建设强制性标准和其他技术标准施工，不得偷工减料，确保装饰装修工程质量。

第十一条 装饰装修企业从事住宅室内装饰装修活动，应当遵守施工安全操作规程，按照规定采取必要的安全防护和消防措施，不得擅自动用明火和进行焊接作业，保证作业人员和周围住房及财产的安全。

第十二条 装修人和装饰装修企业从事住宅室内装饰装修活动，不得侵占公共空间，不得损害公共部位和设施。

第三章 开工申报与监督

第十三条 装修人在住宅室内装饰装修工程开工前，应当向物业管理企业或者房屋管理机构（以下简称物业管理单位）申报登记。

非业主的住宅使用人对住宅室内进行装饰装修，应当取得业主的书面同意。

第十四条 申报登记应当提交下列材料：

（一）房屋所有权证（或者证明其合法权益的有效凭证）；

（二）申请人身份证件；

（三）装饰装修方案；

（四）变动建筑主体或者承重结构的，需提交原设计单位或者具有相应资质等级的设计单位提出的设计方案；

（五）涉及本办法第六条行为的，需提交有关部门的批准文件，涉及本办法第七条、第八条行为的，需提交设计方案或者施工方案；

（六）委托装饰装修企业施工的，需提供该企业相关资质证书的复印件。

非业主的住宅使用人，还需提供业主同意装饰装修的书面证明。

第十五条 物业管理单位应当将住宅室内装饰装修工程的禁止行为和注意事项告知装

修人和装修人委托的装饰装修企业。

装修人对住宅进行装饰装修前，应当告知邻里。

第十六条 装修人，或者装修人和装饰装修企业，应当与物业管理单位签订住宅室内装饰装修管理服务协议。

住宅室内装饰装修管理服务协议应当包括下列内容：

（一）装饰装修工程的实施内容；

（二）装饰装修工程的实施期限；

（三）允许施工的时间；

（四）废弃物的清运与处置；

（五）住宅外立面设施及防盗窗的安装要求；

（六）禁止行为和注意事项；

（七）管理服务费用；

（八）违约责任；

（九）其他需要约定的事项。

第十七条 物业管理单位应当按照住宅室内装饰装修管理服务协议实施管理，发现装修人或者装饰装修企业有本办法第五条行为的，或者未经有关部门批准实施本办法第六条所列行为的，或者有违反本办法第七条、第八条、第九条规定行为的，应当立即制止；已造成事实后果或者拒不改正的，应当及时报告有关部门依法处理。对装修人或者装饰装修企业违反住宅室内装饰装修管理服务协议的，追究违约责任。

第十八条 有关部门接到物业管理单位关于装修人或者装饰装修企业有违反本办法行为的报告后，应当及时到现场检查核实，依法处理。

第十九条 禁止物业管理单位向装修人指派装饰装修企业或者强行推销装饰装修材料。

第二十条 装修人不得拒绝和阻碍物业管理单位依据住宅室内装饰装修管理服务协议的约定，对住宅室内装饰装修活动的监督检查。

第二十一条 任何单位和个人对住宅室内装饰装修中出现的影响公众利益的质量事故、质量缺陷以及其他影响周围住户正常生活的行为，都有权检举、控告、投诉。

第四章 委托与承接

第二十二条 承接住宅室内装饰装修工程的装饰装修企业，必须经建设行政主管部门资质审查，取得相应的建筑业企业资质证书，并在其资质等级许可的范围内承揽工程。

第二十三条 装修人委托企业承接其装饰装修工程的，应当选择具有相应资质等级的装饰装修企业。

第二十四条 装修人与装饰装修企业应当签订住宅室内装饰装修书面合同，明确双方的权利和义务。

住宅室内装饰装修合同应当包括下列主要内容：

（一）委托人和被委托人的姓名或者单位名称、住所地址、联系电话；

（二）住宅室内装饰装修的房屋间数、建筑面积，装饰装修的项目、方式、规格、质量要求以及质量验收方式；

（三）装饰装修工程的开工、竣工时间；

（四）装饰装修工程保修的内容、期限；

（五）装饰装修工程价格，计价和支付方式、时间；

（六）合同变更和解除的条件；

（七）违约责任及解决纠纷的途径；

（八）合同的生效时间；

（九）双方认为需要明确的其他条款。

第二十五条 住宅室内装饰装修工程发生纠纷的，可以协商或者调解解决。不愿协商、调解或者协商、调解不成的，可以依法申请仲裁或者向人民法院起诉。

第五章 室内环境质量

第二十六条 装饰装修企业从事住宅室内装饰装修活动，应当严格遵守规定的装饰装修施工时间，降低施工噪音，减少环境污染。

第二十七条 住宅室内装饰装修过程中所形成的各种固体、可燃液体等废物，应当按照规定的位置、方式和时间堆放和清运。严禁违反规定将各种固体、可燃液体等废物堆放于住宅垃圾道、楼道或者其他地方。

第二十八条 住宅室内装饰装修工程使用的材料和设备必须符合国家标准，有质量检验合格证明和有中文标识的产品名称、规格、型号、生产厂厂名、厂址等。禁止使用国家明令淘汰的建筑装饰装修材料和设备。

第二十九条 装修人委托企业对住宅室内进行装饰装修的，装饰装修工程竣工后，空气质量应当符合国家有关标准。装修人可以委托有资格的检测单位对空气质量进行检测。检测不合格的，装饰装修企业应当返工，并由责任人承担相应损失。

第六章 竣工验收与保修

第三十条 住宅室内装饰装修工程竣工后，装修人应当按照工程设计合同约定和相应的质量标准进行验收。验收合格后，装饰装修企业应当出具住宅室内装饰装修质量保修书。

物业管理单位应当按照装饰装修管理服务协议进行现场检查，对违反法律、法规和装饰装修管理服务协议的，应当要求装修人和装饰装修企业纠正，并将检查记录存档。

第三十一条 住宅室内装饰装修工程竣工后，装饰装修企业负责采购装饰装修材料及设备的，应当向业主提交说明书、保修单和环保说明书。

第三十二条 在正常使用条件下，住宅室内装饰装修工程的最低保修期限为二年，有防水要求的厨房、卫生间和外墙面的防渗漏为五年。保修期自住宅室内装饰装修工程竣工验收合格之日起计算。

第七章 法 律 责 任

第三十三条 因住宅室内装饰装修活动造成相邻住宅的管道堵塞、渗漏水、停水停电、物品毁坏等，装修人应当负责修复和赔偿；属于装饰装修企业责任的，装修人可以向装饰装修企业追偿。

装修人擅自拆改供暖、燃气管道和设施造成损失的，由装修人负责赔偿。

第三十四条 装修人因住宅室内装饰装修活动侵占公共空间，对公共部位和设施造成损害的，由城市房地产行政主管部门责令改正，造成损失的，依法承担赔偿责任。

第三十五条 装修人未申报登记进行住宅室内装饰装修活动的，由城市房地产行政主管部门责令改正，处5百元以上1千元以下的罚款。

第三十六条 装修人违反本办法规定，将住宅室内装饰装修工程委托给不具有相应资质等级企业的，由城市房地产行政主管部门责令改正，处5百元以上1千元以下的罚款。

第三十七条 装饰装修企业自行采购或者向装修人推荐使用不符合国家标准的装饰装修材料，造成空气污染超标的，由城市房地产行政主管部门责令改正，造成损失的，依法承担赔偿责任。

第三十八条 住宅室内装饰装修活动有下列行为之一的，由城市房地产行政主管部门责令改正，并处罚款：

（一）将没有防水要求的房间或者阳台改为卫生间、厨房间的，或者拆除连接阳台的砖、混凝土墙体的，对装修人处5百元以上1千元以下的罚款，对装饰装修企业处1千元以上1万元以下的罚款；

（二）损坏房屋原有节能设施或者降低节能效果的，对装饰装修企业处1千元以上5千元以下的罚款；

（三）擅自拆改供暖、燃气管道和设施的，对装修人处5百元以上1千元以下的罚款；

（四）未经原设计单位或者具有相应资质等级的设计单位提出设计方案，擅自超过设计标准或者规范增加楼面荷载的，对装修人处5百元以上1千元以下的罚款，对装饰装修企业处1千元以上1万元以下的罚款。

第三十九条 未经城市规划行政主管部门批准，在住宅室内装饰装修活动中搭建建筑物、构筑物的，或者擅自改变住宅外立面、在非承重外墙上开门、窗的，由城市规划行政主管部门按照《城市规划法》及相关法规的规定处罚。

第四十条 装修人或者装饰装修企业违反《建设工程质量管理条例》的，由建设行政主管部门按照有关规定处罚。

第四十一条 装饰装修企业违反国家有关安全生产规定和安全生产技术规程，不按照规定采取必要的安全防护和消防措施，擅自动用明火作业和进行焊接作业的，或者对建筑安全事故隐患不采取措施予以消除的，由建设行政主管部门责令改正，并处1千元以上1万元以下的罚款；情节严重的，责令停业整顿，并处1万元以上3万元以下的罚款；造成重大安全事故的，降低资质等级或者吊销资质证书。

第四十二条 物业管理单位发现装修人或者装饰装修企业有违反本办法规定的行为不

及时向有关部门报告的，由房地产行政主管部门给予警告，可处装饰装修管理服务协议约定的装饰装修管理服务费2至3倍的罚款。

第四十三条 有关部门的工作人员接到物业管理单位对装修人或者装饰装修企业违法行为的报告后，未及时处理，玩忽职守的，依法给予行政处分。

第八章 附 则

第四十四条 工程投资额在30万元以下或者建筑面积在300平方米以下，可以不申请办理施工许可证的非住宅装饰装修活动参照本办法执行。

第四十五条 住宅竣工验收合格前的装饰装修工程管理，按照《建设工程质量管理条例》执行。

第四十六条 省、自治区、直辖市人民政府建设行政主管部门可以依据本办法，制定实施细则。

第四十七条 本办法由国务院建设行政主管部门负责解释。

第四十八条 本办法自2002年5月1日起施行。

房屋建筑工程质量保修办法

（2000年6月26日建设部第24次常务会议讨论通过，
2000年6月30日发布）

第一条 为保护建设单位、施工单位、房屋建筑所有人和使用人的合法权益，维护公共安全和公众利益，根据《中华人民共和国建筑法》和《建设工程质量管理条例》，制订本办法。

第二条 在中华人民共和国境内新建、扩建、改建各类房屋建筑工程（包括装修工程）的质量保修，适用本办法。

第三条 本办法所称房屋建筑工程质量保修，是指对房屋建筑工程竣工验收后在保修期限内出现的质量缺陷，予以修复。

本办法所称质量缺陷，是指房屋建筑工程的质量不符合工程建设强制性标准以及合同的约定。

第四条 房屋建筑工程在保修范围和保修期限内出现质量缺陷，施工单位应当履行保修义务。

第五条 国务院建设行政主管部门负责全国房屋建筑工程质量保修的监督管理。

县级以上地方人民政府建设行政主管部门负责本行政区域内房屋建筑工程质量保修的监督管理。

第六条 建设单位和施工单位应当在工程质量保修书中约定保修范围、保修期限和保修责任等，双方约定的保修范围、保修期限必须符合国家有关规定。

第七条 在正常使用下，房屋建筑工程的最低保修期限为：

（一）地基基础和主体结构工程，为设计文件规定的该工程的合理使用年限；

（二）屋面防水工程、有防水要求的卫生间、房间和外墙面的防渗漏，为5年；

（三）供热与供冷系统，为2个采暖期、供冷期；

（四）电气系统、给排水管道、设备安装为2年；

（五）装修工程为2年。

其他项目的保修期限由建设单位和施工单位约定。

第八条 房屋建筑工程保修期从工程竣工验收合格之日起计算。

第九条 房屋建筑工程在保修期限内出现质量缺陷，建设单位或者房屋建筑所有人应当向施工单位发出保修通知。

施工单位接到保修通知后，应当到现场核查情况，在保修书约定的时间内予以保修。发生涉及结构安全或者严重影响使用功能的紧急抢修事故，施工单位接到保修通知后，应当立即到达现场抢修。

第十条 发生涉及结构安全的质量缺陷，建设单位或者房屋建筑所有人应当立即向当地建设行政主管部门报告，采取安全防范措施；由原设计单位或者具有相应资质等级的设计单位提出保修方案，施工单位实施保修，原工程质量监督机构负责监督。

第十一条 保修完后，由建设单位或者房屋建筑所有人组织验收。涉及结构安全的，应当报当地建设行政主管部门备案。

第十二条 施工单位不按工程质量保修书约定保修的，建设单位可以另行委托其他单位保修，由原施工单位承担相应责任。

第十三条 保修费用由质量缺陷的责任方承担。

第十四条 在保修期内，因房屋建筑工程质量缺陷造成房屋所有人、使用人或者第三方人身、财产损害的，房屋所有人、使用人或者第三方可以向建设单位提出赔偿要求。建设单位向造成房屋建筑工程质量缺陷的责任方追偿。

第十五条 因保修不及时造成新的人身、财产损害，由造成拖延的责任方承担赔偿责任。

第十六条 房地产开发企业售出的商品房保修，还应当执行《城市房地产开发经营管理条例》和其他有关规定。

第十七条 下列情况不属于本办法规定的保修范围：

（一）因使用不当或者第三方造成的质量缺陷；

（二）不可抗力造成的质量缺陷。

第十八条 施工单位有下列行为之一的，由建设行政主管部门责令改正，并处1万元以上3万元以下的罚款。

（一）工程竣工验收后，不向建设单位出具质量保修书的；

（二）质量保修的内容、期限违反本办法规定的。

第十九条 施工单位不履行保修义务或者拖延履行保修义务的，由建设行政主管部门责令改正，处10万元以上20万元以下的罚款。

第二十条 军事建设工程的管理，按照中央军事委员会的有关规定执行。

第二十一条 本办法由国务院建设行政主管部门负责解释。

第二十二条 本办法自发布之日起施行。

关于印发《房屋建筑工程质量保修书》（示范文本）的通知

建建［2000］185号

各省、自治区，直辖市建委（建设厅）、工商行政管理局，计划单列市建委（建设局）、工商行政管理局，国务院有关部门：

根据《建设工程质量管理条例》和《房屋建筑工程质量保修办法》的有关规定，我们对1999年12月24日印发的《建设工程施工合同（示范文本）》附件3《工程质量保修书》进行了修订，并将修订后的《工程质量保修书》更名为《房屋建筑工程质量保修书》。现将《房屋建筑工程质量保修书》（示范文本）印发给你们，请与《建设工程施工合同（示范文本）》一并推行。

附件：《房屋建筑工程质量保修书》（示范文本）

建设部

国家工商行政管理局

二○○○年八月二十二日

附件：

房屋建筑工程质量保修书

（示范文本）

发包人（全称）：____________________________________

承包人（全称）：____________________________________

发包人、承包人根据《中华人民共和国建筑法》、《建设工程质量管理条例》和《房屋建筑工程质量保修办法》，经协商一致，对__________________（工程全称）签订工程质量保修书。

一、工程质量保修范围和内容

承包人在质量保修期内，按照有关法律、法规、规章的管理规定和双方约定，承担本工程质量保修责任。

质量保修范围包括地基基础工程、主体结构工程，屋面防水工程、有防水要求的卫生间、房间和外墙面的防渗漏，供热与供冷系统，电气管线、给排水管道、设备安装和装修工程，以及双方约定的其他项目。具体保修的内容，双方约定如下：

____

____。

二、质量保修期

双方根据《建设工程质量管理条例》及有关规定，约定本工程的质量保修期如下：

1. 地基基础工程和主体结构工程为设计文件规定的该工程合理使用年限；

2. 屋面防水工程、有防水要求的卫生间、房间和外墙面的防渗漏为______年；

3. 装修工程为______年；

4. 电气管线、给排水管道、设备安装工程为______年；

5. 供热与供冷系统为______个采暖期、供冷期；

6. 住宅小区内的给排水设施、道路等配套工程为______年；

7. 其他项目保修期限约定如下：

____

____

____。

质量保修期自工程竣工验收合格之日起计算。

三、质量保修责任

1. 属于保修范围、内容的项目、承包人应当在接到保修通知之日起7天内派人保修。承包人不在约定期限内派人保修的，发包人可以委托他人修理。

2. 发生紧急抢修事故的，承包人在接到事故通知后，应当立即到达事故现场抢修。

3. 对于涉及结构安全的质量问题，应当按照《房屋建筑工程质量保修办法》的规定，立即向当地建设行政主管部门报告，采取安全防范措施；由原设计单位或者具有相应资质等级的设计单位提出保修方案，承包人实施保修。

4. 质量保修完成后，由发包人组织验收。

四、保修费用

保修费用由造成质量缺陷的责任方承担。

五、其他

双方约定的其他工程质量保修事项：____

____

____。

本工程质量保修书，由施工合同发包人、承包人双方在竣工验收前共同签署，作为施工合同附件，其有效期限至保修期满。

发　包　人（公章）：	承　包　人（公章）：
法定代表人（签字）：	法定代表人（签字）：
年　月　日	年　月　日

房屋建筑和市政基础设施工程竣工验收备案管理办法

（2000 年 4 月 4 日建设部令第 78 号发布，根据 2009 年 10 月 19 日《住房和城乡建设部关于修改〈房屋建筑工程和市政基础设施工程竣工验收备案管理暂行办法〉的决定》修正）

第一条 为了加强房屋建筑工程和市政基础设施工程质量的管理，根据《建设工程质量管理条例》，制定本办法。

第二条 在中华人民共和国境内新建、扩建、改建各类房屋建筑工程和市政基础设施工程的竣工验收备案，适用本办法。

第三条 国务院建设行政主管部门负责全国房屋建筑工程和市政基础设施工程（以下统称工程）的竣工验收备案管理工作。

县级以上地方人民政府建设行政主管部门负责本行政区域内工程的竣工验收备案管理工作。

第四条 建设单位应当自工程竣工验收合格之日起 15 日内，依照本办法规定，向工程所在地的县级以上地方人民政府建设行政主管部门（以下简称备案机关）备案。

第五条 建设单位办理工程竣工验收备案应当提交下列文件：

（一）工程竣工验收备案表；

（二）工程竣工验收报告。竣工验收报告应当包括工程报建日期，施工许可证号，施工图设计文件审查意见，勘察、设计、施工、工程监理等单位分别签署的质量合格文件及验收人员签署的竣工验收原始文件，市政基础设施的有关质量检测和功能性试验资料以及备案机关认为需要提供的有关资料；

（三）法律、行政法规规定应当由规划、公安消防、环保等部门出具的认可文件或者准许使用文件；

（四）施工单位签署的工程质量保修书；

（五）法规、规章规定必须提供的其他文件。

商品住宅还应当提交《住宅质量保证书》和《住宅使用说明书》。

第六条 备案机关收到建设单位报送的竣工验收备案文件，验证文件齐全后，应当在工程竣工验收备案表上签署文件收讫。

工程竣工验收备案表一式两份，一份由建设单位保存，一份留备案机关存档。

第七条 工程质量监督机构应当在工程竣工验收之日起 5 日内，向备案机关提交工程质量监督报告。

第八条 备案机关发现建设单位在竣工验收过程中有违反国家有关建设工程质量管理规定行为的，应当在收讫竣工验收备案文件 15 日内，责令停止使用，重新组织竣工验收。

第九条 建设单位在工程竣工验收合格之日起15日内未办理工程竣工验收备案的，备案机关责令限期改正，处20万元以上30万元以下罚款。

第十条 建设单位将备案机关决定重新组织竣工验收的工程，在重新组织竣工验收前，擅自使用的，备案机关责令停止使用，处工程合同价款2%以上4%以下罚款。

第十一条 建设单位采用虚假证明文件办理工程竣工验收备案的，工程竣工验收无效，备案机关责令停止使用，重新组织竣工验收，处20万元以上50万元以下罚款；构成犯罪的，依法追究刑事责任。

第十二条 备案机关决定重新组织竣工验收并责令停止使用的工程，建设单位在备案之前已投入使用或者建设单位擅自继续使用造成使用人损失的，由建设单位依法承担赔偿责任。

第十三条 竣工验收备案文件齐全，备案机关及其工作人员不办理备案手续的，由有关机关责令改正，对直接责任人员给予行政处分。

第十四条 抢险救灾工程、临时性房屋建筑工程和农民自建低层住宅工程，不适用本办法。

第十五条 军用房屋建筑工程竣工验收备案，按照中央军事委员会的有关规定执行。

第十六条 省、自治区、直辖市人民政府建设行政主管部门可以根据本办法制定实施细则。

第十七条 本办法由国务院建设行政主管部门负责解释。

第十八条 本办法自发布之日起施行。

建筑施工企业安全生产许可证管理规定

（2004年6月29日建设部第37次部常务会议通过，自2004年7月5日起施行）

第一章　总　　则

第一条　为了严格规范建筑施工企业安全生产条件，进一步加强安全生产监督管理，防止和减少生产安全事故，根据《安全生产许可证条例》、《建设工程安全生产管理条例》等有关行政法规，制定本规定。

第二条　国家对建筑施工企业实行安全生产许可制度。

建筑施工企业未取得安全生产许可证的，不得从事建筑施工活动。

本规定所称建筑施工企业，是指从事土木工程、建筑工程、线路管道和设备安装工程及装修工程的新建、扩建、改建和拆除等有关活动的企业。

第三条　国务院建设主管部门负责中央管理的建筑施工企业安全生产许可证的颁发和管理。

省、自治区、直辖市人民政府建设主管部门负责本行政区域内前款规定以外的建筑施工企业安全生产许可证的颁发和管理，并接受国务院建设主管部门的指导和监督。

市、县人民政府建设主管部门负责本行政区域内建筑施工企业安全生产许可证的监督管理，并将监督检查中发现的企业违法行为及时报告安全生产许可证颁发管理机关。

第二章　安 全 生 产 条 件

第四条　建筑施工企业取得安全生产许可证，应当具备下列安全生产条件：

（一）建立、健全安全生产责任制，制定完备的安全生产规章制度和操作规程；

（二）保证本单位安全生产条件所需资金的投入；

（三）设置安全生产管理机构，按照国家有关规定配备专职安全生产管理人员；

（四）主要负责人、项目负责人、专职安全生产管理人员经建设主管部门或者其他有关部门考核合格；

（五）特种作业人员经有关业务主管部门考核合格，取得特种作业操作资格证书；

（六）管理人员和作业人员每年至少进行一次安全生产教育培训并考核合格；

（七）依法参加工伤保险，依法为施工现场从事危险作业的人员办理意外伤害保险，为从业人员交纳保险费；

（八）施工现场的办公、生活区及作业场所和安全防护用具、机械设备、施工机具及配件符合有关安全生产法律、法规、标准和规程的要求；

（九）有职业危害防治措施，并为作业人员配备符合国家标准或者行业标准的安全防护用具和安全防护服装；

（十）有对危险性较大的分部分项工程及施工现场易发生重大事故的部位、环节的预防、监控措施和应急预案；

（十一）有生产安全事故应急救援预案、应急救援组织或者应急救援人员，配备必要的应急救援器材、设备；

（十二）法律、法规规定的其他条件。

第三章　安全生产许可证的申请与颁发

第五条　建筑施工企业从事建筑施工活动前，应当依照本规定向省级以上建设主管部门申请领取安全生产许可证。

中央管理的建筑施工企业（集团公司、总公司）应当向国务院建设主管部门申请领取安全生产许可证。

前款规定以外的其他建筑施工企业，包括中央管理的建筑施工企业（集团公司、总公司）下属的建筑施工企业，应当向企业注册所在地省、自治区、直辖市人民政府建设主管部门申请领取安全生产许可证。

第六条　建筑施工企业申请安全生产许可证时，应当向建设主管部门提供下列材料：

（一）建筑施工企业安全生产许可证申请表；

（二）企业法人营业执照；

（三）第四条规定的相关文件、材料。

建筑施工企业申请安全生产许可证，应当对申请材料实质内容的真实性负责，不得隐瞒有关情况或者提供虚假材料。

第七条　建设主管部门应当自受理建筑施工企业的申请之日起45日内审查完毕；经审查符合安全生产条件的，颁发安全生产许可证；不符合安全生产条件的，不予颁发安全生产许可证，书面通知企业并说明理由。企业自接到通知之日起应当进行整改，整改合格后方可再次提出申请。

建设主管部门审查建筑施工企业安全生产许可证申请，涉及铁路、交通、水利等有关专业工程时，可以征求铁路、交通、水利等有关部门的意见。

第八条　安全生产许可证的有效期为3年。安全生产许可证有效期满需要延期的，企业应当于期满前3个月向原安全生产许可证颁发管理机关申请办理延期手续。

企业在安全生产许可证有效期内，严格遵守有关安全生产的法律法规，未发生死亡事故的，安全生产许可证有效期届满时，经原安全生产许可证颁发管理机关同意，不再审查，安全生产许可证有效期延期3年。

第九条　建筑施工企业变更名称、地址、法定代表人等，应当在变更后10日内，到原安全生产许可证颁发管理机关办理安全生产许可证变更手续。

第十条　建筑施工企业破产、倒闭、撤销的，应当将安全生产许可证交回原安全生产许可证颁发管理机关予以注销。

第十一条　建筑施工企业遗失安全生产许可证，应当立即向原安全生产许可证颁发管理机关报告，并在公众媒体上声明作废后，方可申请补办。

第十二条 安全生产许可证申请表采用建设部规定的统一式样。

安全生产许可证采用国务院安全生产监督管理部门规定的统一式样。

安全生产许可证分正本和副本，正、副本具有同等法律效力。

第四章 监督管理

第十三条 县级以上人民政府建设主管部门应当加强对建筑施工企业安全生产许可证的监督管理。建设主管部门在审核发放施工许可证时，应当对已经确定的建筑施工企业是否有安全生产许可证进行审查，对没有取得安全生产许可证的，不得颁发施工许可证。

第十四条 跨省从事建筑施工活动的建筑施工企业有违反本规定行为的，由工程所在地的省级人民政府建设主管部门将建筑施工企业在本地区的违法事实、处理结果和处理建议抄告原安全生产许可证颁发管理机关。

第十五条 建筑施工企业取得安全生产许可证后，不得降低安全生产条件，并应当加强日常安全生产管理，接受建设主管部门的监督检查。安全生产许可证颁发管理机关发现企业不再具备安全生产条件的，应当暂扣或者吊销安全生产许可证。

第十六条 安全生产许可证颁发管理机关或者其上级行政机关发现有下列情形之一的，可以撤销已经颁发的安全生产许可证：

（一）安全生产许可证颁发管理机关工作人员滥用职权、玩忽职守颁发安全生产许可证的；

（二）超越法定职权颁发安全生产许可证的；

（三）违反法定程序颁发安全生产许可证的；

（四）对不具备安全生产条件的建筑施工企业颁发安全生产许可证的；

（五）依法可以撤销已经颁发的安全生产许可证的其他情形。

依照前款规定撤销安全生产许可证，建筑施工企业的合法权益受到损害的，建设主管部门应当依法给予赔偿。

第十七条 安全生产许可证颁发管理机关应当建立、健全安全生产许可证档案管理制度，定期向社会公布企业取得安全生产许可证的情况，每年向同级安全生产监督管理部门通报建筑施工企业安全生产许可证颁发和管理情况。

第十八条 建筑施工企业不得转让、冒用安全生产许可证或者使用伪造的安全生产许可证。

第十九条 建设主管部门工作人员在安全生产许可证颁发、管理和监督检查工作中，不得索取或者接受建筑施工企业的财物，不得谋取其他利益。

第二十条 任何单位或者个人对违反本规定的行为，有权向安全生产许可证颁发管理机关或者监察机关等有关部门举报。

第五章 罚则

第二十一条 违反本规定，建设主管部门工作人员有下列行为之一的，给予降级或者撤职的行政处分；构成犯罪的，依法追究刑事责任：

（一）向不符合安全生产条件的建筑施工企业颁发安全生产许可证的；

（二）发现建筑施工企业未依法取得安全生产许可证擅自从事建筑施工活动，不依法处理的；

（三）发现取得安全生产许可证的建筑施工企业不再具备安全生产条件，不依法处理的；

（四）接到对违反本规定行为的举报后，不及时处理的；

（五）在安全生产许可证颁发、管理和监督检查工作中，索取或者接受建筑施工企业的财物，或者谋取其他利益的。

由于建筑施工企业弄虚作假，造成前款第（一）项行为的，对建设主管部门工作人员不予处分。

第二十二条 取得安全生产许可证的建筑施工企业，发生重大安全事故的，暂扣安全生产许可证并限期整改。

第二十三条 建筑施工企业不再具备安全生产条件的，暂扣安全生产许可证并限期整改；情节严重的，吊销安全生产许可证。

第二十四条 违反本规定，建筑施工企业未取得安全生产许可证擅自从事建筑施工活动的，责令其在建项目停止施工，没收违法所得，并处10万元以上50万元以下的罚款；造成重大安全事故或者其他严重后果，构成犯罪的，依法追究刑事责任。

第二十五条 违反本规定，安全生产许可证有效期满未办理延期手续，继续从事建筑施工活动的，责令其在建项目停止施工，限期补办延期手续，没收违法所得，并处5万元以上10万元以下的罚款；逾期仍不办理延期手续，继续从事建筑施工活动的，依照本规定第二十四条的规定处罚。

第二十六条 违反本规定，建筑施工企业转让安全生产许可证的，没收违法所得，处10万元以上50万元以下的罚款，并吊销安全生产许可证；构成犯罪的，依法追究刑事责任；接受转让的，依照本规定第二十四条的规定处罚。

冒用安全生产许可证或者使用伪造的安全生产许可证的，依照本规定第二十四条的规定处罚。

第二十七条 违反本规定，建筑施工企业隐瞒有关情况或者提供虚假材料申请安全生产许可证的，不予受理或者不予颁发安全生产许可证，并给予警告，1年内不得申请安全生产许可证。

建筑施工企业以欺骗、贿赂等不正当手段取得安全生产许可证的，撤销安全生产许可证，3年内不得再次申请安全生产许可证；构成犯罪的，依法追究刑事责任。

第二十八条 本规定的暂扣、吊销安全生产许可证的行政处罚，由安全生产许可证的颁发管理机关决定；其他行政处罚，由县级以上地方人民政府建设主管部门决定。

第六章　附　　则

第二十九条 本规定施行前已依法从事建筑施工活动的建筑施工企业，应当自《安全生产许可证条例》施行之日起（2004年1月13日起）1年内向建设主管部门申请办理建筑施工企业安全生产许可证；逾期不办理安全生产许可证，或者经审查不符合本规定的安全生产条件，未取得安全生产许可证，继续进行建筑施工活动的，依照本规定第二十四条的规定处罚。

第三十条 本规定自公布之日起施行。

建筑业企业资质管理规定

（2006年12月30日建设部第114次常务会议通过，自2007年9月1日起施行）

第一章　总　　则

第一条　为了加强对建筑活动的监督管理，维护公共利益和建筑市场秩序，保证建设工程质量安全，根据《中华人民共和国建筑法》、《中华人民共和国行政许可法》、《建设工程质量管理条例》、《建设工程安全生产管理条例》等法律、行政法规，制定本规定。

第二条　在中华人民共和国境内申请建筑业企业资质，实施对建筑业企业资质监督管理，适用本规定。

本规定所称建筑业企业，是指从事土木工程、建筑工程、线路管道设备安装工程、装修工程的新建、扩建、改建等活动的企业。

第三条　建筑业企业应当按照其拥有的注册资本、专业技术人员、技术装备和已完成的建筑工程业绩等条件申请资质，经审查合格，取得建筑业企业资质证书后，方可在资质许可的范围内从事建筑施工活动。

第四条　国务院建设主管部门负责全国建筑业企业资质的统一监督管理。国务院铁路、交通、水利、信息产业、民航等有关部门配合国务院建设主管部门实施相关资质类别建筑业企业资质的管理工作。

省、自治区、直辖市人民政府建设主管部门负责本行政区域内建筑业企业资质的统一监督管理。省、自治区、直辖市人民政府交通、水利、信息产业等有关部门配合同级建设主管部门实施本行政区域内相关资质类别建筑业企业资质的管理工作。

第二章　资质序列、类别和等级

第五条　建筑业企业资质分为施工总承包、专业承包和劳务分包三个序列。

第六条　取得施工总承包资质的企业（以下简称施工总承包企业），可以承接施工总承包工程。施工总承包企业可以对所承接的施工总承包工程内各专业工程全部自行施工，也可以将专业工程或劳务作业依法分包给具有相应资质的专业承包企业或劳务分包企业。

取得专业承包资质的企业（以下简称专业承包企业），可以承接施工总承包企业分包的专业工程和建设单位依法发包的专业工程。专业承包企业可以对所承接的专业工程全部自行施工，也可以将劳务作业依法分包给具有相应资质的劳务分包企业。

取得劳务分包资质的企业（以下简称劳务分包企业），可以承接施工总承包企业或专业承包企业分包的劳务作业。

第七条 施工总承包资质、专业承包资质、劳务分包资质序列按照工程性质和技术特点分别划分为若干资质类别。各资质类别按照规定的条件划分为若干资质等级。

第八条 建筑业企业资质等级标准和各类别等级资质企业承担工程的具体范围，由国务院建设主管部门会同国务院有关部门制定。

第三章 资 质 许 可

第九条 下列建筑业企业资质的许可，由国务院建设主管部门实施：

（一）施工总承包序列特级资质、一级资质；

（二）国务院国有资产管理部门直接监管的企业及其下属一层级的企业的施工总承包二级资质、三级资质；

（三）水利、交通、信息产业方面的专业承包序列一级资质；

（四）铁路、民航方面的专业承包序列一级、二级资质；

（五）公路交通工程专业承包不分等级资质、城市轨道交通专业承包不分等级资质。

申请前款所列资质的，应当向企业工商注册所在地省、自治区、直辖市人民政府建设主管部门提出申请。其中，国务院国有资产管理部门直接监管的企业及其下属一层级的企业，应当由国务院国有资产管理部门直接监管的企业向国务院建设主管部门提出申请。

省、自治区、直辖市人民政府建设主管部门应当自受理申请之日起20日内初审完毕并将初审意见和申请材料报国务院建设主管部门。

国务院建设主管部门应当自省、自治区、直辖市人民政府建设主管部门受理申请材料之日起60日内完成审查，公示审查意见，公示时间为10日。其中，涉及铁路、交通、水利、信息产业、民航等方面的建筑业企业资质，由国务院建设主管部门送国务院有关部门审核，国务院有关部门在20日内审核完毕，并将审核意见送国务院建设主管部门。

第十条 下列建筑业企业资质许可，由企业工商注册所在地省、自治区、直辖市人民政府建设主管部门实施：

（一）施工总承包序列二级资质（不含国务院国有资产管理部门直接监管的企业及其下属一层级的企业的施工总承包序列二级资质）；

（二）专业承包序列一级资质（不含铁路、交通、水利、信息产业、民航方面的专业承包序列一级资质）；

（三）专业承包序列二级资质（不含民航、铁路方面的专业承包序列二级资质）；

（四）专业承包序列不分等级资质（不含公路交通工程专业承包序列和城市轨道交通专业承包序列的不分等级资质）。

前款规定的建筑业企业资质许可的实施程序由省、自治区、直辖市人民政府建设主管部门依法确定。

省、自治区、直辖市人民政府建设主管部门应当自作出决定之日起30日内，将准予资质许可的决定报国务院建设主管部门备案。

第十一条 下列建筑业企业资质许可，由企业工商注册所在地设区的市人民政府建设主管部门实施：

（一）施工总承包序列三级资质（不含国务院国有资产管理部门直接监管的企业及其

下属一层级的企业的施工总承包三级资质）；

（二）专业承包序列三级资质；

（三）劳务分包序列资质；

（四）燃气燃烧器具安装、维修企业资质。

前款规定的建筑业企业资质许可的实施程序由省、自治区、直辖市人民政府建设主管部门依法确定。

企业工商注册所在地设区的市人民政府建设主管部门应当自作出决定之日起 30 日内，将准予资质许可的决定通过省、自治区、直辖市人民政府建设主管部门，报国务院建设主管部门备案。

第十二条　建筑业企业资质证书分为正本和副本，正本一份，副本若干份，由国务院建设主管部门统一印制，正、副本具备同等法律效力。资质证书有效期为 5 年。

第十三条　建筑业企业可以申请一项或多项建筑业企业资质；申请多项建筑业企业资质的，应当选择等级最高的一项资质为企业主项资质。

第十四条　首次申请或者增项申请建筑业企业资质，应当提交以下材料：

（一）建筑业企业资质申请表及相应的电子文档；

（二）企业法人营业执照副本；

（三）企业章程；

（四）企业负责人和技术、财务负责人的身份证明、职称证书、任职文件及相关资质标准要求提供的材料；

（五）建筑业企业资质申请表中所列注册执业人员的身份证明、注册执业证书；

（六）建筑业企业资质标准要求的非注册的专业技术人员的职称证书、身份证明及养老保险凭证；

（七）部分资质标准要求企业必须具备的特殊专业技术人员的职称证书、身份证明及养老保险凭证；

（八）建筑业企业资质标准要求的企业设备、厂房的相应证明；

（九）建筑业企业安全生产条件有关材料；

（十）资质标准要求的其他有关材料。

第十五条　建筑业企业申请资质升级的，应当提交以下材料：

（一）本规定第十四条第（一）、（二）、（四）、（五）、（六）、（八）、（十）项所列资料；

（二）企业原资质证书副本复印件；

（三）企业年度财务、统计报表；

（四）企业安全生产许可证副本；

（五）满足资质标准要求的企业工程业绩的相关证明材料。

第十六条　资质有效期届满，企业需要延续资质证书有效期的，应当在资质证书有效期届满 60 日前，申请办理资质延续手续。

对在资质有效期内遵守有关法律、法规、规章、技术标准，信用档案中无不良行为记录，且注册资本、专业技术人员满足资质标准要求的企业，经资质许可机关同意，有效期延续 5 年。

第十七条　建筑业企业在资质证书有效期内名称、地址、注册资本、法定代表人等发生变更的，应当在工商部门办理变更手续后30日内办理资质证书变更手续。

由国务院建设主管部门颁发的建筑业企业资质证书，涉及企业名称变更的，应当向企业工商注册所在地省、自治区、直辖市人民政府建设主管部门提出变更申请，省、自治区、直辖市人民政府建设主管部门应当自受理申请之日起2日内将有关变更证明材料报国务院建设主管部门，由国务院建设主管部门在2日内办理变更手续。

前款规定以外的资质证书变更手续，由企业工商注册所在地的省、自治区、直辖市人民政府建设主管部门或者设区的市人民政府建设主管部门负责办理。省、自治区、直辖市人民政府建设主管部门或者设区的市人民政府建设主管部门应当自受理申请之日起2日内办理变更手续，并在办理资质证书变更手续后15日内将变更结果报国务院建设主管部门备案。

涉及铁路、交通、水利、信息产业、民航等方面的建筑业企业资质证书的变更，办理变更手续的建设主管部门应当将企业资质变更情况告知同级有关部门。

第十八条 申请资质证书变更，应当提交以下材料：

（一）资质证书变更申请；

（二）企业法人营业执照复印件；

（三）建筑业企业资质证书正、副本原件；

（四）与资质变更事项有关的证明材料。

企业改制的，除提供前款规定资料外，还应当提供改制重组方案、上级资产管理部门或者股东大会的批准决定、企业职工代表大会同意改制重组的决议。

第十九条 企业首次申请、增项申请建筑业企业资质，不考核企业工程业绩，其资质等级按照最低资质等级核定。

已取得工程设计资质的企业首次申请同类别或相近类别的建筑业企业资质的，可以将相应规模的工程总承包业绩作为工程业绩予以申报，但申请资质等级最高不超过其现有工程设计资质等级。

第二十条 企业合并的，合并后存续或者新设立的建筑业企业可以承继合并前各方中较高的资质等级，但应当符合相应的资质等级条件。

企业分立的，分立后企业的资质等级，根据实际达到的资质条件，按照本规定的审批程序核定。

企业改制的，改制后不再符合资质标准的，应按其实际达到的资质标准及本规定申请重新核定；资质条件不发生变化的，按本规定第十八条办理。

第二十一条 取得建筑业企业资质的企业，申请资质升级、资质增项，在申请之日起前一年内有下列情形之一的，资质许可机关不予批准企业的资质升级申请和增项申请：

（一）超越本企业资质等级或以其他企业的名义承揽工程，或允许其他企业或个人以本企业的名义承揽工程的；

（二）与建设单位或企业之间相互串通投标，或以行贿等不正当手段谋取中标的；

（三）未取得施工许可证擅自施工的；

（四）将承包的工程转包或违法分包的；

（五）违反国家工程建设强制性标准的；

（六）发生过较大生产安全事故或者发生过两起以上一般生产安全事故的；

（七）恶意拖欠分包企业工程款或者农民工工资的；

（八）隐瞒或谎报、拖延报告工程质量安全事故或破坏事故现场、阻碍对事故调查的；

（九）按照国家法律、法规和标准规定需要持证上岗的技术工种的作业人员未取得证书上岗，情节严重的；

（十）未依法履行工程质量保修义务或拖延履行保修义务，造成严重后果的；

（十一）涂改、倒卖、出租、出借或者以其他形式非法转让建筑业企业资质证书；

（十二）其他违反法律、法规的行为。

第二十二条　企业领取新的建筑业企业资质证书时，应当将原资质证书交回原发证机关予以注销。

企业需增补（含增加、更换、遗失补办）建筑业企业资质证书的，应当持资质证书增补申请等材料向资质许可机关申请办理。遗失资质证书的，在申请补办前应当在公众媒体上刊登遗失声明。资质许可机关应当在2日内办理完毕。

第四章　监　督　管　理

第二十三条　县级以上人民政府建设主管部门和其他有关部门应当依照有关法律、法规和本规定，加强对建筑业企业资质的监督管理。

上级建设主管部门应当加强对下级建设主管部门资质管理工作的监督检查，及时纠正资质管理中的违法行为。

第二十四条　建设主管部门、其他有关部门履行监督检查职责时，有权采取下列措施：

（一）要求被检查单位提供建筑业企业资质证书、注册执业人员的注册执业证书，有关施工业务的文档，有关质量管理、安全生产管理、档案管理、财务管理等企业内部管理制度的文件；

（二）进入被检查单位进行检查，查阅相关资料；

（三）纠正违反有关法律、法规和本规定及有关规范和标准的行为。

建设主管部门、其他有关部门依法对企业从事行政许可事项的活动进行监督检查时，应当将监督检查情况和处理结果予以记录，由监督检查人员签字后归档。

第二十五条　建设主管部门、其他有关部门在实施监督检查时，应当有两名以上监督检查人员参加，并出示执法证件，不得妨碍企业正常的生产经营活动，不得索取或者收受企业的财物，不得谋取其他利益。

有关单位和个人对依法进行的监督检查应当协助与配合，不得拒绝或者阻挠。

监督检查机关应当将监督检查的处理结果向社会公布。

第二十六条　建筑业企业违法从事建筑活动的，违法行为发生地的县级以上地方人民政府建设主管部门或者其他有关部门应当依法查处，并将违法事实、处理结果或处理建议及时告知该建筑业企业的资质许可机关。

第二十七条　企业取得建筑业企业资质后不再符合相应资质条件的，建设主管部门、其他有关部门根据利害关系人的请求或者依据职权，可以责令其限期改正；逾期不改的，资质许可机关可以撤回其资质。被撤回建筑业企业资质的企业，可以申请资质许可机关按照其实际达到的资质标准，重新核定资质。

第二十八条 有下列情形之一的，资质许可机关或者其上级机关，根据利害关系人的请求或者依据职权，可以撤销建筑业企业资质：

（一）资质许可机关工作人员滥用职权、玩忽职守作出准予建筑业企业资质许可的；

（二）超越法定职权作出准予建筑业企业资质许可的；

（三）违反法定程序作出准予建筑业企业资质许可的；

（四）对不符合许可条件的申请人作出准予建筑业企业资质许可的；

（五）依法可以撤销资质证书的其他情形。

以欺骗、贿赂等不正当手段取得建筑业企业资质证书的，应当予以撤销。

第二十九条 有下列情形之一的，资质许可机关应当依法注销建筑业企业资质，并公告其资质证书作废，建筑业企业应当及时将资质证书交回资质许可机关：

（一）资质证书有效期届满，未依法申请延续的；

（二）建筑业企业依法终止的；

（三）建筑业企业资质依法被撤销、撤回或吊销的；

（四）法律、法规规定的应当注销资质的其他情形。

第三十条 有关部门应当将监督检查情况和处理意见及时告知资质许可机关。资质许可机关应当将涉及有关铁路、交通、水利、信息产业、民航等方面的建筑业企业资质被撤回、撤销和注销的情况告知同级有关部门。

第三十一条 企业应当按照有关规定，向资质许可机关提供真实、准确、完整的企业信用档案信息。

企业的信用档案应当包括企业基本情况、业绩、工程质量和安全、合同履约等情况。被投诉举报和处理、行政处罚等情况应当作为不良行为记入其信用档案。

企业的信用档案信息按照有关规定向社会公示。

第五章　法　律　责　任

第三十二条 申请人隐瞒有关情况或者提供虚假材料申请建筑业企业资质的，不予受理或者不予行政许可，并给予警告，申请人在1年内不得再次申请建筑业企业资质。

第三十三条 以欺骗、贿赂等不正当手段取得建筑业企业资质证书的，由县级以上地方人民政府建设主管部门或者有关部门给予警告，并依法处以罚款，申请人3年内不得再次申请建筑业企业资质。

第三十四条 建筑业企业有本规定第二十一条行为之一，《中华人民共和国建筑法》、《建设工程质量管理条例》和其他有关法律、法规对处罚机关和处罚方式有规定的，依照法律、法规的规定执行；法律、法规未作规定的，由县级以上地方人民政府建设主管部门或者其他有关部门给予警告，责令改正，并处1万元以上3万元以下的罚款。

第三十五条 建筑业企业未按照本规定及时办理资质证书变更手续的，由县级以上地方人民政府建设主管部门责令限期办理；逾期不办理的，可处以1000元以上1万元以下的罚款。

第三十六条 建筑业企业未按照本规定要求提供建筑业企业信用档案信息的，由县级以上地方人民政府建设主管部门或者其他有关部门给予警告，责令限期改正；逾期未改正的，可处以1000元以上1万元以下的罚款。

第三十七条 县级以上地方人民政府建设主管部门依法给予建筑业企业行政处罚的，应当将行政处罚决定以及给予行政处罚的事实、理由和依据，报国务院建设主管部门备案。

第三十八条 建设主管部门及其工作人员，违反本规定，有下列情形之一的，由其上级行政机关或者监察机关责令改正；情节严重的，对直接负责的主管人员和其他直接责任人员，依法给予行政处分：

（一）对不符合条件的申请人准予建筑业企业资质许可的；

（二）对符合条件的申请人不予建筑业企业资质许可或者不在法定期限内作出准予许可决定的；

（三）对符合条件的申请不予受理或者未在法定期限内初审完毕的；

（四）利用职务上的便利，收受他人财物或者其他好处的；

（五）不依法履行监督管理职责或者监督不力，造成严重后果的。

第六章　附　　则

第三十九条 取得建筑业企业资质证书的企业，可以从事资质许可范围相应等级的建设工程总承包业务，可以从事项目管理和相关的技术与管理服务。

第四十条 本规定自2007年9月1日起施行。2001年4月18日建设部颁布的《建筑业企业资质管理规定》（建设部令第87号）同时废止。

工程建设监理规定

（1995年12月15日原建设部、国家计委发布，自1996年1月1日起实施）

第一章　总　则

第一条　为了确保工程建设质量，提高工程建设水平，充分发挥投资效益，促进工程建设监理事业的健康发展，制定本规定。

第二条　在中华人民共和国境内从事工程建设监理活动，必须遵守本规定。

第三条　本规定所称工程建设监理是指监理单位受项目法人的委托，依据国家批准的工程项目建设文件、有关工程建设的法律、法规和工程建设监理合同及其他工程建设合同，对工程建设实施的监督管理。

第四条　从事工程建设监理活动，应当遵循守法、诚信、公正、科学的准则。

第二章　工程建设监理的管理机构及职责

第五条　国家计委和建设部共同负责推进建设监理事业的发展，建设部归口管理全国工程建设监理工作。建设部的主要职责：

（一）起草并商国家计委制定、发布工程建设监理行政法规，监督实施；

（二）审批甲级监理单位资质；

（三）管理全国监理工程师资格考试、考核和注册等项工作；

（四）指导、监督、协调全国工程建设监理工作。

第六条　省、自治区、直辖市人民政府建设行政主管部门归口管理本行政区域内工程建设监理工作，其主要职责：

（一）贯彻执行国家工程建设监理法规，起草或制定地方工程建设监理法规并监督实施；

（二）审批本行政区域内乙级、丙级监理单位的资质，初审并推荐甲级监理单位；

（三）组织本行政区域内监理工程师资格考试、考核和注册工作；

（四）指导、监督协调本行政区域内的工程建设监理工作。

第七条　国务院工业、交通等部门管理本部门工程建设监理工作，其主要职责：

（一）贯彻执行国家工程建设监理法规，根据需要制定本部门工程建设监理实施办法，并监督实施；

（二）审批直属的乙级、丙级监理单位资质，初审并推荐甲级监理单位；

（三）管理直属监理单位的监理工程师资格考试、考核和注册工作；

（四）指导、监督、协调本部门工程建设监理工作。

第三章　工程建设监理范围及内容

第八条　工程建设监理的范围：

（一）大、中型工程项目；

（二）市政、公用工程项目；

（三）政府投资兴建和开发建设的办公楼、社会发展事业项目及住宅工程项目；

（四）外资、中外合资、国外贷款、赠款、捐款建设的工程项目。

第九条　工程建设监理的主要内容是控制工程建设的投资、建设工期和工程质量；进行工程建设合同管理，协调有关单位间的工作关系。

第四章　工程建设监理合同与监理程序

第十条　项目法人一般通过招标投标方式择优选定监理单位。

第十一条　监理单位承担监理业务，应当与项目法人签订书面工程建设监理合同。工程建设监理合同的主要条款是：监理的范围和内容、双方的权利与义务、监理费的计取与支付、违约责任、双方约定的其他事项。

第十二条　监理从工程概算中列支，并核减建设单位的管理费。

第十三条　监理单位应根据所承担的监理任务，组建工程建设监理机构。监理机构一般由总监理工程师、监理工程师和其他监理人员组成。

承担工程施工阶段的监理，监理机构应进驻施工现场。

第十四条　工程建设监理一般应按下列程序进行：

（一）编制工程建设监理规划；

（二）按工程建设进度、分专业编制工程建设监理细则；

（三）按照建设监理细则进行建设监理；

（四）参与工程竣工预验收，签署建设监理意见；

（五）建设监理业务完成后，向项目法人提交工程建设监理档案资料。

第十五条　实施监理前，项目法人应当将委托的监理单位、监理的内容、总监理工程师姓名及所赋予的权限，书面通知被监理单位。

总监理工程师应当将其授权监理工程师的权限，书面通知被监理单位。

第十六条　工程建设监理过程中，被监理单位应当按照与项目法人签订的工程建设合同的规定接受监理。

第五章　工程建设监理单位与监理工程师

第十七条　监理单位实行资质审批制度。

设立监理单位，须报工程建设监理主管机关进行资质审查合格后，向工商行政管理机关申请企业法人登记。

监理单位应当按照核准的经营范围承接工程建设监理业务。

第十八条 监理单位是建筑市场的主体结构之一，建设监理是一种高智能的有偿技术服务。

监理单位与项目法人之间是委托与被委托的合同关系；与被监理单位是监理与被监理的关系。

监理单位应按照“公正、独立、自主”的原则，开展工程建设监理工作，公平地维护项目法人和被监理单位的合法权益。

第十九条 监理单位不得转让监理业务。

第二十条 监理单位不得承包工程，不得经营建筑材料、构配件和建筑机械、设备。

第二十一条 监理单位在监理过程中因过错造成重大经济损失的，应承担一定的经济责任和法律责任。

第二十二条 监理工程师实行注册制度。

监理工程师不得出卖、出借、转让、涂改《监理工程师岗位证书》。

第二十三条 监理工程师不得在政府机关或施工、设备制造、材料供应单位兼职，不得是施工、设备制造和材料、构配件供应单位的合伙经营者。

第二十四条 工程项目建设监理实行总监理工程师负责制。总监理工程师行使合同赋予监理单位的权限，全面负责受委托的监理工作。

第二十五条 总监理工程师在授权范围内发布有关指令，签认所监理的工程项目有关款项的支付凭证。

项目法人不得擅自更改总监理工程师的指令。

总监理工程师有权建议撤换不合格的工程建设分包单位和项目负责人及有关人员。

第二十六条 总监理工程师要公正地协调项目法人与被监理单位的争议。

第六章 外资、中外合资和国外贷款、赠款、捐款建设的工程建设监理

第二十七条 国外公司或社团组织在中国境内独立投资的工程项目建设，如果需要委托国外监理单位承担建设监理业务时，应当聘请中国监理单位参加，进行合作监理。

中国监理单位能够监理的中外合资的工程建设项目，应当委托中国监理单位监理。若有必要，可以委托与该工程项目建设有关的国外监理机构或者聘请监理顾问。

国外贷款的工程项目建设，原则上应由中国监理单位负责建设监理。如果贷款方要求国外监理单位参加的，应当与中国监理单位进行合作监理。

国外赠款、捐款建设的工程项目，一般由中国监理单位承担建设监理业务。

第二十八条 外资、中外合资和国外贷款建设的工程项目的监理费用计取标准及付款方式，参照国际惯例由双方协商确定。

第七章 罚 则

第二十九条 项目法人违反本规定，由人民政府建设行政主管部门给予警告、通报批评、责令改正，并可处以罚款。对项目法人的处罚决定抄送计划行政主管部门。

第三十条 监理单位违反本规定，有下列行为之一的，由人民政府建设行政主管部门给予警告、通报批评、责令停业整顿、降低资质等级、吊销资质证书的处罚，并可处以罚款：

（一）未经批准而擅自开业；

（二）超出批准的业务范围从事工程建设监理活动；

（三）转让监理业务；

（四）故意损害项目法人、承建商利益；

（五）因工作失误造成重大事故。

第三十一条 监理工程师违反本规定，有下列行为之一的，由人民政府建设行政主管部门没收非法所得、收缴《监理工程师岗位证书》，并可处以罚款：

（一）假借监理工程师的名义从事监理工作；

（二）出卖、出借、转让、涂改《监理工程师岗位证书》；

（三）在影响公正执行监理业务的单位兼职。

第八章　附　　则

第三十二条 本规定涉及国家计委职能的条款由建设部商国家计委解释。

第三十三条 省、自治区、直辖市人民政府建设行政主管部门、国务院有关部门参照本规定制定实施办法，并报建设部备案。

第三十四条 本规定自 1996 年 1 月 1 日起实施，建设部 1989 年 7 月 28 日发布的《建设监理试行规定》同时废止。

建设工程监理范围和规模标准规定

（2000年12月29日建设部第36次部常务会议讨论通过，自2001年1月17日起施行）

第一条 为了确定必须实行监理的建设工程项目具体范围和规模标准，规范建设工程监理活动，根据《建设工程质量管理条例》，制定本规定。

第二条 下列建设工程必须实行监理：

（一）国家重点建设工程；

（二）大中型公用事业工程；

（三）成片开发建设的住宅小区工程；

（四）利用外国政府或者国际组织贷款、援助资金的工程；

（五）国家规定必须实行监理的其他工程。

第三条 国家重点建设工程，是指依据《国家重点建设项目管理办法》所确定的对国民经济和社会发展有重大影响的骨干项目。

第四条 大中型公用事业工程，是指项目总投资额在3000万元以上的下列工程项目：

（一）供水、供电、供气、供热等市政工程项目；

（二）科技、教育、文化等项目；

（三）体育、旅游、商业等项目；

（四）卫生、社会福利等项目；

（五）其他公用事业项目。

第五条 成片开发建设的住宅小区工程，建筑面积在5万平方米以上的住宅建设工程必须实行监理；5万平方米以下的住宅建设工程，可以实行监理，具体范围和规模标准，由省、自治区、直辖市人民政府建设行政主管部门规定。

为了保证住宅质量，对高层住宅及地基、结构复杂的多层住宅应当实行监理。

第六条 利用外国政府或者国际组织贷款、援助资金的工程范围包括：

（一）使用世界银行、亚洲开发银行等国际组织贷款资金的项目；

（二）使用国外政府及其机构贷款资金的项目；

（三）使用国际组织或者国外政府援助资金的项目。

第七条 国家规定必须实行监理的其他工程是指：

（一）项目总投资额在3000万元以上关系社会公共利益、公众安全的下列基础设施项目：

（1）煤炭、石油、化工、天然气、电力、新能源等项目；

（2）铁路、公路、管道、水运、民航以及其他交通运输业等项目；

（3）邮政、电信枢纽、通信、信息网络等项目；

（4）防洪、灌溉、排涝、发电、引（供）水、滩涂治理、水资源保护、水土保持等水利建设项目；

（5）道路、桥梁、地铁和轻轨交通、污水排放及处理、垃圾处理、地下管道、公共停车场等城市基础设施项目；

（6）生态环境保护项目；

（7）其他基础设施项目。

（二）学校、影剧院、体育场馆项目。

第八条 国务院建设行政主管部门商同国务院有关部门后，可以对本规定确定的必须实行监理的建设工程具体范围和规模标准进行调整。

第九条 本规定由国务院建设行政主管部门负责解释。

第十条 本规定自发布之日起施行。

房屋建筑和市政基础设施工程质量监督管理规定

（2010年8月1日住房和城乡建设部第58次常务会议审议通过，
自2010年9月1日起施行）

第一条 为了加强房屋建筑和市政基础设施工程质量的监督，保护人民生命和财产安全，规范住房和城乡建设主管部门及工程质量监督机构（以下简称主管部门）的质量监督行为，根据《中华人民共和国建筑法》、《建设工程质量管理条例》等有关法律、行政法规，制定本规定。

第二条 在中华人民共和国境内主管部门实施对新建、扩建、改建房屋建筑和市政基础设施工程质量监督管理的，适用本规定。

第三条 国务院住房和城乡建设主管部门负责全国房屋建筑和市政基础设施工程（以下简称工程）质量监督管理工作。

县级以上地方人民政府建设主管部门负责本行政区域内工程质量监督管理工作。

工程质量监督管理的具体工作可以由县级以上地方人民政府建设主管部门委托所属的工程质量监督机构（以下简称监督机构）实施。

第四条 本规定所称工程质量监督管理，是指主管部门依据有关法律法规和工程建设强制性标准，对工程实体质量和工程建设、勘察、设计、施工、监理单位（以下简称工程质量责任主体）和质量检测等单位的工程质量行为实施监督。

本规定所称工程实体质量监督，是指主管部门对涉及工程主体结构安全、主要使用功能的工程实体质量情况实施监督。

本规定所称工程质量行为监督，是指主管部门对工程质量责任主体和质量检测等单位履行法定质量责任和义务的情况实施监督。

第五条 工程质量监督管理应当包括下列内容：

（一）执行法律法规和工程建设强制性标准的情况；

（二）抽查涉及工程主体结构安全和主要使用功能的工程实体质量；

（三）抽查工程质量责任主体和质量检测等单位的工程质量行为；

（四）抽查主要建筑材料、建筑构配件的质量；

（五）对工程竣工验收进行监督；

（六）组织或者参与工程质量事故的调查处理；

（七）定期对本地区工程质量状况进行统计分析；

（八）依法对违法违规行为实施处罚。

第六条 对工程项目实施质量监督，应当依照下列程序进行：

（一）受理建设单位办理质量监督手续；

（二）制订工作计划并组织实施；

（三）对工程实体质量、工程质量责任主体和质量检测等单位的工程质量行为进行抽查、抽测；

（四）监督工程竣工验收，重点对验收的组织形式、程序等是否符合有关规定进行监督；

（五）形成工程质量监督报告；

（六）建立工程质量监督档案。

第七条 工程竣工验收合格后，建设单位应当在建筑物明显部位设置永久性标牌，载明建设、勘察、设计、施工、监理单位等工程质量责任主体的名称和主要责任人姓名。

第八条 主管部门实施监督检查时，有权采取下列措施：

（一）要求被检查单位提供有关工程质量的文件和资料；

（二）进入被检查单位的施工现场进行检查；

（三）发现有影响工程质量的问题时，责令改正。

第九条 县级以上地方人民政府建设主管部门应当根据本地区的工程质量状况，逐步建立工程质量信用档案。

第十条 县级以上地方人民政府建设主管部门应当将工程质量监督中发现的涉及主体结构安全和主要使用功能的工程质量问题及整改情况，及时向社会公布。

第十一条 省、自治区、直辖市人民政府建设主管部门应当按照国家有关规定，对本行政区域内监督机构每三年进行一次考核。

监督机构经考核合格后，方可依法对工程实施质量监督，并对工程质量监督承担监督责任。

第十二条 监督机构应当具备下列条件：

（一）具有符合本规定第十三条规定的监督人员。人员数量由县级以上地方人民政府建设主管部门根据实际需要确定。监督人员应当占监督机构总人数的75%以上；

（二）有固定的工作场所和满足工程质量监督检查工作需要的仪器、设备和工具等；

（三）有健全的质量监督工作制度，具备与质量监督工作相适应的信息化管理条件。

第十三条 监督人员应当具备下列条件：

（一）具有工程类专业大学专科以上学历或者工程类执业注册资格；

（二）具有三年以上工程质量管理或者设计、施工、监理等工作经历；

（三）熟悉掌握相关法律法规和工程建设强制性标准；

（四）具有一定的组织协调能力和良好职业道德。

监督人员符合上述条件经考核合格后，方可从事工程质量监督工作。

第十四条 监督机构可以聘请中级职称以上的工程类专业技术人员协助实施工程质量监督。

第十五条 省、自治区、直辖市人民政府建设主管部门应当每两年对监督人员进行一次岗位考核，每年进行一次法律法规、业务知识培训，并适时组织开展继续教育培训。

第十六条 国务院住房和城乡建设主管部门对监督机构和监督人员的考核情况进行监督抽查。

第十七条 主管部门工作人员玩忽职守、滥用职权、徇私舞弊，构成犯罪的，依法追究刑事责任；尚不构成犯罪的，依法给予行政处分。

第十八条 抢险救灾工程、临时性房屋建筑工程和农民自建低层住宅工程，不适用本规定。

第十九条 省、自治区、直辖市人民政府建设主管部门可以根据本规定制定具体实施办法。

第二十条 本规定自2010年9月1日起施行。

房屋建筑工程施工旁站监理管理办法（试行）

（2002 年 7 月 17 日建设部发布，自 2003 年 1 月 1 日起施行）

第一条 为加强对房屋建筑工程施工旁站监理的管理，保证工程质量，依据《建设工程质量管理条例》的有关规定，制定本办法。

第二条 本办法所称房屋建筑工程施工旁站监理（以下简称旁站监理），是指监理人员在房屋建筑工程施工阶段监理中，对关键部位、关键工序的施工质量实施全过程现场跟班的监督活动。

本办法所规定的房屋建筑工程的关键部位、关键工序，在基础工程方面包括：土方回填，混凝土灌注桩浇筑，地下连续墙、土钉墙、后浇带及其他结构混凝土、防水混凝土浇筑，卷材防水层细部构造处理，钢结构安装；在主体结构工程方面包括：梁柱节点钢筋隐蔽过程，混凝土浇筑，预应力张拉，装配式结构安装，钢结构安装，网架结构安装，索膜安装。

第三条 监理企业在编制监理规划时，应当制定旁站监理方案，明确旁站监理的范围、内容、程序和旁站监理人员职责等。旁站监理方案应当送建设单位和施工企业各一份，并抄送工程所在地的建设行政主管部门或其委托的工程质量监督机构。

第四条 施工企业根据监理企业制定的旁站监理方案，在需要实施旁站监理的关键部位、关键工序进行施工前 24 小时，应当书面通知监理企业派驻工地的项目监理机构。项目监理机构应当安排旁站监理人员按照旁站监理方案实施旁站监理。

第五条 旁站监理在总监理工程师的指导下，由现场监理人员负责具体实施。

第六条 旁站监理人员的主要职责是：

（一）检查施工企业现场质检人员到岗、特殊工种人员持证上岗以及施工机械、建筑材料准备情况；

（二）在现场跟班监督关键部位、关键工序的施工执行施工方案以及工程建设强制性标准情况；

（三）核查进场建筑材料、建筑构配件、设备和商品混凝土的质量检验报告等，并可在现场监督施工企业进行检验或者委托具有资格的第三方进行复验；

（四）做好旁站监理记录和监理日记，保存旁站监理原始资料。

第七条 旁站监理人员应当认真履行职责，对需要实施旁站监理的关键部位、关键工序在施工现场跟班监督，及时发现和处理旁站监理过程中出现的质量问题，如实准确地做好旁站监理记录。凡旁站监理人员和施工企业现场质检人员未在旁站监理记录（见附件）上签字的，不得进行下一道工序施工。

第八条 旁站监理人员实施旁站监理时，发现施工企业有违反工程建设强制性标准行为的，有权责令施工企业立即整改；发现其施工活动已经或者可能危及工程质量的，应当及时向监理工程师或者总监理工程师报告，由总监理工程师下达局部暂停施工指令或者采取其他应急措施。

第九条 旁站监理记录是监理工程师或者总监理工程师依法行使有关签字权的重要依据。对于需要旁站监理的关键部位、关键工序施工，凡没有实施旁站监理或者没有旁站监理记录的，监理工程师或者总监理工程师不得在相应文件上签字。在工程竣工验收后，监理企业应当将旁站监理记录存档备查。

第十条 对于按照本办法规定的关键部位、关键工序实施旁站监理的，建设单位应当严格按照国家规定的监理取费标准执行；对于超出本办法规定的范围，建设单位要求监理企业实施旁站监理的，建设单位应当另行支付监理费用，具体费用标准由建设单位与监理企业在合同中约定。

第十一条 建设行政主管部门应当加强对旁站监理的监督检查，对于不按照本办法实施旁站监理的监理企业和有关监理人员要进行通报，责令整改，并作为不良记录载入该企业和有关人员的信用档案；情节严重的，在资质年检时应定为不合格，并按照下一个资质等级重新核定其资质等级；对于不按照本办法实施旁站监理而发生工程质量事故的，除依法对有关责任单位进行处罚外，还要依法追究监理企业和有关监理人员的相应责任。

第十二条 其他工程的施工旁站监理，可以参照本办法实施。

第十三条 本办法自2003年1月1日起施行。

建设领域推广应用新技术管理规定

（2001年11月2日建设部第50次常务会议审议通过，
自2001年11月29日起施行）

第一条 为了促进建设科技成果推广转化，调整产业、产品结构，推动产业技术升级，提高建设工程质量，节约资源，保护和改善环境，根据《中华人民共和国促进科技成果转化法》、《建设工程质量管理条例》和有关法律、法规，制定本规定。

第二条 在建设领域推广应用新技术和限制、禁止使用落后技术的活动，适用本规定。

第三条 本规定所称的新技术，是指经过鉴定、评估的先进、成熟、适用的技术、材料、工艺、产品。

本规定所称限制、禁止使用的落后技术，是指已无法满足工程建设、城市建设、村镇建设等领域的使用要求，阻碍技术进步与行业发展，且已有替代技术，需要对其应用范围加以限制或者禁止使用的技术、材料、工艺和产品。

第四条 推广应用新技术和限制、禁止使用落后技术应当遵循有利于可持续发展、有利于行业科技进步和科技成果产业化、有利于产业技术升级以及有利于提高经济效益、社会效益和环境效益的原则。

推广应用新技术应当遵循自愿、互利、公平、诚实信用原则，依法或者依照合同的约定，享受利益，承担风险。

第五条 国务院建设行政主管部门负责管理全国建设领域推广应用新技术和限制、禁止使用落后技术工作。

县级以上地方人民政府建设行政主管部门负责管理本行政区域内建设领域推广应用新技术和限制、禁止使用落后技术工作。

第六条 推广应用新技术和限制、禁止使用落后技术的发布采取以下方式：

（一）《建设部重点实施技术》（以下简称《重点实施技术》）。由国务院建设行政主管部门根据产业优化升级的要求，选择技术成熟可靠，使用范围广，对建设行业技术进步有显著促进作用，需重点组织技术推广的技术领域，定期发布。

《重点实施技术》主要发布需重点组织技术推广的技术领域名称。

（二）《推广应用新技术和限制、禁止使用落后技术公告》（以下简称《技术公告》）。根据《重点实施技术》确定的技术领域和行业发展的需要，由国务院建设行政主管部门和省、自治区、直辖市人民政府建设行政主管部门分别组织编制，定期发布。

《技术公告》主要发布推广应用和限制、禁止使用的技术类别、主要技术指标和适用范围。

限制和禁止使用落后技术的内容，涉及国家发布的工程建设强制性标准的，应由国务院建设行政主管部门发布。

（三）《科技成果推广项目》（以下简称《推广项目》）。根据《技术公告》推广应用新技术的要求，由国务院建设行政主管部门和省、自治区、直辖市人民政府建设行政主管部门分别组织专家评选具有良好推广应用前景的科技成果，定期发布。

《推广项目》主要发布科技成果名称、适用范围和技术依托单位。其中，产品类科技成果发布其生产技术或者应用技术。

第七条 国务院建设行政主管部门发布的《重点实施技术》、《技术公告》和《推广项目》适用于全国或者规定的范围；省、自治区、直辖市人民政府建设行政主管部门发布的《技术公告》和《推广项目》适用于本行政区域或者本行政区域内规定的范围。

第八条 发布《技术公告》的建设行政主管部门，对于限制或者禁止使用的落后技术，应当及时修订有关的标准、定额，组织修编相应的标准图和相关计算机软件等，对该类技术及相关工作实施规范化管理。

第九条 国务院建设行政主管部门和省、自治区、直辖市人民政府建设行政主管部门应当制定推广应用新技术的政策措施和规划，组织重点实施技术示范工程，制定相应的标准规范，建立新技术产业化基地，培育建设技术市场，促进新技术的推广应用。

第十条 国家鼓励使用《推广项目》中的新技术，保护和支持各种合法形式的新技术推广应用活动。

第十一条 市、县人民政府建设行政主管部门应当制定相应的政策措施，选择适宜的工程项目，协助或者组织实施建设部和省、自治区、直辖市人民政府建设行政主管部门重点实施技术示范工程。

重点实施技术示范工程选用的新技术应当是《推广项目》发布的推广技术。

第十二条 县级以上人民政府建设行政主管部门应当积极鼓励和扶持建设科技中介服务机构从事新技术推广应用工作，充分发挥行业协会、学会的作用，开展新技术推广应用工作。

第十三条 城市规划、公用事业、工程勘察、工程设计、建筑施工、工程监理和房地产开发等单位，应当积极采用和支持应用发布的新技术，其应用新技术的业绩应当作为衡量企业技术进步的重要内容。

第十四条 县级以上人民政府建设行政主管部门，应当确定相应的机构和人员，负责新技术的推广应用、限制和禁止使用落后技术工作。

第十五条 从事新技术推广应用的有关人员应当具有一定的专业知识，或者接受相应的专业技术培训，掌握相关的知识和技能，具有较丰富的工程实践经验。

第十六条 对在推广应用新技术工作中作出突出贡献的单位和个人，其主管部门应当予以奖励。

第十七条 新技术的技术依托单位在推广应用过程中，应当提供配套的技术文件，采取有效措施做好技术服务，并在合同中约定质量指标。

第十八条 任何单位和个人不得超越范围应用限制使用的技术，不得应用禁止使用的技术。

第十九条 县级以上人民政府建设行政主管部门应当加强对有关单位执行《技术公告》的监督管理，对明令限制或者禁止使用的内容，应当采取有效措施限制或者禁止使用。

第二十条 违反本规定应用限制或者禁止使用的落后技术并违反工程建设强制性标准的，依据《建设工程质量管理条例》进行处罚。

第二十一条 省、自治区、直辖市人民政府建设行政主管部门可以依据本规定制定实施细则。

第二十二条 本规定由国务院建设行政主管部门负责解释。

第二十三条 本规定自发布之日起施行。

建筑工程方案设计招标投标管理办法

（2008年3月21日住房和城乡建设部发布，自2008年5月1日起施行）

第一章 总 则

第一条 为规范建筑工程方案设计招标投标活动，提高建筑工程方案设计质量，体现公平有序竞争，根据《中华人民共和国建筑法》、《中华人民共和国招标投标法》及相关法律、法规和规章，制定本办法。

第二条 在中华人民共和国境内从事建筑工程方案设计招标投标及其管理活动的，适用本办法。

学术性的项目方案设计竞赛或不对某工程项目下一步设计工作的承接具有直接因果关系的“创意征集”等活动，不适用本办法。

第三条 本办法所称建筑工程方案设计招标投标，是指在建筑工程方案设计阶段，按照有关招标投标法律、法规和规章等规定进行的方案设计招标投标活动。

第四条 按照国家规定需要政府审批的建筑工程项目，有下列情形之一的，经有关部门批准，可以不进行招标：

（一）涉及国家安全、国家秘密的；

（二）涉及抢险救灾的；

（三）主要工艺、技术采用特定专利、专有技术，或者建筑艺术造型有特殊要求的；

（四）技术复杂或专业性强，能够满足条件的设计机构少于三家，不能形成有效竞争的；

（五）项目的改、扩建或者技术改造，由其他设计机构设计影响项目功能配套性的；

（六）法律、法规规定可以不进行设计招标的其他情形。

第五条 国务院建设主管部门负责全国建筑工程方案设计招标投标活动统一监督管理。县级以上人民政府建设主管部门依法对本行政区域内建筑工程方案设计招标投标活动实施监督管理。

建筑工程方案设计招标投标管理流程图详见附件一。

第六条 建筑工程方案设计应按照科学发展观，全面贯彻适用、经济，在可能条件下注意美观的原则。建筑工程设计方案要与当地经济发展水平相适应，积极鼓励采用节能、节地、节水、节材、环保技术的建筑工程设计方案。

第七条 建筑工程方案设计招标投标活动应遵循公开、公平、公正、择优和诚实信用的原则。

第八条 建筑工程方案设计应严格执行《建设工程质量管理条例》、《建设工程勘察设计管理条例》和国家强制性标准条文；满足现行的建筑工程建设标准、设计规范（规程）和本办法规定的相应设计文件编制深度要求。

第二章　招　　标

第九条　建筑工程方案设计招标方式分为公开招标和邀请招标。

全部使用国有资金投资或者国有资金投资占控股或者主导地位的建筑工程项目，以及国务院发展和改革部门确定的国家重点项目和省、自治区、直辖市人民政府确定的地方重点项目，除符合本办法第四条及第十条规定条件并依法获得批准外，应当公开招标。

第十条　依法必须进行公开招标的建筑工程项目，在下列情形下可以进行邀请招标：

（一）项目的技术性、专业性强，或者环境资源条件特殊，符合条件的潜在投标人数量有限的；

（二）如采用公开招标，所需费用占建筑工程项目总投资额比例过大的；

（三）受自然因素限制，如采用公开招标，影响建筑工程项目实施时机的；

（四）法律、法规规定不宜公开招标的。

招标人采用邀请招标的方式，应保证有三个以上具备承担招标项目设计能力，并具有相应资质的机构参加投标。

第十一条　根据设计条件及设计深度，建筑工程方案设计招标类型分为建筑工程概念性方案设计招标和建筑工程实施性方案设计招标两种类型。

招标人应在招标公告或者投标邀请函中明示采用何种招标类型。

第十二条　建筑工程方案设计招标时应当具备下列条件：

（一）按照国家有关规定需要履行项目审批手续的，已履行审批手续，取得批准；

（二）设计所需要资金已经落实；

（三）设计基础资料已经收集完成；

（四）符合相关法律、法规规定的其他条件。

建筑工程概念性方案设计招标和建筑工程实施性方案设计招标的招标条件详见本办法附件二。

第十三条　公开招标的项目，招标人应当在指定的媒介发布招标公告。大型公共建筑工程的招标公告应当按照有关规定在指定的全国性媒介发布。

第十四条　招标人填写的招标公告或投标邀请函应当内容真实、准确和完整。

招标公告或投标邀请函的主要内容应当包括：工程概况、招标方式、招标类型、招标内容及范围、投标人承担设计任务范围、对投标人资质、经验及业绩的要求、投标人报名要求、招标文件工本费收费标准、投标报名时间、提交资格预审申请文件的截止时间、投标截止时间等。

建筑工程方案设计招标公告和投标邀请函样本详见本办法附件三。

第十五条　招标人应当按招标公告或者投标邀请函规定的时间、地点发出招标文件或者资格预审文件。自招标文件或者资格预审文件发出之日起至停止发出之日止，不得少于5个工作日。

第十六条　大型公共建筑工程项目或投标人报名数量较多的建筑工程项目招标可以实

行资格预审。采用资格预审的，招标人应在招标公告中明示，并发出资格预审文件。招标人不得通过资格预审排斥潜在投标人。

对于投标人数量过多，招标人实行资格预审的情形，招标人应在招标公告中明确进行资格预审所需达到的投标人报名数量。招标人未在招标公告中明确或实际投标人报名数量未达到招标公告中规定的数量时，招标人不得进行资格预审。

资格预审必须由专业人员评审。资格预审不采用打分的方式评审，只有“通过”和“未通过”之分。如果通过资格预审投标人的数量不足三家，招标人应修订并公布新的资格预审条件，重新进行资格预审，直至三家或三家以上投标人通过资格预审为止。特殊情况下，招标人不能重新制定新的资格预审条件的，必须依据国家相关法律、法规规定执行。

建筑工程方案设计招标资格预审文件样本详见本办法附件四。

第十七条 招标人应当根据建筑工程特点和需要编制招标文件。招标文件包括以下方面内容：

（一）投标须知；

（二）投标技术文件要求；

（三）投标商务文件要求；

（四）评标、定标标准及方法说明；

（五）设计合同授予及投标补偿费用说明。

招标人应在招标文件中明确执行国家规定的设计收费标准或提供投标人设计收费的统一计算基价。

对政府或国有资金投资的大型公共建筑工程项目，招标人应当在招标文件中明确参与投标的设计方案必须包括有关使用功能、建筑节能、工程造价、运营成本等方面的专题报告。

设计招标文件中的投标须知样本、招标技术文件编写内容及深度要求、投标商务文件内容等分别详见本办法附件五、附件六和附件七。

第十八条 招标人和招标代理机构应将加盖单位公章的招标公告或投标邀请函及招标文件，报项目所在地建设主管部门备案。各级建设主管部门对招标投标活动实施监督。

第十九条 概念性方案设计招标或者实施性方案设计招标的中标人应按招标文件要求承担方案及后续阶段的设计和服务工作。但中标人为中华人民共和国境外企业的，若承担后续阶段的设计和服务工作应按照《关于外国企业在中华人民共和国境内从事建设工程设计活动的管理暂行规定》（建市［2004］78号）执行。

如果招标人只要求中标人承担方案阶段设计，而不再委托中标人承接或参加后续阶段工程设计业务的，应在招标公告或投标邀请函中明示，并说明支付中标人的设计费用。采用建筑工程实施性方案设计招标的，招标人应按照国家规定方案阶段设计付费标准支付中标人。采用建筑工程概念性方案设计招标的，招标人应按照国家规定方案阶段设计付费标准的80％支付中标人。

第三章　投　　标

第二十条 参加建筑工程项目方案设计的投标人应具备下列主体资格：

（一）在中华人民共和国境内注册的企业，应当具有建设主管部门颁发的建筑工程设计资质证书或建筑专业事务所资质证书，并按规定的等级和范围参加建筑工程项目方案设计投标活动。

（二）注册在中华人民共和国境外的企业，应当是其所在国或者所在地区的建筑设计行业协会或组织推荐的会员。其行业协会或组织的推荐名单应由建设单位确认。

（三）各种形式的投标联合体各方应符合上述要求。招标人不得强制投标人组成联合体共同投标，不得限制投标人组成联合体参与投标。

招标人可以根据工程项目实际情况，在招标公告或投标邀请函中明确投标人其他资格条件。

第二十一条 采用国际招标的，不应人为设置条件排斥境内投标人。

第二十二条 投标人应按照招标文件确定的内容和深度提交投标文件。

第二十三条 招标人要求投标人提交备选方案的，应当在招标文件中明确相应的评审和比选办法。

凡招标文件中未明确规定允许提交备选方案的，投标人不得提交备选方案。如投标人擅自提交备选方案的，招标人应当拒绝该投标人提交的所有方案。

第二十四条 建筑工程概念性方案设计投标文件编制一般不少于二十日，其中大型公共建筑工程概念性方案设计投标文件编制一般不少于四十日；建筑工程实施性方案设计投标文件编制一般不少于四十五日。招标文件中规定的编制时间不符合上述要求的，建设主管部门对招标文件不予备案。

第四章 开标、评标、定标

第二十五条 开标应在招标文件规定提交投标文件截止时间的同一时间公开进行；除不可抗力外，招标人不得以任何理由拖延开标，或者拒绝开标。

建筑工程方案设计招标开标程序详见本办法附件八。

第二十六条 投标文件出现下列情形之一的，其投标文件作为无效标处理，招标人不予受理：

（一）逾期送达的或者未送达指定地点的；

（二）投标文件未按招标文件要求予以密封的；

（三）违反有关规定的其他情形。

第二十七条 招标人或招标代理机构根据招标建筑工程项目特点和需要组建评标委员会，其组成应当符合有关法律、法规和本办法的规定：

（一）评标委员会的组成应包括招标人以及与建筑工程项目方案设计有关的建筑、规划、结构、经济、设备等专业专家。大型公共建筑工程项目应增加环境保护、节能、消防专家。评委应以建筑专业专家为主，其中技术、经济专家人数应占评委总数的三分之二以上；

（二）评标委员会人数为 5 人以上单数组成，其中大型公共建筑工程项目评标委员会人数不应少于 9 人；

（三）大型公共建筑工程或具有一定社会影响的建筑工程，以及技术特别复杂、专业性要求特别高的建筑工程，采取随机抽取确定的专家难以胜任的，经主管部门批准，招标人可以从设计类资深专家库中直接确定，必要时可以邀请外地或境外资深专家参加评标。

第二十八条 评标委员会必须严格按照招标文件确定的评标标准和评标办法进行评审。评委应遵循公平、公正、客观、科学、独立、实事求是的评标原则。

评审标准主要包括以下方面：

（一）对方案设计符合有关技术规范及标准规定的要求进行分析、评价；

（二）对方案设计水平、设计质量高低、对招标目标的响应度进行综合评审；

（三）对方案社会效益、经济效益及环境效益的高低进行分析、评价；

（四）对方案结构设计的安全性、合理性进行分析、评价；

（五）对方案投资估算的合理性进行分析、评价；

（六）对方案规划及经济技术指标的准确度进行比较、分析；

（七）对保证设计质量、配合工程实施，提供优质服务的措施进行分析、评价；

（八）对招标文件规定废标或被否决的投标文件进行评判。

评标方法主要包括记名投票法、排序法和百分制综合评估法等，招标人可根据项目实际情况确定评标方法。评标方法及实施步骤详见本办法附件九。

第二十九条 设计招标投标评审活动应当符合以下规定：

（一）招标人应确保评标专家有足够时间审阅投标文件，评审时间安排应与工程的复杂程度、设计深度、提交有效标的投标人数量和投标人提交设计方案的数量相适应。

（二）评审应由评标委员会负责人主持，负责人应从评标委员会中确定一名资深技术专家担任，并从技术评委中推荐一名评标会议纪要人。

（三）评标应严格按照招标文件中规定的评标标准和办法进行，除了有关法律、法规以及国家标准中规定的强制性条文外，不得引用招标文件规定以外的标准和办法进行评审。

（四）在评标过程中，当评标委员会对投标文件有疑问，需要向投标人质疑时，投标人可以到场解释或澄清投标文件有关内容。

（五）在评标过程中，一旦发现投标人有对招标人、评标委员会成员或其他有关人员施加不正当影响的行为，评标委员会有权拒绝该投标人的投标。

（六）投标人不得以任何形式干扰评标活动，否则评标委员会有权拒绝该投标人的投标。

（七）对于国有资金投资或国家融资的有重大社会影响的标志性建筑，招标人可以邀请人大代表、政协委员和社会公众代表列席，接受社会监督。但列席人员不发表评审意见，也不得以任何方式干涉评标委员会独立开展评标工作。

第三十条 大型公共建筑工程项目如有下列情况之一的，招标人可以在评标过程中对其中有关规划、安全、技术、经济、结构、环保、节能等方面进行专项技术论证：

（一）对于重要地区主要景观道路沿线，设计方案是否适合周边地区环境条件兴建的；

（二）设计方案中出现的安全、技术、经济、结构、材料、环保、节能等有重大不确定因素的；

（三）有特殊要求，需要进行设计方案技术论证的。

一般建筑工程项目，必要时，招标人也可进行涉及安全、技术、经济、结构、材料、环保、节能中的一个或多个方面的专项技术论证，以确保建筑方案的安全性和合理性。

第三十一条 投标文件有下列情形之一的，经评标委员会评审后按废标处理或被否决：

（一）投标文件中的投标函无投标人公章（有效签署）、投标人的法定代表人有效签章及未有相应资格的注册建筑师有效签章的；或者投标人的法定代表人授权委托人没有经有效签章的合法、有效授权委托书原件的；

（二）以联合体形式投标，未向招标人提交共同签署的联合体协议书的；

（三）投标联合体通过资格预审后在组成上发生变化的；

（四）投标文件中标明的投标人与资格预审的申请人在名称和组织结构上存在实质性差别的；

（五）未按招标文件规定的格式填写，内容不全，未响应招标文件的实质性要求和条件的，经评标委员会评审未通过的；

（六）违反编制投标文件的相关规定，可能对评标工作产生实质性影响的；

（七）与其他投标人串通投标，或者与招标人串通投标的；

（八）以他人名义投标，或者以其他方式弄虚作假的；

（九）未按招标文件的要求提交投标保证金的；

（十）投标文件中承诺的投标有效期短于招标文件规定的；

（十一）在投标过程中有商业贿赂行为的；

（十二）其他违反招标文件规定实质性条款要求的。

评标委员会对投标文件确认为废标的，应当由三分之二以上评委签字确认。

第三十二条 有下列情形之一的，招标人应当依法重新招标：

（一）所有投标均做废标处理或被否决的；

（二）评标委员会界定为不合格标或废标后，因有效投标人不足3个使得投标明显缺乏竞争，评标委员会决定否决全部投标的；

（三）同意延长投标有效期的投标人少于3个的。

符合前款第一种情形的，评标委员会应在评标纪要上详细说明所有投标均做废标处理或被否决的理由。

招标人依法重新招标的，应对有串标、欺诈、行贿、压价或弄虚作假等违法或严重违规行为的投标人取消其重新投标的资格。

第三十三条 评标委员会按如下规定向招标人推荐合格的中标候选人：

（一）采取公开和邀请招标方式的，推荐1至3名；

（二）招标人也可以委托评标委员会直接确定中标人；

（三）经评标委员会评审，认为各投标文件未最大程度响应招标文件要求，重新招标时间又不允许的，经评标委员会同意，评委可以以记名投票方式，按自然多数票产生3名或3名以上投标人进行方案优化设计。评标委员会重新对优化设计方案评审后，推荐合格的中标候选人。

第三十四条 各级建设主管部门应在评标结束后15天内在指定媒介上公开排名顺序，并对推荐中标方案、评标专家名单及各位专家评审意见进行公示，公示期为5个工作日。

第三十五条 推荐中标方案在公示期间没有异议、异议不成立、没有投诉或投诉处理后没有发现问题的，招标人应当根据招标文件中规定的定标方法从评标委员会推荐的中标候选方案中确定中标人。定标方法主要包括：

（一）招标人委托评标委员会直接确定中标人；

（二）招标人确定评标委员会推荐的排名第一的中标候选人为中标人。排名第一的中标候选人放弃中标、因不可抗力提出不能履行合同、招标文件规定应当提交履约保证金而在规定的期限内未提交的，或者存在违法行为被有关部门依法查处，且其违法行为影响中标结果的，招标人可以确定排名第二的中标候选人为中标人。如排名第二的中标候选人也发生上述问题，依次可确定排名第三的中标候选人为中标人；

（三）招标人根据评标委员会的书面评标报告，组织审查评标委员会推荐的中标候选方案后，确定中标人。

第三十六条 依法必须进行设计招标的项目，招标人应当在确定中标人之日起15日内，向有关建设主管部门提交招标投标情况的书面报告。

建筑工程方案设计招标投标情况书面报告的主要内容详见本办法附件十。

第五章 其 他

第三十七条 招标人和中标人应当自中标通知书发出之日起30日内，依据《中华人民共和国合同法》及有关工程设计合同管理规定的要求，按照不违背招标文件和中标人的投标文件内容签订设计委托合同，并履行合同约定的各项内容。合同中确定的建设标准、建设内容应当控制在经审批的可行性报告规定范围内。

国家制定的设计收费标准上下浮动20%是签订建筑工程设计合同的依据。招标人不得以压低设计费、增加工作量、缩短设计周期等作为发出中标通知书的条件，也不得与中标人再订立背离合同实质性内容的其他协议。如招标人违反上述规定，其签订的合同效力按《中华人民共和国合同法》有关规定执行，同时建设主管部门对设计合同不予备案，并依法予以处理。

招标人应在签订设计合同起7个工作日内，将设计合同报项目所在地建设或规划主管部门备案。

第三十八条 对于达到设计招标文件要求但未中标的设计方案，招标人应给予不同程度的补偿。

（一）采用公开招标，招标人应在招标文件中明确其补偿标准。若投标人数量过多，招标人可在招标文件中明确对一定数量的投标人进行补偿。

（二）采用邀请招标，招标人应给予每个未中标的投标人经济补偿，并在投标邀请函中明确补偿标准。

招标人可根据情况设置不同档次的补偿标准，以便对评标委员会评选出的优秀设计方案给予适当鼓励。

第三十九条 境内外设计企业在中华人民共和国境内参加建筑工程设计招标的设计收费，应按照同等国民待遇原则，严格执行中华人民共和国的设计收费标准。

工程设计中采用投标人自有专利或者专有技术的，其专利和专有技术收费由招标人和投标人协商确定。

第四十条 招标人应保护投标人的知识产权。投标人拥有设计方案的著作权（版权）。未经投标人书面同意，招标人不得将交付的设计方案向第三方转让或用于本招标范围以外的其他建设项目。

招标人与中标人签署设计合同后，招标人在该建设项目中拥有中标方案的使用权。中标人应保护招标人一旦使用其设计方案不能受到来自第三方的侵权诉讼或索赔，否则中标人应承担由此而产生的一切责任。

招标人或者中标人使用其他未中标人投标文件中的技术成果或技术方案的，应当事先征得该投标人的书面同意，并按规定支付使用费。未经相关投标人书面许可，招标人或者中标人不得擅自使用其他投标人投标文件中的技术成果或技术方案。

联合体投标人合作完成的设计方案，其知识产权由联合体成员共同所有。

第四十一条 设计单位应对其提供的方案设计的安全性、可行性、经济性、合理性、真实性及合同履行承担相应的法律责任。

由于设计原因造成工程项目总投资超出预算的，建设单位有权依法对设计单位追究责任。但设计单位根据建设单位要求，仅承担方案设计，不承担后续阶段工程设计业务的情形除外。

第四十二条 各级建设主管部门应加强对建设单位、招标代理机构、设计单位及取得执业资格注册人员的诚信管理。在设计招标投标活动中对招标代理机构、设计单位及取得执业资格注册人员的各种失信行为和违法违规行为记录在案，并建立招标代理机构、设计单位及取得执业资格注册人员的诚信档案。

第四十三条 各级政府部门不得干预正常的招标投标活动和无故否决依法按规定程序评出的中标方案。

各级政府相关部门应加强监督国家和地方建设方针、政策、标准、规范的落实情况，查处不正当竞争行为。

在建筑工程方案设计招标投标活动中，对违反《中华人民共和国招标投标法》、《工程建设项目勘察设计招标投标办法》和本办法规定的，建设主管部门应当依法予以处理。

第六章 附 则

第四十四条 本办法所称大型公共建筑工程一般指建筑面积 2 万平方米以上的办公建筑、商业建筑、旅游建筑、科教文卫建筑、通信建筑以及交通运输用房等。

第四十五条 使用国际组织或者外国政府贷款、援助资金的建筑工程进行设计招标时，贷款方、资金提供方对招标投标的条件和程序另有规定的，可以适用其规定，但违背中华人民共和国社会公共利益的除外。

第四十六条 各省、自治区、直辖市建设主管部门可依据本办法制定实施细则。

第四十七条 本办法自 2008 年 5 月 1 日起施行。

附件一：建筑工程方案设计招标管理流程图（略）

附件二：建筑工程方案设计招标条件（略）

附件三：建筑工程方案设计公开招标公告样本和建筑工程方案设计投标邀请函样本（略）

附件四：建筑工程方案设计招标资格预审文件样本（略）
附件五：建筑工程方案设计投标须知内容（略）
附件六：建筑工程方案设计招标技术文件编制内容及深度要求（略）
附件七：建筑工程方案设计投标商务示范文件（略）
附件八：建筑工程方案设计招标开标程序（略）
附件九：建筑工程方案设计招标评标方法（略）
附件十：建筑工程方案设计投标评审结果公示样本（略）
附件十一：建筑工程方案设计招标投标情况书面报告（略）

建设工程项目管理试行办法

（2004年11月16日建设部发布，自2004年12月1日起执行）

第一条 ［目的和依据］为了促进我国建设工程项目管理健康发展，规范建设工程项目管理行为，不断提高建设工程投资效益和管理水平，依据国家有关法律、行政法规，制定本办法。

第二条 ［适用范围］凡在中华人民共和国境内从事工程项目管理活动，应当遵守本办法。

本办法所称建设工程项目管理，是指从事工程项目管理的企业（以下简称项目管理企业），受工程项目业主方委托，对工程建设全过程或分阶段进行专业化管理和服务活动。

第三条 ［企业资质］项目管理企业应当具有工程勘察、设计、施工、监理、造价咨询、招标代理等一项或多项资质。

工程勘察、设计、施工、监理、造价咨询、招标代理等企业可以在本企业资质以外申请其他资质。企业申请资质时，其原有工程业绩、技术人员、管理人员、注册资金和办公场所等资质条件可合并考核。

第四条 ［执业资格］从事工程项目管理的专业技术人员，应当具有城市规划师、建筑师、工程师、建造师、监理工程师、造价工程师等一项或者多项执业资格。

取得城市规划师、建筑师、工程师、建造师、监理工程师、造价工程师等执业资格的专业技术人员，可在工程勘察、设计、施工、监理、造价咨询、招标代理等任何一家企业申请注册并执业。

取得上述多项执业资格的专业技术人员，可以在同一企业分别注册并执业。

第五条 ［服务范围］项目管理企业应当改善组织结构，建立项目管理体系，充实项目管理专业人员，按照现行有关企业资质管理规定，在其资质等级许可的范围内开展工程项目管理业务。

第六条 ［服务内容］工程项目管理业务范围包括：

（一）协助业主方进行项目前期策划，经济分析、专项评估与投资确定；

（二）协助业主方办理土地征用、规划许可等有关手续；

（三）协助业主方提出工程设计要求、组织评审工程设计方案、组织工程勘察设计招标、签订勘察设计合同并监督实施，组织设计单位进行工程设计优化、技术经济方案比选并进行投资控制；

（四）协助业主方组织工程监理、施工、设备材料采购招标；

（五）协助业主方与工程项目总承包企业或施工企业及建筑材料、设备、构配件供应等企业签订合同并监督实施；

（六）协助业主方提出工程实施用款计划，进行工程竣工结算和工程决算，处理工程索赔，组织竣工验收，向业主方移交竣工档案资料；

（七）生产试运行及工程保修期管理，组织项目后评估；

（八）项目管理合同约定的其他工作。

第七条 ［委托方式］工程项目业主方可以通过招标或委托等方式选择项目管理企业，并与选定的项目管理企业以书面形式签订委托项目管理合同。合同中应当明确履约期限，工作范围，双方的权利、义务和责任，项目管理酬金及支付方式，合同争议的解决办法等。

工程勘察、设计、监理等企业同时承担同一工程项目管理和其资质范围内的工程勘察、设计、监理业务时，依法应当招标投标的应当通过招标投标方式确定。

施工企业不得在同一工程从事项目管理和工程承包业务。

第八条 ［联合投标］两个及以上项目管理企业可以组成联合体以一个投标人身份共同投标。联合体中标的，联合体各方应当共同与业主方签定委托项目管理合同，对委托项目管理合同的履行承担连带责任。联合体各方应签订联合体协议，明确各方权利、义务和责任，并确定一方作为联合体的主要责任方，项目经理由主要责任方选派。

第九条 ［合作管理］项目管理企业经业主方同意，可以与其他项目管理企业合作，并与合作方签定合作协议，明确各方权利、义务和责任。合作各方对委托项目管理合同的履行承担连带责任。

第十条 ［管理机构］项目管理企业应当根据委托项目管理合同约定，选派具有相应执业资格的专业人员担任项目经理，组建项目管理机构，建立与管理业务相适应的管理体系，配备满足工程项目管理需要的专业技术管理人员，制定各专业项目管理人员的岗位职责，履行委托项目管理合同。

工程项目管理实行项目经理责任制。项目经理不得同时在两个及以上工程项目中从事项目管理工作。

第十一条 ［服务收费］工程项目管理服务收费应当根据受委托工程项目规模、范围、内容、深度和复杂程度等，由业主方与项目管理企业在委托项目管理合同中约定。

工程项目管理服务收费应在工程概算中列支。

第十二条 ［执业原则］在履行委托项目管理合同时，项目管理企业及其人员应当遵守国家现行的法律法规、工程建设程序，执行工程建设强制性标准，遵守职业道德，公平、科学、诚信地开展项目管理工作。

第十三条 ［奖励］业主方应当对项目管理企业提出并落实的合理化建议按照相应节省投资额的一定比例给予奖励。奖励比例由业主方与项目管理企业在合同中约定。

第十四条 ［禁止行为］项目管理企业不得有下列行为：

（一）与受委托工程项目的施工以及建筑材料、构配件和设备供应企业有隶属关系或者其他利害关系；

（二）在受委托工程项目中同时承担工程施工业务；

（三）将其承接的业务全部转让给他人，或者将其承接的业务肢解以后分别转让给他人；

（四）以任何形式允许其他单位和个人以本企业名义承接工程项目管理业务；

（五）与有关单位串通，损害业主方利益，降低工程质量。

第十五条 ［禁止行为］项目管理人员不得有下列行为：

（一）取得一项或多项执业资格的专业技术人员，不得同时在两个及以上企业注册并执业。

（二）收受贿赂、索取回扣或者其他好处；

（三）明示或者暗示有关单位违反法律法规或工程建设强制性标准，降低工程质量。

第十六条 ［监督管理］国务院有关专业部门、省级政府建设行政主管部门应当加强对项目管理企业及其人员市场行为的监督管理，建立项目管理企业及其人员的信用评价体系，对违法违规等不良行为进行处罚。

第十七条 ［行业指导］各行业协会应当积极开展工程项目管理业务培训，培养工程项目管理专业人才，制定工程项目管理标准、行为规则，指导和规范建设工程项目管理活动，加强行业自律，推动建设工程项目管理业务健康发展。

第十八条 本办法由建设部负责解释。

第十九条 本办法自 2004 年 12 月 1 日起执行。

建设项目竣工环境保护验收管理办法

（2001 年 12 月 11 日国家环境保护总局第 12 次局务会议通过，
自 2002 年 2 月 1 日起施行）

第一条 为加强建设项目竣工环境保护验收管理，监督环境保护设施与建设项目主体工程同时投产或者使用，以及落实其他需配套采取的环境保护措施，防治环境污染和生态破坏，根据《建设项目环境保护管理条例》和其他有关法律、法规规定，制定本办法。

第二条 本办法适用于环境保护行政主管部门负责审批环境影响报告书（表）或者环境影响登记表的建设项目竣工环境保护验收管理。

第三条 建设项目竣工环境保护验收是指建设项目竣工后，环境保护行政主管部门根据本办法规定，依据环境保护验收监测或调查结果，并通过现场检查等手段，考核该建设项目是否达到环境保护要求的活动。

第四条 建设项目竣工环境保护验收范围包括：

（一）与建设项目有关的各项环境保护设施，包括为防治污染和保护环境所建成或配备的工程、设备、装置和监测手段，各项生态保护设施；

（二）环境影响报告书（表）或者环境影响登记表和有关项目设计文件规定应采取的其他各项环境保护措施。

第五条 国务院环境保护行政主管部门负责制定建设项目竣工环境保护验收管理规范，指导并监督地方人民政府环境保护行政主管部门的建设项目竣工环境保护验收工作，并负责对其审批的环境影响报告书（表）或者环境影响登记表的建设项目竣工环境保护验收工作。

县级以上地方人民政府环境保护行政主管部门按照环境影响报告书（表）或环境影响登记表的审批权限负责建设项目竣工环境保护验收。

第六条 建设项目的主体工程完工后，其配套建设的环境保护设施必须与主体工程同时投入生产或者运行。需要进行试生产的，其配套建设的环境保护设施必须与主体工程同时投入试运行。

第七条 建设项目试生产前，建设单位应向有审批权的环境保护行政主管部门提出试生产申请。

对国务院环境保护行政主管部门审批环境影响报告书（表）或环境影响登记表的非核设施建设项目，由建设项目所在地省、自治区、直辖市人民政府环境保护行政主管部门负责受理其试生产申请，并将其审查决定报送国务院环境保护行政主管部门备案。

核设施建设项目试运行前，建设单位应向国务院环境保护行政主管部门报批首次装料阶段的环境影响报告书，经批准后，方可进行试运行。

第八条 环境保护行政主管部门应自接到试生产申请之日起 30 日内，组织或委托下一级环境保护行政主管部门对申请试生产的建设项目环境保护设施及其他环境保护措施的落实情况进行现场检查，并做出审查决定。

对环境保护设施已建成及其他环境保护措施已按规定要求落实的，同意试生产申请；对环境保护设施或其他环境保护措施未按规定建成或落实的，不予同意，并说明理由。逾期未做出决定的，视为同意。

试生产申请经环境保护行政主管部门同意后，建设单位方可进行试生产。

第九条 建设项目竣工后，建设单位应当向有审批权的环境保护行政主管部门，申请该建设项目竣工环境保护验收。

第十条 进行试生产的建设项目，建设单位应当自试生产之日起3个月内，向有审批权的环境保护行政主管部门申请该建设项目竣工环境保护验收。

对试生产3个月确不具备环境保护验收条件的建设项目，建设单位应当在试生产的3个月内，向有审批权的环境保护行政主管部门提出该建设项目环境保护延期验收申请，说明延期验收的理由及拟进行验收的时间。经批准后建设单位方可继续进行试生产。试生产的期限最长不超过一年。核设施建设项目试生产的期限最长不超过二年。

第十一条 根据国家建设项目环境保护分类管理的规定，对建设项目竣工环境保护验收实施分类管理。

建设单位申请建设项目竣工环境保护验收，应当向有审批权的环境保护行政主管部门提交以下验收材料：

（一）对编制环境影响报告书的建设项目，为建设项目竣工环境保护验收申请报告，并附环境保护验收监测报告或调查报告；

（二）对编制环境影响报告表的建设项目，为建设项目竣工环境保护验收申请表，并附环境保护验收监测表或调查表；

（三）对填报环境影响登记表的建设项目，为建设项目竣工环境保护验收登记卡。

第十二条 对主要因排放污染物对环境产生污染和危害的建设项目，建设单位应提交环境保护验收监测报告（表）。

对主要对生态环境产生影响的建设项目，建设单位应提交环境保护验收调查报告（表）。

第十三条 环境保护验收监测报告（表），由建设单位委托经环境保护行政主管部门批准有相应资质的环境监测站或环境放射性监测站编制。

环境保护验收调查报告（表），由建设单位委托经环境保护行政主管部门批准有相应资质的环境监测站或环境放射性监测站，或者具有相应资质的环境影响评价单位编制。承担该建设项目环境影响评价工作的单位不得同时承担该建设项目环境保护验收调查报告（表）的编制工作。

承担环境保护验收监测或者验收调查工作的单位，对验收监测或验收调查结论负责。

第十四条 环境保护行政主管部门应自收到建设项目竣工环境保护验收申请之日起30日内，完成验收。

第十五条 环境保护行政主管部门在进行建设项目竣工环境保护验收时，应组织建设项目所在地的环境保护行政主管部门和行业主管部门等成立验收组（或验收委员会）。

验收组（或验收委员会）应对建设项目的环境保护设施及其他环境保护措施进行现场

检查和审议，提出验收意见。

建设项目的建设单位、设计单位、施工单位、环境影响报告书（表）编制单位、环境保护验收监测（调查）报告（表）的编制单位应当参与验收。

第十六条 建设项目竣工环境保护验收条件是：

（一）建设前期环境保护审查、审批手续完备，技术资料与环境保护档案资料齐全；

（二）环境保护设施及其他措施等已按批准的环境影响报告书（表）或者环境影响登记表和设计文件的要求建成或者落实，环境保护设施经负荷试车检测合格，其防治污染能力适应主体工程的需要；

（三）环境保护设施安装质量符合国家和有关部门颁发的专业工程验收规范、规程和检验评定标准；

（四）具备环境保护设施正常运转的条件，包括：经培训合格的操作人员、健全的岗位操作规程及相应的规章制度，原料、动力供应落实，符合交付使用的其他要求；

（五）污染物排放符合环境影响报告书（表）或者环境影响登记表和设计文件中提出的标准及核定的污染物排放总量控制指标的要求；

（六）各项生态保护措施按环境影响报告书（表）规定的要求落实，建设项目建设过程中受到破坏并可恢复的环境已按规定采取了恢复措施；

（七）环境监测项目、点位、机构设置及人员配备，符合环境影响报告书（表）和有关规定的要求；

（八）环境影响报告书（表）提出需对环境保护敏感点进行环境影响验证，对清洁生产进行指标考核，对施工期环境保护措施落实情况进行工程环境监理的，已按规定要求完成；

（九）环境影响报告书（表）要求建设单位采取措施削减其他设施污染物排放，或要求建设项目所在地地方政府或者有关部门采取“区域削减”措施满足污染物排放总量控制要求的，其相应措施得到落实。

第十七条 对符合第十六条规定的验收条件的建设项目，环境保护行政主管部门批准建设项目竣工环境保护验收申请报告、建设项目竣工环境保护验收申请表或建设项目竣工环境保护验收登记卡。

对填报建设项目竣工环境保护验收登记卡的建设项目，环境保护行政主管部门经过核查后，可直接在环境保护验收登记卡上签署验收意见，作出批准决定。

建设项目竣工环境保护验收申请报告、建设项目竣工环境保护验收申请表或者建设项目竣工环境保护验收登记卡未经批准的建设项目，不得投入生产或者使用。

第十八条 分期建设、分期投入生产或者使用的建设项目，按照本办法规定的程序分期进行环境保护验收。

第十九条 国家对建设项目竣工环境保护验收实行公告制度。环境保护行政主管部门应当定期向社会公告建设项目竣工环境保护验收结果。

第二十条 县级以上人民政府环境保护行政主管部门应当于每年 6 月底前和 12 月底前，将其前半年完成的建设项目竣工环境保护验收的有关材料报上一级环境保护行政主管部门备案。

第二十一条 违反本办法第六条规定，试生产建设项目配套建设的环境保护设施未与主体工程同时投入试运行的，由有审批权的环境保护行政主管部门依照《建设项目环境保护管理条例》第二十六条的规定，责令限期改正；逾期不改正的，责令停止试生产，可以处5万元以下罚款。

第二十二条 违反本办法第十条规定，建设项目投入试生产超过3个月，建设单位未申请建设项目竣工环境保护验收或者延期验收的，由有审批权的环境保护行政主管部门依照《建设项目环境保护管理条例》第二十七条的规定责令限期办理环境保护验收手续；逾期未办理的，责令停止试生产，可以处5万元以下罚款。

第二十三条 违反本办法规定，建设项目需要配套建设的环境保护设施未建成、未经建设项目竣工环境保护验收或者验收不合格，主体工程正式投入生产或者使用的，由有审批权的环境保护行政主管部门依照《建设项目环境保护管理条例》第二十八条的规定责令停止生产或者使用，可以处10万元以下的罚款。

第二十四条 从事建设项目竣工环境保护验收监测或验收调查工作的单位，在验收监测或验收调查工作中弄虚作假的，按照国务院环境保护行政主管部门的有关规定给予处罚。

第二十五条 环境保护行政主管部门的工作人员在建设项目竣工环境保护验收工作中徇私舞弊，滥用职权，玩忽职守，构成犯罪的，依法追究刑事责任；尚不构成犯罪的，依法给予行政处分。

第二十六条 建设项目竣工环境保护申请报告、申请表、登记卡以及环境保护验收监测报告（表）、环境保护验收调查报告（表）的内容和格式，由国务院环境保护行政主管部门统一规定。

第二十七条 本办法自2002年2月1日起施行。原国家环境保护局第十四号令《建设项目环境保护设施竣工验收规定》同时废止。

建设工程价款结算暂行办法

（2004年10月20日财政部、建设部共同发布，自2004年10月20日起施行）

第一章　总　　则

第一条　为加强和规范建设工程价款结算，维护建设市场正常秩序，根据《中华人民共和国合同法》、《中华人民共和国建筑法》、《中华人民共和国招标投标法》、《中华人民共和国预算法》、《中华人民共和国政府采购法》、《中华人民共和国预算法实施条例》等有关法律、行政法规制定本办法。

第二条　凡在中华人民共和国境内的建设工程价款结算活动，均适用本办法。国家法律法规另有规定的，从其规定。

第三条　本办法所称建设工程价款结算（以下简称"工程价款结算"），是指对建设工程的发承包合同价款进行约定和依据合同约定进行工程预付款、工程进度款、工程竣工价款结算的活动。

第四条　国务院财政部门、各级地方政府财政部门和国务院建设行政主管部门、各级地方政府建设行政主管部门在各自职责范围内负责工程价款结算的监督管理。

第五条　从事工程价款结算活动，应当遵循合法、平等、诚信的原则，并符合国家有关法律、法规和政策。

第二章　工程合同价款的约定与调整

第六条　招标工程的合同价款应当在规定时间内，依据招标文件、中标人的投标文件，由发包人与承包人（以下简称"发、承包人"）订立书面合同约定。

非招标工程的合同价款依据审定的工程预（概）算书由发、承包人在合同中约定。

合同价款在合同中约定后，任何一方不得擅自改变。

第七条　发包人、承包人应当在合同条款中对涉及工程价款结算的下列事项进行约定：

（一）预付工程款的数额、支付时限及抵扣方式；

（二）工程进度款的支付方式、数额及时限；

（三）工程施工中发生变更时，工程价款的调整方法、索赔方式、时限要求及金额支付方式；

（四）发生工程价款纠纷的解决方法；

（五）约定承担风险的范围及幅度以及超出约定范围和幅度的调整办法；

（六）工程竣工价款的结算与支付方式、数额及时限；

（七）工程质量保证（保修）金的数额、预扣方式及时限；

（八）安全措施和意外伤害保险费用；

（九）工期及工期提前或延后的奖惩办法；

（十）与履行合同、支付价款相关的担保事项。

第八条 发、承包人在签订合同时对于工程价款的约定，可选用下列一种约定方式：

（一）固定总价。合同工期较短且工程合同总价较低的工程，可以采用固定总价合同方式。

（二）固定单价。双方在合同中约定综合单价包含的风险范围和风险费用的计算方法，在约定的风险范围内综合单价不再调整。风险范围以外的综合单价调整方法，应当在合同中约定。

（三）可调价格。可调价格包括可调综合单价和措施费等，双方应在合同中约定综合单价和措施费的调整方法，调整因素包括：

1. 法律、行政法规和国家有关政策变化影响合同价款；

2. 工程造价管理机构的价格调整；

3. 经批准的设计变更；

4. 发包人更改经审定批准的施工组织设计（修正错误除外）造成费用增加；

5. 双方约定的其他因素。

第九条 承包人应当在合同规定的调整情况发生后 14 天内，将调整原因、金额以书面形式通知发包人，发包人确认调整金额后将其作为追加合同价款，与工程进度款同期支付。发包人收到承包人通知后 14 天内不予确认也不提出修改意见，视为已经同意该项调整。

当合同规定的调整合同价款的调整情况发生后，承包人未在规定时间内通知发包人，或者未在规定时间内提出调整报告，发包人可以根据有关资料，决定是否调整和调整的金额，并书面通知承包人。

第十条 工程设计变更价款调整

（一）施工中发生工程变更，承包人按照经发包人认可的变更设计文件，进行变更施工，其中，政府投资项目重大变更，需按基本建设程序报批后方可施工。

（二）在工程设计变更确定后 14 天内，设计变更涉及工程价款调整的，由承包人向发包人提出，经发包人审核同意后调整合同价款。变更合同价款按下列方法进行：

1. 合同中已有适用于变更工程的价格，按合同已有的价格变更合同价款；

2. 合同中只有类似于变更工程的价格，可以参照类似价格变更合同价款；

3. 合同中没有适用或类似于变更工程的价格，由承包人或发包人提出适当的变更价格，经对方确认后执行。如双方不能达成一致的，双方可提请工程所在地工程造价管理机构进行咨询或按合同约定的争议或纠纷解决程序办理。

（三）工程设计变更确定后 14 天内，如承包人未提出变更工程价款报告，则发包人可根据所掌握的资料决定是否调整合同价款和调整的具体金额。重大工程变更涉及工程价款变更报告和确认的时限由发、承包双方协商确定。

收到变更工程价款报告一方，应在收到之日起 14 天内予以确认或提出协商意见，自变更工程价款报告送达之日起 14 天内，对方未确认也未提出协商意见时，视为变更工程价款报告已被确认。

确认增（减）的工程变更价款作为追加（减）合同价款与工程进度款同期支付。

第三章 工 程 价 款 结 算

第十一条 工程价款结算应按合同约定办理，合同未作约定或约定不明的，发、承包双方应依照下列规定与文件协商处理：

（一）国家有关法律、法规和规章制度；

（二）国务院建设行政主管部门，省、自治区、直辖市或有关部门发布的工程造价计价标准、计价办法等有关规定；

（三）建设项目的合同、补充协议、变更签证和现场签证，以及经发、承包人认可的其他有效文件；

（四）其他可依据的材料。

第十二条 工程预付款结算应符合下列规定：

（一）包工包料工程的预付款按合同约定拨付，原则上预付比例不低于合同金额的 10%，不高于合同金额的 30%，对重大工程项目，按年度工程计划逐年预付。计价执行《建设工程工程量清单计价规范》（GB 50500—2003）的工程，实体性消耗和非实体性消耗部分应在合同中分别约定预付款比例；

（二）在具备施工条件的前提下，发包人应在双方签订合同后的 1 个月内或不迟于约定的开工日期前的 7 天内预付工程款，发包人不按约定预付，承包人应在预付时间到期后 10 天内向发包人发出要求预付的通知，发包人收到通知后仍不按要求预付，承包人可在发出通知 14 天后停止施工，发包人应从约定应付之日起向承包人支付应付款的利息（利率按同期银行贷款利率计），并承担违约责任；

（三）预付的工程款必须在合同中约定抵扣方式，并在工程进度款中进行抵扣；

（四）凡是没有签订合同或不具备施工条件的工程，发包人不得预付工程款，不得以预付款为名转移资金。

第十三条 工程进度款结算与支付应当符合下列规定：

（一）工程进度款结算方式

1. 按月结算与支付。即实行按月支付进度款，竣工后清算的办法。合同工期在两个年度以上的工程，在年终进行工程盘点，办理年度结算。

2. 分段结算与支付。即当年开工、当年不能竣工的工程按照工程形象进度，划分不同阶段支付工程进度款。具体划分在合同中明确。

（二）工程量计算

1. 承包人应当按照合同约定的方法和时间，向发包人提交已完工程量的报告。发包人接到报告后 14 天内核实已完工程量，并在核实前 1 天通知承包人，承包人应提供条件并派人参加核实；承包人收到通知后不参加核实，以发包人核实的工程量作为工程价款支付的依据。发包人不按约定时间通知承包人，致使承包人未能参加核实，核实结果无效。

2. 发包人收到承包人报告后 14 天内未核实完工程量，从第 15 天起，承包人报告的工程量即视为被确认，作为工程价款支付的依据；双方合同另有约定的，按合同执行。

3. 对承包人超出设计图纸（含设计变更）范围和因承包人原因造成返工的工程量，发包人不予计量。

（三）工程进度款支付

1. 根据确定的工程计量结果，承包人向发包人提出支付工程进度款申请，14 天内，发包人应按不低于工程价款的 60%，不高于工程价款的 90%向承包人支付工程进度款。按约定时间发包人应扣回的预付款，与工程进度款同期结算抵扣。

2. 发包人超过约定的支付时间不支付工程进度款，承包人应及时向发包人发出要求付款的通知，发包人收到承包人通知后仍不能按要求付款，可与承包人协商签订延期付款协议，经承包人同意后可延期支付，协议应明确延期支付的时间和从工程计量结果确认后第 15 天起计算应付款的利息（利率按同期银行贷款利率计）。

3. 发包人不按合同约定支付工程进度款，双方又未达成延期付款协议，导致施工无法进行，承包人可停止施工，由发包人承担违约责任。

第十四条 工程完工后，双方应按照约定的合同价款及合同价款调整内容以及索赔事项，进行工程竣工结算。

（一）工程竣工结算方式工程竣工结算分为单位工程竣工结算、单项工程竣工结算和建设项目竣工总结算。

（二）工程竣工结算编审

1. 单位工程竣工结算由承包人编制，发包人审查；实行总承包的工程，由具体承包人编制，在总承包人审查的基础上，发包人审查。

2. 单项工程竣工结算或建设项目竣工总结算由总（承）包人编制，发包人可直接进行审查，也可以委托具有相应资质的工程造价咨询机构进行审查。政府投资项目，由同级财政部门审查。单项工程竣工结算或建设项目竣工总结算经发、承包人签字盖章后有效。

承包人应在合同约定期限内完成项目竣工结算编制工作，未在规定期限内完成的并且提不出正当理由延期的，责任自负。

（三）工程竣工结算审查期限单项工程竣工后，承包人应在提交竣工验收报告的同时，向发包人递交竣工结算报告及完整的结算资料，发包人应按以下规定时限进行核对（审查）并提出审查意见。

建设项目竣工总结算在最后一个单项工程竣工结算审查确认后 15 天内汇总，送发包人后 30 天内审查完成。

（四）工程竣工价款结算发包人收到承包人递交的竣工结算报告及完整的结算资料后，应按本办法规定的期限（合同约定有期限的，从其约定）进行核实，给予确认或者提出修改意见。发包人根据确认的竣工结算报告向承包人支付工程竣工结算价款，保留 5%左右的质量保证（保修）金，待工程交付使用 1 年质保期到期后清算（合同另有约定的，从其约定），质保期内如有返修，发生费用应在质量保证（保修）金内扣除。

（五）索赔价款结算发、承包人未能按合同约定履行自己的各项义务或发生错误，给另一方造成经济损失的，由受损方按合同约定提出索赔，索赔金额按合同约定支付。

（六）合同以外零星项目工程价款结算发包人要求承包人完成合同以外零星项目，承包人应在接受发包人要求的 7 天内就用工数量和单价、机械台班数量和单价、使用材料和金额等向发包人提出施工签证，发包人签证后施工。如发包人未签证，承包人施工后发生争议的，责任由承包人自负。

第十五条 发包人和承包人要加强施工现场的造价控制，及时对工程合同外的事项如实记录并履行书面手续。凡由发、承包双方授权的现场代表签字的现场签证以及发、承包双方协商确定的索赔等费用，应在工程竣工结算中如实办理，不得因发、承包双方现场代表的中途变更改变其有效性。

第十六条 发包人收到竣工结算报告及完整的结算资料后，在本办法规定或合同约定期限内，对结算报告及资料没有提出意见，则视同认可。

承包人如未在规定时间内提供完整的工程竣工结算资料，经发包人催促后14天内仍未提供或没有明确答复，发包人有权根据已有资料进行审查，责任由承包人自负。

根据确认的竣工结算报告，承包人向发包人申请支付工程竣工结算款。发包人应在收到申请后15天内支付结算款，到期没有支付的应承担违约责任。承包人可以催告发包人支付结算价款，如达成延期支付协议，发包人应按同期银行贷款利率支付拖欠工程价款的利息。如未达成延期支付协议，承包人可以与发包人协商将该工程折价，或申请人民法院将该工程依法拍卖，承包人就该工程折价或者拍卖的价款优先受偿。

第十七条 工程竣工结算以合同工期为准，实际施工工期比合同工期提前或延后，发、承包双方应按合同约定的奖惩办法执行。

第四章 工程价款结算争议处理

第十八条 工程造价咨询机构接受发包人或承包人委托编审工程竣工结算，应按合同约定和实际履约事项认真办理，出具的竣工结算报告经发、承包双方签字后生效。当事人一方对报告有异议的，可对工程结算中有异议部分，向有关部门申请咨询后协商处理，若不能达成一致的，双方可按合同约定的争议或纠纷解决程序办理。

第十九条 发包人对工程质量有异议，已竣工验收或已竣工未验收但实际投入使用的工程，其质量争议按该工程保修合同执行；已竣工未验收且未实际投入使用的工程以及停工、停建工程的质量争议，应当就有争议部分的竣工结算暂缓办理，双方可就有争议的工程委托有资质的检测鉴定机构进行检测，根据检测结果确定解决方案，或按工程质量监督机构的处理决定执行，其余部分的竣工结算依照约定办理。

第二十条 当事人对工程造价发生合同纠纷时，可通过下列办法解决：

（一）双方协商确定；

（二）按合同条款约定的办法提请调解；

（三）向有关仲裁机构申请仲裁或向人民法院起诉。

第五章 工程价款结算管理

第二十一条 工程竣工后，发、承包双方应及时办清工程竣工结算，否则，工程不得交付使用，有关部门不予办理权属登记。

第二十二条 发包人与中标的承包人不按照招标文件和中标的承包人的投标文件订立

合同的，或者发包人、中标的承包人背离合同实质性内容另行订立协议，造成工程价款结算纠纷的，另行订立的协议无效，由建设行政主管部门责令改正，并按《中华人民共和国招标投标法》第五十九条进行处罚。

第二十三条 接受委托承接有关工程结算咨询业务的工程造价咨询机构应具有工程造价咨询单位资质，其出具的办理拨付工程价款和工程结算的文件，应当由造价工程师签字，并应加盖执业专用章和单位公章。

第六章 附 则

第二十四条 建设工程施工专业分包或劳务分包，总（承）包人与分包人必须依法订立专业分包或劳务分包合同，按照本办法的规定在合同中约定工程价款及其结算办法。

第二十五条 政府投资项目除执行本办法有关规定外，地方政府或地方政府财政部门对政府投资项目合同价款约定与调整、工程价款结算、工程价款结算争议处理等事项，如另有特殊规定的，从其规定。

第二十六条 凡实行监理的工程项目，工程价款结算过程中涉及监理工程师签证事项，应按工程监理合同约定执行。

第二十七条 有关主管部门、地方政府财政部门和地方政府建设行政主管部门可参照本办法，结合本部门、本地区实际情况，另行制定具体办法，并报财政部、建设部备案。

第二十八条 合同示范文本内容如与本办法不一致，以本办法为准。

第二十九条 本办法自公布之日起施行。

建设工程勘察设计资质管理规定

（2006 年 12 月 30 日建设部第 114 次常务会议讨论通过，自 2007 年 9 月 1 日起施行）

第一章　总　　则

第一条　为了加强对建设工程勘察、设计活动的监督管理，保证建设工程勘察、设计质量，根据《中华人民共和国行政许可法》、《中华人民共和国建筑法》、《建设工程质量管理条例》和《建设工程勘察设计管理条例》等法律、行政法规，制定本规定。

第二条　在中华人民共和国境内申请建设工程勘察、工程设计资质，实施对建设工程勘察、工程设计资质的监督管理，适用本规定。

第三条　从事建设工程勘察、工程设计活动的企业，应当按照其拥有的注册资本、专业技术人员、技术装备和勘察设计业绩等条件申请资质，经审查合格，取得建设工程勘察、工程设计资质证书后，方可在资质许可的范围内从事建设工程勘察、工程设计活动。

第四条　国务院建设主管部门负责全国建设工程勘察、工程设计资质的统一监督管理。国务院铁路、交通、水利、信息产业、民航等有关部门配合国务院建设主管部门实施相应行业的建设工程勘察、工程设计资质管理工作。

省、自治区、直辖市人民政府建设主管部门负责本行政区域内建设工程勘察、工程设计资质的统一监督管理。省、自治区、直辖市人民政府交通、水利、信息产业等有关部门配合同级建设主管部门实施本行政区域内相应行业的建设工程勘察、工程设计资质管理工作。

第二章　资质分类和分级

第五条　工程勘察资质分为工程勘察综合资质、工程勘察专业资质、工程勘察劳务资质。

工程勘察综合资质只设甲级；工程勘察专业资质设甲级、乙级，根据工程性质和技术特点，部分专业可以设丙级；工程勘察劳务资质不分等级。

取得工程勘察综合资质的企业，可以承接各专业（海洋工程勘察除外）、各等级工程勘察业务；取得工程勘察专业资质的企业，可以承接相应等级相应专业的工程勘察业务；取得工程勘察劳务资质的企业，可以承接岩土工程治理、工程钻探、凿井等工程勘察劳务业务。

第六条　工程设计资质分为工程设计综合资质、工程设计行业资质、工程设计专业资质和工程设计专项资质。

工程设计综合资质只设甲级；工程设计行业资质、工程设计专业资质、工程设计专项资质设甲级、乙级。

根据工程性质和技术特点，个别行业、专业、专项资质可以设丙级，建筑工程专业资质可以设丁级。

取得工程设计综合资质的企业，可以承接各行业、各等级的建设工程设计业务；取得工程设计行业资质的企业，可以承接相应行业相应等级的工程设计业务及本行业范围内同级别的相应专业、专项（设计施工一体化资质除外）工程设计业务；取得工程设计专业资质的企业，可以承接本专业相应等级的专业工程设计业务及同级别的相应专项工程设计业务（设计施工一体化资质除外）；取得工程设计专项资质的企业，可以承接本专项相应等级的专项工程设计业务。

第七条 建设工程勘察、工程设计资质标准和各资质类别、级别企业承担工程的具体范围由国务院建设主管部门商国务院有关部门制定。

第三章 资质申请和审批

第八条 申请工程勘察甲级资质、工程设计甲级资质，以及涉及铁路、交通、水利、信息产业、民航等方面的工程设计乙级资质的，应当向企业工商注册所在地的省、自治区、直辖市人民政府建设主管部门提出申请。其中，国务院国资委管理的企业应当向国务院建设主管部门提出申请；国务院国资委管理的企业下属一层级的企业申请资质，应当由国务院国资委管理的企业向国务院建设主管部门提出申请。

省、自治区、直辖市人民政府建设主管部门应当自受理申请之日起20日内初审完毕，并将初审意见和申请材料报国务院建设主管部门。

国务院建设主管部门应当自省、自治区、直辖市人民政府建设主管部门受理申请材料之日起60日内完成审查，公示审查意见，公示时间为10日。其中，涉及铁路、交通、水利、信息产业、民航等方面的工程设计资质，由国务院建设主管部门送国务院有关部门审核，国务院有关部门在20日内审核完毕，并将审核意见送国务院建设主管部门。

第九条 工程勘察乙级及以下资质、劳务资质、工程设计乙级（涉及铁路、交通、水利、信息产业、民航等方面的工程设计乙级资质除外）及以下资质许可由省、自治区、直辖市人民政府建设主管部门实施。具体实施程序由省、自治区、直辖市人民政府建设主管部门依法确定。

省、自治区、直辖市人民政府建设主管部门应当自作出决定之日起30日内，将准予资质许可的决定报国务院建设主管部门备案。

第十条 工程勘察、工程设计资质证书分为正本和副本，正本一份，副本六份，由国务院建设主管部门统一印制，正、副本具备同等法律效力。资质证书有效期为5年。

第十一条 企业首次申请工程勘察、工程设计资质，应当提供以下材料：

（一）工程勘察、工程设计资质申请表；

（二）企业法人、合伙企业营业执照副本复印件；

（三）企业章程或合伙人协议；

（四）企业法定代表人、合伙人的身份证明；

（五）企业负责人、技术负责人的身份证明、任职文件、毕业证书、职称证书及相关资质标准要求提供的材料；

（六）工程勘察、工程设计资质申请表中所列注册执业人员的身份证明、注册执业证书；

（七）工程勘察、工程设计资质标准要求的非注册专业技术人员的职称证书、毕业证书、身份证明及个人业绩材料；

（八）工程勘察、工程设计资质标准要求的注册执业人员、其他专业技术人员与原聘用单位解除聘用劳动合同的证明及新单位的聘用劳动合同；

（九）资质标准要求的其他有关材料。

第十二条 企业申请资质升级应当提交以下材料：

（一）本规定第十一条第（一）、（二）、（五）、（六）、（七）、（九）项所列资料；

（二）工程勘察、工程设计资质标准要求的非注册专业技术人员与本单位签定的劳动合同及社保证明；

（三）原工程勘察、工程设计资质证书副本复印件；

（四）满足资质标准要求的企业工程业绩和个人工程业绩。

第十三条 企业增项申请工程勘察、工程设计资质，应当提交下列材料：

（一）本规定第十一条所列（一）、（二）、（五）、（六）、（七）、（九）的资料；

（二）工程勘察、工程设计资质标准要求的非注册专业技术人员与本单位签定的劳动合同及社保证明；

（三）原资质证书正、副本复印件；

（四）满足相应资质标准要求的个人工程业绩证明。

第十四条 资质有效期届满，企业需要延续资质证书有效期的，应当在资质证书有效期届满60日前，向原资质许可机关提出资质延续申请。

对在资质有效期内遵守有关法律、法规、规章、技术标准，信用档案中无不良行为记录，且专业技术人员满足资质标准要求的企业，经资质许可机关同意，有效期延续5年。

第十五条 企业在资质证书有效期内名称、地址、注册资本、法定代表人等发生变更的，应当在工商部门办理变更手续后30日内办理资质证书变更手续。

取得工程勘察甲级资质、工程设计甲级资质，以及涉及铁路、交通、水利、信息产业、民航等方面的工程设计乙级资质的企业，在资质证书有效期内发生企业名称变更的，应当向企业工商注册所在地省、自治区、直辖市人民政府建设主管部门提出变更申请，省、自治区、直辖市人民政府建设主管部门应当自受理申请之日起2日内将有关变更证明材料报国务院建设主管部门，由国务院建设主管部门在2日内办理变更手续。

前款规定以外的资质证书变更手续，由企业工商注册所在地的省、自治区、直辖市人民政府建设主管部门负责办理。省、自治区、直辖市人民政府建设主管部门应当自受理申请之日起2日内办理变更手续，并在办理资质证书变更手续后15日内将变更结果报国务院建设主管部门备案。

涉及铁路、交通、水利、信息产业、民航等方面的工程设计资质的变更，国务院建设主管部门应当将企业资质变更情况告知国务院有关部门。

第十六条 企业申请资质证书变更，应当提交以下材料：

（一）资质证书变更申请；

（二）企业法人、合伙企业营业执照副本复印件；

（三）资质证书正、副本原件；

（四）与资质变更事项有关的证明材料。

企业改制的，除提供前款规定资料外，还应当提供改制重组方案、上级资产管理部门或者股东大会的批准决定、企业职工代表大会同意改制重组的决议。

第十七条 企业首次申请、增项申请工程勘察、工程设计资质，其申请资质等级最高不超过乙级，且不考核企业工程勘察、工程设计业绩。

已具备施工资质的企业首次申请同类别或相近类别的工程勘察、工程设计资质的，可以将相应规模的工程总承包业绩作为工程业绩予以申报。其申请资质等级最高不超过其现有施工资质等级。

第十八条 企业合并的，合并后存续或者新设立的企业可以承继合并前各方中较高的资质等级，但应当符合相应的资质标准条件。

企业分立的，分立后企业的资质按照资质标准及本规定的审批程序核定。

企业改制的，改制后不再符合资质标准的，应按其实际达到的资质标准及本规定重新核定；资质条件不发生变化的，按本规定第十六条办理。

第十九条 从事建设工程勘察、设计活动的企业，申请资质升级、资质增项，在申请之日起前一年内有下列情形之一的，资质许可机关不予批准企业的资质升级申请和增项申请：

（一）企业相互串通投标或者与招标人串通投标承揽工程勘察、工程设计业务的；

（二）将承揽的工程勘察、工程设计业务转包或违法分包的；

（三）注册执业人员未按照规定在勘察设计文件上签字的；

（四）违反国家工程建设强制性标准的；

（五）因勘察设计原因造成过重大生产安全事故的；

（六）设计单位未根据勘察成果文件进行工程设计的；

（七）设计单位违反规定指定建筑材料、建筑构配件的生产厂、供应商的；

（八）无工程勘察、工程设计资质或者超越资质等级范围承揽工程勘察、工程设计业务的；

（九）涂改、倒卖、出租、出借或者以其他形式非法转让资质证书的；

（十）允许其他单位、个人以本单位名义承揽建设工程勘察、设计业务的；

（十一）其他违反法律、法规行为的。

第二十条 企业在领取新的工程勘察、工程设计资质证书的同时，应当将原资质证书交回原发证机关予以注销。

企业需增补（含增加、更换、遗失补办）工程勘察、工程设计资质证书的，应当持资质证书增补申请等材料向资质许可机关申请办理。遗失资质证书的，在申请补办前应当在公众媒体上刊登遗失声明。资质许可机关应当在2日内办理完毕。

第四章 监督与管理

第二十一条 国务院建设主管部门对全国的建设工程勘察、设计资质实施统一的监督管理。国务院铁路、交通、水利、信息产业、民航等有关部门配合国务院建设主管部门对相应的行业资质进行监督管理。

县级以上地方人民政府建设主管部门负责对本行政区域内的建设工程勘察、设计资质实施监督管理。县级以上人民政府交通、水利、信息产业等有关部门配合同级建设主管部门对相应的行业资质进行监督管理。

上级建设主管部门应当加强对下级建设主管部门资质管理工作的监督检查，及时纠正资质管理中的违法行为。

第二十二条 建设主管部门、有关部门履行监督检查职责时，有权采取下列措施：

（一）要求被检查单位提供工程勘察、设计资质证书、注册执业人员的注册执业证书，有关工程勘察、设计业务的文档，有关质量管理、安全生产管理、档案管理、财务管理等企业内部管理制度的文件；

（二）进入被检查单位进行检查，查阅相关资料；

（三）纠正违反有关法律、法规和本规定及有关规范和标准的行为。

建设主管部门、有关部门依法对企业从事行政许可事项的活动进行监督检查时，应当将监督检查情况和处理结果予以记录，由监督检查人员签字后归档。

第二十三条 建设主管部门、有关部门在实施监督检查时，应当有两名以上监督检查人员参加，并出示执法证件，不得妨碍企业正常的生产经营活动，不得索取或者收受企业的财物，不得谋取其他利益。

有关单位和个人对依法进行的监督检查应当协助与配合，不得拒绝或者阻挠。

监督检查机关应当将监督检查的处理结果向社会公布。

第二十四条 企业违法从事工程勘察、工程设计活动的，其违法行为发生地的建设主管部门应当依法将企业的违法事实、处理结果或处理建议告知该企业的资质许可机关。

第二十五条 企业取得工程勘察、设计资质后，不再符合相应资质条件的，建设主管部门、有关部门根据利害关系人的请求或者依据职权，可以责令其限期改正；逾期不改的，资质许可机关可以撤回其资质。

第二十六条 有下列情形之一的，资质许可机关或者其上级机关，根据利害关系人的请求或者依据职权，可以撤销工程勘察、工程设计资质：

（一）资质许可机关工作人员滥用职权、玩忽职守作出准予工程勘察、工程设计资质许可的；

（二）超越法定职权作出准予工程勘察、工程设计资质许可；

（三）违反资质审批程序作出准予工程勘察、工程设计资质许可的；

（四）对不符合许可条件的申请人作出工程勘察、工程设计资质许可的；

（五）依法可以撤销资质证书的其他情形。

以欺骗、贿赂等不正当手段取得工程勘察、工程设计资质证书的，应当予以撤销。

第二十七条 有下列情形之一的，企业应当及时向资质许可机关提出注销资质的申请，交回资质证书，资质许可机关应当办理注销手续，公告其资质证书作废：

（一）资质证书有效期届满未依法申请延续的；

（二）企业依法终止的；

（三）资质证书依法被撤销、撤回，或者吊销的；

（四）法律、法规规定的应当注销资质的其他情形。

第二十八条 有关部门应当将监督检查情况和处理意见及时告知建设主管部门。资质许可机关应当将涉及铁路、交通、水利、信息产业、民航等方面的资质被撤回、撤销和注销的情况及时告知有关部门。

第二十九条 企业应当按照有关规定，向资质许可机关提供真实、准确、完整的企业信用档案信息。

企业的信用档案应当包括企业基本情况、业绩、工程质量和安全、合同违约等情况。被投诉举报和处理、行政处罚等情况应当作为不良行为记入其信用档案。

企业的信用档案信息按照有关规定向社会公示。

第五章 法 律 责 任

第三十条 企业隐瞒有关情况或者提供虚假材料申请资质的，资质许可机关不予受理或者不予行政许可，并给予警告，该企业在1年内不得再次申请该资质。

第三十一条 企业以欺骗、贿赂等不正当手段取得资质证书的，由县级以上地方人民政府建设主管部门或者有关部门给予警告，并依法处以罚款；该企业在3年内不得再次申请该资质。

第三十二条 企业不及时办理资质证书变更手续的，由资质许可机关责令限期办理；逾期不办理的，可处以1000元以上1万元以下的罚款。

第三十三条 企业未按照规定提供信用档案信息的，由县级以上地方人民政府建设主管部门给予警告，责令限期改正；逾期未改正的，可处以1000元以上1万元以下的罚款。

第三十四条 涂改、倒卖、出租、出借或者以其他形式非法转让资质证书的，由县级以上地方人民政府建设主管部门或者有关部门给予警告，责令改正，并处以1万元以上3万元以下的罚款；造成损失的，依法承担赔偿责任；构成犯罪的，依法追究刑事责任。

第三十五条 县级以上地方人民政府建设主管部门依法给予工程勘察、设计企业行政处罚的，应当将行政处罚决定以及给予行政处罚的事实、理由和依据，报国务院建设主管部门备案。

第三十六条 建设主管部门及其工作人员，违反本规定，有下列情形之一的，由其上级行政机关或者监察机关责令改正；情节严重的，对直接负责的主管人员和其他直接责任人员，依法给予行政处分：

（一）对不符合条件的申请人准予工程勘察、设计资质许可的；

（二）对符合条件的申请人不予工程勘察、设计资质许可或者未在法定期限内作出许可决定的；

（三）对符合条件的申请不予受理或者未在法定期限内初审完毕的；

（四）利用职务上的便利，收受他人财物或者其他好处的；

（五）不依法履行监督职责或者监督不力，造成严重后果的。

第六章　附　　则

第三十七条　本规定所称建设工程勘察包括建设工程项目的岩土工程、水文地质、工程测量、海洋工程勘察等。

第三十八条　本规定所称建设工程设计是指：

（一）建设工程项目的主体工程和配套工程（含厂（矿）区内的自备电站、道路、专用铁路、通信、各种管网管线和配套的建筑物等全部配套工程）以及与主体工程、配套工程相关的工艺、土木、建筑、环境保护、水土保持、消防、安全、卫生、节能、防雷、抗震、照明工程等的设计；

（二）建筑工程建设用地规划许可证范围内的室外工程设计、建筑物构筑物设计、民用建筑修建的地下工程设计及住宅小区、工厂厂前区、工厂生活区、小区规划设计及单体设计等，以及上述建筑工程所包含的相关专业的设计内容（包括总平面布置、竖向设计、各类管网管线设计、景观设计、室内外环境设计及建筑装饰、道路、消防、安保、通信、防雷、人防、供配电、照明、废水治理、空调设施、抗震加固等）。

第三十九条　取得工程勘察、工程设计资质证书的企业，可以从事资质证书许可范围内相应的建设工程总承包业务，可以从事工程项目管理和相关的技术与管理服务。

第四十条　本规定自2007年9月1日起实施。2001年7月25日建设部颁布的《建设工程勘察设计企业资质管理规定》（建设部令第93号）同时废止。

第四部分

重要司法解释及相关行政性文件

最高人民法院关于审理建设工程施工合同纠纷案件适用法律问题解释

（2004年9月29日由最高人民法院审判委员会
第1327次会议通过，自2005年1月1日起施行）

根据《中华人民共和国民法通则》、《中华人民共和国合同法》、《中华人民共和国招标投标法》、《中华人民共和国民事诉讼法》等法律规定，结合民事审判实际，就审理建设工程施工合同纠纷案件适用法律的问题，制定本解释。

第一条 建设工程施工合同具有下列情形之一的，应当根据合同法第五十二条第（五）项的规定，认定无效：

（一）承包人未取得建筑施工企业资质或者超越资质等级的；

（二）没有资质的实际施工人借用有资质的建筑施工企业名义的；

（三）建设工程必须进行招标而未招标或者中标无效的。

第二条 建设工程施工合同无效，但建设工程经竣工验收合格，承包人请求参照合同约定支付工程价款的，应予支持。

第三条 建设工程施工合同无效，且建设工程经竣工验收不合格的，按照以下情形分别处理：

（一）修复后的建设工程经竣工验收合格，发包人请求承包人承担修复费用的，应予支持；

（二）修复后的建设工程经竣工验收不合格，承包人请求支付工程价款的，不予支持。

因建设工程不合格造成的损失，发包人有过错的，也应承担相应的民事责任。

第四条 承包人非法转包、违法分包建设工程或者没有资质的实际施工人借用有资质的建筑施工企业名义与他人签订建设工程施工合同的行为无效。人民法院可以根据民法通则第一百三十四条规定，收缴当事人已经取得的非法所得。

第五条 承包人超越资质等级许可的业务范围签订建设工程施工合同，在建设工程竣工前取得相应资质等级，当事人请求按照无效合同处理的，不予支持。

第六条 当事人对垫资和垫资利息有约定，承包人请求按照约定返还垫资及其利息的，应予支持，但是约定的利息计算标准高于中国人民银行发布的同期同类贷款利率的部分除外。

当事人对垫资没有约定的，按照工程欠款处理。

当事人对垫资利息没有约定，承包人请求支付利息的，不予支持。

第七条 具有劳务作业法定资质的承包人与总承包人、分包人签订的劳务分包合同，当事人以转包建设工程违反法律规定为由请求确认无效的，不予支持。

第八条 承包人具有下列情形之一，发包人请求解除建设工程施工合同的，应予支持：

（一）明确表示或者以行为表明不履行合同主要义务的；

（二）合同约定的期限内没有完工，且在发包人催告的合理期限内仍未完工的；

（三）已经完成的建设工程质量不合格，并拒绝修复的；

（四）将承包的建设工程非法转包、违法分包的。

第九条 发包人具有下列情形之一，致使承包人无法施工，且在催告的合理期限内仍未履行相应义务，承包人请求解除建设工程施工合同的，应予支持：

（一）未按约定支付工程价款的；

（二）提供的主要建筑材料、建筑构配件和设备不符合强制性标准的；

（三）不履行合同约定的协助义务的。

第十条 建设工程施工合同解除后，已经完成的建设工程质量合格的，发包人应当按照约定支付相应的工程价款；已经完成的建设工程质量不合格的，参照本解释第三条规定处理。

因一方违约导致合同解除的，违约方应当赔偿因此而给对方造成的损失。

第十一条 因承包人的过错造成建设工程质量不符合约定，承包人拒绝修理、返工或者改建，发包人请求减少支付工程价款的，应予支持。

第十二条 发包人具有下列情形之一，造成建设工程质量缺陷，应当承担过错责任：

（一）提供的设计有缺陷；

（二）提供或者指定购买的建筑材料、建筑构配件、设备不符合强制性标准；

（三）直接指定分包人分包专业工程。

承包人有过错的，也应当承担相应的过错责任。

第十三条 建设工程未经竣工验收，发包人擅自使用后，又以使用部分质量不符合约定为由主张权利的，不予支持；但是承包人应当在建设工程的合理使用寿命内对地基基础工程和主体结构质量承担民事责任。

第十四条 当事人对建设工程实际竣工日期有争议的，按照以下情形分别处理：

（一）建设工程经竣工验收合格的，以竣工验收合格之日为竣工日期；

（二）承包人已经提交竣工验收报告，发包人拖延验收的，以承包人提交验收报告之日为竣工日期；

（三）建设工程未经竣工验收，发包人擅自使用的，以转移占有建设工程之日为竣工日期。

第十五条 建设工程竣工前，当事人对工程质量发生争议，工程质量经鉴定合格的，鉴定期间为顺延工期期间。

第十六条 当事人对建设工程的计价标准或者计价方法有约定的，按照约定结算工程价款。

因设计变更导致建设工程的工程量或者质量标准发生变化，当事人对该部分工程价款不能协商一致的，可以参照签订建设工程施工合同时当地建设行政主管部门发布的计价方法或者计价标准结算工程价款。

建设工程施工合同有效，但建设工程经竣工验收不合格的，工程价款结算参照本解释第三条规定处理。

第十七条 当事人对欠付工程价款利息计付标准有约定的，按照约定处理；没有约定的，按照中国人民银行发布的同期同类贷款利率计息。

第十八条 利息从应付工程价款之日计付。当事人对付款时间没有约定或者约定不明的，下列时间视为应付款时间：

（一）建设工程已实际交付的，为交付之日；

（二）建设工程没有交付的，为提交竣工结算文件之日；

（三）建设工程未交付，工程价款也未结算的，为当事人起诉之日。

第十九条 当事人对工程量有争议的，按照施工过程中形成的签证等书面文件确认。承包人能够证明发包人同意其施工，但未能提供签证文件证明工程量发生的，可以按照当事人提供的其他证据确认实际发生的工程量。

第二十条 当事人约定，发包人收到竣工结算文件后，在约定期限内不予答复，视为认可竣工结算文件的，按照约定处理。承包人请求按照竣工结算文件结算工程价款的，应予支持。

第二十一条 当事人就同一建设工程另行订立的建设工程施工合同与经过备案的中标合同实质性内容不一致的，应当以备案的中标合同作为结算工程价款的根据。

第二十二条 当事人约定按照固定价结算工程价款，一方当事人请求对建设工程造价进行鉴定的，不予支持。

第二十三条 当事人对部分案件事实有争议的，仅对有争议的事实进行鉴定，但争议事实范围不能确定，或者双方当事人请求对全部事实鉴定的除外。

第二十四条 建设工程施工合同纠纷以施工行为地为合同履行地。

第二十五条 因建设工程质量发生争议的，发包人可以以总承包人、分包人和实际施工人为共同被告提起诉讼。

第二十六条 实际施工人以转包人、违法分包人为被告起诉的，人民法院应当依法受理。

实际施工人以发包人为被告主张权利的，人民法院可以追加转包人或者违法分包人为本案当事人。发包人只在欠付工程价款范围内对实际施工人承担责任。

第二十七条 因保修人未及时履行保修义务，导致建筑物毁损或者造成人身、财产损害的，保修人应当承担赔偿责任。

保修人与建筑物所有人或者发包人对建筑物毁损均有过错的，各自承担相应的责任。

第二十八条 本解释自 2005 年 1 月 1 日起施行。施行后受理的第一审案件适用本解释。施行前最高人民法院发布的司法解释与本解释相抵触的，以本解释为准。

最高人民法院关于建设工程价款优先受偿权问题的批复

（2002年6月11日最高人民法院审判委员会第1225次会议通过）

上海市高级人民法院：

你院沪高法〔2001〕14号《关于合同法第286条理解与适用问题的请示》收悉。经研究，答复如下：

一、人民法院在审理房地产纠纷案件和办理执行案件中，应当依照《中华人民共和国合同法》第二百八十六条的规定，认定建筑工程的承包人的优先受偿权优于抵押权和其他债权。

二、消费者交付购买商品房的全部或者大部分款项后，承包人就该商品房享有的工程价款优先受偿权不得对抗买受人。

三、建筑工程价款包括承包人为建设工程应当支付的工作人员报酬、材料款等实际支出的费用，不包括承包人因发包人违约所造成的损失。

四、建设工程承包人行使优先权的期限为六个月，自建设工程竣工之日或者建设工程合同约定的竣工之日起计算。

五、本批复第一条至第三条自公布之日起施行，第四条自公布之日起六个月后施行。

此复。

国务院办公厅关于进一步整顿和规范建筑市场秩序的通知

（国务院办公厅2001年10月31日发布）

各省、自治区、直辖市人民政府，国务院各部委、各直属机构：

整顿和规范建筑市场秩序，是整顿和规范市场经济秩序工作的重要组成部分。近年来，有关部门联合开展了建设工程项目执法监察和整顿建筑市场的工作，使违法违规行为在一定程度上得到遏制，建筑市场秩序有所改善。但是，由于多方面的原因，建筑市场秩序混乱的状况仍然没有从根本上得到扭转。为进一步整顿和规范建筑市场秩序，经国务院同意，现就有关事项通知如下：

一、加强领导，分工协作，各负其责

整顿和规范建筑市场秩序，由建设部会同国家计委、监察部、交通部、水利部、铁道部、信息产业部、民航总局等有关部门负责指导和协调。各有关部门要按照现行职责分工，各司其职，各负其责。

国务院建设行政主管部门要会同有关部门研究制定整顿和规范建筑市场的具体实施方案。地方各级人民政府要切实负起责任，层层落实责任制。要按照整顿和规范建筑市场秩序的统一要求，实行责任追究制度。监察部门对重点案件要提前介入，严肃查处。对在整顿和规范建筑市场秩序中工作不力、消极应付甚至失职渎职的领导干部和有关责任人，要坚决按照有关法律法规的规定追究责任，严肃查处。

二、明确任务，突出重点

整顿和规范建筑市场，不仅要检查在建工程项目，而且要对建设单位和勘察、设计、施工、监理、招标代理企业等市场主体进行全面清理和整顿。整顿和规范建筑市场的主要任务是：严格执行法定建设程序，严肃依法查处违反法定建设程序的行为；切实加大建筑市场监管力度，解决规避招标和招标投标中弄虚作假的问题；完善制度，强化监督，综合治理转包、违法分包等问题；继续完善企业资质管理办法，建立严格的建筑市场准入和清出制度；认真执行有关法律法规和工程建设强制性标准，确保工程质量和安全生产；加强建筑市场执法队伍建设，提高政府主管部门依法行政和严格执法的水平；做到政企分开、政事分开，贯彻《国务院关于禁止在市场经济活动中实行地区封锁的规定》（国务院令第303号），纠正对建筑市场违法设障、实行地区封锁和部门保护的行为。

整顿和规范建筑市场秩序要抓住管理薄弱的环节和地区，加强对城乡结合部、开发区以及县以下地区工程建设活动的监督管理。专项整治要重点抓好六个方面的工作：

（一）依法查处规避招标和在招标投标活动中弄虚作假的问题；

（二）依法查处勘察、设计、施工单位转包、违法分包和监理单位违法转让监理业务，以及无证或越级承接工程业务的问题；

（三）依法查处不办理施工许可证或开工报告、不办理竣工验收及备案，以及依法必须实行监理的工程不委托监理等违反法定建设程序的问题；

（四）依法查处不执行工程建设强制性标准，以及偷工减料等问题；

（五）坚决纠正政府主管部门不依法行政和监督执法不力的问题；

（六）大力整顿和规范装饰装修工程活动和装饰装修材料市场秩序，加强管理，确保装饰装修工程质量。

三、加大执法力度，严肃查处违法违规行为

要加强对工程建设项目执行国家有关法律法规的检查工作，切实加大对违法违规行为的查处力度。对于各种违法违规行为要坚决依法作出处理，特别是对在社会上有一定影响的违法违规典型案例，要公开曝光，起到威慑和警示的作用。

对有违法违规行为的建设单位及勘察、设计、施工、监理、招标代理等企业，要按照有关法律法规，视情节轻重，分别给予罚款、责令停业整顿、降资质等级，直至吊销资质证书的处罚。处罚时要严格按照法律法规执行，决不能降低处罚标准。

对于违法违规行为，不仅要追究、处罚责任单位，还要追究、处罚到责任人。要按照《建设工程质量管理条例》（国务院令第279号）的规定，凡是给予单位罚款处罚的，对单位直接负责的主管人员和其他直接责任人员也要依法处以相应罚款；对于注册执业人员因过错造成质量事故的，要责令停止执业或吊销执业资格证书，情节特别恶劣的，终身不予注册。

整顿和规范建筑市场秩序要与惩治腐败相结合。对于领导干部违反规定干预或者插手工程发包、承包以及其他建筑市场违法违纪案件，特别是重大质量安全事故幕后的腐败案件，要排除一切阻力和干扰，坚决一查到底，依法惩处，决不姑息。要严肃追究国家机关工作人员失职渎职的行政责任，严厉查处以权谋私、徇私枉法或包庇、纵容建筑市场违法犯罪活动的腐败分子。

四、完善体制，标本兼治

（一）继续完善并严格执行建筑市场准入和清出制度。

所有工程勘察、设计、施工、监理、招标代理企业，都必须依法取得相应等级的资质证书，并在其资质等级许可的范围内从事相应的工程建设活动。建设部要会同交通、水利、铁道、信息产业、民航等部门对工程建设领域的企业资质和有关专业技术人员执业资格进行严格管理，禁止无相应资质的企业和无执业资格的人员进入工程建设市场。

要严格执行施工许可制度、批准开工和工程竣工验收及备案制度，切实把好工程的开工和交付使用两道关。对于不符合法定开工条件的，一律不得颁发施工许可证或者批准开工；对于已完工工程项目有违反合同约定拖欠工程款的，对其新建工程项目不得颁发施工许可证或者批准开工；对于未取得施工许可证或批准开工报告而擅自施工的，必须依法作出处罚。同时，要认真执行工程竣工验收及备案制度，凡发现有违法行为的，要责令其工程建筑停止使用，经整改后重新组织竣工验收。

（二）建立完善监督机制，加强执法队伍建设。

要加大对建筑市场的监管力度，既要依法对工程招标投标活动实施监督，又要加大对中标后工程实施全过程的监督检查，切实做到执法必严、违法必究。要研究解决建筑市场监管力量不足的问题，健全机构、充实力量、增加必要的经费，加大监管力度；同时要加强对执法人员的业务培训和廉政教育，健全规章制度，严格执法程序，严肃执法纪律，把执法犯法或徇私舞弊的人员坚决清除出执法队伍。

（三）严格执行工程建设强制性标准。

要广泛组织学习、宣传国家有关工程质量的法律法规及工程建设强制性标准，增强各级政府和工程建设各参与方的质量意识。建设单位和勘察、设计、施工、监理企业都要依法落实各自对质量的责任要依法加强对工程建设强制性标准执行情况的监督检查。对国家机关工作人员在建设工程质量监督管理工作中玩忽职守、徇私舞弊的要严肃处理，构成犯罪的，要依法追究其刑事责任。

要防止片面追求低造价而导致工程质量的降低，坚决禁止使投标价格低于合理成本的投标人中标的行为。工程的勘察、设计、监理应当严格执行国家规定的取费标准，对低于国家规定最低取费标准签订合同的，政府主管部门应当责令改正；对于拒不改正的，不予颁发施工许可证或批准开工报告。

建设行政主管部门要加强对建筑装饰装修特别是住宅装饰装修工程质量的监督，重点是依法监督在装饰装修工程中擅自变动房屋建筑主体和承重结构的问题；对于涉及建筑主体和承重结构变动的，必须在施工前委托原设计单位或者具有相应资质等级的设计单位提出设计方案。在装饰装修施工中，施工企业要严格执行有关防治环境污染的规定，控制粉尘、废弃物、噪声、振动等对周围环境的影响。对违法违规的责任单位和责任人，要依法作出处罚。建设部要会同有关部门制定装饰装修工程建设标准，严禁在装饰装修工程上使用对人体有害的材料。

（四）规范有形建筑市场的运行，创造公开、公正、公平的竞争环境。

要健全和完善有形建筑市场，加强管理，规范运行，有效防止规避招标、招投标弄虚作假以及转包、违法分包等行为的发生。

有形建筑市场应当提供公开、公正、公平的市场竞争环境，不得以任何方式限制或者排斥本地区、本系统以外的企业参加投标，不得以任何方式搞地区封锁和部门保护，并严格按照批准的收费项目和标准收取有关费用。有形建筑市场必须与政府部门脱钩，人员、职能都要分离，不能与政府部门及其所属机构搞“一套班子、两块牌子”。

建设部要会同有关部门抓紧起草有形建筑市场管理办法，报国务院批准后施行。

（五）抓好工程建设数据库管理和计算机网络建设。

要充分运用计算机及信息网络技术，强化监督执法部门的监管手段，加强对工程建设项目的实施情况和建筑市场各方主体行为的监督。当前，要重点建立企业状况（包括勘察、设计、施工、监理、招标代理企业）、专业技术人员（包括注册建筑师、结构工程师、监理工程师、造价工程师和建筑业企业项目经理）和工程项目管理三大管理数据库，并将企业和专业技术人员的基本情况、业绩（包括违法违规的不良记录）以及工程项目执行法定建设程序、质量安全事故等在信息网络上予以公布，接受社会监督。

住房和城乡建设部建筑市场监管司《关于取得建筑行业及建筑工程专业设计资质企业申请建筑装饰工程等六类专项资质有关问题的通知》

（2010 年 5 月 27 日住房和城乡建设部建筑市场监管司发布，自发布之日起施行）

各省、自治区住房和城乡建设厅，直辖市住建委，北京市规委，总后营房部工程局，有关中央企业：

根据《建设工程勘察设计资质管理规定实施意见》（建市［2007］202 号）第四条规定："具备建筑工程行业或专业设计资质的企业，可承担相应范围相应等级的建筑装饰工程设计、建筑幕墙工程设计、轻型钢结构工程设计、建筑智能化系统设计、照明工程设计、消防设施工程设计等专项工程设计业务，不需单独申请以上专项工程设计资质"。为进一步落实上述规定，支持建筑工程设计企业积极开展资质所涵盖的相应专项工程设计业务，现将有关问题通知如下：

一、发证机关须在新核发的建筑行业或建筑工程专业资质证书业务范围中明确取得该资质企业可从事相应等级和范围的建筑装饰工程设计、建筑幕墙工程设计、轻型钢结构工程设计、建筑智能化系统设计、照明工程设计、消防设施工程设计等六类专项工程设计业务。

二、已核发建筑行业或建筑工程专业资质证书的企业，可在其资质证书有效期届满前按照《关于建设部批准的建设工程企业办理资质证书变更和增补有关事项的通知》（建市［2005］375 号）有关规定办理变更，或在其资质延续审核通过后，由发证机关在其新核发的资质证书中明确。

三、我部不再受理取得建筑行业或建筑工程专业设计资质的企业对该资质所涵盖相应范围和等级的六类专项资质的升级、增项申请。

四、本通知自下发之日起执行。

建设部关于加强建筑装饰设计市场管理的意见

（2001年1月9日建设部发布）

为了切实加强我国建筑装饰设计市场的管理，维护建筑装饰设计市场的正常秩序和各方的合法权益，提高建筑装饰设计的质量和水平，保障公民的生命财产安全和公共利益，提出以下意见：

一、依法加强建筑装饰设计市场管理

建筑装饰设计是建筑工程设计的重要组成部分，涉及到公民生命财产安全和公共利益，各级建设行政主管部门要按照《建筑法》和《建设工程质量管理条例》、《建设工程勘察设计管理条例》等法律、法规的规定，切实加强建筑装饰设计市场的管理，将其纳入勘察设计市场管理的轨道。

二、实行市场准入清出制度

严格实行建筑装饰设计单位资质的设计市场准入或清出制度。从事建筑装饰设计的单位，必须持有建筑工程设计证书或按规定程序取得建筑装饰《专项工程设计证书》。各级建设行政主管部门和各级建筑装饰协会要认真贯彻执行建设部颁发的《建筑装饰设计资质分级标准》，并加强对建筑装饰设计市场的监督管理。对取得建筑装饰设计资质的单位要按《工程勘察设计单位年检管理办法》进行资质年检，在年检过程中，对违反《建筑装饰设计资质分级标准》和有关设计市场管理规定、超越设计资质从事设计的、出卖或转让设计资质证书的、发生严重设计质量事故的单位，各级建设行政主管部门要严肃处理，并依法作出限期整顿、暂扣资质证书、降级、吊销资质证书等处罚。对资质条件发生较大变化，且不符合相应资质等级要求的单位，要重新核定资质等级。

三、建立并完善招投标管理制度

要建立并完善建筑装饰设计项目的招投标管理制度。按照国家规定应当进行招投标的建筑工程项目的装饰设计都要实行设计招标，招标的原则可参照《建筑工程设计招投标管理办法》执行。建设单位应当按照有关规定对参加投标的单位进行资质预审，重点审查其是否具备建设行政主管部门颁发的相应等级的建筑装饰设计资质证书，以及单位的信誉、业绩等。要组成评标小组对装饰设计投标方案进行评审，评标小组的组成人员应当以建筑装饰设计专家为主。评审工作重点是方案设计、效果图设计和施工图设计，包括理念、创意、技术实施方案等综合评价。

四、严格执行国家取费规定和标准

建设单位和建筑装饰设计单位要严格执行国家规定的取费标准，建设单位不得低价委托，建筑装饰设计单位不得压价竞标。对应邀参加方案设计投标的单位，应根据方案设计工作量合理支付其方案设计费。

五、强化设计合同的监督管理

要强化设计合同的监督管理。建设单位和建筑装饰设计单位都要严格执行建设部和国家工商局颁发的《建设工程勘察设计合同管理办法》，委托设计必须签订书面合同，使用或参照使用全国统一印制的《建筑工程设计合同》文本。

六、树立设计文件的权威性确保装饰设计的质量

建筑装饰设计文件是施工的依据，建筑装饰设计单位要严格按国家标准、规范设计，特别要严格执行防火规范、消防设施设计规范以及有关规定。建设单位和建筑装饰工程施工企业未经建筑装饰设计单位签字同意，不得任意修改建筑装饰设计图，包括结构和水、暖、电、气、消防等设施。

涉及建筑主体和承重结构变动的建筑装饰工程，建筑装饰单位应当在建筑装饰施工前委托原建筑设计单位或者具有相应资质等级的设计单位提出设计方案；没有设计方案的，不得施工。

房屋建筑使用者在建筑装饰过程中，不得擅自改变房屋建筑主体和承重结构以及防火设施。

建筑装饰设计单位要扩大装饰业务服务，不仅可以从事建筑装饰方案设计、效果图设计和施工图设计，还可以提供装饰项目咨询、评估、采购、工程监理等方面服务，以提高建筑装饰设计单位市场竞争能力。

有关建筑装饰行业设计费收费标准

（中华人民共和国建设部2007年2月1日发布）

一、家居设计收费标准：

（1）单层住宅——设计收费：40元/m^2（送效果图1张）

（2）复式住宅——设计收费：50元/m^2（送效果图2张）

（3）别墅——设计收费：60元/m^2（送效果图2张）

（4）大户室起点收费——设计收费：80元/m^2

（5）首席设计师——设计收费：180元/m^2

（6）房产样板房——设计收费：100元/m^2（送效果图2张）

（7）效果图收费标准：单层800元/A3；复式：别墅1000元/A3（制作费，不含设计）

（8）预算收费——单层600元/套；复式1000元/套；别墅1200元/套

（9）同时两套以上设计，费用按八折收取

二、家居施工管理取费：

（1）单层住宅——施工管理收费：65元/m^2

（2）复式住宅——施工管理收费：75元/m^2

（3）别墅——施工管理收费：80元/m^2

三、公建装饰设计取费标准（甲级设计）

（一）办公装饰：

（1）50元/m^2（建筑面积150 m^2以内）送效果图1张

（2）45元/m^2（建筑面积150 m^2以上）送效果图1张

（3）40元/m^2（建筑面积500m^2以上）每500 m^2送效果图1张

（4）35元/m^2（建筑面积2000m^2以上）每500 m^2送效果图1张

（5）30元/m^2（建筑面积10000m^2以上）每1000 m^2送效果图1张

（二）酒店装饰

（1）50元/m^2（建筑面积1000m^2以内）每500 m^2送效果图1张

（2）45元/m^2（建筑面积1000m^2以上）每500 m^2送效果图1张

（3）40元/m^2（建筑面积5000m^2以上）每1000 m^2送效果图1张

（4）35元/m^2（建筑面积10000m^2以上）每1000 m^2送效果图1张

（5）30元/m^2（建筑面积20000m^2以上）每1000 m^2送效果图1张

（三）餐饮娱乐装饰

（1）80元/m^2（建筑面积500m^2以内）送效果图2张

（2）60元/m^2（建筑面积500m^2以上）送效果图2张

（3）50元/m^2（建筑面积1000m^2以上）每500 m^2送效果图1张

(4) 45 元/m^2（建筑面积 2000m^2 以上）每 500 m^2 送效果图 1 张
(5) 40 元/m^2（建筑面积 5000m^2 以上）每 1000 m^2 送效果图 1 张
(6) 35 元/m^2（建筑面积 10000m^2 以上）每 1000 m^2 送效果图 1 张
（四）商业装饰
(1) 80 元/m^2（建筑面积 300m^2 以内）送效果图 2 张
(2) 60 元/m^2（建筑面积 300m^2 以上）送效果图 2 张
(3) 50 元/m^2（建筑面积 500m^2 以上）每 500 m^2 送效果图 1 张
(4) 45 元/m^2（建筑面积 1000m^2 以上）每 500 m^2 送效果图 1 张
(5) 40 元/m^2（建筑面积 2000m^2 以上）每 500 m^2 送效果图 1 张
(6) 35 元/m^2（建筑面积 5000m^2 以上）每 1000 m^2 送效果图 1 张
(7) 30 元/m^2（建筑面积 10000m^2 以上）每 1000 m^2 送效果图 1 张
（五）房产售楼部、会所、样板房装饰
(1) 100 元/m^2（建筑面积 200m^2 以内）送效果图 2 张
(2) 80 元/m^2（建筑面积 200m^2 以上）送效果图 2 张
(3) 70 元/m^2（建筑面积 1000m^2 以上）每 500 m^2 送效果图 1 张
(4) 60 元/m^2（建筑面积 2000m^2 以上）每 500 m^2 送效果图 1 张
（六）效果图取费
(1) 外观整幢改建 3000 元 ～5000 元/张（含设计）
(2) 入口门面改建 2000 元/张（含设计）
(3) 大堂、礼堂、多功能厅、营业大厅 2000 元/张（含设计）
(4) 室内效果图（建筑面积 100 m^2 以内）1500 元/张（含设计）
(5) 室内效果图制作 1000 元/张（不含设计）
(6) 备注：以上项目为一次性收费，修改每次收原价的 30％ ～50％
（七）概预算取费
(1) 3 元/ m^2（建筑面积 1000m^2 以内）
(2) 2. 5 元/ m^2（建筑面积 1000m^2 以上）
(3) 2 元/ m^2（建筑面积 2000m^2 以上）
(4) 1. 5 元/ m^2（建筑面积 5000m^2 以上）
（八）设计监理取费
(1) 45 元/m^2（建筑面积 500 m^2 以内）
(2) 40 元/m^2（建筑面积 500m^2 以上）
(3) 35 元/m^2（建筑面积 1000m^2 以上）
(4) 30 元/m^2（建筑面积 2000m^2 以上）
(5) 25 元/m^2（建筑面积 5000m^2 以上）
(6) 20 元/m^2（建筑面积 10000m^2 以上）
（九）景观设计取费
(1) 50 元/m^2 家居屋顶花园
(2) 35 元/m^2 别墅庭院景观
(3) 30 元/m^2（景观面积 500m^2 以内）

（4）25 元/m^2（景观面积 500m^2 以上）

（5）20 元/m^2（景观面积 5000m^2 以上）

（6）18 元/m^2（景观面积 10000m^2 以上）

（7）景观效果图 1000 元/张（不含设计）

装饰设计费应按照项目建筑面积计费，助理设计不低于 30 元/m^2、中级设计师不低于 50 元/m^2、高级设计师不低于 80 元/m^2。住宅装修建筑面积每平方米在 2000 元人民币以上的为豪华装修，其设计服务项目和收费双方可另行议定。

第五部分

装饰装修工程相关标准、规范

（一）建筑设计

1.《民用建筑设计通则》（GB 50352—2005）（强制性条文摘要）

强制性条文共六条，分别为第 4.2.1、6.6.3（1、4）、6.7.2、6.7.9、6.12.5、6.14.1 条，摘录如下：

2.1.2 基地高程

一、基地地面高程应按城市规划确定的控制标高设计。

2.1.4 相邻基地边界线的建筑与空地

三、除城市规划确定的永久性空地外，紧接基地边界线的建筑不得向邻地方向设洞口、门窗、阳台、挑檐、废气排出口及排泄雨水。

2.2.1 不允许突入道路红线的建筑突出物

一、建筑物的台阶、平台、窗井。

二、地下建筑及建筑基础。

三、除基地内连接城市管线以外的其他地下管线。

3.3.2 地面排水

一、基地内应有排除地面及路面雨水至城市排水系统的设施。

4.2.1 楼梯

二、供日常主要交通用的楼梯的梯段净宽应根据建筑物使用特征，一般按每股人流宽为0.55＋（0～0.15）m 的人流股数确定，并不应少于两股人流。

三、梯段改变方向时，平台扶手处的最小宽度不应小于梯段净宽。

四、每个梯段的踏步一般不应超过 18 级，亦不应少于 3 级。

五、楼梯平台上部及下部过道处的净高不应小于 2m。楼段净高不应小于 2.20m。

九、有儿童经常使用的楼梯的梯井净宽大于 0.20m 时，必须采取安全措施。

4.2.4 栏杆凡阳台、外廊、室内回廊、内天井、上人屋面及室外楼梯等临空处应设置防护栏杆，并应符合下列规定：

栏杆应以坚固、耐久的材料制作，并能承受荷载规范规定的水平荷载；

栏杆高度不应小于 1.05m，高层建筑的栏杆高度应再适当提高，但不宜超过1.20m；

栏杆离地面或屋面 0.10m 高度内不应留空；

有儿童活动的场所，栏杆应采用不易攀登的构造。

4.4.4 楼地面

四、存放食品、食料或药物等房间，其存放物有可能与地面直接接触者，严禁采用有毒性的塑料、涂料或水玻璃等做面层材料。

4.5.2 窗

四、窗台低于 0.8m 时，应采取防护措施。

4.7.1 建筑物内的公用厕所、盥洗室、浴室应符合下列规定：

一、上述用房不应布置在餐厅、食品加工、食品贮存、配电及变电等有严格卫生要求或防潮要求用房的直接上层；

四、楼地面、楼地面沟槽，管道穿楼板及楼板接板面处应严密防水、防渗漏。

4.8.1 管道井

三、在安全、防火和卫生方面互有影响的管道不应敷设在同一竖井内。

4.9.1 烟道、通风道

五、排烟和通风不得使用同一管道系统。

2.《城市道路和建筑物无障碍设计》(JGJ 50—2001)(强制性条文摘要)

强制性条文共十九条，分别为第5.1.1、5.1.2、5.1.3、5.1.4、5.1.5、5.1.6、5.2.1、6.1.1、6.2.1、7.1.2、7.1.3、7.2.5、7.3.1、7.4.1、7.7.1、7.8.1、7.8.2、7.9.1、7.10.1条。

5.1.1 办公、科研建筑进行无障碍设计的范围应符合表5.1.1的规定。

无障碍设计的范围 **表5.1.1**

	建筑类别	设计部位
办公、科研建筑	• 各级政府办公建筑 • 各级司法部门建筑 • 企、事业办公建筑 • 各类科研建筑 • 其他招商、办公、社区服务建筑	1. 建筑基地（人行通路、停车车位） 2. 建筑入口、入口平台及门 3. 水平与垂直交通 4. 接待用房(一般接待室、贵宾接待室) 5. 公共用房(会议室、报告厅、审判厅等) 6. 公共厕所 7. 服务台、公共电话、饮水器等相应设施

注：县级及县级以上的政府机关与司法部门，必须设无障碍专用厕所。

5.1.2 商业、服务建筑进行无障碍设计的范围应符合表5.1.2的规定。

无障碍设计的范围 **表5.1.2**

<table>
<tr><th></th><th>建筑类别</th><th>设计部位</th></tr>
<tr><td>商业建筑</td><td>• 百货商店、综合商场建筑
• 自选超市、菜市场类建筑
• 餐馆、饮食店、食品店建筑</td><td rowspan="2">1. 建筑入口及门
2. 水平与垂直交通
3. 普通营业区、自选营业区
4. 餐饮厅、游乐用房
5. 顾客休息与服务用房
6. 公共厕所、公共浴室
7. 宾馆、饭店、招待所的公共部分与客房部分
8. 总服务台、业务台、取款机、查询台、结算通道、公用电话、饮水器、停车车位等相应设施</td></tr>
<tr><td>服务建筑</td><td>• 金融、邮电建筑
• 招待所、培训中心建筑
• 宾馆、饭店、旅馆
• 洗浴、美容美发建筑
• 殡仪馆建筑等</td></tr>
</table>

注：1. 商业与服务建筑的入口宜设无障碍入口。

2. 设有公共厕所的大型商业与服务建筑，必须设无障碍专用厕所。

3. 有楼层的大型商业与服务建筑应设无障碍电梯。

5.1.3 文化、纪念建筑进行无障碍设计的范围应符合表5.1.3的规定。

无障碍设计的范围　　表5.1.3

<table>
<tr><th></th><th>建筑类别</th><th>设计部位</th></tr>
<tr><td>文化建筑</td><td>•文化馆建筑
•图书馆建筑
•科技馆建筑
•博物馆、展览馆建筑
•档案馆建筑等</td><td rowspan="2">1. 建筑基地（庭院、人行通路、停车车位）
2. 建筑入口、入口平台及门
3. 水平与垂直交通
4. 接待室、休息室、信息及查询服务
5. 出纳、目录厅、阅览室、阅读室
6. 展览厅、报告厅、陈列室、视听室等
7. 公共厕所
8. 售票处、总服务台、公共电话、饮水器等相应设施</td></tr>
<tr><td>纪念性建筑</td><td>•纪念馆
•纪念塔
•纪念碑
•纪念物等</td></tr>
</table>

注：1. 设有公共厕所的大型文化与纪念建筑，必须设无障碍专用厕所。
2. 有楼层的大型文化与纪念建筑应设无障碍电梯。

5.1.4 观演、体育建筑进行无障碍设计的范围应符合表5.1.4的规定。

无障碍设计的范围　　表5.1.4

<table>
<tr><th></th><th>建筑类别</th><th>设计部位</th></tr>
<tr><td>观演建筑</td><td>•剧场、剧院建筑
•电影院建筑
•音乐厅建筑
•礼堂、会议中心建筑</td><td rowspan="2">1. 建筑基地（人行通路、停车车位）
2. 建筑入口、入口平台及门
3. 水平与垂直交通
4. 前厅、休息厅、观众席
5. 主席台、贵宾休息室
6. 舞台、后台、排练房、化妆室
7. 训练场地、比赛场地
8. 观众厕所
9. 演员、运动员厕所与浴室
10. 售票处、公共电话、饮水器等相应设施</td></tr>
<tr><td>体育建筑</td><td>•体育场、体育馆建筑
•游泳馆建筑
•溜冰馆、溜冰场建筑
•健身房（风雨操场）</td></tr>
</table>

注：1. 观演与体育建筑的观众席、听众席和主席台必须设轮椅席位。
2. 大型观演与体育建筑的观众厕所和贵宾室，必须设无障碍专用厕所。

5.1.5 交通、医疗建筑进行无障碍设计的范围应符合表5.1.5的规定。

无障碍设计的范围　　表5.1.5

<table>
<tr><th></th><th>建筑类别</th><th>设计部位</th></tr>
<tr><td>交通建筑</td><td>•空港航站楼建筑
•铁路旅客客运站建筑
•汽车客运站建筑
•地铁客运站建筑
•港口客运站建筑</td><td rowspan="2">1. 站前广场、人行通路、庭院、停车车位
2. 建筑入口及门
3. 水平与垂直交通
4. 售票、联检通道，旅客候机、车、船厅及中转区
5. 行李托运、提取、寄存及商业服务区
6. 登机桥、天桥、地道、站台、引桥及旅客到达区
7. 门诊用房、急诊用房、住院病房、疗养用房
8. 放射、检验及功能检查用房、理疗用房等
9. 公共厕所
10. 服务台、挂号、取药、公共电话、饮水器及查询台等</td></tr>
<tr><td>医疗建筑</td><td>•综合医院、专科医院建筑
•疗养院建筑
•康复中心建筑
•急救中心建筑
•其他医疗、休养建筑</td></tr>
</table>

注：1. 交通与医疗建筑的入口应设无障碍入口。
2. 交通与医疗建筑必须设无障碍专用厕所。
3. 有楼层的交通与医疗建筑应设无障碍电梯。

5.1.6 学校、园林建筑进行无障碍设计的范围应符合表 5.1.6 的规定。

无障碍设计的范围 **表 5.1.6**

建筑类别		设计部位
学校建筑	• 高等院校 • 专业学校 • 职业高中与中、小学及托幼建筑 • 培智学校 • 聋哑学校 • 盲人学校	1. 建筑基地（人行通路、停车车位） 2. 建筑入口、入口平台及门 3. 水平与垂直交通 4. 普通教室、合班教室、电教室 5. 实验室、图书阅览室 6. 自然、史地、美术、书法、音乐教室 7. 风雨操场、游泳馆 8. 观展区、表演区、儿童活动区 9. 室内外公共厕所 10. 售票处、服务台、公用电话、饮水器等相应设施
园林建筑	• 城市广场 • 城市公园 • 街心花园 • 动物园、植物园 • 海洋馆 • 游乐园与旅游景点	

注：大型园林建筑及主要旅游地段必须设无障碍专用厕所。

5.2.1 高层、中高层住宅及公寓建筑进行无障碍设计的范围应符合表 5.2.1 的规定。

无障碍设计的范围 **表 5.2.1**

建筑类别	设计部位
• 高层建筑 • 中高层建筑 • 高层公寓 • 中高层公寓	1. 建筑入口 2. 入口平台 3. 候梯厅 4. 电梯轿厢 5. 公共走道 6. 无障碍住房

注：高层、中高层住宅及公寓建筑，每 50 套住房宜设两套符合乘轮椅者居住的无障碍住房套型。

6.1.1 居住区道路进行无障碍设计应包括以下范围：

1. 居住区路的人行道（居住区级）；
2. 小区路的人行道（小区级）；
3. 组团路的人行道（组团级）；
4. 宅间小路的人行道。

6.2.1 居住公共绿地进行无障碍设计应包括以下范围：

1. 居住区公园（居住区级）；
2. 小游园（小区级）；
3. 组团绿地（组团级）；
4. 儿童活动场。

7.1.2 公共建筑与高层、中高层居住建筑入口设台阶时，必须设轮椅坡道和扶手。

7.1.3 建筑入口轮椅通行平台最小宽度应符合表 7.1.3 的规定。

入口平台宽度 **表 7.1.3**

建筑类别	入口平台最小宽度（m）	建筑类别	入口平台最小宽度（m）
1. 大、中型公共建筑	≥2.00	4. 多、低层无障碍住宅、公寓建筑	≥1.50
2. 小型公共建筑	≥1.50	5. 无障碍宿舍建筑	≥1.50
3. 中、高层建筑、公寓建筑	≥2.00		

7.2.5 坡道在不同坡度的情况下，坡道高度和水平长度应符合表 7.2.5 的规定。

坡道高度和水平长度　　表 7.2.5

坡度	1∶20	1∶16	1∶12	1∶10	1∶8
最大高度（m）	1.50	1.00	0.75	0.60	0.35
水平长度（m）	30.00	16.00	9.00	6.00	2.80

7.3.1 乘轮椅者通行的走道和通路最小宽度应符合表 7.3.1 的规定。

轮椅通行最小宽度　　表 7.3.1

建筑类别	最小宽度	建筑类别	最小宽度
1. 大型公共建筑走道	≥1.80	4. 居住建筑走廊	≥1.20
2. 中小型公共建筑走道	≥.50	5. 建筑基地人行通路	≥1.50
3. 检票口、结算口轮椅通道	≥0.90		

7.4.1 供残疾人使用的门应符合下列规定：

1. 应采用自动门，也可采用推拉门、折叠门或平开门，不应采用力度大的弹簧门；
2. 在旋转门一侧应另设残疾人使用的门；
3. 轮椅通行门的净宽应符合表 7.4.1 的规定。

门　的　净　宽　　表 7.4.1

类　别	净　宽（m）	类　别	净　宽（m）
1. 自动门	≥1.00	3. 平开门	≥0.80
2. 推拉门、折叠门	≥0.80	4. 弹簧门（小力度）	≥0.80

4. 乘轮椅者开启的推拉门和平开门，在门把手一侧的墙面，应留有不小于 0.5m 的墙面宽度。
5. 乘轮椅者开启的门扇，应安装视线观察玻璃、横执把手和关门拉手，在门扇的下方应安装高 0.35m 的护门板。
6. 门扇在一只手的操纵下应易于开启，门槛高度及门内外地面高差不应大于 15mm，并应以斜面过渡。

7.7.1 在公共建筑中配备电梯时，必须设无障碍电梯。

7.8.1 公共厕所无障碍设施与设计要求应符合表 7.8.1 的规定。

公共厕所无障碍设施与设计要求　　表 7.8.1

设施类别	设　计　要　求
入　口	应符合本规范第 7 章第 1 节的有关规定
门　扇	应符合本规范第 7 章第 4 节的有关规定
通　道	地面应防滑和不积水，宽度不应小于 1.50m
洗手盆	1. 距洗手盆两侧和前缘 50mm 应设安全抓杆 2. 洗手盆前应有 1.10×0.80 乘轮椅者使用面积
男厕所	1. 小便器两侧和上方，应设宽 0.60～0.70、高 1.20m 的安全抓杆 2. 小便器下口距地面不应大于 0.50m
无障碍厕位	1. 男、女公共厕所应各设一个无障碍隔间厕位 2. 新建无障碍厕位面积不应小于 1.80m×1.40m 3. 改建无障碍厕位面积不应小于 2.00m×1.00m 4. 厕位门扇向外开启后，入口净宽不应小于 0.80m，门扇内侧应设关门拉手 5. 坐便器高 0.45m，两侧应设高 0.70m 水平抓杆，在墙面一侧应设高 1.40m 的垂直抓杆
安全抓杆	1. 安全抓杆直径应为 30～40mm 2. 安全抓杆内侧应距墙面 40mm 3. 抓杆应安装坚固

7.8.2 专用厕所无障碍设施与设计要求应符合表 7.8.2 的规定。

专用厕所无障碍设施与设计要求　　表 7.8.2

设施类别	设计要求
设置位置	政府机关和大型公共建筑及城市的主要地段，应设无障碍专用厕所
入　口	应符合本规范第 7 章第 1 节的有关规定
门　扇	1. 应符合本规范第 7 章第 4 节的有关规定 2. 应采用门外可紧急开启的门插销
面　积	≥2.00m×2.00m
坐便器	坐便器高应为 0.45m，两侧应设高 0.70m 水平抓杆，在墙面一侧应为设高 1.40m 的垂直抓杆
洗手盆	两侧和前缘 50mm 处应设置安全抓杆
放物台	长、宽、高为 0.80m×0.50m×0.60m，台面宜采用木制品或革制品
挂衣钩	可设高 1.20m 的挂衣钩
呼叫按钮	距地面 0.40～0.50m 处应设求助呼叫按钮
安全抓杆	符合本规范第 7.8.1 条的有关规定

7.9.1 设有观众席和听众席的公共建筑，应设轮椅席位。

7.10.1 设有客房的公共建筑应设无障碍客房，其设施与设计要求应符合表 7.10.1 的规定。

无障碍客房的设施与设计要求　　表 7.10.1

类　别	设计要求
客房位置	1. 应便于到达、疏散和进出方便 2. 餐厅、购物和康乐等设施的公共通道应方便轮椅到达
客房数量（标准间）	1. 100 间以下，应设 1～2 间无障碍客房 2. 100～400 间，应设 2～4 间无障碍客房 3. 400 间以上，应设 3 间以上无障碍客房
客房内过道	1. 出口及床前过道的宽度不应小于 1.50m 2. 床间距离不应小于 1.20m
客房门	应符合本规范第 7 章第 4 节有关规定
卫生间	1. 门扇向外开启，净宽不应小于 0.80m 2. 轮椅回转直径不应小于 1.50m 3. 浴盆、坐便器、洗面盆及安全抓杆等应符合本规范第 7 章第 8 节的有关规定
电器与家具	1. 位置和高度应方便乘轮椅者靠近和使用 2. 床、坐便器、浴盆高度应为 0.45m 3. 客房及卫生间应设求助呼叫按钮

3. 相关规范标准的名称及编号

(1)《民用建筑热工设计规范》(GB 50176—93)

(2)《民用建筑节能设计标准》(JGJ 26—95)

(3)《建筑照明设计标准》(GB 50034—2004)

(4)《民用建筑隔声设计规范》(GBJ 118—88)

（二）建筑防火

4.《建筑设计防火规范》(GB 50016—2006)(强制性条文摘要)

现行《建筑设计防火规范》是在GBJ 16—1987版本基础上经过几次修订形成国家标准，编号为GB 50016—2006，自2006年12月1日起实施。其中，第3.1.2、3.2.1、3.2.2、3.2.7、3.2.8、3.3.1、3.3.2、3.3.7、3.3.8、3.3.10、3.3.11、3.3.13、3.3.14、3.3.15、3.3.16、3.3.18、3.4.1、3.4.2、3.4.3、3.4.4、3.4.9、3.4.11、3.5.1、3.5.2、3.6.2、3.6.6、3.6.8、3.6.10、3.6.11、3.7.1、3.7.2、3.7.3、3.7.4、3.7.5、3.7.6、3.8.1、3.8.2、3.8.3、3.8.7、4.1.2、4.1.3、4.1.4、4.2.1、4.2.2、4.2.3、4.2.5、4.3.1、4.3.2、4.3.3、4.3.5、4.3.6、4.4.1、4.4.2、4.4.3、4.4.4、4.4.5、4.4.6、5.1.1、5.1.2、5.1.3、5.1.6、5.1.7、5.1.8、5.1.9、5.1.10、5.1.11、5.1.12、5.1.13、5.1.15、5.2.1、5.3.1、5.3.2、5.3.3、5.3.4、5.3.5、5.3.6、5.3.8、5.3.9、5.3.11、5.3.12、5.3.13、5.3.14、5.3.16、5.3.17、5.4.2、5.4.3、5.4.4、5.4.5、5.4.6、6.0.1、6.0.4、6.0.6、6.0.7（3、4）、6.0.8、6.0.9、6.0.10、7.1.1、7.1.2、7.1.3、7.1.5、7.1.6、7.2.1、7.2.2、7.2.3、7.2.4、7.2.5、7.2.7、7.2.9、7.2.10、7.2.11、7.3.5、7.4.1（1、4、5、6）、7.4.2（1、2、3、4）、7.4.3、7.4.4、7.4.10、7.4.12、7.5.2、7.5.3、7.6.2、8.1.2、8.1.3、8.2.1、8.2.2、8.2.3、8.2.4、8.2.5、8.2.6、8.3.1、8.4.1、8.5.1、8.5.3、8.5.4、8.5.5、8.5.6、8.6.1、8.6.2、8.6.3、8.6.4、8.6.5、8.6.9、9.1.2、9.1.3、9.1.5、9.2.2（1、2、3）、9.3.1、9.3.3、9.4.1、9.4.3（3）、9.4.5、10.1.2、10.1.3、10.1.4、10.2.2、10.2.3、10.3.2、10.3.5、10.3.6（1）、10.3.8、10.3.9、10.3.10、10.3.12、10.3.17、11.1.1（1、2）、11.1.3、11.1.4、11.1.6（1）、11.2.1、11.2.4、11.3.1、11.3.2、11.3.4、11.3.5、11.4.1、11.4.2、11.4.4条（款）为强制性条文，必须严格执行。原《建筑设计防火规范》GBJ 16—87同时废止。

现将《建筑设计防火规范》GB 50016—2006强制性条文摘要如下：

3.1.2 同一座厂房或厂房的任一防火分区内有不同火灾危险性生产时，该厂房或防火分区内的生产火灾危险性分类应按火灾危险性较大的部分确定。当符合下述条件之一时，可按火灾危险性较小的部分确定：

1 火灾危险性较大的生产部分占本层或本防火分区面积的比例小于5%或丁、戊类厂房内的油漆工段小于10%，且发生火灾事故时不足以蔓延到其他部位或火灾危险性较大的生产部分采取了有效的防火措施；

2 丁、戊类厂房内的油漆工段，当采用封闭喷漆工艺，封闭喷漆空间内保持负压、油漆工段设置可燃气体自动报警系统或自动抑爆系统，且油漆工段占其所在防火分区面积的比例小于等于20%。

3.2.1 厂房（仓库）的耐火等级可分为一、二、三、四级。其构件的燃烧性能和耐火极限除本规范另有规定者外，不应低于表3.2.1的规定。

厂房（仓库）建筑构件的燃烧性能和耐火极限（h） **表 3.2.1**

名称		耐火等级			
构件		一级	二级	三级	四级
墙	防火墙	不燃烧体 3.00	不燃烧体 3.00	不燃烧体 3.00	不燃烧体 3.00
	承重墙	不燃烧体 3.00	不燃烧体 2.50	不燃烧体 2.00	难燃烧体 0.50
	楼梯间和电梯井的墙	不燃烧体 2.00	不燃烧体 2.00	不燃烧体 1.50	难燃烧体 0.50
	疏散走道两侧的隔墙	不燃烧体 1.00	不燃烧体 1.00	不燃烧体 0.50	难燃烧体 0.25
	非承重外墙	不燃烧体 0.75	不燃烧体 0.50	难燃烧体 0.50	难燃烧体 0.25
	房间隔墙	不燃烧体 0.75	不燃烧体 0.50	难燃烧体 0.50	难燃烧体 0.25
柱		不燃烧体 3.00	不燃烧体 2.50	不燃烧体 2.00	难燃烧体 0.50
梁		不燃烧体 2.00	不燃烧体 1.50	不燃烧体 1.00	难燃烧体 0.50
楼板		不燃烧体 1.50	不燃烧体 1.00	不燃烧体 0.75	难燃烧体 0.50
屋顶承重构件		不燃烧体 1.50	不燃烧体 1.00	难燃烧体 0.50	燃烧体
疏散楼梯		不燃烧体 1.50	不燃烧体 1.00	不燃烧体 0.75	燃烧体
吊顶（包括吊顶搁栅）		不燃烧体 0.25	难燃烧体 0.25	难燃烧体 0.15	燃烧体

注：二级耐火等级建筑的吊顶采用不燃烧体时，其耐火极限不限。

3.2.2 下列建筑中的防火墙，其耐火极限应按本规范表 3.2.1 的规定提高 1.00h：

1 甲、乙类厂房；

2 甲、乙、丙类仓库。

3.2.7 二级耐火等级的多层厂房或多层仓库中的楼板，当采用预应力和预制钢筋混凝土楼板时，其耐火极限不应低于 0.75h。

3.2.8 一、二级耐火等级厂房（仓库）的上人平屋顶，其屋面板的耐火极限分别不应低于 1.50h 和 1.00h。

一级耐火等级的单层、多层厂房（仓库）中采用自动喷水灭火系统进行全保护时，其屋顶承重构件的耐火极限不应低于 1.00h。

二级耐火等级厂房的屋顶承重构件可采用无保护层的金属构件，其中能受到甲、乙、丙类液体火焰影响的部位应采取防火隔热保护措施。

3.3.1 厂房的耐火等级、层数和每个防火分区的最大允许建筑面积除本规范另有规定者外，应符合表3.3.1的规定。

厂房的耐火等级、层数和防火分区的最大允许建筑面积 **表3.3.1**

生产类别	厂房的耐火等级	最多允许层数	每个防火分区的最大允许建筑面积（m^2）			
			单层厂房	多层厂房	高层厂房	地下、半地下厂房，厂房的地下室、半地下室
甲	一级 二级	除生产必须采用多层者外，宜采用单层	4000 3000	3000 2000	— —	— —
乙	一级 二级	不限 6	5000 4000	4000 3000	2000 1500	— —
丙	一级 二级 三级	不限 不限 2	不限 8000 3000	6000 4000 2000	3000 2000 —	500 500 —
丁	一、二级 三级 四级	不限 3 1	不限 4000 1000	不限 2000 —	4000 — —	1000 — —
戊	一、二级 三级 四级	不限 3 1	不限 5000 1500	不限 3000 —	6000 — —	1000 — —

注：1 防火分区之间应采用防火墙分隔。除甲类厂房外的一、二级耐火等级单层厂房，当其防火分区的建筑面积大于本表规定，且设置防火墙确有困难时，可采用防火卷帘或防火分隔水幕分隔。采用防火卷帘时应符合本规范第7.5.3条的规定；采用防火分隔水幕时，应符合现行国家标准《自动喷水灭火系统设计规范》GB 50084的有关规定；

2 除麻纺厂房外，一级耐火等级的多层纺织厂房和二级耐火等级的单层、多层纺织厂房，其每个防火分区的最大允许建筑面积可按本表的规定增加0.5倍，但厂房内的原棉开包、清花车间均应采用防火墙分隔；

3 一、二级耐火等级的单层、多层造纸生产联合厂房，其每个防火分区的最大允许建筑面积可按本表的规定增加1.5倍。一、二级耐火等级的湿式造纸联合厂房，当纸机烘缸罩内设置自动灭火系统，完成工段设置有效灭火设施保护时，其每个防火分区的最大允许建筑面积可按工艺要求确定；

4 一、二级耐火等级的谷物筒仓工作塔，当每层工作人数不超过2人时，其层数不限；

5 一、二级耐火等级卷烟生产联合厂房内的原料、备料及成组配方、制丝、储丝和卷接包、辅料周转、成品暂存、二氧化碳膨胀烟丝等生产用房应划分独立的防火分隔单元，当工艺条件许可时，应采用防火墙进行分隔。其中制丝、储丝和卷接包车间可划分为一个防火分区，且每个防火分区的最大允许建筑面积可按工艺要求确定。但制丝、储丝及卷接包车间之间应采用耐火极限不低于2.00h的墙体和1.00h的楼板进行分隔。厂房内各水平和竖向分隔间的开口应采取防止火灾蔓延的措施；

6 本表中“—”表示不允许。

3.3.2 仓库的耐火等级、层数和面积除本规范另有规定者外，应符合表3.3.2的规定。

仓库的耐火等级、层数和面积　　　　表 3.3.2

储存物品类别		仓库的耐火等级	最多允许层数	每座仓库的最大允许占地面积和每个防火分区的最大允许建筑面积（m^2）						
				单层仓库		多层仓库		高层仓库		地下、半地下仓库或仓库的地下室、半地下室
				每座仓库	防火分区	每座仓库	防火分区	每座仓库	防火分区	防火分区
甲	3、4项	一级	1	180	60	—	—	—	—	—
	1、2、5、6项	一、二级	1	750	250	—	—	—	—	—
乙	1、3、4项	一、二级	3	2000	500	900	300	—	—	—
		三级	1	500	250	—	—	—	—	—
	2、5、6项	一、二级	5	2800	700	1500	500	—	—	—
		三级	1	900	300	—	—	—	—	—
丙	1项	一、二级	5	4000	1000	2800	700	—	—	150
		三级	1	1200	400	—	—	—	—	—
	2项	一、二级	不限	6000	1500	4800	1200	4000	1000	300
		三级	3	2100	700	1200	400	—	—	—
丁		一、二级	不限	不限	3000	不限	1500	4800	1200	500
		三级	3	3000	1000	1500	500	—	—	—
		四级	1	2100	700	—	—	—	—	—
戊		一、二级	不限	不限	不限	不限	2000	6000	1500	1000
		三级	3	3000	1000	2100	700	—	—	—
		四级	1	2100	700	—	—	—	—	—

注：1　仓库中的防火分区之间必须采用防火墙分隔；

2　石油库内桶装油品仓库应按现行国家标准《石油库设计规范》GB 50074 的有关规定执行；

3　一、二级耐火等级的煤均化库，每个防火分区的最大允许建筑面积不应大于 12000m^2；

4　独立建造的硝酸铵仓库、电石仓库、聚乙烯等高分子制品仓库、尿素仓库、配煤仓库、造纸厂的独立成品仓库以及车站、码头、机场内的中转仓库，当建筑的耐火等级不低于二级时，每座仓库的最大允许占地面积和每个防火分区的最大允许建筑面积可按本表的规定增加 1.0 倍；

5　一、二级耐火等级粮食平房仓的最大允许占地面积不应大于 12000m^2，每个防火分区的最大允许建筑面积不应大于 3000m^2；三级耐火等级粮食平房仓的最大允许占地面积不应大于 3000m^2，每个防火分区的最大允许建筑面积不应大于 1000m^2；

6　一、二级耐火等级冷库的最大允许占地面积和防火分区的最大允许建筑面积，应按现行国家标准《冷库设计规范》GB 50072 的有关规定执行；

7　酒精度为 50%（v/v）以上的白酒仓库不宜超过 3 层；

8　本表中"—"表示不允许。

3.3.7　甲、乙类生产场所不应设置在地下或半地下。甲、乙类仓库不应设置在地下或半地下。

3.3.8 厂房内严禁设置员工宿舍。

办公室、休息室等不应设置在甲、乙类厂房内，当必须与本厂房贴邻建造时，其耐火等级不应低于二级，并应采用耐火极限不低于3.00h的不燃烧体防爆墙隔开和设置独立的安全出口。

在丙类厂房内设置的办公室、休息室，应采用耐火极限不低于2.50h的不燃烧体隔墙和1.00h的楼板与厂房隔开，并应至少设置1个独立的安全出口。如隔墙上需开设相互连通的门时，应采用乙级防火门。

3.3.10 厂房内设置丙类仓库时，必须采用防火墙和耐火极限不低于1.50h的楼板与厂房隔开，设置丁、戊类仓库时，必须采用耐火极限不低于2.50h的不燃烧体隔墙和1.00h的楼板与厂房隔开。仓库的耐火等级和面积应符合本规范第3.3.2条和第3.3.3条的规定。

3.3.11 厂房中的丙类液体中间储罐应设置在单独房间内，其容积不应大于$1m^3$。设置该中间储罐的房间，其围护构件的耐火极限不应低于二级耐火等级建筑的相应要求，房间的门应采用甲级防火门。

3.3.13 油浸变压器室、高压配电装置室的耐火等级不应低于二级，其他防火设计应按现行国家标准《火力发电厂和变电所设计防火规范》GB 50229等规范的有关规定执行。

3.3.14 变、配电所不应设置在甲、乙类厂房内或贴邻建造，且不应设置在爆炸性气体、粉尘环境的危险区域内。供甲、乙类厂房专用的10kV及以下的变、配电所，当采用无门窗洞口的防火墙隔开时，可一面贴邻建造，并应符合现行国家标准《爆炸和火灾危险环境电力装置设计规范》GB 50058等规范的有关规定。

乙类厂房的配电所必须在防火墙上开窗时，应设置密封固定的甲级防火窗。

3.3.15 仓库内严禁设置员工宿舍。

甲、乙类仓库内严禁设置办公室、休息室等，并不应贴邻建造。

在丙、丁类仓库内设置的办公室、休息室，应采用耐火极限不低于2.50h的不燃烧体隔墙和1.00h的楼板与库房隔开，并应设置独立的安全出口。如隔墙上需开设相互连通的门时，应采用乙级防火门。

3.3.16 高架仓库的耐火等级不应低于二级。

3.3.18 甲、乙类厂房（仓库）内不应设置铁路线。

丙、丁、戊类厂房（仓库），当需要出入蒸汽机车和内燃机车时，其屋顶应采用不燃烧体或采取其它防火保护措施。

3.4.1 除本规范另有规定者外，厂房之间及其与乙、丙、丁、戊类仓库、民用建筑等之间的防火间距不应小于表3.4.1的规定。

厂房之间及其与乙、丙、丁、戊类仓库、民用建筑等之间的防火间距（m） 表3.4.1

名称	甲类厂房	单层、多层乙类厂房（仓库）	单层、多层丙、丁、戊类厂房（仓库）			高层厂房（仓库）	民用建筑		
			耐火等级				耐火等级		
			一、二级	三级	四级		一、二级	三级	四级
甲类厂房	12.0	12.0	12.0	14.0	16.0	13.0	25.0		
单层、多层乙类厂房	12.0	10.0	10.0	12.0	14.0	13.0	25.0		

续表

名称			甲类厂房	单层、多层乙类厂房（仓库）	单层、多层丙、丁、戊类厂房（仓库）			高层厂房（仓库）	民用建筑		
					耐火等级				耐火等级		
					一、二级	三级	四级		一、二级	三级	四级
单层、多层丙、丁类厂房	耐火等级	一、二级	12.0	10.0	10.0	12.0	14.0	13.0	10.0	12.0	14.0
		三级	14.0	12.0	12.0	14.0	16.0	15.0	12.0	14.0	16.0
		四级	16.0	14.0	14.0	16.0	18.0	17.0	14.0	16.0	18.0
单层、多层戊类厂房		一、二级	12.0	10.0	10.0	12.0	14.0	13.0	6.0	7.0	9.0
		三级	14.0	12.0	12.0	14.0	16.0	15.0	7.0	8.0	10.0
		四级	16.0	14.0	14.0	16.0	18.0	17.0	9.0	10.0	12.0
高层厂房			13.0	13.0	13.0	15.0	17.0	13.0	13.0	15.0	17.0
室外变、配电站变压器总油量（t）	≥5，≤10		25.0	25.0	12.0	15.0	20.0	12.0	15.0	20.0	25.0
	＞10，≤50				15.0	20.0	25.0	15.0	20.0	25.0	30.0
	＞50				20.0	25.0	30.0	20.0	25.0	30.0	35.0

注：1 建筑之间的防火间距应按相邻建筑外墙的最近距离计算，如外墙有凸出的燃烧构件，应从其凸出部分外缘算起；

2 乙类厂房与重要公共建筑之间的防火间距不宜小于 50.0m。单层、多层戊类厂房之间及其与戊类仓库之间的防火间距，可按本表的规定减少 2.0m。为丙、丁、戊类厂房服务而单独设立的生活用房应按民用建筑确定，与所属厂房之间的防火间距不应小于 6.0m。必须相邻建造时，应符合本表注 3、4 的规定；

3 两座厂房相邻较高一面的外墙为防火墙时，其防火间距不限，但甲类厂房之间不应小于 4.0m。两座丙、丁、戊类厂房相邻两面的外墙均为不燃烧体，当无外露的燃烧体屋檐，每面外墙上的门窗洞口面积之和各小于等于该外墙面积的 5%，且门窗洞口不正对开设时，其防火间距可按本表的规定减少 25%；

4 两座一、二级耐火等级的厂房，当相邻较低一面外墙为防火墙且较低一座厂房的屋顶耐火极限不低于 1.00h，或相邻较高一面外墙的门窗等开口部位设置甲级防火门窗或防火分隔水幕或按本规范第 7.5.3 条的规定设置防火卷帘时，甲、乙类厂房之间的防火间距不应小于 6.0m；丙、丁、戊类厂房之间的防火间距不应小于 4.0m；

5 变压器与建筑之间的防火间距应从距建筑最近的变压器外壁算起。发电厂内的主变压器，其油量可按单台确定；

6 耐火等级低于四级的原有厂房，其耐火等级应按四级确定。

3.4.2 甲类厂房与重要公共建筑之间的防火间距不应小于 50.0m，与明火或散发火花地点之间的防火间距不应小于 30.0m，与架空电力线的最小水平距离应符合本规范第 11.2.1 条的规定，与甲、乙、丙类液体储罐，可燃、助燃气体储罐，液化石油气储罐，可燃材料堆场的防火间距，应符合本规范第 4 章的有关规定。

3.4.3 散发可燃气体、可燃蒸汽的甲类厂房与铁路、道路等的防火间距不应小于表 3.4.3 的规定，但甲类厂房所属厂内铁路装卸线当有安全措施时，其间距可不受表 3.4.3 规定的限制。

甲类厂房与铁路、道路等的防火间距（m）　　表 3.4.3

名称	厂外铁路线中心线	厂内铁路线中心线	厂外道路路边	厂内道路路边	
				主要	次要
甲类厂房	30.0	20.0	15.0	10.0	5.0

注：厂房与道路路边的防火间距按建筑距道路最近一侧路边的最小距离计算。

3.4.4 高层厂房与甲、乙、丙类液体储罐，可燃、助燃气体储罐，液化石油气储罐，可燃材料堆场（煤和焦炭场除外）的防火间距，应符合本规范第4章的有关规定，且不应小于13.0m。

3.4.9 一级汽车加油站、一级汽车液化石油气加气站和一级汽车加油加气合建站不应建在城市建成区内。

3.4.11 电力系统电压为35～500kV且每台变压器容量在10MVA以上的室外变、配电站以及工业企业的变压器总油量大于5t的室外降压变电站，与建筑之间的防火间距不应小于本规范第3.4.1条和第3.5.1条的规定。

3.5.1 甲类仓库之间及其与其它建筑、明火或散发火花地点、铁路、道路等的防火间距不应小于表3.5.1的规定，与架空电力线的最小水平距离应符合本规范第11.2.1条的规定。厂内铁路装卸线与设置装卸站台的甲类仓库的防火间距，可不受表3.5.1规定的限制。

甲类仓库之间及其与其他建筑、明火或散发火花地点、铁路等的防火间距（m）

表3.5.1

名　　称		甲类仓库及其储量（t）			
		甲类储存物品第3、4项		甲类储存物品第1、2、5、6项	
		≤5	>5	≤10	>10
重要公共建筑		50.0			
甲类仓库		20.0			
民用建筑、明火或散发火花地点		30.0	40.0	25.0	30.0
其他建筑	一、二级耐火等级	15.0	20.0	12.0	15.0
	三级耐火等级	20.0	25.0	15.0	20.0
	四级耐火等级	25.0	30.0	20.0	25.0
电力系统电压为35～500kV且每台变压器容量在10MVA以上的室外变、配电站工业企业的变压器总油量大于5t的室外降压变电站		30.0	40.0	25.0	30.0
厂外铁路线中心线		40.0			
厂内铁路线中心线		30.0			
厂外道路路边		20.0			
厂内道路路边	主要	10.0			
	次要	5.0			

注：甲类仓库之间的防火间距，当第3、4项物品储量小于等于2t，第1、2、5、6项物品储量小于等于5t时，不应小于12.0m，甲类仓库与高层仓库之间的防火间距不应小于13m。

3.5.2 除本规范另有规定者外，乙、丙、丁、戊类仓库之间及其与民用建筑之间的防火间距，不应小于表3.5.2的规定。

乙、丙、丁、戊类仓库之间及其与民用建筑之间的防火间距（m）　　表 3.5.2

建筑类型		单层、多层乙、丙、丁、戊类仓库						高层仓库	甲类厂房
		单层、多层乙、丙、丁类仓库			单层、多层戊类仓库				
	耐火等级	一、二级	三级	四级	一、二级	三级	四级	一、二级	一、二级
单层、多层乙、丙、丁、戊类仓库	一、二级	10.0	12.0	14.0	10.0	12.0	14.0	13.0	12.0
	三级	12.0	14.0	16.0	12.0	14.0	16.0	15.0	14.0
	四级	14.0	16.0	18.0	14.0	16.0	18.0	17.0	16.0
高层仓库	一、二级	13.0	15.0	17.0	13.0	15.0	17.0	13.0	13.0
民用建筑	一、二级	10.0	12.0	14.0	6.0	7.0	9.0	13.0	25.0
	三级	12.0	14.0	16.0	7.0	8.0	10.0	15.0	
	四级	14.0	16.0	18.0	9.0	10.0	12.0	17.0	

注：1　单层、多层戊类仓库之间的防火间距，可按本表减少 2.0m；

2　两座仓库相邻较高一面外墙为防火墙，且总占地面积小于等于本规范第 3.3.2 条一座仓库的最大允许占地面积规定时，其防火间距不限；

3　除乙类第 6 项物品外的乙类仓库，与民用建筑之间的防火间距不宜小于 25.0m，与重要公共建筑之间的防火间距不宜小于 30.0m，与铁路、道路等的防火间距不宜小于表 3.5.1 中甲类仓库与铁路、道路等的防火间距。

3.6.2　有爆炸危险的甲、乙类厂房应设置泄压设施。

3.6.6　散发较空气重的可燃气体、可燃蒸汽的甲类厂房以及有粉尘、纤维爆炸危险的乙类厂房，应采用不发火花的地面。采用绝缘材料作整体面层时，应采取防静电措施。

散发可燃粉尘、纤维的厂房内表面应平整、光滑，并易于清扫。

厂房内不宜设置地沟，必须设置时，其盖板应严密，地沟应采取防止可燃气体、可燃蒸汽及粉尘、纤维在地沟积聚的有效措施，且与相邻厂房连通处应采用防火材料密封。

3.6.8　有爆炸危险的甲、乙类厂房的总控制室应独立设置。

3.6.10　使用和生产甲、乙、丙类液体厂房的管、沟不应和相邻厂房的管、沟相通，该厂房的下水道应设置隔油设施。

3.6.11　甲、乙、丙类液体仓库应设置防止液体流散的设施。遇湿会发生燃烧爆炸的物品仓库应设置防止水浸渍的措施。

3.7.1　厂房的安全出口应分散布置。每个防火分区、一个防火分区的每个楼层，其相邻 2 个安全出口最近边缘之间的水平距离不应小于 5.0m。

3.7.2　厂房的每个防火分区、一个防火分区内的每个楼层，其安全出口的数量应经计算确定，且不应少于 2 个；当符合下列条件时，可设置 1 个安全出口：

1　甲类厂房，每层建筑面积小于等于 100m²，且同一时间的生产人数不超过 5 人；

2　乙类厂房，每层建筑面积小于等于 150m²，且同一时间的生产人数不超过 10 人；

3　丙类厂房，每层建筑面积小于等于 250m²，且同一时间的生产人数不超过 20 人；

4　丁、戊类厂房，每层建筑面积小于等于 400m²，且同一时间的生产人数不超过 30 人；

5　地下、半地下厂房或厂房的地下室、半地下室，其建筑面积小于等于 50m²，经常停留人数不超过 15 人。

3.7.3 地下、半地下厂房或厂房的地下室、半地下室，当有多个防火分区相邻布置，并采用防火墙分隔时，每个防火分区可利用防火墙上通向相邻防火分区的甲级防火门作为第二安全出口，但每个防火分区必须至少有 1 个直通室外的安全出口。

3.7.4 厂房内任一点到最近安全出口的距离不应大于表 3.7.4 的规定。

厂房内任一点到最近安全出口的距离（m） **表 3.7.4**

生产类别	耐火等级	单层厂房	多层厂房	高层厂房	地下、半地下厂房或厂房的地下室、半地下室
甲	一、二级	30.0	25.0	—	—
乙	一、二级	75.0	50.0	30.0	—
丙	一、二级	80.0	60.0	40.0	30.0
	三级	60.0	40.0	—	—
丁	一、二级	不限	不限	50.0	45.0
	三级	60.0	50.0	—	—
	四级	50.0	—	—	—
戊	一、二级	不限	不限	75.0	60.0
	三级	100.0	75.0	—	—
	四级	60.0	—	—	—

3.7.5 厂房内的疏散楼梯、走道、门的各自总净宽度应根据疏散人数，按表 3.7.5 的规定经计算确定。但疏散楼梯的最小净宽度不宜小于 1.1m，疏散走道的最小净宽度不宜小于 1.4m，门的最小净宽度不宜小于 0.9m。当每层人数不相等时，疏散楼梯的总净宽度应分层计算，下层楼梯总净宽度应按该层或该层以上人数最多的一层计算。

首层外门的总净宽度应按该层或该层以上人数最多的一层计算，且该门的最小净宽度不应小于 1.2m。

厂房疏散楼梯、走道和门的净宽度指标（m/百人） **表 3.7.5**

厂房层数	一、二层	三层	≥四层
宽度指标	0.6	0.8	1.0

3.7.6 高层厂房和甲、乙、丙类多层厂房应设置封闭楼梯间或室外楼梯。建筑高度大于 32m 且任一层人数超过 10 人的高层厂房，应设置防烟楼梯间或室外楼梯。

室外楼梯、封闭楼梯间、防烟楼梯间的设计，应符合本规范第 7.4 节的有关规定。

3.8.1 仓库的安全出口应分散布置。每个防火分区、一个防火分区的每个楼层，其相邻 2 个安全出口最近边缘之间的水平距离不应小于 5.0m。

3.8.2 每座仓库的安全出口不应少于 2 个，当一座仓库的占地面积小于等于 300m^2 时，可设置 1 个安全出口。仓库内每个防火分区通向疏散走道、楼梯或室外的出口不宜少于 2 个，当防火分区的建筑面积小于等于 100m^2 时，可设置 1 个。通向疏散走道或楼梯的门应为乙级防火门。

3.8.3 地下、半地下仓库或仓库的地下室、半地下室的安全出口不应少于 2 个；当建筑面积小于等于 100m² 时，可设置 1 个安全出口。

地下、半地下仓库或仓库的地下室、半地下室当有多个防火分区相邻布置，并采用防火墙分隔时，每个防火分区可利用防火墙上通向相邻防火分区的甲级防火门作为第二安全出口，但每个防火分区必须至少有 1 个直通室外的安全出口。

3.8.7 高层仓库应设置封闭楼梯间。

4.1.2 桶装、瓶装甲类液体不应露天存放。

4.1.3 液化石油气储罐组或储罐区四周应设置高度不小于 1.0m 的不燃烧体实体防护墙。

4.1.4 甲、乙、丙类液体储罐区，液化石油气储罐区，可燃、助燃气体储罐区，可燃材料堆场，应与装卸区、辅助生产区及办公区分开布置。

4.2.1 甲、乙、丙类液体储罐（区），乙、丙类液体桶装堆场与建筑物的防火间距，不应小于表 4.2.1 的规定。

甲、乙、丙类液体储罐（区），乙、丙类液体桶装堆场与建筑物的防火间距（m） **表 4.2.1**

项目			建筑物的耐火等级			室外变、配电站
			一、二级	三级	四级	
甲、乙类液体	一个罐区或堆场的总储量 V (m^3)	$1 \leqslant V < 50$	12.0	15.0	20.0	30.0
		$50 \leqslant V < 200$	15.0	20.0	25.0	35.0
		$200 \leqslant V < 1000$	20.0	25.0	30.0	40.0
		$1000 \leqslant V < 5000$	25.0	30.0	40.0	50.0
丙类液体		$5 \leqslant V < 250$	12.0	15.0	20.0	24.0
		$250 \leqslant V < 1000$	15.0	20.0	25.0	28.0
		$1000 \leqslant V < 5000$	20.0	25.0	30.0	32.0
		$5000 \leqslant V < 25000$	25.0	30.0	40.0	40.0

注：1 当甲、乙类液体和丙类液体储罐布置在同一储罐区时，其总储量可按 1m³ 甲、乙类液体相当于 5m³ 丙类液体折算；

2 防火间距应从距建筑物最近的储罐外壁、堆垛外缘算起，但储罐防火堤外侧基脚线至建筑物的距离不应小于 10.0m；

3 甲、乙、丙类液体的固定顶储罐区，半露天堆场和乙，丙类液体桶装堆场与甲类厂房（仓库）、民用建筑的防火间距，应按本表的规定增加 25%，且甲、乙类液体储罐区，半露天堆场，乙、丙类液体桶装堆场与甲类厂房（仓库）、民用建筑的防火间距不应小于 25.0m，与明火或散发火花地点的防火间距，应按本表四级耐火等级建筑的规定增加 25%；

4 浮顶储罐区或闪点大于 120℃ 的液体储罐区与建筑物的防火间距，可按本表的规定减少 25%；

5 当数个储罐区布置在同一库区内时，储罐区之间的防火间距不应小于本表相应储量的储罐区与四级耐火等级建筑之间防火间距的较大值；

6 直埋地下的甲、乙、丙类液体卧式罐，当单罐容积小于等于 50m³，总容积小于等于 200m³ 时，与建筑物之间的防火间距可按本表规定减少 50%；

7 室外变、配电站指电力系统电压为 35～500kV 且每台变压器容量在 10MVA 以上的室外变、配电站以及工业企业的变压器总油量大于 5t 的室外降压变电站。

4.2.2 甲、乙、丙类液体储罐之间的防火间距不应小于表 4.2.2 的规定。

甲、乙、丙类液体储罐之间的防火间距（m）　　表 4.2.2

<table>
<tr><td colspan="3" rowspan="3">类　别</td><td colspan="5">储　罐　形　式</td></tr>
<tr><td colspan="3">固定顶罐</td><td rowspan="2">浮顶储罐</td><td rowspan="2">卧式储罐</td></tr>
<tr><td>地上式</td><td>半地下式</td><td>地下式</td></tr>
<tr><td rowspan="2">甲、乙类液体</td><td rowspan="3">单罐容量 V (m³)</td><td>V≤1000</td><td>0.75D</td><td rowspan="2">0.5D</td><td rowspan="2">0.4D</td><td rowspan="2">0.4D</td><td rowspan="3">不小于 0.8m</td></tr>
<tr><td>V>1000</td><td>0.6D</td></tr>
<tr><td>丙类液体</td><td>不论容量大小</td><td>0.4D</td><td>不限</td><td>不限</td><td>—</td></tr>
</table>

注：1　D 为相邻较大立式储罐的直径（m）；矩形储罐的直径为长边与短边之和的一半；
2　不同液体、不同形式储罐之间的防火间距不应小于本表规定的较大值；
3　两排卧式储罐之间的防火间距不应小于 3.0m；
4　设置充氮保护设备的液体储罐之间的防火间距可按浮顶储罐的间距确定；
5　当单罐容量小于等于 1000m³ 且采用固定冷却消防方式时，甲、乙类液体的地上式固定顶罐之间的防火间距不应小于 0.6D；
6　同时设有液下喷射泡沫灭火设备、固定冷却水设备和扑救防火堤内液体火灾的泡沫灭火设备时，储罐之间的防火间距可适当减小，但地上式储罐不宜小于 0.4D；
7　闪点大于 120℃的液体，当储罐容量大于 1000m³ 时，其储罐之间的防火间距不应小于 5.0m；当储罐容量小于等于 1000m³ 时，其储罐之间的防火间距不应小于 2.0m。

4.2.3　甲、乙、丙类液体储罐成组布置时，应符合下列规定：

1　组内储罐的单罐储量和总储量不应大于表 4.2.3 的规定；

2　组内储罐的布置不应超过两排。甲、乙类液体立式储罐之间的防火间距不应小于 2.0m，卧式储罐之间的防火间距不应小于 0.8m；丙类液体储罐之间的防火间距不限；

3　储罐组之间的防火间距应根据组内储罐的形式和总储量折算为相同类别的标准单罐，并应按本规范第 4.2.2 条的规定确定。

甲、乙、丙类液体储罐分组布置的限量　　表 4.2.3

名　称	单罐最大储量（m³）	一组罐最大储量（m³）
甲、乙类液体	200	1000
丙类液体	500	3000

4.2.5　甲、乙、丙类液体的地上式、半地下式储罐或储罐组，其四周应设置不燃烧体防火堤。防火堤的设置应符合下列规定：

1　防火堤内的储罐布置不宜超过 2 排，单罐容量小于等于 1000m³ 且闪点大于 120℃的液体储罐不宜超过 4 排；

2　防火堤的有效容量不应小于其中最大储罐的容量。对于浮顶罐，防火堤的有效容量可为其中最大储罐容量的一半；

3　防火堤内侧基脚线至立式储罐外壁的水平距离不应小于罐壁高度的一半。防火堤内侧基脚线至卧式储罐的水平距离不应小于 3.0m；

4　防火堤的设计高度应比计算高度高出 0.2m，且其高度应为 1.0～2.2m，并应在防火堤的适当位置设置灭火时便于消防队员进出防火堤的踏步；

5　沸溢性液体地上式、半地下式储罐，每个储罐应设置一个防火堤或防火隔堤；

6　含油污水排水管应在防火堤的出口处设置水封设施，雨水排水管应设置阀门等封闭、隔离装置。

4.3.1 可燃气体储罐与建筑物、储罐、堆场的防火间距应符合下列规定：

1 湿式可燃气体储罐与建筑物、储罐、堆场的防火间距不应小于表4.3.1的规定；

2 干式可燃气体储罐与建筑物、储罐、堆场的防火间距：当可燃气体的密度比空气大时，应按表4.3.1的规定增加25%；当可燃气体的密度比空气小时，可按表4.3.1的规定确定；

3 湿式或干式可燃气体储罐的水封井、油泵房和电梯间等附属设施与该储罐的防火间距，可按工艺要求布置；

4 容积小于等于20m³的可燃气体储罐与其使用厂房的防火间距不限；

5 固定容积的可燃气体储罐与建筑物、储罐、堆场的防火间距不应小于表4.3.1的规定。

湿式可燃气体储罐与建筑物、储罐、堆场的防火间距（m） 表4.3.1

名称			湿式可燃气体储罐的总容积V（m³）			
			$V<1000$	$1000\leqslant V<10000$	$10000\leqslant V<50000$	$50000\leqslant V<100000$
甲类物品仓库 明火或散发火花的地点 甲、乙、丙类液体储罐 可燃材料堆场 室外变、配电站			20.0	25.0	30.0	35.0
民用建筑			18.0	20.0	25.0	30.0
其他建筑	耐火等级	一、二级	12.0	15.0	20.0	25.0
		三级	15.0	20.0	25.0	30.0
		四级	20.0	25.0	30.0	35.0

注：固定容积可燃气体储罐的总容积按储罐几何容积（m³）和设计储存压力（绝对压力，10^5Pa）的乘积计算。

4.3.2 可燃气体储罐或罐区之间的防火间距应符合下列规定：

1 湿式可燃气体储罐之间、干式可燃气体储罐之间以及湿式与干式可燃气体储罐之间的防火间距，不应小于相邻较大罐直径的1/2；

2 固定容积的可燃气体储罐之间的防火间距不应小于相邻较大罐直径的2/3；

3 固定容积的可燃气体储罐与湿式或干式可燃气体储罐之间的防火间距，不应小于相邻较大罐直径的1/2；

4 数个固定容积的可燃气体储罐的总容积大于200000m³时，应分组布置。卧式储罐组与组之间的防火间距不应小于相邻较大罐长度的一半；球形储罐组与组之间的防火间距不应小于相邻较大罐直径，且不应小于20.0m。

4.3.3 氧气储罐与建筑物、储罐、堆场的防火间距应符合下列规定：

1 湿式氧气储罐与建筑物、储罐、堆场的防火间距不应小于表4.3.3的规定；

2 氧气储罐之间的防火间距不应小于相邻较大罐直径的1/2；

3 氧气储罐与可燃气体储罐之间的防火间距，不应小于相邻较大罐的直径；

4 氧气储罐与其制氧厂房的防火间距可按工艺布置要求确定；

5 容积小于等于 50m³ 的氧气储罐与其使用厂房的防火间距不限；

6 固定容积的氧气储罐与建筑物、储罐、堆场的防火间距不应小于表 4.3.3 的规定。

湿式氧气储罐与建筑物、储罐、堆场的防火间距（m）　　**表 4.3.3**

名　称			湿式氧气储罐的总容积 V（m³）		
			$V \leq 1000$	$1000 < V \leq 50000$	$V > 50000$
甲、乙、丙类液体储罐、可燃材料堆场、甲类物品仓库、室外变、配电站			20.0	25.0	30.0
民用建筑			18.0	20.0	25.0
其他建筑	耐火等级	一、二级	10.0	12.0	14.0
		三级	12.0	14.0	16.0
		四级	14.0	16.0	18.0

注：固定容积氧气储罐的总容积按储罐几何容积（m³）和设计储存压力（绝对压力，10^5Pa）的乘积计算。

4.3.5 液氧储罐周围 5.0m 范围内不应有可燃物和设置沥青路面。

4.3.6 可燃、助燃气体储罐与铁路、道路的防火间距不应小于表 4.3.6 的规定。

可燃、助燃气体储罐与铁路、道路的防火间距（m）　　**表 4.3.6**

名　称	厂外铁路线中心线	厂内铁路线中心线	厂外道路路边	厂内道路路边	
				主要	次要
可燃、助燃气体储罐	25.0	20.0	15.0	10.0	5.0

4.4.1 液化石油气供应基地的全压式和半冷冻式储罐或罐区与明火、散发火花地点和基地外建筑物之间的防火间距，不应小于表 4.4.1 的规定。

液化石油气供应基地的全压式和半冷冻式储罐（区）

与明火、散发火花地点和基地外建构筑物之间的防火间距（m）　　**表 4.4.1**

总容积 V（m³）	$30 < V \leq 50$	$50 < V \leq 200$	$200 < V \leq 500$	$500 < V \leq 1000$	$1000 < V \leq 2500$	$2500 < V \leq 5000$	$V > 5000$
单罐容量 V（m³）	$V \leq 20$	$V \leq 50$	$V \leq 100$	$V \leq 200$	$V \leq 400$	$V \leq 1000$	$V > 1000$
居住区、村镇和学校、影剧院、体育馆等重要公共建筑（最外侧建筑物外墙）	45.0	50.0	70.0	90.0	110.0	130.0	150.0
工业企业（最外侧建筑物外墙）	27.0	30.0	35.0	40.0	50.0	60.0	75.0
明火或散发火花地点室外变、配电站	45.0	50.0	55.0	60.0	70.0	80.0	120.0
民用建筑，甲、乙类液体储罐 甲乙类仓库，甲乙类厂房 稻草、麦秸、芦苇、打包废纸等材料堆场	40.0	45.0	50.0	55.0	65.0	75.0	100.0

续表

<table>
<tr><th colspan="3">总容积 V（m^3）</th><th>30＜V≤50</th><th>50＜V≤200</th><th>200＜V≤500</th><th>500＜V≤1000</th><th>1000＜V≤2500</th><th>2500＜V≤5000</th><th>V＞5000</th></tr>
<tr><td colspan="3">丙类液体储罐、可燃气体储罐
丙丁类厂房、丙丁类仓库</td><td>32.0</td><td>35.0</td><td>40.0</td><td>45.0</td><td>55.0</td><td>65.0</td><td>80.0</td></tr>
<tr><td colspan="3">助燃气体储罐、木材等材料堆场</td><td>27.0</td><td>30.0</td><td>35.0</td><td>40.0</td><td>50.0</td><td>60.0</td><td>75.0</td></tr>
<tr><td rowspan="3">其他建筑</td><td rowspan="3">耐火等级</td><td>一、二级</td><td>18.0</td><td>20.0</td><td>22.0</td><td>25.0</td><td>30.0</td><td>40.0</td><td>50.0</td></tr>
<tr><td>三级</td><td>22.0</td><td>25.0</td><td>27.0</td><td>30.0</td><td>40.0</td><td>50.0</td><td>60.0</td></tr>
<tr><td>四级</td><td>27.0</td><td>30.0</td><td>35.0</td><td>40.0</td><td>50.0</td><td>60.0</td><td>75.0</td></tr>
<tr><td rowspan="2">公路（路边）</td><td colspan="2">高速、Ⅰ、Ⅱ级</td><td>20.0</td><td colspan="5">25.0</td><td>30.0</td></tr>
<tr><td colspan="2">Ⅲ、Ⅳ级</td><td>15.0</td><td colspan="5">20.0</td><td>25.0</td></tr>
<tr><td colspan="3">架空电力线（中心线）</td><td colspan="7">应符合本规范第 11.2.1 条的规定</td></tr>
<tr><td colspan="2" rowspan="2">架空通信线（中心线）</td><td>Ⅰ、Ⅱ级</td><td colspan="2">30</td><td colspan="5">40</td></tr>
<tr><td>Ⅲ、Ⅳ级</td><td colspan="7">1.5 倍杆高</td></tr>
<tr><td colspan="2" rowspan="2">铁路（中心线）</td><td>国家线</td><td>60.0</td><td colspan="2">70.0</td><td colspan="2">80.0</td><td colspan="2">100.0</td></tr>
<tr><td>企业专用线</td><td>25.0</td><td colspan="2">30.0</td><td colspan="2">35.0</td><td colspan="2">40.0</td></tr>
</table>

注：1 防火间距应按本表储罐总容积或单罐容积较大者确定，并应从距建筑最近的储罐外壁、堆垛外缘算起；

2 当地下液化石油气储罐的单罐容积小于等于 $50m^3$，总容积小于等于 $400m^3$ 时，其防火间距可按本表减少 50%；

3 居住区、村镇系指 1000 人或 300 户以上者，以下者按本表民用建筑执行；

4 与本表规定以外的其它建筑物的防火间距，应按现行国家标准《城镇燃气设计规范》GB 50028 的有关规定执行。

4.4.2 液化石油气储罐之间的防火间距不应小于相邻较大罐的直径。

数个储罐的总容积大于 $3000m^3$ 时，应分组布置，组内储罐宜采用单排布置。组与组相邻储罐之间的防火间距，不应小于 20.0m。

4.4.3 液化石油气储罐与所属泵房的距离不应小于 15.0m。当泵房面向储罐一侧的外墙采用无门窗洞口的防火墙时，其防火间距可减少至 6.0m。液化石油气泵露天设置在储罐区内时，泵与储罐之间的距离不限。

4.4.4 全冷冻式液化石油气储罐与周围建筑物之间的防火间距，应按现行国家标准《城镇燃气设计规范》GB 50028 的有关规定执行。

4.4.5 液化石油气气化站、混气站的储罐，与周围建筑物之间的防火间距，应按现行国家标准《城镇燃气设计规范》GB 50028 的有关规定执行。

工业企业内总容积小于等于 $10m^3$ 的液化石油气气化站、混气站的储罐，当设置在专用的独立建筑内时，其外墙与相邻厂房及其附属设备之间的防火间距可按甲类厂房有关防火间距的规定执行。当露天设置时，与建筑物、储罐、堆场的防火间距应按现行国家标准《城镇燃气设计规范》GB 50028 的有关规定执行。

4.4.6 Ⅰ、Ⅱ级瓶装液化石油气供应站瓶库与站外建筑之间的防火间距不应小于表

4.4.6 的规定。

Ⅰ、Ⅱ级瓶装液化石油气供应站瓶库与站外建筑之间的防火间距（m）　　表 4.4.6

名　称	Ⅰ级		Ⅱ级	
瓶库的总存瓶容积 V（m^3）	$6<V\leqslant 10$	$10<V\leqslant 20$	$1<V\leqslant 3$	$3<V\leqslant 6$
明火、散发火花地点	30.0	35.0	20	25
重要公共建筑	20.0	25.0	12	15
民用建筑	10.0	15.0	6	8
主要道路路边	10.0	10.0	8	8
次要道路路边	5.0	5.0	5	5

注：1　总存瓶容积应按实瓶个数与单瓶几何容积的乘积计算；

2　瓶装液化石油气供应站的分级及总存瓶容积小于等于 $1m^3$ 的瓶装供应站瓶库的设置应符合《城镇燃气设计规范》GB 50028 的有关规定。

5.1.1　民用建筑的耐火等级应分为一、二、三、四级。除本规范另有规定者外，不同耐火等级建筑物相应构件的燃烧性能和耐火极限不应低于表 5.1.1 的规定。

建筑物构件的燃烧性能和耐火极限（h）　　表 5.1.1

名　称		耐火等级			
构件		一级	二级	三级	四级
墙	防火墙	不燃烧体 3.00	不燃烧体 3.00	不燃烧体 3.00	不燃烧体 3.00
	承重墙	不燃烧体 3.00	不燃烧体 2.50	不燃烧体 2.00	难燃烧体 0.50
	非承重外墙	不燃烧体 1.00	不燃烧体 1.00	不燃烧体 0.50	燃烧体
	楼梯间的墙 电梯井的墙 住宅单元之间的墙 住宅分户墙	不燃烧体 2.00	不燃烧体 2.00	不燃烧体 1.50	难燃烧体 0.50
	疏散走道两侧的隔墙	不燃烧体 1.00	不燃烧体 1.00	不燃烧体 0.50	难燃烧体 0.25
	房间隔墙	不燃烧体 0.75	不燃烧体 0.50	难燃烧体 0.50	难燃烧体 0.25
柱		不燃烧体 3.00	不燃烧体 2.50	不燃烧体 2.00	难燃烧体 0.50
梁		不燃烧体 2.00	不燃烧体 1.50	不燃烧体 1.00	难燃烧体 0.50
楼板		不燃烧体 1.50	不燃烧体 1.00	不燃烧体 0.50	燃烧体
屋顶承重构件		不燃烧体 1.50	不燃烧体 1.00	燃烧体	燃烧体
疏散楼梯		不燃烧体 1.50	不燃烧体 1.00	不燃烧体 0.50	燃烧体
吊顶（包括吊顶搁栅）		不燃烧体 0.25	难燃烧体 0.25	难燃烧体 0.15	燃烧体

注：1　除本规范另有规定者外，以木柱承重且以不燃烧材料作为墙体的建筑物，其耐火等级应按四级确定；

2　二级耐火等级建筑的吊顶采用不燃烧体时，其耐火极限不限；

3　在二级耐火等级的建筑中，面积不超过 $100m^2$ 的房间隔墙，如执行本表的规定确有困难时，可采用耐火极限不低于 0.3h 的不燃烧体；

4　一、二级耐火等级建筑疏散走道两侧的隔墙，按本表规定执行确有困难时，可采用 0.75h 不燃烧体。

5.1.2 二级耐火等级的建筑，当房间隔墙采用难燃烧体时，其耐火极限应提高 0.25h。

5.1.3 一、二级耐火等级建筑的上人平屋顶，其屋面板的耐火极限分别不应低于 1.50h 和 1.00h。

5.1.6 三级耐火等级的下列建筑或部位的吊顶，应采用不燃烧体或耐火极限不低于 0.25h 的难燃烧体：

1 医院、疗养院、中小学校、老年人建筑及托儿所、幼儿园的儿童用房和儿童游乐厅等儿童活动场所；

2 3 层及 3 层以上建筑中的门厅、走道。

5.1.7 民用建筑的耐火等级、最多允许层数和防火分区最大允许建筑面积应符合表 5.1.7 的规定。

民用建筑的耐火等级、最多允许层数和防火分区最大允许建筑面积　　表 5.1.7

耐火等级	最多允许层数	防火分区的最大允许建筑面积（m^2）	备　注
一、二级	按本规范第 1.0.2 条规定	2500	1. 体育馆、剧院的观众厅，展览建筑的展厅，其防火分区最大允许建筑面积可适当放宽。 2. 托儿所、幼儿园的儿童用房和儿童游乐厅等儿童活动场所不应超过 3 层或设置在四层及四层以上楼层或地下、半地下建筑（室）内
三级	5 层	1200	1. 托儿所、幼儿园的儿童用房和儿童游乐厅等儿童活动场所、老年人建筑和医院、疗养院的住院部分不应超过 2 层或设置在三层及三层以上楼层或地下、半地下建筑（室）内。 2. 商店、学校、电影院、剧院、礼堂、食堂、菜市场不应超过 2 层或设置在三层及三层以上楼层
四级	2 层	600	学校、食堂、菜市场、托儿所、幼儿园、老年人建筑、医院等不应设置在二层
地下、半地下建筑（室）		500	—

注：1 建筑内设置自动灭火系统时，该防火分区的最大允许建筑面积可按本表的规定增加 1.0 倍。局部设置时，增加面积可按该局部面积的 1.0 倍计算。

2 当住宅建筑构件的耐火极限和燃烧性能符合现行国家标准《住宅建筑规范》GB 50368 的规定时，其最多允许层数执行该标准的规定。

5.1.8 地下、半地下建筑（室）的耐火等级应为一级；重要公共建筑的耐火等级不应低于二级。

5.1.9 当多层建筑物内设置自动扶梯、敞开楼梯等上下层相连通的开口时，其防火分区面积应按上下层相连通的面积叠加计算；当其建筑面积之和大于本规范第 5.1.7 条的规定时，应划分防火分区。

5.1.10 建筑物内设置中庭时，其防火分区面积应按上下层相连通的面积叠加计算；当超过一个防火分区最大允许建筑面积时，应符合下列规定：

1 房间与中庭相通的开口部位应设置能自行关闭的甲级防火门窗；

2 与中庭相通的过厅、通道等处应设置甲级防火门或防火卷帘；防火门或防火卷帘应能在火灾时自动关闭或降落。防火卷帘的设置应符合本规范第 7.5.3 条的规定；

3 中庭应按本规范第 9 章的规定设置排烟设施。

5.1.11 防火分区之间应采用防火墙分隔。当采用防火墙确有困难时，可采用防火卷帘等防火分隔设施分隔。采用防火卷帘时应符合本规范第 7.5.3 条的规定。

5.1.12 地上商店营业厅、展览建筑的展览厅符合下列条件时，其每个防火分区的最大允许建筑面积不应大于 10000m^2：

1 设置在一、二级耐火等级的单层建筑内或多层建筑的首层；

2 按本规范第 8、9、11 章的规定设置有自动喷水灭火系统、排烟设施和火灾自动报警系统；

3 内部装修设计符合现行国家标准《建筑内部装修设计防火规范》GB 50222 的有关规定。

5.1.13 地下商店应符合下列规定：

1 营业厅不应设置在地下三层及三层以下；

2 不应经营和储存火灾危险性为甲、乙类储存物品属性的商品；

3 当设有火灾自动报警系统和自动灭火系统，且建筑内部装修符合现行国家标准《建筑内部装修设计防火规范》GB 50222 的有关规定时，其营业厅每个防火分区的最大允许建筑面积可增加到 2000m^2；

4 应设置防烟与排烟设施；

5 当地下商店总建筑面积大于 20000m^2 时，应采用不开设门窗洞口的防火墙分隔。相邻区域确需局部连通时，应选择采取下列措施进行防火分隔：

1）下沉式广场等室外开敞空间。该室外开敞空间的设置应能防止相邻区域的火灾蔓延和便于安全疏散；

2）防火隔间。该防火隔间的墙应为实体防火墙，在隔间的相邻区域分别设置火灾时能自行关闭的常开式甲级防火门；

3）避难走道。该避难走道除应符合现行国家标准《人民防空工程设计防火规范》GB50098 的有关规定外，其两侧的墙应为实体防火墙，且在局部连通处的墙上应分别设置火灾时能自行关闭的常开式甲级防火门；

4）防烟楼梯间。该防烟楼梯间及前室的门应为火灾时能自行关闭的常开式甲级防火门。

5.1.15 当歌舞厅、录像厅、夜总会、放映厅、卡拉 OK 厅（含具有卡拉 OK 功能的餐厅）、游艺厅（含电子游艺厅）、桑拿浴室（不包括洗浴部分）、网吧等歌舞娱乐放映游艺场所必须布置在袋形走道的两侧或尽端时，最远房间的疏散门至最近安全出口的距离不应大于 9m。当必须布置在建筑物内首层、二层或三层外的其它楼层时，尚应符合下列规定：

1 不应布置在地下二层及二层以下。当布置在地下一层时，地下一层地面与室外出入口地坪的高差不应大于 10.0m；

2 一个厅、室的建筑面积不应大于 200m^2，并应采用耐火极限不低于 2.00h 的不燃烧体隔墙和 1.00h 的不燃烧体楼板与其他部位隔开，厅、室的疏散门应设置乙级防火门；

3 应按本规范第 9 章设置防烟与排烟设施。

5.2.1 民用建筑之间的防火间距不应小于表 5.2.1 的规定，与其他建筑物之间的防火间距应按本规范第 3 章和第 4 章的有关规定执行。

民用建筑之间的防火间距（m） **表 5.2.1**

耐火等级	一、二级	三级	四级
一、二级	6.0	7.0	9.0
三级	7.0	8.0	10.0
四级	9.0	10.0	12.0

注：1 两座建筑物相邻较高一面外墙为防火墙或高出相邻较低一座一、二级耐火等级建筑物的屋面 15m 范围内的外墙为防火墙且不开设门窗洞口时，其防火间距可不限；

2 相邻的两座建筑物，当较低一座的耐火等级不低于二级、屋顶不设置天窗、屋顶承重构件及屋面板的耐火极限不低于 1.00h，且相邻的较低一面外墙为防火墙时，其防火间距不应小于 3.5m；

3 相邻的两座建筑物，当较低一座的耐火等级不低于二级，相邻较高一面外墙的开口部位设置甲级防火门窗，或设置符合现行国家标准《自动喷水灭火系统设计规范》GB 50084 规定的防火分隔水幕或本规范第 7.5.3 条规定的防火卷帘时，其防火间距不应小于 3.5m；

4 相邻两座建筑物，当相邻外墙为不燃烧体且无外露的燃烧体屋檐，每面外墙上未设置防火保护措施的门窗洞口不正对开设，且面积之和小于等于该外墙面积的 5%时，其防火间距可按本表规定减少 25%；

5 耐火等级低于四级的原有建筑物，其耐火等级可按四级确定；以木柱承重且以不燃烧材料作为墙体的建筑，其耐火等级应按四级确定；

6 防火间距应按相邻建筑物外墙的最近距离计算，当外墙有凸出的燃烧构件时，应从其凸出部分外缘算起。

5.3.1 民用建筑的安全出口应分散布置。每个防火分区、一个防火分区的每个楼层，其相邻 2 个安全出口最近边缘之间的水平距离不应小于 5.0m。

5.3.2 公共建筑内的每个防火分区、一个防火分区内的每个楼层，其安全出口的数量应经计算确定，且不应少于 2 个。当符合下列条件之一时，可设一个安全出口或疏散楼梯：

1 除托儿所、幼儿园外，建筑面积小于等于 $200m^2$ 且人数不超过 50 人的单层公共建筑；

2 除医院、疗养院、老年人建筑及托儿所、幼儿园的儿童用房和儿童游乐厅等儿童活动场所等外，符合表 5.3.2 规定的 2、3 层公共建筑。

公共建筑可设置 1 个安全出口的条件 **表 5.3.2**

耐火等级	最多层数	每层最大建筑面积（m^2）	人 数
一、二级	3 层	500	第二层和第三层的人数之和不超过 100 人
三级	3 层	200	第二层和第三层的人数之和不超过 50 人
四级	2 层	200	第二层人数不超过 30 人

5.3.3 老年人建筑及托儿所、幼儿园的儿童用房和儿童游乐厅等儿童活动场所宜设置在独立的建筑内。当必须设置在其它民用建筑内时，宜设置独立的安全出口，并应符合本规范第 5.1.7 条的规定。

5.3.4 一、二级耐火等级的公共建筑，当设置不少于 2 部疏散楼梯且顶层局部升高部位的层数不超过 2 层、人数之和不超过 50 人、每层建筑面积小于等于 $200m^2$ 时，该局部高出部位可设置1部与下部主体建筑楼梯间直接连通的疏散楼梯，但至少应另外设置1个直通主体建筑上人平屋面的安全出口，该上人屋面应符合人员安全疏散要求。

5.3.5 下列公共建筑的室内疏散楼梯应采用封闭楼梯间（包括首层扩大封闭楼梯间）或室外疏散楼梯：

1 医院、疗养院的病房楼；

2 旅馆；

3 超过2层的商店等人员密集的公共建筑；

4 设置有歌舞娱乐放映游艺场所且建筑层数超过2层的建筑；

5 超过5层的其他公共建筑。

5.3.6 自动扶梯和电梯不应作为安全疏散设施。

5.3.8 公共建筑和通廊式非住宅类居住建筑中各房间疏散门的数量应经计算确定，且不应少于2个，该房间相邻2个疏散门最近边缘之间的水平距离不应小于5.0m。当符合下列条件之一时，可设置1个：

1 房间位于2个安全出口之间，且建筑面积小于等于120m^2，疏散门的净宽度不小于0.9m；

2 除托儿所、幼儿园、老年人建筑外，房间位于走道尽端，且由房间内任一点到疏散门的直线距离小于等于15.0m，其疏散门的净宽度不小于1.4m；

3 歌舞娱乐放映游艺场所内建筑面积小于等于50m^2 的房间。

5.3.9 剧院、电影院和礼堂的观众厅，其疏散门的数量应经计算确定，且不应少于2个。每个疏散门的平均疏散人数不应超过250人；当容纳人数超过2000人时，其超过2000人的部分，每个疏散门的平均疏散人数不应超过400人。

5.3.11 居住建筑单元任一层建筑面积大于650m^2，或任一住户的户门至安全出口的距离大于15m时，该建筑单元每层安全出口不应少于2个。当通廊式非住宅类居住建筑超过表5.3.11规定时，安全出口不应少于2个。居住建筑的楼梯间设置形式应符合下列规定：

1 通廊式居住建筑当建筑层数超过2层时，户门应采用乙级防火门；

2 其他形式的居住建筑当建筑层数超过6层或任一层建筑面积大于500m^2 时，应设置封闭楼梯间，当户门或通向疏散走道、楼梯间的门、窗为乙级防火门、窗时，可不设置封闭楼梯间。

居住建筑的楼梯间宜通至屋顶，通向平屋面的门或窗应向外开启。

当住宅中的电梯井与疏散楼梯相邻布置时，应设置封闭楼梯间，当户门采用乙级防火门时，可不设置封闭楼梯间。当电梯直通住宅楼层下部的汽车库时，应设置电梯候梯厅并采用防火分隔措施。

通廊式非住宅类居住建筑可设置一个安全出口的条件　　表5.3.11

耐火等级	最多层数	每层最大建筑面积（m^2）	人　数
一、二级	3层	500	第二层和第三层的人数之和不超过100人
三级	3层	200	第二层和第三层的人数之和不超过50人
四级	2层	200	第二层人数不超过30人

5.3.12 地下、半地下建筑（室）安全出口和房间疏散门的设置应符合下列规定：

1 每个防火分区的安全出口数量应经计算确定，且不应少于 2 个。当平面上有 2 个或 2 个以上防火分区相邻布置时，每个防火分区可利用防火墙上 1 个通向相邻分区的防火门作为第二安全出口，但必须有 1 个直通室外的安全出口；

2 使用人数不超过 30 人且建筑面积小于等于 500m² 的地下、半地下建筑（室），其直通室外的金属竖向梯可作为第二安全出口；

3 房间建筑面积小于等于 50m²，且经常停留人数不超过 15 人时，可设置 1 个疏散门；

4 歌舞娱乐放映游艺场所的安全出口不应少于 2 个，其中每个厅室或房间的疏散门不应少于 2 个。当其建筑面积小于等于 50m² 且经常停留人数不超过 15 人时，可设置 1 个疏散门；

5 地下商店和设置歌舞娱乐放映游艺场所的地下建筑（室），当地下层数为 3 层及 3 层以上或地下室内地面与室外出入口地坪高差大于 10m 时，应设置防烟楼梯间；其他地下商店和设置歌舞娱乐放映游艺场所的地下建筑，应设置封闭楼梯间；

6 地下、半地下建筑的疏散楼梯间应符合本规范第 7.4.4 条的规定。

5.3.13 民用建筑的安全疏散距离应符合下列规定：

1 直接通向疏散走道的房间疏散门至最近安全出口的距离应符合表 5.3.13 的规定；

2 直接通向疏散走道的房间疏散门至最近非封闭楼梯间的距离，当房间位于两个楼梯间之间时，应按表 5.3.13 的规定减少 5.0m；当房间位于袋形走道两侧或尽端时，应按表 5.3.13 的规定减少 2.0m；

3 楼梯间的首层应设置直通室外的安全出口或在首层采用扩大封闭楼梯间。当层数不超过 4 层时，可将直通室外的安全出口设置在离楼梯间小于等于 15.0m 处；

4 房间内任一点到该房间直接通向疏散走道的疏散门的距离，不应大于表 5.3.13 中规定的袋形走道两侧或尽端的疏散门至安全出口的最大距离。

直接通向疏散走道的房间疏散门至最近安全出口的最大距离（m）　　表 5.3.13

名称	位于两个安全出口之间的疏散门			位于袋形走道两侧或尽端的疏散门		
	耐火等级			耐火等级		
	一、二级	三级	四级	一、二级	三级	四级
托儿所、幼儿园	25.0	20.0	—	20.0	15.0	—
医院、疗养院	35.0	30.0	—	20.0	15.0	—
学校	35.0	30.0	—	22.0	20.0	—
其他民用建筑	40.0	35.0	25.0	22.0	20.0	15.0
建筑内的观众厅、展览厅、多功能厅、餐厅、营业厅和阅览室等，其室内任何一点至最近安全出口的直线距离不宜大于 30.0m。						

注：1 敞开式外廊建筑的房间疏散门至安全出口的最大距离可按本表增加 5.0m；

2 建筑物内全部设置自动喷水灭火系统时，其安全疏散距离可按本表规定增加 25%；

3 房间内任一点到该房间直接通向疏散走道的疏散门的距离计算：住宅应为最远房间内任一点到户门的距离，跃层式住宅内的户内楼梯的距离可按其梯段总长度的水平投影尺寸计算。

5.3.14 除本规范另有规定者外，建筑中的疏散走道、安全出口、疏散楼梯以及房间疏散门的各自总宽度应经计算确定。

安全出口、房间疏散门的净宽度不应小于 0.9m，疏散走道和疏散楼梯的净宽度不应小于 1.1m；不超过 6 层的单元式住宅，当疏散楼梯的一边设置栏杆时，最小净宽度不宜小于 1.0m。

5.3.15 人员密集的公共场所、观众厅的疏散门不应设置门槛，其净宽度不应小于 1.4m，且紧靠门口内外各 1.4m 范围内不应设置踏步。

剧院、电影院、礼堂的疏散门应符合本规范第 7.4.12 条的规定。

人员密集的公共场所的室外疏散小巷的净宽度不应小于 3.0m，并应直接通向宽敞地带。

5.3.16 剧院、电影院、礼堂、体育馆等人员密集场所的疏散走道、疏散楼梯、疏散门、安全出口的各自总宽度，应根据其通过人数和疏散净宽度指标计算确定，并应符合下列规定：

1 观众厅内疏散走道的净宽度应按每 100 人不小于 0.6m 的净宽度计算，且不应小于 1.0m；边走道的净宽度不宜小于 0.8m。

在布置疏散走道时，横走道之间的座位排数不宜超过 20 排；纵走道之间的座位数：剧院、电影院、礼堂等，每排不宜超过 22 个；体育馆，每排不宜超过 26 个；前后排座椅的排距不小于 0.9m 时，可增加 1.0 倍，但不得超过 50 个；仅一侧有纵走道时，座位数应减少一半；

2 剧院、电影院、礼堂等场所供观众疏散的所有内门、外门、楼梯和走道的各自总宽度，应按表 5.3.16-1 的规定计算确定；

3 体育馆供观众疏散的所有内门、外门、楼梯和走道的各自总宽度，应按表 5.3.16-2 的规定计算确定；

4 有等场需要的入场门不应作为观众厅的疏散门。

剧院、电影院、礼堂等场所每 100 人所需最小疏散净宽度（m）　　表 5.3.16-1

观众厅座位数（座）			≤2500	≤1200
耐火等级			一、二级	三级
疏散部位	门和走道	平坡地面	0.65	0.85
		阶梯地面	0.75	1.00
	楼梯		0.75	1.00

体育馆每 100 人所需最小疏散净宽度（m）　　表 5.3.16-2

观众厅座位数档次（座）			3000～5000	5001～10000	10001～20000
疏散部位	门和走道	平坡地面	0.43	0.37	0.32
		阶梯地面	0.50	0.43	0.37
	楼梯		0.50	0.43	0.37

注：表 5.3.16-2 中较大座位数档次按规定计算的疏散总宽度，不应小于相邻较小座位数档次按其最多座位数计算的疏散总宽度。

5.3.17 学校、商店、办公楼、候车（船）室、民航候机厅、展览厅、歌舞娱乐放映游艺场所等民用建筑中的疏散走道、安全出口、疏散楼梯以及房间疏散门的各自总宽度，应按下列规定经计算确定：

1 每层疏散走道、安全出口、疏散楼梯以及房间疏散门的每100人净宽度不应小于表5.3.17-1的规定；当每层人数不等时，疏散楼梯的总宽度可分层计算，地上建筑中下层楼梯的总宽度应按其上层人数最多一层的人数计算；地下建筑中上层楼梯的总宽度应按其下层人数最多一层的人数计算；

2 当人员密集的厅、室以及歌舞娱乐放映游艺场所设置在地下或半地下时，其疏散走道、安全出口、疏散楼梯以及房间疏散门的各自总宽度，应按其通过人数每100人不小于1.0m计算确定；

3 首层外门的总宽度应按该层或该层以上人数最多的一层人数计算确定，不供楼上人员疏散的外门，可按本层人数计算确定；

4 录像厅、放映厅的疏散人数应按该场所的建筑面积1.0人/m^2计算确定；其他歌舞娱乐放映游艺场所的疏散人数应按该场所的建筑面积0.5人/m^2计算确定；

5 商店的疏散人数应按每层营业厅建筑面积乘以面积折算值和疏散人数换算系数计算。地上商店的面积折算值宜为50%～70%，地下商店的面积折算值不应小于70%。疏散人数的换算系数可按表5.3.17-2确定；

疏散走道、安全出口、疏散楼梯和房间疏散门每100人的净宽度（m）　　**表5.3.17-1**

楼层位置	耐火等级		
	一、二级	三级	四级
地上一、二层	0.65	0.75	1.00
地上三层	0.75	1.00	—
地上四层及四层以上各层	1.00	1.25	—
与地面出入口地面的高差不超过10m的地下建筑	0.75	—	—
与地面出入口地面的高差超过10m的地下建筑	1.00	—	—

商店营业厅内的疏散人数换算系数（人/m^2）　　**表5.3.17-2**

楼层位置	地下二层	地下一层、地上第一、二层	地上第三层	地上第四层及四层以上各层
换算系数	0.80	0.85	0.77	0.60

5.4.2 燃油或燃气锅炉、油浸电力变压器、充有可燃油的高压电容器和多油开关等用房受条件限制必须布置在民用建筑内时，不应布置在人员密集场所的上一层、下一层或贴邻，并应符合下列规定：

1 燃油和燃气锅炉房、变压器室应设置在首层或地下一层靠外墙部位，但常（负）压燃油、燃气锅炉可设置在地下二层，当常（负）压燃气锅炉距安全出口的距离大于6.0m时，可设置在屋顶上。

燃油锅炉应采用丙类液体作燃料。采用相对密度（与空气密度的比值）大于等于0.75的可燃气体为燃料的锅炉，不得设置在地下或半地下建筑（室）内；

2 锅炉房、变压器室的门均应直通室外或直通安全出口；外墙开口部位的上方应设置宽度不小于1.0m的不燃烧体防火挑檐或高度不小于1.2m的窗槛墙；

3 锅炉房、变压器室与其他部位之间应采用耐火极限不低于2.00h的不燃烧体隔墙和1.50h的不燃烧体楼板隔开。在隔墙和楼板上不应开设洞口，当必须在隔墙上开设门窗时，应设置甲级防火门窗；

4 当锅炉房内设置储油间时，其总储存量不应大于 $1m^3$，且储油间应采用防火墙与锅炉间隔开；当必须在防火墙上开门时，应设置甲级防火门；

5 变压器室之间、变压器室与配电室之间，应采用耐火极限不低于 2.00h 的不燃烧体墙隔开；

6 油浸电力变压器、多油开关室、高压电容器室，应设置防止油品流散的设施。油浸电力变压器下面应设置储存变压器全部油量的事故储油设施；

7 锅炉的容量应符合现行国家标准《锅炉房设计规范》GB 50041 的有关规定。油浸电力变压器的总容量不应大于 1260kVA，单台容量不应大于 630kVA；

8 应设置火灾报警装置；

9 应设置与锅炉、油浸变压器容量和建筑规模相适应的灭火设施；

10 燃气锅炉房应设置防爆泄压设施，燃气、燃油锅炉房应设置独立的通风系统，并应符合本规范第 10 章的有关规定。

5.4.3 柴油发电机房布置在民用建筑内时应符合下列规定：

1 宜布置在建筑物的首层及地下一、二层。柴油发电机应采用丙类柴油作燃料；

2 应采用耐火极限不低于 2.00h 的不燃烧体隔墙和 1.50h 的不燃烧体楼板与其他部位隔开，门应采用甲级防火门；

3 机房内应设置储油间，其总储存量不应大于 8.0h 的需要量，且储油间应采用防火墙与发电机间隔开；当必须在防火墙上开门时，应设置甲级防火门；

4 应设置火灾报警装置；

5 应设置与柴油发电机容量和建筑规模相适应的灭火设施。

5.4.4 设置在建筑物内的锅炉、柴油发电机，其进入建筑物内的燃料供给管道应符合下列规定：

1 应在进入建筑物前和设备间内，设置自动和手动切断阀；

2 储油间的油箱应密闭且应设置通向室外的通气管，通气管应设置带阻火器的呼吸阀。油箱的下部应设置防止油品流散的设施；

3 燃气供给管道的敷设应符合现行国家标准《城镇燃气设计规范》GB 50028 的有关规定；

4 供锅炉及柴油发电机使用的丙类液体燃料储罐，其布置应符合本规范第 3.4 节或第 4.2 节的有关规定。

5.4.5 经营、存放和使用甲、乙类物品的商店、作坊和储藏间，严禁设置在民用建筑内。

5.4.6 住宅与其他功能空间处于同一建筑内时，应符合下列规定：

1 住宅部分与非住宅部分之间应采用不开设门窗洞口的耐火极限不低于 1.50h 的不燃烧体楼板和 2.00h 的不燃烧体隔墙与居住部分完全分隔，且居住部分的安全出口和疏散楼梯应独立设置；

2 其他功能场所和居住部分的安全疏散、消防设施等防火设计，应分别按照本规范中住宅建筑和公共建筑的有关规定执行，其中居住部分的层数确定应包括其他功能部分的层数。

6.0.1 街区内的道路应考虑消防车的通行，其道路中心线间的距离不宜大于 160.0m。当建筑物沿街道部分的长度大于 150.0m 或总长度大于 220.0m 时，应设置穿过建筑物的消防车道。当确有困难时，应设置环形消防车道。

6.0.4 在穿过建筑物或进入建筑物内院的消防车道两侧，不应设置影响消防车通行或人员安全疏散的设施。

6.0.6 工厂、仓库区内应设置消防车道。

占地面积大于 $3000m^2$ 的甲、乙、丙类厂房或占地面积大于 $1500m^2$ 的乙、丙类仓库，应设置环形消防车道，确有困难时，应沿建筑物的两个长边设置消防车道。

6.0.7 可燃材料露天堆场区，液化石油气储罐区，甲、乙、丙类液体储罐区和可燃气体储罐区，应设置消防车道。消防车道的设置应符合下列规定：

3 消防车道与材料堆场堆垛的最小距离不应小于 5.0m。

4 中间消防车道与环形消防车道交接处应满足消防车转弯半径的要求。

6.0.8 供消防车取水的天然水源和消防水池应设置消防车道。

6.0.9 消防车道的净宽度和净空高度均不应小于 4.0m。供消防车停留的空地，其坡度不宜大于 3%。

消防车道与厂房（仓库）、民用建筑之间不应设置妨碍消防车作业的障碍物。

6.0.10 环形消防车道至少应有两处与其他车道连通。尽头式消防车道应设置回车道或回车场，回车场的面积不应小于 12.0m×12.0m；供大型消防车使用时，不宜小于 18.0m×18.0m。

消防车道路面、扑救作业场地及其下面的管道和暗沟等应能承受大型消防车的压力。

消防车道可利用交通道路，但应满足消防车通行与停靠的要求。

7.1.1 防火墙应直接设置在建筑物的基础或钢筋混凝土框架、梁等承重结构上，轻质防火墙体可不受此限。

防火墙应从楼地面基层隔断至顶板底面基层。当屋顶承重结构和屋面板的耐火极限低于 0.50h，高层厂房（仓库）屋面板的耐火极限低于 1.00h 时，防火墙应高出不燃烧体屋面 0.4m 以上，高出燃烧体或难燃烧体屋面 0.5m 以上。其他情况时，防火墙可不高出屋面，但应砌至屋面结构层的底面。

7.1.2 防火墙横截面中心线距天窗端面的水平距离小于 4.0m，且天窗端面为燃烧体时，应采取防止火势蔓延的措施。

7.1.3 当建筑物的外墙为难燃烧体时，防火墙应凸出墙的外表面 0.4m 以上，且在防火墙两侧的外墙应为宽度不小于 2.0m 的不燃烧体，其耐火极限不应低于该外墙的耐火极限。

当建筑物的外墙为不燃烧体时，防火墙可不凸出墙的外表面。紧靠防火墙两侧的门、窗洞口之间最近边缘的水平距离不应小于 2.0m；但装有固定窗扇或火灾时可自动关闭的乙级防火窗时，该距离可不限。

7.1.5 防火墙上不应开设门窗洞口，当必须开设时，应设置固定的或火灾时能自动关闭的甲级防火门窗。

可燃气体和甲、乙、丙类液体的管道严禁穿过防火墙。其他管道不宜穿过防火墙，当必须穿过时，应采用防火封堵材料将墙与管道之间的空隙紧密填实；当管道为难燃及可燃材质时，应在防火墙两侧的管道上采取防火措施。

防火墙内不应设置排气道。

7.1.6 防火墙的构造应使防火墙任意一侧的屋架、梁、楼板等受到火灾的影响而破坏时，不致使防火墙倒塌。

7.2.1 剧院等建筑的舞台与观众厅之间的隔墙应采用耐火极限不低于3.00h的不燃烧体。

舞台上部与观众厅闷顶之间的隔墙可采用耐火极限不低于1.50h的不燃烧体，隔墙上的门应采用乙级防火门。

舞台下面的灯光操作室和可燃物储藏室应采用耐火极限不低于2.00h的不燃烧体墙与其他部位隔开。

电影放映室、卷片室应采用耐火极限不低于1.50h的不燃烧体隔墙与其他部分隔开。观察孔和放映孔应采取防火分隔措施。

7.2.2 医院中的洁净手术室或洁净手术部、附设在建筑中的歌舞娱乐放映游艺场所以及附设在居住建筑中的托儿所、幼儿园的儿童用房和儿童游乐厅等儿童活动场所、老年人建筑，应采用耐火极限不低于2.00h的不燃烧体墙和耐火极限不低于1.00h的楼板与其他场所或部位隔开，当墙上必须开门时应设置乙级防火门。

7.2.3 下列建筑或部位的隔墙应采用耐火极限不低于2.00h的不燃烧体，隔墙上的门窗应为乙级防火门窗：

1 甲、乙类厂房和使用丙类液体的厂房；

2 有明火和高温的厂房；

3 剧院后台的辅助用房；

4 一、二级耐火等级建筑的门厅；

5 除住宅外，其他建筑内的厨房；

6 甲、乙、丙类厂房或甲、乙、丙类仓库内布置有不同类别火灾危险性的房间。

7.2.4 建筑内的隔墙应从楼地面基层隔断至顶板底面基层。

住宅分户墙和单元之间的墙应砌至屋面板底部，屋面板的耐火极限不应低于0.50h。

7.2.5 附设在建筑物内的消防控制室、固定灭火系统的设备室、消防水泵房和通风空气调节机房等，应采用耐火极限不低于2.00h的隔墙和1.50h的楼板与其他部位隔开。设置在丁、戊类厂房中的通风机房应采用耐火极限不低于1.00h的隔墙和0.50h的楼板与其他部位隔开。隔墙上的门除本规范另有规定者外，均应采用乙级防火门。

7.2.6 冷库采用泡沫塑料、稻壳等可燃材料作墙体内的绝热层时，宜采用不燃烧绝热材料在每层楼板处做水平防火分隔。防火分隔部位的耐火极限应与楼板的相同。

冷库阁楼层和墙体的可燃绝热层宜采用不燃烧体墙分隔。

7.2.7 建筑幕墙的防火设计应符合下列规定：

1 窗槛墙、窗间墙的填充材料应采用不燃材料。当外墙面采用耐火极限不低于1.00h的不燃烧体时，其墙内填充材料可采用难燃材料；

2 无窗间墙和窗槛墙的幕墙，应在每层楼板外沿设置耐火极限不低于1.00h、高度不低于0.8m的不燃烧实体裙墙；

3 幕墙与每层楼板、隔墙处的缝隙应采用防火封堵材料封堵。

7.2.9 电梯井应独立设置，井内严禁敷设可燃气体和甲、乙、丙类液体管道，并不应敷设与电梯无关的电缆、电线等。电梯井的井壁除开设电梯门洞和通气孔洞外，不应开设其他洞口。电梯门不应采用栅栏门。

电缆井、管道井、排烟道、排气道、垃圾道等竖向管道井，应分别独立设置；其井壁应为耐火极限不低于1.00h的不燃烧体；井壁上的检查门应采用丙级防火门。

7.2.10 建筑内的电缆井、管道井应在每层楼板处采用不低于楼板耐火极限的不燃烧体或防火封堵材料封堵。

建筑内的电缆井、管道井与房间、走道等相连通的孔洞应采用防火封堵材料封堵。

7.2.11 位于墙、楼板两侧的防火阀、排烟防火阀之间的风管外壁应采取防火保护措施。

7.3.5 防烟、排烟、采暖、通风和空气调节系统中的管道，在穿越隔墙、楼板及防火分区处的缝隙应采用防火封堵材料封堵。

7.4.1 疏散用的楼梯间应符合下列规定：

1 楼梯间应能天然采光和自然通风，并宜靠外墙设置；

4 楼梯间内不应敷设甲、乙、丙类液体管道；

5 公共建筑的楼梯间内不应敷设可燃气体管道；

6 居住建筑的楼梯间内不应敷设可燃气体管道和设置可燃气体计量表。当住宅建筑必须设置时，应采用金属套管和设置切断气源的装置等保护措施。

7.4.2 封闭楼梯间除应符合本规范第7.4.1条的规定外，尚应符合下列规定：

1 当不能天然采光和自然通风时，应按防烟楼梯间的要求设置；

2 楼梯间的首层可将走道和门厅等包括在楼梯间内，形成扩大的封闭楼梯间，但应采用乙级防火门等措施与其他走道和房间隔开；

3 除楼梯间的门之外，楼梯间的内墙上不应开设其他门窗洞口；

4 高层厂房（仓库）、人员密集的公共建筑、人员密集的多层丙类厂房设置封闭楼梯间时，通向楼梯间的门应采用乙级防火门，并应向疏散方向开启；

7.4.3 防烟楼梯间除应符合本规范第7.4.1条的有关规定外，尚应符合下列规定：

1 当不能天然采光和自然通风时，楼梯间应按本规范第9章的规定设置防烟或排烟设施，应按本规范第11章的规定设置消防应急照明设施；

2 在楼梯间入口处应设置防烟前室、开敞式阳台或凹廊等。防烟前室可与消防电梯间前室合用；

3 前室的使用面积：公共建筑不应小于6.0m²，居住建筑不应小于4.5m²；合用前室的使用面积：公共建筑、高层厂房以及高层仓库不应小于10.0m²，居住建筑不应小于6.0m²；

4 疏散走道通向前室以及前室通向楼梯间的门应采用乙级防火门；

5 除楼梯间门和前室门外，防烟楼梯间及其前室的内墙上不应开设其他门窗洞口（住宅除外）；

6 楼梯间的首层可将走道和门厅等包括在楼梯间前室内，形成扩大的防烟前室，但应采用乙级防火门等措施与其他走道和房间隔开。

7.4.4 建筑物中的疏散楼梯间在各层的平面位置不应改变。

地下室、半地下室的楼梯间，在首层应采用耐火极限不低于2.00h的不燃烧体隔墙与其他部位隔开并应直通室外，当必须在隔墙上开门时，应采用乙级防火门。

地下室、半地下室与地上层不应共用楼梯间，当必须共用楼梯间时，在首层应采用耐火极限不低于2.00h的不燃烧体隔墙和乙级防火门将地下、半地下部分与地上部分的连通部位完全隔开，并应有明显标志。

7.4.10 消防电梯的设置应符合下列规定：

1 消防电梯间应设置前室。前室的使用面积应符合本规范第7.4.3条的规定，前室的门应采用乙级防火门；

注：设置在仓库连廊、冷库穿堂或谷物筒仓工作塔内的消防电梯，可不设置前室。

2 前室宜靠外墙设置，在首层应设置直通室外的安全出口或经过长度小于等于30.0m的通道通向室外；

3 消防电梯井、机房与相邻电梯井、机房之间，应采用耐火极限不低于2.00h的不燃烧体隔墙隔开；当在隔墙上开门时，应设置甲级防火门；

4 在首层的消防电梯井外壁上应设置供消防队员专用的操作按钮。消防电梯轿厢的内装修应采用不燃烧材料且其内部应设置专用消防对讲电话；

5 消防电梯的井底应设置排水设施，排水井的容量不应小于2m^3，排水泵的排水量不应小于10L/s。消防电梯间前室门口宜设置挡水设施；

6 消防电梯的载重量不应小于800kg；

7 消防电梯的行驶速度，应按从首层到顶层的运行时间不超过60s计算确定；

8 消防电梯的动力与控制电缆、电线应采取防水措施。

7.4.12 建筑中的疏散用门应符合下列规定：

1 民用建筑和厂房的疏散用门应向疏散方向开启。除甲、乙类生产房间外，人数不超过60人的房间且每樘门的平均疏散人数不超过30人时，其门的开启方向不限；

2 民用建筑及厂房的疏散用门应采用平开门，不应采用推拉门、卷帘门、吊门、转门；

3 仓库的疏散用门应为向疏散方向开启的平开门，首层靠墙的外侧可设推拉门或卷帘门，但甲、乙类仓库不应采用推拉门或卷帘门；

4 人员密集场所平时需要控制人员随意出入的疏散用门，或设有门禁系统的居住建筑外门，应保证火灾时不需使用钥匙等任何工具即能从内部易于打开，并应在显著位置设置标识和使用提示。

7.5.2 防火门的设置应符合下列规定：

1 应具有自闭功能。双扇防火门应具有按顺序关闭的功能；

2 常开防火门应能在火灾时自行关闭，并应有信号反馈的功能；

3 防火门内外两侧应能手动开启（本规范第7.4.12条第4款规定除外）；

4 设置在变形缝附近时，防火门开启后，其门扇不应跨越变形缝，并应设置在楼层较多的一侧。

7.5.3 防火分区间采用防火卷帘分隔时，应符合下列规定：

1 防火卷帘的耐火极限不应低于3.00h。当防火卷帘的耐火极限符合现行国家标准《门和卷帘耐火试验方法》GB 7633有关背火面温升的判定条件时，可不设置自动喷水灭火系统保护；符合现行国家标准《门和卷帘耐火试验方法》GB 7633有关背火面辐射热的判定条件时，应设置自动喷水灭火系统保护。自动喷水灭火系统的设计应符合现行国家标准《自动喷水灭火系统设计规范》GB 50084的有关规定，但其火灾延续时间不应小于3.0h；

2 防火卷帘应具有防烟性能，与楼板、梁和墙、柱之间的空隙应采用防火封堵材料封堵。

7.6.2 输送有火灾、爆炸危险物质的栈桥不应兼作疏散通道。

8.1.2 在城市、居住区、工厂、仓库等的规划和建筑设计时，必须同时设计消防给水系统。城市、居住区应设市政消火栓。民用建筑、厂房（仓库）、储罐（区）、堆场应设室外消火栓。民用建筑、厂房（仓库）应设室内消火栓，并应符合本规范第 8.3.1 条的规定。

消防用水可由城市给水管网、天然水源或消防水池供给。利用天然水源时，其保证率不应小于 97%，且应设置可靠的取水设施。

耐火等级不低于二级，且建筑物体积小于等于 3000m^3 的戊类厂房或居住区人数不超过 500 人且建筑物层数不超过两层的居住区，可不设置消防给水。

8.1.3 室外消防给水当采用高压或临时高压给水系统时，管道的供水压力应能保证用水总量达到最大且水枪在任何建筑物的最高处时，水枪的充实水柱仍不小于 10.0m；当采用低压给水系统时，室外消火栓栓口处的水压从室外设计地面算起不应小于 0.1MPa。

注：**1** 在计算水压时，应采用喷嘴口径 19mm 的水枪和直径 65mm、长度 120.0m 的有衬里消防水带的参数，每支水枪的计算流量不应小于 5L/s；

2 高层厂房（仓库）的高压或临时高压给水系统的压力应满足室内最不利点消防设备水压的要求；

3 消火栓给水管道的设计流速不宜大于 2.5m/s。

8.2.1 城市、居住区的室外消防用水量应按同一时间内的火灾次数和一次灭火用水量确定。同一时间内的火灾次数和一次灭火用水量不应小于表 8.2.1 的规定。

8.2.2 工厂、仓库、堆场、储罐（区）和民用建筑的室外消防用水量，应按同一时间内的火灾次数和一次灭火用水量确定：

1 工厂、仓库、堆场、储罐（区）和民用建筑在同一时间内的火灾次数不应小于表 8.2.2-1 的规定；

2 工厂、仓库和民用建筑一次灭火的室外消火栓用水量不应小于表 8.2.2-2 的规定；

3 一个单位内有泡沫灭火设备、带架水枪、自动喷水灭火系统以及其他室外消防用水设备时，其室外消防用水量应按上述同时使用的设备所需的全部消防用水量加上表 8.2.2-2 规定的室外消火栓用水量的 50%计算确定，且不应小于表 8.2.2-2 的规定。

城市、居住区同一时间内的火灾次数和一次灭火用水量　　　　表 8.2.1

人数 N（万人）	同一时间内的火灾次数（次）	一次灭火用水量（L/s）
$N \leqslant 1.0$	1	10
$1.0 < N \leqslant 2.5$	1	15
$2.5 < N \leqslant 5.0$	2	25
$5.0 < N \leqslant 10.0$	2	35
$10.0 < N \leqslant 20.0$	2	45
$20.0 < N \leqslant 30.0$	2	55
$30.0 < N \leqslant 40.0$	2	65
$40.0 < N \leqslant 50.0$	3	75
$50.0 < N \leqslant 60.0$	3	85
$60.0 < N \leqslant 70.0$	3	90
$70.0 < N \leqslant 80.0$	3	95
$80.0 < N \leqslant 100.0$	3	100

注：城市的室外消防用水量应包括居住区、工厂、仓库、堆场、储罐（区）和民用建筑的室外消火栓用水量。当工厂、仓库和民用建筑的室外消火栓用水量按本规范表 8.2.2-2 的规定计算，其值与按本表计算不一致时，应取较大值。

工厂、仓库、堆场、储罐（区）和民用建筑在同一时间内的火灾次数　表 8.2.2-1

名称	基地面积（ha）	附有居住区人数（万人）	同一时间内的火灾次数（次）	备　注
工厂	≤100	≤1.5	1	按需水量最大的一座建筑物（或堆场、储罐）计算
		＞1.5	2	工厂、居住区各一次
	＞100	不限	2	按需水量最大的两座建筑物（或堆场、储罐）之和计算
仓库、民用建筑	不限	不限	1	按需水量最大的一座建筑物（或堆场、储罐）计算

注：采矿、选矿等工业企业当各分散基地有单独的消防给水系统时，可分别计算。

工厂、仓库和民用建筑一次灭火的室外消火栓用水量（L/s）　表 8.2.2-2

耐火等级	建筑物类别		建筑物体积 V（m^3）					
			$V\leqslant1500$	$1500<V\leqslant3000$	$3000<V\leqslant5000$	$5000<V\leqslant20000$	$20000<V\leqslant50000$	$V>50000$
一、二级	厂房	甲、乙类	10	15	20	25	30	35
		丙类	10	15	20	25	30	40
		丁、戊类	10	10	10	15	15	20
	仓库	甲、乙类	15	15	25	25	—	—
		丙类	15	15	25	25	35	45
		丁、戊类	10	10	10	15	15	20
	民用建筑		10	15	15	20	25	30
三级	厂房（仓库）	乙、丙类	15	20	30	40	45	—
		丁、戊类	10	10	15	20	25	35
	民用建筑		10	15	20	25	30	—
四级	丁、戊类厂房（仓库）		10	15	20	25	—	—
	民用建筑		10	15	20	25	—	—

注：1　室外消火栓用水量应按消防用水量最大的一座建筑物计算。成组布置的建筑物应按消防用水量较大的相邻两座计算；

2　国家级文物保护单位的重点砖木或木结构的建筑物，其室外消火栓用水量应按三级耐火等级民用建筑的消防用水量确定；

3　铁路车站、码头和机场的中转仓库其室外消火栓用水量可按丙类仓库确定。

8.2.3　可燃材料堆场、可燃气体储罐（区）的室外消防用水量，不应小于表 8.2.3 的规定。

可燃材料堆场、可燃气体储罐（区）的室外消防用水量（L/s）　表 8.2.3

名称		总储量或总容量	消防用水量
粮食 W（t）	土圆囤	$30<W\leqslant500$	15
		$500<W\leqslant5000$	25
		$5000<W\leqslant20000$	40
		$W>20000$	45
	席穴囤	$30<W\leqslant500$	20
		$500<W\leqslant5000$	35
		$5000<W\leqslant20000$	50
棉、麻、毛、化纤百货 W（t）		$10<W\leqslant500$	20
		$500<W\leqslant1000$	35
		$1000<W\leqslant5000$	50
稻草、麦秸、芦苇等易燃材料 W（t）		$50<W\leqslant500$	20
		$500<W\leqslant5000$	35
		$5000<W\leqslant10000$	50
		$W>10000$	60
木材等可燃材料 V（m^3）		$50<V\leqslant1000$	20
		$1000<V\leqslant5000$	30
		$5000<V\leqslant10000$	45
		$V>10000$	55
煤和焦炭 W（t）		$100<W\leqslant5000$	15
		$W>5000$	20
可燃气体储罐（区）V（m^3）		$500<V\leqslant10000$	15
		$10000<V\leqslant50000$	20
		$50000<V\leqslant100000$	25
		$100000<V\leqslant200000$	30
		$V>200000$	35

注：固定容积的可燃气体储罐的总容积按其几何容积（m^3）和设计工作压力（绝对压力，10^5Pa）的乘积计算。

8.2.4 甲、乙、丙类液体储罐（区）的室外消防用水量应按灭火用水量和冷却用水量之和计算。

1 灭火用水量应按罐区内最大罐泡沫灭火系统、泡沫炮和泡沫管枪灭火所需的灭火用水量之和确定，并应按现行国家标准《低倍数泡沫灭火系统设计规范》GB 50151、《高倍数、中倍数泡沫灭火系统设计规范》GB 50196 或《固定消防炮灭火系统设计规范》GB 50338 的有关规定计算；

2 冷却用水量应按储罐区一次灭火最大需水量计算。距着火罐罐壁 1.5 倍直径范围内的相邻储罐应进行冷却，其冷却水的供给范围和供给强度不应小于表 8.2.4 的规定；

甲、乙、丙类液体储罐冷却水的供给范围和供给强度　　表 8.2.4

<table>
<tr><th>设备类型</th><th colspan="3">储罐名称</th><th>供给范围</th><th>供给强度</th></tr>
<tr><td rowspan="8">移动式水枪</td><td rowspan="4">着火罐</td><td colspan="2">固定顶立式罐（包括保温罐）</td><td>罐周长</td><td>0.60（L/s·m）</td></tr>
<tr><td colspan="2">浮顶罐（包括保温罐）</td><td>罐周长</td><td>0.45（L/s·m）</td></tr>
<tr><td colspan="2">卧式罐</td><td>罐壁表面积</td><td>0.10（L/s·m^2）</td></tr>
<tr><td colspan="2">地下立式罐、半地下和地下卧式罐</td><td>无覆土罐壁表面积</td><td>0.10（L/s·m^2）</td></tr>
<tr><td rowspan="4">相邻罐</td><td rowspan="2">固定顶立式罐</td><td>不保温罐</td><td rowspan="2">罐周长的一半</td><td>0.35（L/s·m）</td></tr>
<tr><td>保温罐</td><td>0.20（L/s·m）</td></tr>
<tr><td colspan="2">卧式罐</td><td>罐壁表面积的一半</td><td>0.10（L/s·m^2）</td></tr>
<tr><td colspan="2">半地下、地下罐</td><td>无覆土罐壁表面积的一半</td><td>0.10（L/s·m^2）</td></tr>
<tr><td rowspan="4">固定式设备</td><td colspan="2" rowspan="2">着火罐</td><td>立式罐</td><td>罐周长</td><td>0.50（L/s·m）</td></tr>
<tr><td>卧式罐</td><td>罐壁表面积</td><td>0.10（L/s·m^2）</td></tr>
<tr><td colspan="2" rowspan="2">相邻罐</td><td>立式罐</td><td>罐周长的一半</td><td>0.50（L/s·m）</td></tr>
<tr><td>卧式罐</td><td>罐壁表面积的一半</td><td>0.10（L/s·m^2）</td></tr>
</table>

注：1　冷却水的供给强度还应根据实地灭火战术所使用的消防设备进行校核；
　　2　当相邻罐采用不燃材料作绝热层时，其冷却水供给强度可按本表减少 50%；
　　3　储罐可采用移动式水枪或固定式设备进行冷却。当采用移动式水枪进行冷却时，无覆土保护的卧式罐的消防用水量，当计算出的水量小于 15L/s 时，仍应采用 15L/s；
　　4　地上储罐的高度大于 15m 或单罐容积大于 2000m^3 时，宜采用固定式冷却水设施；
　　5　当相邻储罐超过 4 个时，冷却用水量可按 4 个计算。

3　覆土保护的地下油罐应设置冷却用水设施。冷却用水量应按最大着火罐罐顶的表面积（卧式罐按其投影面积）和冷却水供给强度等计算确定。冷却水的供给强度不应小于 0.10L/s·m^2。当计算水量小于 15L/s 时，仍应采用 15L/s。

8.2.5　液化石油气储罐（区）的消防用水量应按储罐固定喷水冷却装置用水量和水枪用水量之和计算，其设计应符合下列规定：

1　总容积大于 50m^3 的储罐区或单罐容积大于 20m^3 的储罐应设置固定喷水冷却装置；

固定喷水冷却装置的用水量应按储罐的保护面积与冷却水的供水强度等经计算确定。冷却水的供水强度不应小于 0.15L/s·m^2，着火罐的保护面积按其全表面积计算，距着火罐直径（卧式罐按其直径和长度之和的一半）1.5 倍范围内的相邻储罐的保护面积按其表面积的一半计算；

2　水枪用水量不应小于表 8.2.5 的规定；

3　埋地的液化石油气储罐可不设固定喷水冷却装置。

液化石油气储罐（区）的水枪用水量　　表 8.2.5

总容积 V（m^3）	$V \leqslant 500$	$500 < V \leqslant 2500$	$V > 2500$
单罐容积 V（m^3）	$V \leqslant 100$	$V \leqslant 400$	$V > 400$
水枪用水量（L/s）	20	30	45

注：1　水枪用水量应按本表总容积和单罐容积较大者确定；
　　2　总容积小于 50m^3 的储罐区或单罐容积小于等于 20m^3 的储罐，可单独设置固定喷水冷却装置或移动式水枪，其消防用水量应按水枪用水量计算。

8.2.6 室外油浸电力变压器设置水喷雾灭火系统保护时，其消防用水量应按现行国家标准《水喷雾灭火系统设计规范》GB 50219 的有关规定确定。

8.3.1 除符合本规范第 8.3.4 条规定外，下列建筑应设置 DN65 的室内消火栓：

1 建筑占地面积大于 300m^2 的厂房（仓库）；

2 体积大于 5000m^3 的车站、码头、机场的候车（船、机）楼、展览建筑、商店、旅馆建筑、病房楼、门诊楼、图书馆建筑等；

3 特等、甲等剧场，超过 800 个座位的其他等级的剧场和电影院等，超过 1200 个座位的礼堂、体育馆等；

4 超过 5 层或体积大于 10000m^3 的办公楼、教学楼、非住宅类居住建筑等其他民用建筑；

5 超过 7 层的住宅应设置室内消火栓系统，当确有困难时，可只设置干式消防竖管和不带消火栓箱的 DN65 的室内消火栓。消防竖管的直径不应小于 DN65。

注：耐火等级为一、二级且可燃物较少的单层、多层丁、戊类厂房（仓库），耐火等级为三、四级且建筑体积小于等于 3000m^3 的丁类厂房和建筑体积小于等于 5000m^3 的戊类厂房（仓库），粮食仓库、金库可不设置室内消火栓。

8.4.1 室内消防用水量应按下列规定经计算确定：

1 建筑物内同时设置室内消火栓系统、自动喷水灭火系统、水喷雾灭火系统、泡沫灭火系统或固定消防炮灭火系统时，其室内消防用水量应按需要同时开启的上述系统用水量之和计算；当上述多种消防系统需要同时开启时，室内消火栓用水量可减少 50%，但不得小于 10L/s；

2 室内消火栓用水量应根据水枪充实水柱长度和同时使用水枪数量经计算确定，且不应小于表 8.4.1 的规定；

3 水喷雾灭火系统的用水量应按现行国家标准《水喷雾灭火系统设计规范》GB 50219 的有关规定确定；自动喷水灭火系统的用水量应按现行国家标准《自动喷水灭火系统设计规范》GB 50084 的有关规定确定；泡沫灭火系统的用水量应按现行国家标准《低倍数泡沫灭火系统设计规范》GB 50151、《高倍数、中倍数泡沫灭火系统设计规范》GB 50196 的有关规定确定；固定消防炮灭火系统的用水量应按现行国家标准《固定消防炮灭火系统设计规范》GB 50338 的有关规定确定。

室内消火栓用水量 **表 8.4.1**

建筑物名称	高度 h(m)、层数、体积 V(m^3)或座位数 n(个)		消火栓用水量（L/s）	同时使用水枪数量（支）	每根竖管最小流量（L/s）
厂房	$h\leqslant24$	$V\leqslant10000$	5	2	5
		$V>10000$	10	2	10
	$24<h\leqslant50$		25	5	15
	$h>50$		30	6	15
仓库	$h\leqslant24$	$V\leqslant5000$	5	1	5
		$V>5000$	10	2	10
	$24<h\leqslant50$		30	6	15
	$h>50$		40	8	15

续表

建筑物名称	高度h(m)、层数、体积V(m^3)或座位数n(个)	消火栓用水量（L/s）	同时使用水枪数量（支）	每根竖管最小流量（L/s）
科研楼、试验楼	$h \leqslant 24$，$V \leqslant 10000$	10	2	10
	$h \leqslant 24$，$V > 10000$	15	3	10
车站、码头、机场的候车（船、机）楼和展览建筑等	$5000 < V \leqslant 25000$	10	2	10
	$25000 < V \leqslant 50000$	15	3	10
	$V > 50000$	20	4	15
剧院、电影院、会堂、礼堂、体育馆等	$800 < n \leqslant 1200$	10	2	10
	$1200 < n \leqslant 5000$	15	3	10
	$5000 < n \leqslant 10000$	20	4	15
	$n > 10000$	30	6	15
商店、旅馆等	$5000 < V \leqslant 10000$	10	2	10
	$10000 < V \leqslant 25000$	15	3	10
	$V > 25000$	20	4	15
病房楼、门诊楼等	$5000 < V \leqslant 10000$	5	2	5
	$10000 < V \leqslant 25000$	10	2	10
	$V > 25000$	15	3	10
办公楼、教学楼等其他民用建筑	层数≥5层或$V > 10000$	15	3	10
国家级文物保护单位的重点砖木或木结构的古建筑	$V \leqslant 10000$	20	4	10
	$V > 10000$	25	5	15
住宅	层数≥8	5	2	5

注：1　丁、戊类高层厂房（仓库）室内消火栓的用水量可按本表减少10L/s，同时使用水枪数量可按本表减少2支；

2　消防软管卷盘或轻便消防水龙及住宅楼梯间中的干式消防竖管上设置的消火栓，其消防用水量可不计入室内消防用水量。

8.5.1　下列场所应设置自动灭火系统，除不宜用水保护或灭火者以及本规范另有规定者外，宜采用自动喷水灭火系统：

1　大于等于50000纱锭的棉纺厂的开包、清花车间；大于等于5000锭的麻纺厂的分级、梳麻车间；火柴厂的烤梗、筛选部位；泡沫塑料厂的预发、成型、切片、压花部位；占地面积大于1500m^2的木器厂房；占地面积大于1500m^2或总建筑面积大于3000m^2的单层、多层制鞋、制衣、玩具及电子等厂房；高层丙类厂房；飞机发动机试验台的准备部位；建筑面积大于500m^2的丙类地下厂房；

2　每座占地面积大于1000m^2的棉、毛、丝、麻、化纤、毛皮及其制品的仓库；每座占地面积大于600m^2的火柴仓库；邮政楼中建筑面积大于500m^2的空邮袋库；建筑面积大于500m^2的可燃物品地下仓库；可燃、难燃物品的高架仓库和高层仓库（冷库除外）；

3　特等、甲等或超过1500个座位的其他等级的剧院；超过2000个座位的会堂或礼堂；超过3000个座位的体育馆；超过5000人的体育场的室内人员休息室与器材间等；

4 任一楼层建筑面积大于1500m² 或总建筑面积大于3000m²的展览建筑、商店、旅馆建筑、以及医院中同样建筑规模的病房楼、门诊楼、手术部；建筑面积大于500m² 的地下商店；

5 设置有送回风道（管）的集中空气调节系统且总建筑面积大于3000m² 的办公楼等；

6 设置在地下、半地下或地上四层及四层以上或设置在建筑的首层、二层和三层且任一层建筑面积大于300m² 的地上歌舞娱乐放映游艺场所（游泳场所除外）；

7 藏书量超过50万册的图书馆。

8.5.3 下列场所应设置雨淋喷水灭火系统：

1 火柴厂的氯酸钾压碾厂房；建筑面积大于100m² 生产、使用硝化棉、喷漆棉、火胶棉、赛璐珞胶片、硝化纤维的厂房；

2 建筑面积超过60m² 或储存量超过2t的硝化棉、喷漆棉、火胶棉、赛璐珞胶片、硝化纤维的仓库；

3 日装瓶数量超过3000瓶的液化石油气储配站的灌瓶间、实瓶库；

4 特等、甲等或超过1500个座位的其他等级的剧院和超过2000个座位的会堂或礼堂的舞台的葡萄架下部；

5 建筑面积大于等于400m² 的演播室，建筑面积大于等于500m² 的电影摄影棚；

6 乒乓球厂的轧坯、切片、磨球、分球检验部位。

8.5.4 下列场所应设置自动灭火系统，且宜采用水喷雾灭火系统：

1 单台容量在40MVA及以上的厂矿企业油浸电力变压器、单台容量在90MVA及以上的油浸电厂电力变压器，或单台容量在125MVA及以上的独立变电所油浸电力变压器；

2 飞机发动机试验台的试车部位。

8.5.5 下列场所应设置自动灭火系统，且宜采用气体灭火系统：

1 国家、省级或人口超过100万的城市广播电视发射塔楼内的微波机房、分米波机房、米波机房、变配电室和不间断电源（UPS）室；

2 国际电信局、大区中心、省中心和一万路以上的地区中心内的长途程控交换机房、控制室和信令转接点室；

3 两万线以上的市话汇接局和六万门以上的市话端局内的程控交换机房、控制室和信令转接点室；

4 中央及省级治安、防灾和网局级及以上的电力等调度指挥中心内的通信机房和控制室；

5 主机房建筑面积大于等于140m² 的电子计算机房内的主机房和基本工作间的已记录磁（纸）介质库；

6 中央和省级广播电视中心内建筑面积不小于120m² 的音像制品仓库；

7 国家、省级或藏书量超过100万册的图书馆内的特藏库；中央和省级档案馆内的珍藏库和非纸质档案库；大、中型博物馆内的珍品仓库；一级纸绢质文物的陈列室；

8 其他特殊重要设备室。

注：当有备用主机和备用已记录磁（纸）介质，且设置在不同建筑中或同一建筑中的不同防火分区

内时，本条第 5 款规定的部位亦可采用预作用自动喷水灭火系统。

8.5.6 甲、乙、丙类液体储罐等泡沫灭火系统的设置场所应符合现行国家标准《石油库设计规范》GB 50074、《石油化工企业设计防火规范》GB 50160、《石油天然气工程设计防火规范》GB 50183 等的有关规定。

8.6.1 符合下列规定之一的，应设置消防水池：

1 当生产、生活用水量达到最大时，市政给水管道、进水管或天然水源不能满足室内外消防用水量；

2 市政给水管道为枝状或只有 1 条进水管，且室内外消防用水量之和大于 25L/s。

8.6.2 消防水池应符合下列规定：

1 当室外给水管网能保证室外消防用水量时，消防水池的有效容量应满足在火灾延续时间内室内消防用水量的要求。当室外给水管网不能保证室外消防用水量时，消防水池的有效容量应满足在火灾延续时间内室内消防用水量与室外消防用水量不足部分之和的要求。

当室外给水管网供水充足且在火灾情况下能保证连续补水时，消防水池的容量可减去火灾延续时间内补充的水量；

2 补水量应经计算确定，且补水管的设计流速不宜大于 2.5m/s；

3 消防水池的补水时间不宜超过 48h；对于缺水地区或独立的石油库区，不应超过 96h；

4 容量大于 $500m^3$ 的消防水池，应分设成两个能独立使用的消防水池；

5 供消防车取水的消防水池应设置取水口或取水井，且吸水高度不应大于 6.0m。取水口或取水井与建筑物（水泵房除外）的距离不宜小于 15m；与甲、乙、丙类液体储罐的距离不宜小于 40m；与液化石油气储罐的距离不宜小于 60m，如采取防止辐射热的保护措施时，可减为 40m；

6 消防水池的保护半径不应大于 150.0m；

7 消防用水与生产、生活用水合并的水池，应采取确保消防用水不作他用的技术措施；

8 严寒和寒冷地区的消防水池应采取防冻保护设施。

8.6.3 不同场所的火灾延续时间不应小于表 8.6.3 的规定：

不同场所的火灾延续时间（h） **表 8.6.3**

<table>
<tr><th>建筑类别</th><th>场 所 名 称</th><th>火灾延续时间（h）</th></tr>
<tr><td rowspan="4">甲、乙、丙类液体储罐</td><td>浮顶罐</td><td rowspan="3">4.0</td></tr>
<tr><td>地下和半地下固定顶立式罐、覆土储罐</td></tr>
<tr><td>直径小于等于 20.0m 的地上固定顶立式罐</td></tr>
<tr><td>直径大于 20.0m 的地上固定顶立式罐</td><td rowspan="2">6.0</td></tr>
<tr><td rowspan="2">液化石油气储罐</td><td>总容积大于 $220m^3$ 的储罐区或单罐容积大于 $50m^3$ 的储罐</td></tr>
<tr><td>总容积小于等于 $220m^3$ 的储罐区且单罐容积小于等于 $50m^3$ 的储罐</td><td rowspan="5">3.0</td></tr>
<tr><td rowspan="3">可燃气体储罐</td><td>湿式储罐</td></tr>
<tr><td>干式储罐</td></tr>
<tr><td>固定容积储罐</td></tr>
<tr><td rowspan="2">可燃材料堆场</td><td>煤、焦炭露天堆场</td></tr>
<tr><td>其他可燃材料露天、半露天堆场</td><td>6.0</td></tr>
</table>

续表

建筑类别	场所名称	火灾延续时间（h）
仓库	甲、乙、丙类仓库	3.0
	丁、戊类仓库	2.0
厂房	甲、乙、丙类厂房	3.0
	丁、戊类厂房	2.0
民用建筑	公共建筑	2.0
	居住建筑	
灭火系统	自动喷水灭火系统	应按相应现行国家标准确定
	泡沫灭火系统	
	防火分隔水幕	

8.6.4 独立建造的消防水泵房，其耐火等级不应低于二级。附设在建筑中的消防水泵房应按本规范第7.2.5条的规定与其他部位隔开。

消防水泵房设置在首层时，其疏散门宜直通室外；设置在地下层或楼层上时，其疏散门应靠近安全出口。消防水泵房的门应采用甲级防火门。

8.6.5 消防水泵房应有不少于两条的出水管直接与消防给水管网连接。当其中一条出水管关闭时，其余的出水管应仍能通过全部用水量。

出水管上应设置试验和检查用的压力表和DN65的放水阀门。当存在超压可能时，出水管上应设置防超压设施。

8.6.9 消防水泵应保证在火警后30s内启动。

消防水泵与动力机械应直接连接。

9.1.2 防烟楼梯间及其前室、消防电梯间前室或合用前室应设置防烟设施。

9.1.3 下列场所应设置排烟设施：

1 丙类厂房中建筑面积大于300m² 的地上房间；人员、可燃物较多的丙类厂房或高度大于32.0m的高层厂房中长度大于20.0m的内走道；任一层建筑面积大于5000m² 的丁类厂房；

2 占地面积大于1000m² 的丙类仓库；

3 公共建筑中经常有人停留或可燃物较多，且建筑面积大于300m² 的地上房间；长度大于20.0m的内走道；

4 中庭；

5 设置在一、二、三层且房间建筑面积大于200m² 或设置在四层及四层以上或地下、半地下的歌舞娱乐放映游艺场所；

6 总建筑面积大于200m² 或一个房间建筑面积大于50m² 且经常有人停留或可燃物较多的地下、半地下建筑或地下室、半地下室；

7 其他建筑中长度大于40.0m的疏散走道。

9.1.5 防烟与排烟系统中的管道、风口及阀门等必须采用不燃材料制作。排烟管道应采取隔热防火措施或与可燃物保持不小于150mm的距离。

排烟管道的厚度应按现行国家标准《通风与空调工程施工质量验收规范》GB 50243

的有关规定执行。

9.2.2 设置自然排烟设施的场所，其自然排烟口的净面积应符合下列规定：

1 防烟楼梯间前室、消防电梯间前室，不应小于 2.0m²；合用前室，不应小于 3.0m²；

2 靠外墙的防烟楼梯间，每 5 层内可开启排烟窗的总面积不应小于 2.0m²；

3 中庭、剧场舞台，不应小于该中庭、剧场舞台楼地面面积的 5%；

9.3.1 下列场所应设置机械加压送风防烟设施：

1 不具备自然排烟条件的防烟楼梯间；

2 不具备自然排烟条件的消防电梯间前室或合用前室；

3 设置自然排烟设施的防烟楼梯间，其不具备自然排烟条件的前室。

9.3.3 防烟楼梯间内机械加压送风防烟系统的余压值应为 40～50Pa；前室、合用前室应为 25～30Pa。

9.4.1 设置排烟设施的场所当不具备自然排烟条件时，应设置机械排烟设施。

9.4.3 机械排烟系统的设置应符合下列规定：

3 穿越防火分区的排烟管道应在穿越处设置排烟防火阀。排烟防火阀应符合现行国家标准《排烟防火阀的试验方法》GB 15931 的有关规定。

9.4.5 机械排烟系统的排烟量不应小于表 9.4.5 的规定。

机械排烟系统的最小排烟量 **表 9.4.5**

条件和部位		单位排烟量 ($m^3/h \cdot m^2$)	换气次数 (次/h)	备注
担负 1 个防烟分区		60	—	单台风机排烟量不应小于 7200m³/h
室内净高大于 6.0m 且不划分防烟分区的空间				
担负 2 个及 2 个以上防烟分区		120	—	应按最大的防烟分区面积确定
中庭	体积小于等于 17000m³	—	6	体积大于 17000m³ 时，排烟量不应小于 102000m³/h
	体积大于 17000m³	—	4	

10.1.2 甲、乙类厂房中的空气不应循环使用。

含有燃烧或爆炸危险粉尘、纤维的丙类厂房中的空气，在循环使用前应经净化处理，并应使空气中的含尘浓度低于其爆炸下限的 25%。

10.1.3 甲、乙类厂房用的送风设备与排风设备不应布置在同一通风机房内，且排风设备不应和其他房间的送、排风设备布置在同一通风机房内。

10.1.4 民用建筑内空气中含有容易起火或爆炸危险物质的房间，应有良好的自然通风或独立的机械通风设施，且其空气不应循环使用。

10.2.2 甲、乙类厂房和甲、乙类仓库内严禁采用明火和电热散热器采暖。

10.2.3 下列厂房应采用不循环使用的热风采暖：

1 生产过程中散发的可燃气体、可燃蒸汽、可燃粉尘、可燃纤维与采暖管道、散热器表面接触能引起燃烧的厂房；

2 生产过程中散发的粉尘受到水、水蒸汽的作用能引起自燃、爆炸或产生爆炸性气体的厂房。

10.3.2 有爆炸危险的厂房内的排风管道，严禁穿过防火墙和有爆炸危险的车间隔墙。

10.3.5 含有燃烧和爆炸危险粉尘的空气，在进入排风机前应采用不产生火花的除尘器进行处理。对于遇水可能形成爆炸的粉尘，严禁采用湿式除尘器。

10.3.6 处理有爆炸危险粉尘的除尘器、排风机的设置应符合下列规定：

1 应与其他普通型的风机、除尘器分开设置；

10.3.8 处理有爆炸危险粉尘和碎屑的除尘器、过滤器、管道，均应设置泄压装置。

净化有爆炸危险粉尘的干式除尘器和过滤器应布置在系统的负压段上。

10.3.9 排除、输送有燃烧或爆炸危险气体、蒸汽和粉尘的排风系统，均应设置导除静电的接地装置，且排风设备不应布置在地下、半地下建筑（室）中。

10.3.10 排除有爆炸或燃烧危险气体、蒸汽和粉尘的排风管应采用金属管道，并应直接通到室外的安全处，不应暗设。

10.3.12 下列情况之一的通风、空气调节系统的风管上应设置防火阀：

1 穿越防火分区处；

2 穿越通风、空气调节机房的房间隔墙和楼板处；

3 穿越重要的或火灾危险性大的房间隔墙和楼板处；

4 穿越变形缝处的两侧；

5 垂直风管与每层水平风管交接处的水平管段上，但当建筑内每个防火分区的通风、空气调节系统均独立设置时，该防火分区内的水平风管与垂直总管的交接处可不设置防火阀。

10.3.17 燃油、燃气锅炉房应有良好的自然通风或机械通风设施。燃气锅炉房应选用防爆型的事故排风机。当设置机械通风设施时，该机械通风设施应设置导除静电的接地装置，通风量应符合下列规定：

1 燃油锅炉房的正常通风量按换气次数不少于 3 次/h 确定；

2 燃气锅炉房的正常通风量按换气次数不少于 6 次/h 确定；

3 燃气锅炉房的事故排风量按换气次数不少于 12 次/h 确定。

11.1.1 建筑物、储罐（区）、堆场的消防用电设备，其电源应符合下列规定：

1 除粮食仓库及粮食筒仓工作塔外，建筑高度大于 50.0m 的乙、丙类厂房和丙类仓库的消防用电应按一级负荷供电；

2 下列建筑物、储罐（区）和堆场的消防用电应按二级负荷供电：

1）室外消防用水量大于 30L/s 的工厂、仓库；

2）室外消防用水量大于 35L/s 的可燃材料堆场、可燃气体储罐（区）和甲、乙类液体储罐（区）；

3）座位数超过 1500 个的电影院、剧院，座位数超过 3000 个的体育馆、任一层建筑面积大于 3000m² 的商店、展览建筑、省（市）级及以上的广播电视楼、电信楼和财贸金融楼，室外消防用水量大于 25L/s 的其他公共建筑；

11.1.3 消防应急照明灯具和灯光疏散指示标志的备用电源的连续供电时间不应少于 30min。

11.1.4 消防用电设备应采用专用的供电回路，当生产、生活用电被切断时，应仍能保证消防用电。其配电设备应有明显标志。

11.1.6 消防用电设备的配电线路应满足火灾时连续供电的需要，其敷设应符合下列规定：

1 暗敷时，应穿管并应敷设在不燃烧体结构内且保护层厚度不应小于30mm。明敷时（包括敷设在吊顶内），应穿金属管或封闭式金属线槽，并应采取防火保护措施。

11.2.1 甲类厂房、甲类仓库，可燃材料堆垛，甲、乙类液体储罐，液化石油气储罐，可燃、助燃气体储罐与架空电力线的最近水平距离不应小于电杆（塔）高度的1.5倍，丙类液体储罐与架空电力线的最近水平距离不应小于电杆（塔）高度的1.2倍。

35kV以上的架空电力线与单罐容积大于200m^{3}或总容积大于1000m^{3}的液化石油气储罐（区）的最近水平距离不应小于40.0m，当储罐为地下直埋式时，架空电力线与储罐的最近水平距离可减小50%。

11.2.4 开关、插座和照明灯具靠近可燃物时，应采取隔热、散热等防火保护措施。

卤钨灯和额定功率不小于100W的白炽灯泡的吸顶灯、槽灯、嵌入式灯，其引入线应采用瓷管、矿棉等不燃材料作隔热保护。

超过60W的白炽灯、卤钨灯、高压钠灯、金属卤灯光源、荧光高压汞灯（包括电感镇流器）等不应直接安装在可燃装修材料或可燃构件上。

11.3.1 除住宅外的民用建筑、厂房和丙类仓库的下列部位，应设置消防应急照明灯具：

1 封闭楼梯间、防烟楼梯间及其前室、消防电梯间的前室或合用前室；

2 消防控制室、消防水泵房、自备发电机房、配电室、防烟与排烟机房以及发生火灾时仍需正常工作的其他房间；

3 观众厅，建筑面积超过400m^{2}的展览厅、营业厅、多功能厅、餐厅，建筑面积超过200m^{2}的演播室；

4 建筑面积超过300m^{2}的地下、半地下建筑或地下室、半地下室中的公共活动房间；

5 公共建筑中的疏散走道。

11.3.2 建筑内消防应急照明灯具的照度应符合下列规定：

1 疏散走道的地面最低水平照度不应低于0.5lx；

2 人员密集场所内的地面最低水平照度不应低于1.0lx；

3 楼梯间内的地面最低水平照度不应低于5.0lx；

4 消防控制室、消防水泵房、自备发电机房、配电室、防烟与排烟机房以及发生火灾时仍需正常工作的其他房间的消防应急照明，仍应保证正常照明的照度。

11.3.4 公共建筑、高层厂房（仓库）及甲、乙、丙类厂房应沿疏散走道和在安全出口、人员密集场所的疏散门的正上方设置灯光疏散指示标志，并应符合下列规定：

1 安全出口和疏散门的正上方应采用“安全出口”作为指示标识；

2 沿疏散走道设置的灯光疏散指示标志，应设置在疏散走道及其转角处距地面高度1.0m以下的墙面上，且灯光疏散指示标志间距不应大于20.0m；对于袋形走道，不应大于10.0m；在走道转角区，不应大于1.0m，其指示标识应符合现行国家标准《消防安全标志》GB 13495的有关规定。

11.3.5 下列建筑或场所应在其内疏散走道和主要疏散路线的地面上增设能保持视觉连续

的灯光疏散指示标志或蓄光疏散指示标志：

1 总建筑面积超过 $8000m^2$ 的展览建筑；

2 总建筑面积超过 $5000m^2$ 的地上商店；

3 总建筑面积超过 $500m^2$ 的地下、半地下商店；

4 歌舞娱乐放映游艺场所；

5 座位数超过 1500 个的电影院、剧院，座位数超过 3000 个的体育馆、会堂或礼堂。

11.4.1 下列场所应设置火灾自动报警系统：

1 大中型电子计算机房及其控制室、记录介质库，特殊贵重或火灾危险性大的机器、仪表、仪器设备室、贵重物品库房，设有气体灭火系统的房间；

2 每座占地面积大于 $1000m^2$ 的棉、毛、丝、麻、化纤及其织物的库房，占地面积超过 $500m^2$ 或总建筑面积超过 $1000m^2$ 的卷烟库房；

3 任一层建筑面积大于 $1500m^2$ 或总建筑面积大于 $3000m^2$ 的制鞋、制衣、玩具等厂房；

4 任一层建筑面积大于 $3000m^2$ 或总建筑面积大于 $6000m^2$ 的商店、展览建筑、财贸金融建筑、客运和货运建筑等；

5 图书、文物珍藏库，每座藏书超过 100 万册的图书馆，重要的档案馆；

6 地市级及以上广播电视建筑、邮政楼、电信楼，城市或区域性电力、交通和防灾救灾指挥调度等建筑；

7 特等、甲等剧院或座位数超过 1500 个的其他等级的剧院、电影院，座位数超过 2000 个的会堂或礼堂，座位数超过 3000 个的体育馆；

8 老年人建筑、任一楼层建筑面积大于 $1500m^2$ 或总建筑面积大于 $3000m^2$ 的旅馆建筑、疗养院的病房楼、儿童活动场所和大于等于 200 床位的医院的门诊楼、病房楼、手术部等；

9 建筑面积大于 $500m^2$ 的地下、半地下商店；

10 设置在地下、半地下或建筑的地上四层及四层以上的歌舞娱乐放映游艺场所；

11 净高大于 2.6m 且可燃物较多的技术夹层，净高大于 0.8m 且有可燃物的闷顶或吊顶内。

11.4.2 建筑内可能散发可燃气体、可燃蒸汽的场所应设可燃气体报警装置。

11.4.4 消防控制室的设置应符合下列规定：

1 单独建造的消防控制室，其耐火等级不应低于二级；

2 附设在建筑物内的消防控制室，宜设置在建筑物内首层的靠外墙部位，亦可设置在建筑物的地下一层，但应按本规范第 7.2.5 条的规定与其他部位隔开，并应设置直通室外的安全出口；

3 严禁与消防控制室无关的电气线路和管路穿过；

4 不应设置在电磁场干扰较强及其他可能影响消防控制设备工作的设备用房附近。

目前，《建筑设计防火规范》GB 50016—2006 标准正在和《高层民用建筑设计防火规范》GB 50045—95（2005 年版）整合修订为《建筑设计防火规范》GB 50016 最新版本，即将完成审批手续，请读者密切关注标准的最新进展。

5.《高层民用建筑设计防火规范》（GB 50045—95）（2005 年版）（强制性条文摘要）

建筑分类、耐火等级及其构件耐火等级应符合强制性条文第 1.0.5、3.0.2、3.0.3、

3.0.4、3.0.7 条要求

总平面布局和平面布置应符合强制性条文第 4.1.2（4.1.2.1、4.1.2.2、4.1.2.3、4.1.2.4）、4.1.3（4.1.3.1、4.1.3.2、4.1.3.3）、4.1.5（4.1.5.1、4.1.5.2、4.1.5.3、4.1.5.4）、4.1.5A（4.1.5A.1、4.1.5A.2、4.1.5A.3、4.1.5A.4、4.1.5A.5、4.1.5A.6）、4.1.5B（4.1.5B.1、4.1.5B.2、4.1.5B.3、4.1.5B.4、4.1.5B.5、4.1.5B.6）、4.1.6、4.1.7、4.1.10（4.1.10.2）、4.1.11（4.1.11.2、4.1.11.3、4.1.11.4）条。

防火间距应符合强制性条文第 4.2.1、4.2.5、4.2.6、4.2.7 条要求

消防车道应符合强制性条文第 4.3.6 条要求

防火和防烟分区应符合强制性条文第 5.1.1、5.1.3、5.1.4、5.1.5（5.1.5.1、5.1.5.2、5.1.5.3、5.1.1.4）条要求

建筑构造应符合强制性条文第 5.2.2、5.2.4、5.2.7、5.3.1、5.3.2、5.3.3、5.5.1、5.5.3 条要求防烟和排烟应符合强制性条文第 8.1.3（8.1.3.1、8.1.3.2、8.1.3.3）、8.2.8.2.1、8.2.2（8.2.2.1、8.2.2.2、8.2.2.3、8.2.2.4）、8.3.1（8.3.1.1、8.3.1.2、8.3.1.3）8.3.3、8.3.4、8.3.5、8.3.7（8.3.7.1、8.3.7.2）8.4.4、8.4.9 条要求

火灾自动报警装置应符合强制性条文第 9.4.1、9.4.2（9.4.2.1、9.4.2.2、9.4.2.3、9.4.2.4、9.4.2.5、9.4.2.6、9.4.2.7、9.4.2.8、9.4.2.9、9.4.2.10、9.4.2.11、9.4.2.12、9.4.2.13、9.4.2.14、9.4.2.15）、9.4.3（9.4.3.1、9.4.3.2、9.4.3.3、9.4.3.4、9.4.3.5、9.4.3.6）条要求

安全疏散和消防电梯应符合强制性条文第 6.1.1（6.1.1.1、6.1.1.2、6.1.1.3）6.1.4、6.1.12（6.1.12.1、6.1.12.2、6.1.12.3）、6.1.13（6.1.13.2、6.1.13.5、6.1.13.6、6.1.13.7、6.1.13.8）条要求

安全疏散距离和出口宽度应符合强制性第 6.1.5、6.1.9、6.1.10、6.1.11（6.1.11.1、6.1.11.2、6.1.11.3、6.1.11.5）条要求

疏散楼梯间、楼梯和门应符合强制性第 6.1.16、6.2.1（6.2.1.1、6.2.1.2、6.2.1.3）6.2.2（6.2.2.1、6.2.2.2、6.2.2.3）、6.2.3（6.2.3.1、6.2.3.2、6.2.3.3）、6.2.4、6.2.5（6.2.5.1、6.2.5.2）、6.2.8、6.2.9 条要求

消防电梯应符合强制性条文第 6.3.1、6.3.2 条要求

灭火设施应符合强制性条文第 7.1.1、7.1.2、7.1.3 条要求

室外消防给水应符合强制性条文第 7.2.1、7.2.2、7.2.4、7.3.1、7.3.2（7.3.2.1、7.3.2.2）、7.3.4、7.3.5 条要求

室内消防给水应符合强制性条文第 7.4.1、7.4.2、7.4.7 条要求

消防水泵房应符合强制性条文第 7.5.3、7.5.4 条要求

固定灭火设施应符合强制性条文第 7.6.1、7.6.2（7.6.2.1、7.6.2.2、7.6.2.3、7.6.2.4、7.6.2.5）、7.6.3、7.6.4、7.6.7（7.6.7.1、7.6.7.2、7.6.7.3、7.6.7.4、7.6.7.5、7.6.7.6）、7.6.8（7.6.8.1、7.6.8.2、7.6.8.3、7.6.8.4、7.6.8.5）条要求

采暖、通风、空气调节系统的防火应符合强制性条文第 8.1.4、8.5.1、8.5.2、8.5.3（8.5.3.1、8.5.3.2、8.5.3.3、8.5.3.4）、8.5.5、8.5.6、8.5.7、8.5.8 条要求

电器防火、消防电源与应急照明应符合强制性条文第 9.1.1、9.1.2、9.1.3、9.1.4（9.1.4.1、9.1.4.2、9.1.4.3）、9.2.1（9.2.1.1、9.2.1.2、9.2.1.3、9.2.1.4）、9.2.2、9.2.3、9.2.5、9.2.6、9.3.1、9.3.2 条要求。

1.0.5 当高层建筑的建筑高度超过 250m 时，建筑设计防火应对特殊的防火措施进行专题研究，并应提交国家消防主管部门组织专题研究论证。

3.0.2 高层建筑的耐火等级应分为一二两级，其建筑构件的燃烧性能和耐火极限不应低于表 3.0.2 的规定。各类建筑构件的燃烧性能和耐火极限可按附录 A 确定。

建筑构件的燃烧性能和耐火极限 **表 3.0.2**

构件名称 \ 燃烧性能和耐火极限（h）		耐火等级 一级	耐火等级 二级
墙	防火墙	不燃烧体 3.00	不燃烧体 3.00
墙	承重墙，楼梯间，电梯井和住宅单元之间的墙	不燃烧体 2.00	不燃烧体 2.00
墙	非承重外墙，疏散走道两侧的隔墙	不燃烧体 1.00	不燃烧体 1.00
墙	房间隔墙	不燃烧体 0.75	不燃烧体 0.50
柱		不燃烧体 3.00	不燃烧体 2.50
梁		不燃烧体 2.00	不燃烧体 1.50
楼板、疏散楼梯、屋顶承重构件		不燃烧体 1.50	不燃烧体 1.00
吊顶		不燃烧体 0.25	不燃烧体 0.25

3.0.3 预制钢筋混凝土构件的节点缝隙或金属承重构件节点的外露部位必须加设防火保护层，其耐火极限不应低于本规范表 3.0.2 相应建筑构件的耐火极限。

3.0.4 一类高层建筑的耐火等级应为一级，二类高层建筑的耐火等级不应低于二级。裙房的耐火等级不应低于二级，高层建筑地下室的耐火等级应为一级。

3.0.7 高层建筑内存放可燃物的平均重量超过 200kg/m^2 的房间，当不设自动灭火系统时，其柱、梁、楼板和墙的耐火极限应按本规范第 3.0.2 条的规定提高 0.50h。

4.1.2 燃油、燃气的锅炉、可燃油油浸电力变压器、充有可燃油的高压电容器和多油开关等宜设置在高层建筑外的专用房间内。

除液化石油气作燃料的锅炉外，当上述设备受条件限制必须布置在高层建筑或裙房内时，其锅炉的总蒸发量不应超过 6t/h，且单台锅炉蒸发量不应超过 2t/h；可燃油油浸电力变压器总容量不应超过 1260kVA，单台容量不应超过 630kVA，并应符合下列规定：

4.1.2.1 不应布置在人员密集场所的上一层、下一层或贴邻，并采用无门窗洞口的耐火极限不低于 2.00h 的隔墙和 1.50h 的楼板与其他部位隔开，当必须开门时，应设甲级防火门；

4.1.2.2 锅炉房、变压器室，应布置在首层或地下一层靠外墙部位，并应设直接对外的安全出口。外墙开口部位的上方，应设置宽度不小于 1.00m 不燃烧体的防火挑檐；

4.1.2.3 变压器下面应设有储存变压器全部油量的事故储油设施；变压器、多油开关室、高压电容器室，应设置防止油品流散的设施；

4.1.2.4 应设置火灾自动报警系统和自动灭火系统。

4.1.3 柴油发电机房可布置在高层建筑、裙房的首层或地下一层，并应符合下列规定：

4.1.3.1 柴油发电机房应采用耐火极限不低于 2.00h 的隔墙和 1.50h 的楼板与其他部位隔开；

4.1.3.2 柴油发电机房内应设置储油间，其总储存量不应超过 8.00h 的需要量，储油间应采用防火墙与发电机间隔开；当必须在防火墙上开门时，应设置能自行关闭的甲级防火门。

4.1.3.3 应设置火灾自动报警系统和自动灭火系统。

4.1.5 高层建筑内观众厅、会议厅、多功能厅等人员密集场所，应设在首层或二、三层；当必须设在其他楼层时，除本规范另有规定外，尚应符合下列规定：

4.1.5.1 一个厅、室的建筑面积不宜超过 $400m^2$；

4.1.5.2 一个厅、室的安全出口不应小于两个；

4.1.5.3 必须设置火灾自动报警系统和自动喷水灭火系统；

4.1.5.4 幕布和窗帘应采用经阻燃处理的织物。

4.1.6 当高层建筑内设托儿所、幼儿园时，应设置在建筑物的首层或二、三层，并宜设置单独出入口。

4.1.7 高层建筑的底边至少有一个长边或周边长度的 1/4 且不小于一个长边长度，不应布置高度大于 5.00m，进深大于 4.00m 的裙房，且在此范围内必须设有直通室外的楼梯或直通楼梯间的出口。

4.1.10 高层建筑使用丙类液体作燃料时，应符合下列规定：

4.1.10.2 中间罐的容积不应大于 $1.00m^3$，并应设在耐火等级不低于二级的单独房间内，该房间的门应采用甲级防火门。

4.1.11 当高层建筑采用瓶装液化石油气作燃料时，应设集中瓶装液化石油气间。并应符合下列规定：

4.1.11.2 总储量超过 $1.00m^3$，而不超过 $3.00m^3$ 的瓶装液化石油气间，应独立建造，且与高层建筑和裙房的防火间距不应小于 10m；

4.1.11.3 在总进气管道、总出气管道上应设有紧急事故自动切断阀；

4.1.11.4 应设有可燃气体浓度报警装置。

4.2.1 高层建筑之间及高层建筑与其他民用建筑之间的防火间距，不应小于表 4.2.1 的规定。

高层建筑之间及高层建筑与其他民用建筑之间的防火间距　　　　表 4.2.1

建筑类别	高层建筑	裙　房	其他民用建筑		
			耐火等级		
			一、二级	三　级	四　级
高层建筑	13	9	9	11	14
裙　　房	9	6	6	7	9

注：防火间距应按相邻建筑外墙的最近距离计算；当外墙有突出可燃构件时，应从其突出的部分外缘算起。

4.2.5 高层建筑与小型甲、乙、丙类液体储罐、可燃气体储罐和化学易燃物品库房的防火间距，不应小于表 4.2.5 的规定。

高层建筑与小型甲、乙、丙类液体储罐、可燃气体储罐和化学易燃物品库房的防火间距 表 4.2.5

名称和储量		防火间距（m）		名称和储量		防火间距（m）	
		高层建筑	裙房			高层建筑	裙房
小型甲、乙类液体储罐	<30m³	35	30	可燃气体储罐	<100m³	30	25
	30～60m³	40	35		100～500m³	35	30
小型丙类液体储罐	<150m³	35	30	化学易燃物品库房	<1t	30	25
	150～200m³	40	35		1～5t	35	30

注：（1）储罐的防火间距应从距建筑物最近的储罐外壁算起；

（2）当甲、乙、丙类液体储罐直埋时，本表的防火间距可减少 50%。

4.2.6 高层医院等的液氧储罐总容量不超过 $3.00m^3$ 时，储罐间可一面贴邻所属高层建筑外墙建造，但应采用防火墙隔开，并应设直通室外的出口。

4.2.7 高层建筑与厂（库）房、煤气调压站、液化石油气气化站、混气站和城市液化石油气供应站瓶库的防火间距，不应小于表 4.2.7 的规定，且液化石油气气化站、混气站储罐的单罐容积不宜超过 $10m^3$。

高层建筑与厂（库）房、煤气调压站等的防火间距 表 4.2.7

名称 ＼ 防火间距（m）			一类		二类	
			高层建筑	裙房	高层建筑	裙房
丙类厂（库）房	耐火等级	一、二级	20	15	15	13
		三、四级	25	20	20	15
丁、戊类厂（库）房	耐火等级	一、二级	15	10	13	10
		三、四级	18	12	15	10
煤气调压站	进口压力 MPa	0.005～<0.15	20	15	15	13
		0.15～≤0.30	25	20	20	15
煤气调压箱	进口压力 MPa	0.005～<0.15	15	13	13	6
		0.15～≤0.30	20	15	15	13
液化石油气气化站、混气站	总储量 m³	<30	45	40	40	35
		30～50	50	45	45	40
城市液化石油气供应站瓶库		≤15	30	25	25	20
		≤10	25	20	20	15

4.3.6 穿过高层建筑的消防车道，其净宽和净空高度均不应小于 4.00m。

5.1.1 高层建筑内应采用防火墙等划分防火分区，每个防火分区的允许最大建筑面积，不应超过表 5.1.1 的规定。

每个防火分区的允许最大建筑面积 表 5.1.1

建筑类别	每个防火分区建筑面积（m）	建筑类别	每个防火分区建筑面积（m）
一类建筑	1000	地下室	500
二类建筑	1500		

注：1. 设有自动灭火系统的防火分区，其允许最大建筑面积可按本表增加一倍；当局部设置自动灭火系统时，增加面积可按该局部面积的一倍计算；

2. 一类建筑的电信楼，其防火分区最大允许占地面积可按本表增加 50%。

5.1.3 当高层建筑与其裙房之间设有防火墙等防火分隔设施时，其裙房的防火分区允许最大建筑面积不应大于 2500m²，当设有自动喷水灭火系统时、防火分区允许最大建筑面积可增加一倍。

5.1.4 高层建筑内设有上下层相连通的走廊、敞开楼梯、自动扶梯、传送带等开口部位时，应按上下连通层作为一个防火分区，其允许最大建筑面积之和不应超过本规范第 5.1.1 条的规定。当上下开口部位设有耐火极限大于 3.00h 的防火卷帘或水幕等分隔设施时，其面积可不叠加计算。

5.1.5 高层建筑中庭防火分区面积应按上、下层连通的面积叠加计算，当超过一个防火分区面积时，应符合下列规定：

5.1.5.1 房间与中庭回廊相通的门、窗，应设自行关闭的乙级防火门、窗；

5.1.5.2 与中庭相通的过厅、通道等，应设乙级防火门或耐火极限大于 3.00h 的防火卷帘分隔；

5.1.5.3 中庭每层回廊应设有自动喷水灭火系统；

5.1.5.4 中庭每层回廊应设有火灾自动报警系统。

5.2.2 紧靠防火墙两侧的门、窗、洞口之间最近边缘水平距离不应小于 2.0m；当水平距离小于 2.0m 时，应设固定乙级防火门、窗。

5.2.4 输送可燃气体和甲、乙、丙类液体的管道，严禁过防火墙。其他管道不宜穿过防火墙，当必须穿过时，应采不燃烧材料将其周围的空隙填塞密实。

穿过防火墙处的管道保温材料，应采用不燃烧材料。

5.2.7 设在高层建筑内的自动灭火系统的设备室，应采用耐火极限不低于 2.00h 的隔墙、1.50h 的楼板和甲级防火门与其他部位隔开。

5.3.1 电梯井应独立设置，井内严禁敷设可燃气体和甲、乙、丙类液体管道，并不应敷设与电梯无关的电缆、电线等，电梯井井壁除开设电梯门洞和通气孔外，不应开设其他洞口。电梯门不应采用栅栏门。

5.3.2 电缆井、管道井、排烟道、排气道、垃圾道等竖向管道井，应分别独立设置；其井壁应为耐火极限不低于 1.00h 的不燃烧体；井壁的检查门应采用丙级防火门。

5.3.3 建筑高度不超过 100m 的高层建筑，其电缆井、管道井应每隔 2～3 层在楼板处用相当于楼板耐火极限的不燃烧体作防火分隔，建筑高度超过 100m 的高层建筑，应在每层楼板处用相当于楼板耐火极限的不燃烧体作防火分隔。

电缆井、管道井与房间、走道等相连通的孔洞，其空隙应采用不燃烧材料填塞密实。

5.5.1 屋顶采用金属承重结构时，其吊顶、望板、保温材料等均应采用不燃烧材料，屋顶金属承重构件应采用外包不燃烧材料或喷涂防火涂料等措施，并应符合本规范第 3.0.2 条规定的耐火极限，或设置自动喷水灭火系统。

5.5.3 变形缝构造基层应采用不燃烧材料。

电缆、可燃气体管道和甲、乙、丙类液体管道，不应敷设在变形缝内。当其穿过变形缝时，应在穿过处加设不燃烧材料套管，并应采用不燃烧材料将套管空隙填塞密实。

8.1.3.1 长度超过 20m 的内走道；

8.1.3.2 面积超过 100m²，且经常有人停留或可燃物较多的房间；

8.1.3.3 高层建筑的中庭和经常有人停留或可燃物较多的地下室。

8.2 自然排烟

8.2.1 除建筑高度超过 50m 的一类公共建筑和建筑高度超过 100m 的居住建筑外，靠外墙的防烟楼梯间及其前室，消防电梯前室和合用前室，宜采用自然排烟方式。

8.2.2 采用自然排烟的开窗面积应符合下列规定：

8.2.2.1 防烟楼梯间前室、消防电梯前室可开启外窗面积不应小于 $2.00m^2$，合用前室不应小于 $3.00m^2$；

8.2.2.2 靠外墙的防烟楼梯间每五层内可开启外窗总面积之和不应小于 $2.00m^2$；

8.2.2.3 长度不超过 60m 的内走道可开启外窗面积不应小于走道面积的 2%；

8.2.2.4 需要排烟的房间可开启外窗面积不应小于该房间面积的 2%。

8.3.1 下列部位应设置独立的机械加压送风的防烟设施：

8.3.1.1 不具备自然排烟条件的防烟楼梯间，消防电梯间前室或合用前室；

8.3.1.2 采用自然排烟措施的防烟楼梯间，其不具备自然排烟条件的前室；

8.3.1.3 封闭避难层（间）。

8.3.3 层数超过 32 层的高层建筑，其送风系统及送风量应分段设计。

8.3.4 剪刀楼梯间可合用一个风道，其风量应按二个梯间风量计算，送风口应分别设置。

8.3.5 封闭避难层（间）的机械加压送风量应按避难净面积每平方米不小于 $30m^3/h$ 计算。

8.3.7 机械加压送风机的全压，除计算最不利环管道压头损失外，尚应有余压。其余压值应符合下列要求：

8.3.7.1 防烟楼梯间为 50Pa；

8.3.7.2 前室、合用前室、消防电梯前室、封闭避难层（间）为 25Pa。

8.4.4 排烟口应设在顶棚上或靠近顶棚的墙面上。设在顶棚上的排烟口距可燃物构件或可燃物的距离不应小于 1.00m。排烟口平时应关闭，并应设有手动和自动开启装置。

8.4.9 排烟管道必须采用不燃材料制作。安装在吊顶内的排烟管道，其隔热层应采用不燃烧材料制作，并应与可燃物保持不小于150mm 的距离。

9.4.1 建筑高度超过 100m 的高层建筑，除面积小于 $5m^2$ 的厕所、卫生间外，均应设火灾自动报警系统。

9.4.2 除普通住宅外，建筑高度不超过 100m 的一类高层建设的下列部位应设置火灾自动报警系统：

9.4.2.1 医院病房楼的病房、贵重医疗设备室、病历档案室、药品库；

9.4.2.2 高级旅馆的客房和公共活动用房；

9.4.2.3 商业楼、商住楼的营业厅，展览楼的展览厅；

9.4.2.4 电信楼、邮政楼的重要机房和重要房间；

9.4.2.5 财贸金融楼的办公室、营业厅、票证库；

9.4.2.6 广播电视楼的演播室、播音、录音室。节目播出技术用房、道具布景；

9.4.2.7 电力调度楼、防灾指挥调度楼等的微波机房、计算机房、控制机房、动力机房；

9.4.2.8 图书馆的阅览室、办公室、书库；

9.4.2.9 档案楼的档案库、阅览室、办公室；

9.4.2.10 办公楼的办公室、会议室、档案室；

9.4.2.11 走道、门厅、可燃物品库房、空调机房、配电室、自备发电机房；
9.4.2.12 净高超过 2.6m 且可燃物较多的技术夹层；
9.4.2.13 贵重设备间和火灾危险性较大的房间；
9.4.2.14 经常有人停留或可燃物较多的地下室；
9.4.2.15 电子计算机房的主机房、控制室、纸库、磁带库。
9.4.3 二类高层建筑的下列部位应设火灾自动报警系统：
9.4.3.1 财贸金融楼的办公室、营业厅、票证库；
9.4.3.2 电子计算机房的主机房、控制室、纸库、磁带库；
9.4.3.3 面积大于 $50m^2$ 的可燃物品库房；
9.4.3.4 面积大于 $500m^2$ 的营业厅；
9.4.3.5 经常有人停留或可燃物较多的房间；
9.4.3.6 性质重要或有贵重物品的房间。

注：旅馆、办公楼、综合楼的门厅、观众厅，设有自动喷水灭火系统时，可不设火灾自动报警系统。

6.1.1 高层建筑每个防火分区的安全出口不应少于两个，但符合下列条件之一的，可设一个安全出口：
6.1.1.1 十八层及十八层以下，每层不超过 8 户，建筑面积不超过 $650m^2$，且设有一座防烟楼梯间和消防电梯的塔式住宅。
6.1.1.2 每个单元设有一座通向屋顶的疏散楼梯，且从第十层起每层相邻单元设有连通阳台或凹廊的单元式住宅。
6.1.1.3 除地下室外的相邻两个防火分区，当防火墙上有防火门连通，且两个防火分区的建筑面积之和不超过本规范第 5.1.1 条规定的一个防火分区面积的 1.4 倍的公共建筑。
6.1.12 高层建筑地下室、半地下室的安全疏散应符合下列规定：
6.1.12.1 每个防火分区的安全出口不应少于两个，当有两个或两个以上防火分区，且相邻防火分区之间的防火墙上设有防火门时，每个防火分区可分别设一个直通室外的安全出口；
6.1.12.2 房间面积不超过 $50m^2$，且经常停留人数不超过 15 人的房间，可设一个门；
6.1.12.3 人员密集的厅、室疏散出口总宽度，应按其通过人数每 100 人不小于 1.00m 计算；
6.1.13 建筑高度超过 100m 的公共建筑，应设置避难层（间），并应符合下列规定：
6.1.13.2 通向避难层的防烟楼梯应在避难层分隔、同层错位或上下层断开，但人员均必须经避难层方能上下；
6.1.13.5 避难层应设消防电梯出口；
6.1.13.6 避难层应设消防专线电话，并应设有消火栓和消防卷盘；
6.1.13.7 封闭式避难层应设独立的防烟设施；
6.1.13.8 避难层应设有应急广播和应急照明，其供电时间不应小于 1.00h，照度不应低于 1.00Lx。
6.1.5 高层建筑的安全出口应分散布置，两个安全出口之间的距离不应小于 5.00m，安全疏散距离应符合表 6.1.5 的规定。

安全疏散距离 **表 6.1.5**

高层建筑		房间门或住宅户门至最近的外部出口或楼梯间的最大距离（m）	
		位于两个安全出口之间的房间	位于袋形走道两侧或尽端的房间
医院	病房部分	24	12
	其他部分	30	15
旅馆、展览楼、教学楼		30	15
其他		40	20

6.1.9 高层建筑内走道的净宽，应按通过人数每 100 人不小于 1.00m 计算；

高层建筑首层疏散外门的总宽度，应按人数最多的一层每 100 人不小于 1.00m 计算；首层疏散外门和走道的净宽不应小于表 6.1.9 的规定。

首层疏散外门和走道的净宽 **表 6.1.9**

高层建筑	每个外门的净宽	走道净宽		高层建筑	每个外门的净宽	走道净宽	
		单面布房	双面布房			单面布房	双面布房
医院	1.30	1.40	1.50	其他	1.20	1.30	1.40
居住建筑	1.10	1.20	1.30				

6.1.10 疏散楼梯间及其前室的门的净宽应按通过人数 100 人不小于 1.00m 计算，但最小净宽不应小于 0.90m。单面布置房间的住宅，其走道出垛处的最小净宽不应小于 0.90m。

6.1.11 高层建筑内设有固定座位的观众厅、会议厅等人员密集场所，其疏散走道、出口等应符合下列规定：

6.1.11.1 厅内的疏散走道的净宽应在按通过人数每 100 人不小于 0.80m，且不宜小于 1.00m，边走道的最小净宽不宜小于 0.80m；

6.1.11.2 厅的疏散出口和厅外疏散走道的总宽度，平坡地面应分别按通过人数每 100 人不小于 0.65m 计算，阶梯地面应分别按通过人数每 100 人不小于 0.80m 计算。疏散出口和疏散走道的最小净宽均不应小于 1.40m；

6.1.11.3 疏散出口的门内、门外 1.40m 范围内不能设踏步，且门必须向外开，并不应设置门槛；

6.1.11.5 观众厅每个疏散出口的平均疏散人数不应超过 250 人；

6.1.16 高层建筑的公共疏散门均应向疏散方向开启，且不应采用侧拉门、吊门和转门，自动启闭的门应有手动开启装置。

6.2.1 一类建筑和除单元式和通廊式住宅外的建筑高度超过 32m 的二类建筑以及塔式住宅，均应设防烟楼梯间。

防烟楼梯间的设置应符合下列规定：

6.2.1.1 楼梯间入口处应设前室、阳台或凹廊；

6.2.1.2 前室的面积，公共建筑不应小于 6.00m^2，居住建筑不应小于 4.50m^2；

6.2.1.3 前室和楼梯间的门均应为乙级防火门，并应向疏散方向开启。

6.2.2 裙房和除单元式和通廊式住宅外的建筑高度不超过 32m 的二类建筑应设封闭楼梯间。封闭楼梯间的设置应符合下列规定：

6.2.2.1 楼梯间应靠外墙，并应直接天然采光和自然通风，当不能直接天然采光和自然通风时，应按防烟楼梯间规定设置；

6.2.2.2 楼梯间应设乙级防火门，并应向疏散方向开启；

6.2.2.3 楼梯间的首层紧接主要出口时，可将走道和门厅等包括在楼梯间内，形成扩大的封闭楼梯间，但应采用乙级防火门等防火措施与其他走道和房间隔开。

6.2.3 单元式住宅每个单元的疏散楼梯均应通至屋顶，其疏散楼梯间的设置应符合下列规定：

6.2.3.1 十一层及十一层以下的单元式住宅可不设封闭楼梯间，但开向楼梯间的户门应为乙级防火门，且楼梯间应靠外墙，并应直接天然采光和自然通风；

6.2.3.2 十二层至十八层的单元式住宅应设封闭楼梯间；

6.2.3.3 十九层及十九层以上的单元式住宅应设防烟楼梯间。

6.2.4 十一层及十一层以下的通廊式住宅应设封闭楼梯间；超过十一层的通廊式住宅应设防烟楼梯间。

6.2.5 楼梯间及防烟楼梯间前室应符合下列规定：

6.2.5.1 楼梯间及防烟楼梯间前室的内墙上，除开设通向公共走道的疏散门和本规范第6.1.3条规定的户门外，不应开设其他门、窗、洞口；

6.2.5.2 楼梯间及防烟楼梯间前室内不应敷设可燃气体管道和甲、乙、丙类液体管道，并不应有影响疏散的突出物；

6.2.8 地下室、半地下室的楼梯间，在首层应采用耐火极限不低于2.00h的隔墙与其他部位隔开并宜直通室外，当必须在隔墙上开门时，应采用乙级防火门。地下室或半地下室与地上层不宜共用楼梯间，当必须共用楼梯间时，宜在首层与地下或半地下层的入口处，设置耐火极限不低于2.00h的隔墙和乙级防火门隔开，并应有明显标志。

6.2.9 每层疏散楼梯总宽度应按其通过人数每100人不小于1.00m计算，各层人数不相等时，其总宽度可分段计算，下层疏散楼梯总宽度应按其上层人数最多的一层计算。疏散楼梯的最小净宽不应小于表6.2.9的规定。

疏散楼梯的最小净宽度 **表6.2.9**

高层建筑	疏散楼梯的最小净宽度（m）	高层建筑	疏散楼梯的最小净宽度（m）
医院病房楼	1.30	其他建筑	1.20
居住建筑	1.10		

6.3.1 下列高层建筑应设消防电梯：

6.3.1.1 一类公共建筑；

6.3.1.2 塔式住宅；

6.3.1.3 十二层及十二层以上的单元式住宅和通廊式住宅；

6.3.1.4 高度超过32m的其他二类公共建筑。

6.3.2 高层建筑消防电梯的设置数量应符合下列规定：

6.3.2.1 当每层建筑面积不大于1500m^2时，应设一台；

6.3.2.2 当大于1500m^2但不大于4500m^2时，应设两台；

6.3.2.3 当大于4500m^2时，应设三台；

6.3.2.4 消防电梯可与客梯或工作电梯兼用，但应符合消防电梯的要求。

7.1.1 高层建筑必须设置室内、室外消火栓给水系统。

7.1.2 消防用水可由给水管网、消防水池或天然水源供给，利用天然水源应确保枯水期最低水位时的消防用水量，并应设置可靠的取水设施。

7.1.3 室内消防给水应采用高压或临时高压给水系统，当室内消防用水量达到最大时，其水压应满足室内最不利点灭火设施的要求。

室外低压给水管道的水压，当生活、生产和消防用水量达到最大时，不应小于0.10MPa（从室外地面算起）。

注：生活、生产用水量应按最大小时流量计算，消防用水量应按最大秒流量计算。

7.2.1 高层建筑的消防用水总量应按室内、外消防用水量之和计算。

高层建筑内设有消火栓、自动喷水、水幕、泡沫等灭火系统时，其室内消防用水量应按需要同时开启的灭火系统用水量之和计算。

7.2.2 高层建筑室内、外消火栓给水系统的用水量，不应小于表7.2.2的规定。

消火栓给水系统的用水量 **表7.2.2**

高层建筑类别	建筑高度 m	消火栓用水量（L/s）		每根竖管最小流量（L/s）	每支水枪最小流量（L/s）
		室外	室内		
普通住宅	≤50	15	10	10	5
	>50	15	20	10	5
1. 高级住宅 2. 医院 3. 二类建筑的商业楼，展览楼、综合楼、财贸金融楼、电信楼、商住楼、图书馆、书库 4. 省级以下的邮政楼、防灾指挥调度楼、广播电视楼、电力调度楼 5. 建筑高度不超过50m的教学楼和普通的旅馆、办公楼、科研楼、档案楼等	≤50	20	20	10	5
	>50	20	30	15	5
1. 高级旅馆 2. 建筑高度超过50m或每层建筑面积超过1000m² 的商业楼、展览楼、综合楼、电信楼、财贸金融楼 3. 建筑高度超过50m或每层建筑面积超过1500m² 的商住楼 4. 中央和省级（含计划单列市）广播电视楼 5. 网局级和省级（含计划单列市）电力调度楼 6. 省级（含计划单列市）邮政楼、防灾指挥调度楼 7. 藏书超过100万册的图书馆、书库 8. 重要的办公楼、科研楼、档案楼 9. 建筑高度超过50m的教学楼和普通的旅馆、办公楼、科研楼、档案楼等	≤50	30	30	15	5
	>50	30	40	15	5

注：建筑高度不超过50m，室内消火栓用水量超过20L/s，且设有自动喷水灭火系统的建筑物，其室内、外消防用水量可按本表减少5L/s。

7.2.4 高级旅馆、重要的办公楼，一类建筑的商业楼、展览楼、综合楼等和建筑高度超过100m的其他高层建筑，应设消防卷盘，其用水量可不计入消防用水总量。

7.3.1 室外消防给水管道应布置成环状，其进水管不宜少于两条，并宜从两条市政给水管道引入。当其中一条进水管发生故障时，其余进水管应仍能保证全部用水量。

7.3.2 符合下列条件之一时，高层建筑应设消防水池：

7.3.2.1 市政给水管道和进水管或天然水源不能满足消防用水量；

7.3.2.2 市政给水管道为枝状或只有一条进水管（二类居住建筑除外）。

7.3.4 供消防车取水的消防水池应设取水口或取水井，其水深应保证消防车的消防水泵吸水高度不超过6m。取水口或取水井与被保护高层建筑的外墙距离不宜小于5m，并不宜大于100m。

消防用水与其他用水共用的水池，应采取确保消防用水量不作他用的技术措施。

寒冷地区的消防水池应采取防冻措施。

7.3.5 高层建筑群可共用消防水池和消防泵房。消防水池的容量应按消防用水量最大的一幢高层建筑计算。

7.4.1 室内消防给水系统应与生活、生产给水系统分开独立设置。室内消防给水管道应布置成环状。室内消防给水环状管网的进水管和区域高压或临时高压给水系统的引入管不应少于两根，当其中一根发生故障时，其余的进水管或引入管应能保证消防用水量和水压的要求。

7.4.2 消防竖管的布置，应保证同层相邻两个消火栓的水枪的充实水柱同时达到被保护范围内的任何部位。每根消防竖管的直径应按通过的流量经计算确定，但不应小于100mm。

7.4.7 采用高压给水系统时，可不设高位消防水箱。

7.5.3 消防给水系统应设置备用消防水泵，其工作能力不应小于其中最大一台消防工作泵。

7.5.4 一组消防水泵，吸水管不应少于两条，当其中一条损坏或检修时，其余吸水管应仍能通过全部水量。

7.6.1 建筑高度超过100m的高层建筑，除面积小于5.00m^2的卫生间、厕所和不宜用水扑救的部位外，均应设自动喷水灭火系统。

7.6.2 建筑高度不超过100m的一类高层建筑及其裙房的下列部位，除普通住宅和高层建筑中不宜用水扑救的部位外，应设自动喷水灭火系统：

7.6.2.1 公共活动用房；

7.6.2.2 走道、办公室和旅馆的客房；

7.6.2.3 可燃物品库房；

7.6.2.4 高级住宅的居住用房；

7.6.2.5 自动扶梯底部和垃圾道顶部。

7.6.3 二类高层建筑中的商业营业厅、展览厅等公共活动用房和建筑面积超过200m^2的可燃物品库房，应设自动喷水灭火系统。

7.6.4 高层建筑中经常有人停留或可燃物较多的地下室房间，应设自动喷水灭火系统。

7.6.7 高层建筑的下列房间，应设气体等自动灭火系统：

7.6.7.1 大、中型电子计算机房；

7.6.7.2 珍藏库房；

7.6.7.3 自备发电机房；

7.6.7.4 贵重设备室。

8.1.4 通风、空气调节系统应采取阻水、防烟措施。

8.5.1 空气中含有易燃、易爆物质的房间，其送、排风系统应采用相应的防爆型通风设备。当送风机设在单独隔开的通风机房内且送风干管上设有止回阀时，可采用普通型通风设备，其空气不应循环使用。

8.5.2 通风、空气调节系统，横向应按每个防火分区设置，竖向不宜超过五层，当排风管道设有防止回流设施且各层设有自动喷水灭火系统时，其进风和排风管道可不受此限制。垂直风管应设在管井内。

8.5.3 下列情况之一的通风、空气调节系统的风管应设防火阀：

8.5.3.1 管道穿越防火分区的隔墙处；

8.5.3.2 穿越通风、空气调节机房及重要的或火灾危险性大的房间隔墙和楼板处；

8.5.3.3 垂直风管与每层水平风管交接处的水平管段上；

8.5.3.4 穿越变形缝处的两侧。

8.5.5 厨房、浴室、厕所等的垂直排风管道，应采取防止回流的措施或在支管上设置防火阀。

8.5.6 通风、空气调节系统的管道等，应采用不燃烧材料制作，但接触腐蚀性介质的风管和柔性接头，可采用难燃烧材料制作。

8.5.7 管道和设备的保温材料、消声材料和粘结剂应为不燃烧材料或难燃烧材料。穿过防火墙和变形缝的风管两侧各 2.00m 范围内应采用不燃烧材料及粘结剂。

8.5.8 风管内没有电加热器时，风机应与电加热器连锁电加热前后各 800mm 范围内风管和穿过设有火源等容易起火部位的管道，均必须采用不燃保温材料。

9.1 消防电沿及托配电

9.1.1 高层建筑的消防控制室、消防水泵、消防电梯、防烟排烟设施、火灾自动报警、自动灭火系统、应急照明、疏散指示标志和电动的防火门、窗、卷帘、阀门等消防用电，应按现行的国家标准《工业与民用供电系统设计规范》的规定进行设计，一类高层建筑应按一级负荷要求供电，二类高层建筑应按二级负荷要求供电。

9.1.2 高层建筑的消防控制室、消防水泵、消防电梯、防烟排烟风机等的供电，应在最末一级配电箱处设置自动切换装置。

一类高层建筑自备发电设备，应设有自动启动装置，并能在 36 小时内供电。

二类高层建筑自备发电设备，当采用自动启动有困难时，可采用手动启动装置。

9.1.3 消防用电设备应采用专用的供电回路，其配电设备应设有明显标志。

其配电线路和控制回路宜按防火分区划分。

9.1.4 消防用电设备的配电线路应符合下列规定：

9.1.4.1 当采用暗敷设时，应敷设在不燃烧体结构内，且保护层厚度不宜小于 30mm。

9.1.4.2 当采用明敷设时，应采用金属管或金属线槽上涂防火涂料保护。

9.1.4.3 当采用绝缘和护套为不延燃材料的电缆时，可不穿金属管保护，但应敷设在电缆井内。

9.2 火灾应急照明和疏散指示标志

9.2.1 高层建筑的下列部位应设置应急照明：

9.2.1.1 楼梯间、防烟楼梯间前室、消防电梯间及其前室、合用前室和避难层（间）；

9.2.1.2 配电室、消防控制室、消防水泵房、防烟排烟机室、供消防用电的蓄电池室、自备发电机室、电话总机房以及发生火灾时仍需坚持工作的其他房间；

9.2.1.3 观众厅、展览厅、多功能厅、餐厅和商业营业厅等人员密集的场所；

9.2.1.4 公共建筑内的疏散走道和居住建筑内走道长度超过 20m 的内走道。

9.2.2 疏散用的应急照明，其地面最低照度不应低于 0.5Lx。

消防控制室、消防水泵房、防烟排烟机房、配电室和自备发电机房、电话总机房以及发生火灾时仍需坚持工作的其他房间的应急照明，仍应保证正常照明的照度。

9.2.3 除二类居住建筑外，高层建筑的疏散走道和安全出口处应设灯光疏散指示标志。

9.2.5 应急照明灯和灯光疏散指示标志，应设玻璃或其他不燃烧材料制作的保护罩。

9.2.6 应急照明灯和疏散指示标志，可采用蓄电池作备用电源。且连续供电时间不应少于20min高度超过100m的高层建筑连续供电时间不应少于30min。

9.3.1 开关、插座和照明器靠近可燃物时，应采取隔热、散热等保护措施。

卤钨灯和超过100W的白炽灯泡的吸顶灯、槽灯、嵌入式灯的引入线应采取保护措施。

9.3.2 白炽灯、卤钨灯、荧光高压汞灯、镇流器等不应直接设置在可燃装修材料或可燃构件上。可燃物品库房不应设置卤钨灯等高温照明灯具。

6.《建筑内部装修设计防火规范》(GB 50222—95)(2001年局部修订)(强制性条文摘要)

强制性条文共八条，分别为第3.1.2、3.1.5、3.1.6、3.1.13、3.1.15A、3.1.18、3.2.3、3.4.2条，摘录如下：

3.1.2 除地下建筑外，无窗房间的内部装修材料的燃烧性能等级，除A级外，应在本章规定的基础上提高一级。

3.1.5 消防水泵房、排烟机房、固定灭火系统钢瓶间、配电室、变压器室、通风和空调机房等，其内部所有装修均应采用A级装修材料。

3.1.6 无自然采光楼梯间、封闭楼梯间、防烟楼梯间及其前室的顶棚、墙面和地面均应采用A级装修材料。

3.1.13 地上建筑的水平疏散走道和安全出口的门厅，其顶棚装饰材料应采用A级装修材料，其他部位应采用不低于B1级的装修材料。

3.1.15A 建筑内部装修不应减少安全出口、疏散出口和疏散走道的设计所需的净宽度和数量。

3.1.18 当歌舞厅、卡拉OK厅（含具有卡拉OK功能的餐厅）、夜总会、录像厅、放映厅、桑拿浴室（除洗浴部分外）、游艺厅（含电子游艺厅）、网吧等歌舞娱乐放映游艺场所（以下简称歌舞娱乐放映游艺场所）设置在一、二级耐火等级建筑的四层及四层以上时，室内装修的顶棚材料应采用A级装修材料，其他部位应采用不低于B1级的装修材料；当设置在地下一层时，室内装修的顶棚、墙面材料应采用A级装修材料，其他部位应采用不低B1级的装修材料。

3.2.3 除第3.1.18条规定外，当单层、多层民用建筑需做内部装修的空间内装有自动灭火系统时，除顶棚外，其内部装修材料的燃烧性能等级可在表3.2.1规定的基础上降低一级；当同时装有火灾自动报警装置和自动灭火系统时。其顶棚装修材料的燃烧性能等级可在表3.2.1规定的基础上降低一级，其他装修材料的燃烧性能等级可不限制。

3.4.2 地下民用建筑的疏散走道和安全出口的门厅，其顶棚、墙面和地面的装修材料应采用A级装修材料。

（三）施工质量

7.《建筑工程施工质量验收统一标准》(GB 50300—2001)(强制性条文摘要)

强制性条文共六条，分别为第3.0.3、5.0.4、5.0.7、6.0.3、6.0.4、6.0.7条，摘

录如下：

3.0.3 建筑工程施工质量应按下列要求进行验收：

建筑工程施工质量应符合本标准和相关专业验收规范的规定。

建筑工程施工应符合工程勘察、设计文件的要求。

参加工程施工质量验收的各方人员应具备规定的资格。

工程质量的验收均应在施工单位自行检查评定的基础上进行。

隐蔽工程在隐蔽前应由施工单位通知有关单位进行验收，并应形成验收文件。

涉及结构安全的试块、试件以及有关材料，应按规定进行见证取样检测。

检验批的质量应按主控项目和一般项目验收。

对涉及结构安全和使用功能的重要分部工程应进行抽样检测。

承担见证取样检测及有关结构安全检测的单位应具有相应资质。

工程的观感质量应由验收人员通过现场检查，并应共同确认。

5.0.4 单位（子单位）验收合格应符合下列规定：

单位（子单位）工程所含分部（子分部）工程的质量均应验收合格。

质量控制资料应完整。

单位工程（子单位）所含分部工程有关安全和功能的检测资料应完整。

主要功能项目的抽查结果应符合相关专业质量验收规范的规定。

观感质量验收应符合要求。

5.0.7 通过返修或加固处理仍不能满足安全使用要求的分部工程、单位（子单位）工程，严禁验收。

6.0.3 单位工程完工后，施工单位应自行组织有关人员进行检查评定，并向建设单位提交工程验收报告。

6.0.4 建设单位收到工程验收报告后，应由建设单位（项目）负责人组织施工（含分包单位）、设计、监理等单位（项目）负责人进行单位（子单位）工程验收。

6.0.7 单位工程质量验收合格后，建设单位应在规定时间内将工程竣工验收报告和有关文件，报建设行政管理部门备案。

8.《屋面工程质量验收规范》（GB 50207—2012）（强制性条文摘要）

强制性条文共四条，分别为第 3.0.6、3.0.12、5.1.7、7.2.7 条，摘录如下：

3.0.6 屋面工程所采用的防水、保温隔热材料应有产品合格证书和性能检测报告，材料的品种、规格、性能等必须符合国家现行产品标准和设计要求。产品质量应由经过省级以上建设行政主管部门对其资质认可和质量技术监督部门对其计量认证的质量检测单位进行检测。

3.0.12 屋面防水工程完工后，应进行观感质量检查和雨后观察或淋水、蓄水试验，不得有渗漏和积水现象。

5.1.7 保温材料的导热系数，表干密度或干密度抗压强度或压缩强度，燃料性能，无须符合设计要求。

7.2.7 瓦片必须铺置牢固，在大风及地震设防地区或屋面坡度大于 100%时，应按设计要求采取固定加强措施。

9.《建筑地面工程施工质量验收规范》（GB 50209—2010）（强制性条文摘要）

强制性条文共七条，分别为第 3.0.3、3.0.5、3.0.18、4.9.3、4.10.11、4.10.13、

5.7.4 条，摘录如下：

3.0.3 建筑地面工程采用的材料或产品应符合设计要求和国家现行有关标准的规定。无国家现行标准的，应具有省级住房和城乡建设行政主管部门的技术认可文件。材料或产品进场时还应符合下列规定：

1. 应有质量合格证明文件；

2. 应对型号、规格、外观等进行验收，对重要材料或产品应抽样复验。

3.0.5 厕浴间和有防滑要求的建筑地面应符合设计防滑要求。

3.0.18 厕浴间、厨房和有排水（或其他液体）要求的建筑地面面层与相连接各类面层的标高差应符合设计要求。

4.9.3 有防水要求的建筑地面工程，铺设前必须对立管、套管和地漏与楼板节点之间进行密封处理，并应进行隐蔽验收；排水坡度应符合设计要求。

4.10.11 厕浴间和有防水要求的建筑地面必须设置防水隔离层。楼层结构必须采用现浇混凝土或整块预制混凝土板，混凝土强度等级不应小于C20；房间的楼板四周除门洞外应做混凝土翻边，高度不应小于200mm，宽同墙厚，混凝土强度等级不应小于C20。施工时结构层标高和预留孔洞位置应准确，严禁乱凿洞。

4.10.13 防水隔离层严禁渗漏，排水的坡向应正确、排水通畅。

5.7.4 不发火（防爆）面层碎石的不发火性能必须合格；砂应质地坚硬、表面粗糙，其粒径宜为0.15～5mm，含泥量不应大于3%，有机物含量不应大于0.5%；水泥应采用硅酸盐水泥、普通硅酸盐水泥；面层分格的嵌条应采用不发生火花的材料配制。配制时应随时检查，不得混入金属或其他易发生火花的杂质。

10.《建筑装饰装修工程质量验收规范》（GB 50210—2001）（强制性条文摘要）

强制性条文共十五条，分别为第3.1.1、3.1.5、3.2.3、3.2.9、3.3.4、3.3.5、4.1.12、5.1.11、6.1.12、8.2.4、8.3.4、9.1.8、9.1.13、9.1.14、12.5.6条，摘录如下：

3.1.1 建筑装饰装修工程必须进行设计，并出具完整的施工图设计文件。

3.1.5 建筑装饰装修工程设计必须保证建筑物的结构安全和主要使用功能。当涉及主体和承重结构改动或增加荷载时，必须由原结构设计单位或具备相应资质的设计单位核查有关原始资料，对既有建筑结构的安全性进行核验、确认。

3.2.3 建筑装饰装修工程所用材料应符合国家有关建筑装饰装修材料有害物质限量标准的规定。

3.2.9 建筑装饰装修工程所使用的材料应按设计要求进行防火、防腐和防虫处理。

3.3.4 建筑装饰装修工程施工中，严禁违反设计文件擅自改动建筑主体、承重结构或主要使用功能；严禁未经设计确认和有关部门批准擅自拆改水、暖、电、燃气、通讯等配套设施。

3.3.5 施工单位应遵守有关环境保护的法律法规，并应采取有效措施控制施工现场的各种粉尘、废气、废弃物、噪声、振动等对周围环境造成的污染和危害。

4.1.12 外墙和顶棚的抹灰层与基层之间及各抹灰层之间必须粘贴牢固（北京市规定顶棚不允许抹灰）。

5.1.11 建筑外门窗的安装必须牢固。在砌体上安装门窗严禁用射钉固定。

6.1.12 重型灯具、电扇及其他重型设备严禁安装在吊顶工程的龙骨上。

8.2.4 饰面板安装工程的预埋件（或后置埋件）、连接件的数量、规格、位置、连接方法和防腐处理必须符合设计要求。后置埋件的现场拉拔强度必须符合设计要求。饰面板安装必须牢固。

8.3.4 饰面砖粘贴必须牢固。

9.1.8 隐框、半隐框幕墙所采用的结构粘结材料必须是中性硅酮结构密封胶，其性能必须符合《建筑用硅酮结构密封胶》(GB 16776) 的规定；硅酮结构密封胶必须在有效期内使用。

9.1.13 主体结构与幕墙连接的各种预埋件，其数量、规格、位置和防腐处理必须符合设计要求。

9.1.14 幕墙的金属框架与主体结构预埋件的连接、立柱与横梁的连接及幕墙面板的安装必须符合设计要求，安装必须牢固。

12.5.6 护栏高度、栏杆间距、安装位置必须符合设计要求。护栏安装必须牢固。

11.《住宅装饰装修工程施工规范》(GB 50327—2001)(强制性条文摘要)

强制性条文共 8 条，分别为第 3.1.3、3.1.7、3.2.2、4.1.1、4.3.4、4.3.6、4.3.7、10.1.6 条，摘录如下：

3.1.3 施工中，严禁损坏房屋原有绝热设施；严禁损坏受力钢筋；严禁超荷载集中堆放物品；严禁在预制混凝土空心楼板上打孔安装埋件。

3.1.7 施工现场用电应符合下列规定：1. 施工现场用电应从户表以后设立临时施工用电系统。

3.2.2 严禁使用国家明令淘汰的材料。

4.1.1 施工单位必须制定施工防火安全制度，施工人员必须严格遵守。

4.3.4 施工现场动用电气焊等明火时，必须清除周围及焊渣滴落区的可燃物质，并设专人监督。

4.3.6 严禁在施工现场吸烟。

4.3.7 严禁在运行中的管道、装有易燃易爆的容器和受力构件上进行焊接和切割。

10.1.6 推拉门窗扇必须有防脱溶措施，扇与框的搭接且应符合设计要求。

12.《金属与石材幕墙工程技术规范》(JGJ 133—2001)(强制性条文摘要)

强制性条文共五条，分别为第 6.5.1、6.5.2、7.2.4、7.3.4、7.3.10 条。摘录如下：

6.5.1 金属与石材幕墙构件应按同一种类构件的 5%进行抽样检查，且每种构件不得少于 5 件。当有一个构件抽检不符合上述规定时，应加倍抽样复验，全部合格后方可出厂。

6.5.2 构件出厂时应附有构件合格证书。

7.2.4 金属、石材幕墙与主体结构连接的预埋件，应在主体结构施工时按设计要求埋设。预埋件应牢固，位置准确，预埋件的位置误差应按设计要求进行复查。当设计无明确要求时，预埋件的标高偏差不应大于 10mm，预埋件的位置差不应大于 20mm。

7.3.4 金属板与石板安装应符合下列规定：

应对横竖连接件进行检查、测量、调整；

金属板、石板安装时，左右、上下的偏差不应大于 1.5mm；

3. 金属板、石板空缝安装时，必须有防水措施，并应有符合设计要求的排水出口；

4. 充硅酮耐候密封胶时，金属板、石板缝的宽度、厚度应根据硅酮耐候密封胶的技术参数，经计算后确定。

7.3.10 幕墙安装施工应对下列项目进行验收：

主体结构与立柱、立柱与横梁连接节点安装及防腐处理；

幕墙的防火、保温安装；

幕墙的伸缩缝、沉降缝、防震缝及阴阳角的安装；

幕墙的防雷节点的安装；

幕墙的封口安装。

13.《玻璃幕墙工程技术规范》(JGJ 102—2003)(强制性条文摘要)

强制性条文共十六条，分别为第3.1.4、3.1.5、3.6.2、4.4.4、5.1.6、5.5.1、5.6.2、6.2.1、6.3.1、7.1.6、7.3.1、7.4.1、8.1.2、8.1.3、9.1.4、10.7.4条，摘录如下：

3.1.4 隐框和半隐框玻璃幕墙，其玻璃与铝型材的粘结必须采用中性硅酮结构密封胶；全玻璃幕墙和点支承幕墙采用镀膜玻璃时，不应采用酸性硅酮结构密封胶粘结。

3.1.5 硅酮结构密封胶和硅酮建筑密封胶必须在有效期内使用。

3.6.2 硅酮结构密封胶使用前，应经国家认可的检测机构进行与其相接触材料的相容性和剥离粘结性试验，并应对邵氏硬度、标准状态拉伸粘结性能进行复验。检验不合格的产品不得使用。进口硅酮结构密封胶应具有商检报告。

4.4.4 人员流动密度大、青少年或幼儿活动的公共场所以及使用中容易受到撞击的部位，其玻璃幕墙应采用安全玻璃，对使用中容易受到撞击的部位，尚应设置明显的警示标志。

9.1.4 除全玻璃幕墙外，不应在现场打注硅酮结构密封胶。

10.7.4 当高层建筑的玻璃幕墙安装与主体结构施工交叉作业时，在主体结构的施工层下方应设置防护网；在距离地面约3m高度处，应设置挑出宽度不小于6m的水平防护网。

14.《民用建筑工程室内环境污染控制规范》(GB 50325—2001)(强制性条文摘要)

强制性条文共二十四条，分别为第1.0.5、3.1.1、3.1.2、3.2.1、4.1.1、4.1.2、4.2.4、4.2.5、4.2.6、4.3.1、4.3.3、4.3.10、4.3.11、5.1.2、5.2.1、5.2.3、5.2.5、5.2.6、5.3.3、5.3.6、6.0.3、6.0.4、6.0.18、6.0.20条，摘录如下：

1.0.5 民用建筑工程所选用的建筑材料和装修材料必须符合本规范的规定。

3.1.1 民用建筑工程所使用的无机非金属建筑材料，包括砂、石、砖、水泥、商品混凝土、预制构件和新型墙体材料等，其放射性指标限量应符合表3.1.1的规定。

无机非金属建筑材料放射性指标限量 **表3.1.1**

测定项目	限量	测定项目	限量
内照射指数(Ira)	≤1.0	外射指数(Ir)	≤1.0

3.1.2 民用建筑工程所使用的无机非金属装修材料，包括石材、建筑卫生陶瓷、石膏板、吊顶材料等，进行分类时，其放射性指标限量应符合表3.1.2的规定。

无机非金属装修材料放射性指标限量　　　　　　　　　　表 3.1.2

测定项目	限量	
	A	B
内照射指数（IR_a）	≤1.0	≤1.3
外照射指数（IR）	≤1.3	≤1.9

3.2.1 民用建筑工程室内用人造木板及饰面人造木板，必须测定游离甲醛含量或游离甲醛释放量。

4.1.1 对新建、扩建的民用建筑工程设计前，必须进行建筑场地土壤中氡浓度的测定，并提供相应的检测报告。

4.1.2 民用建筑工程设计必须根据建筑物的类型和用途，选用符合本规范规定的建筑材料和装修材料。

4.2.4 民用建筑工程地点土壤中氡浓度，高于周围非地质构造断裂带区域 3 倍及以上、5 倍以下时，工程设计中除采取建筑物内地面抗开裂措施外，还必须按国家现行标准《地下工程防水技术规范》中的一级防水要求，对基础进行处理。

4.2.5 民用建筑工程地点土壤中氡浓度，高于周围非地质构造断裂带区域 5 倍及以上时，工程设计中除按本节第 4.2.4 条规定进行防氡处理外，还应按国家现行标准《新建低层住宅建筑设计与施工中氡控制导则》GB/T17785—1999 的有关规定，采取综合建筑构造措施。

4.2.6 Ⅰ类民用建筑工程地点土壤中氡浓度，高于周围非地质构造断裂区域 5 倍及以上时，应尽心工程地点土壤中的镭-226、钍-232、钾 K-40 的比活度测定。当内照射指数（IRa）大于 1.0 或外照射指数（Ir）大于 1.3 时，工程地点土壤不得作为工程回填土使用。

4.3.1 Ⅰ类民用建筑工程必须采用 A 类无机非金属建筑材料和装修材料。

4.3.3 Ⅰ类民用建筑工程的室内装修，必须采用 E_1 类人造木板及饰面人造木板。

4.3.10 民用建筑工程室内装修中所使用的木地板及其他木质材料，严禁采用沥青类防腐、防潮处理剂。

4.3.11 民用建筑工程中所使用的阻燃剂、混凝土外加剂的释放量不应大于 0.10%，测定方法应符合现行国家标准《混凝土外加剂中释放氨的限量》的规定。

5.1.2 当建筑材料和装修材料进场检验，发现不符合设计要求及本规范的有关规定时，严禁使用。

5.2.1 民用建筑工程中所采用的无机非金属建筑材料和装修材料必须有放射性指标检测报告，并应符合设计要求和本规范的规定。

5.2.3 民用建筑工程室内装修中所采用的人造木板和饰面人造木板，必须有游离甲醛含量或游离甲醛释放量的检测报告，并应符合设计要求和本规范的规定。

5.2.5 民用建筑工程室内装修中所采用的水性涂料、水性胶粘剂、水性处理剂必须有总挥发性有机化合物（TVOC）和游离甲醛含量检测报告；溶剂型涂料、溶剂型胶粘剂必须有总挥发性有机化合物（TVOC）、苯、游离甲苯二异氰酸酯（TDI）（聚氨酯类）含量检测报告，并应符合设计要求和本规范规定。

5.2.6 建筑材料和装修材料的检测项目不全或对检测结果有疑问时，必须将材料送有资格的检测机构进行检验，检验合格后方可使用。

5.3.3 民用建筑工程室内装修所采用的稀释剂和溶剂，严禁使用苯、工业苯、石油苯、重质苯及混苯。

5.3.6 严禁在民用建筑工程室内用有机溶剂清洗施工用具。

6.0.3 民用建筑工程所用建筑材料和装修材料的类别、数量和施工工艺等，应符合设计要求和本规范的有关规定。

6.0.4 民用建筑验收时，必须进行室内环境污染物浓度检测。检测结果应符合规范中表6.0.4的规定。

6.0.18 当室内环境污染物浓度的全部检测结果符合本规范的规定时，可判定该工程室内环境质量合格。

6.0.20 室内环境质量验收不合格的民用建筑工程，严禁投入使用。

15.《建筑给水排水及采暖工程施工质量验收规范》(GB 50242—2002)(强制性条文摘要)

强制性条文共二十条，分别为第3.3.3、3.3.16、4.1.2、4.2.3、4.3.1、5.2.1、8.2.1、8.3.1、8.5.1、8.5.2、8.6.1、8.6.3、9.2.7、10.2.1、11.3.3、13.2.6、13.4.1、13.4.4、13.5.3、13.6.1条，摘录如下：

3.3.3 地下室或地下构筑物外墙有管道穿过的，应采取防水措施。对有严格防水要求的建筑物，必须采用柔性防水套管。

3.3.16 各种承压管道系统和设备应做水压试验，非承压管道系统和设备应做灌水试验。

4.1.2 给水管道必须采用与管材相适应的管件。生活给水系统所涉及的材料必须达到饮用水卫生标准。

4.2.3 生活给水系统管道在交付使用前必须冲洗和消毒，并经有关部门取样检验，符合国家《生活饮用水标准》方可使用。

4.3.1 室内消火栓系统安装完毕后应取屋顶层（或水箱间内）试验消火栓和首层取二处消火栓做试射试验，达到设计要求为合格。

5.2.1 隐藏或埋地的排水管道在隐蔽前必须做灌水试验，其灌水高度应不低于底层卫生器具的上边缘或底层地面高度。

8.2.1 管道安装坡度，当设计无注明时，应符合下列规定：

1. 气、水同向流动的热水采暖管道和汽、水同向流动的蒸汽管道及凝结水管道，坡度应为3‰，不得小于2‰；

2. 气、水逆向流动的热水采暖管道和汽、水逆向流动的蒸汽管道，坡度不应小于5‰；

3. 散热器支管的坡度应为1%，坡向应利于排气和泄水。

8.5.1 地面下敷设的盘管埋地部分不应有接头。

8.5.2 盘管隐蔽前必须进行水压试验，试验压力为工作压力的1.5倍，且不小于0.6MPa。

9.2.7 给水管道在竣工后，必须对管道进行冲洗，饮用水管道还要在冲洗后进行消毒，满足饮用水卫生。

10.2.1 排水管道的坡度必须符合设计要求，严禁无坡或倒坡。

16.《通风与空调工程施工质量验收规范》(GB 50243—2002)(强制性条文摘要)

强制性条文共十四条，分别为第4.2.3、4.2.4、5.2.4、5.2.7、6.2.1、6.2.2、6.2.3、7.2.2、7.2.7、7.2.8、8.2.6、8.2.7、11.2.1、11.2.4条，摘录如下：

4.2.3 防火风管的本体、框架与固定材料、密封垫料等必须为不燃材料，其耐火等级应符合设计的规定。

4.2.4 复合材料风管的覆面材料必须为不燃材料，内部的绝热材料应为不燃或难燃B1级，且对人体无害的材料。

5.2.7 防、排烟系统柔性短管的制作材料，必须为不燃材料。

6.2.1 在风管穿过需要封闭的防火、防爆的墙体或楼板时，应设预埋管或防护套管，其钢板厚度不应小于1.6mm。风管与防护套管之间，应用不燃且对人体无危害的柔性材料封堵。

6.2.2 风管安装必须符合下列规定：

1. 风管内严禁其他管线穿越；

2. 输送含有易燃、易爆气体或安装在易燃、易爆环境的风管系统应有良好的接地，通过生活区或其他辅助生产房间时必须严密，并不得设置接口；

3. 室外立管的固定拉索严禁拉在避雷针或避雷网上。

6.2.3 输送空气温度高于80℃的风管，应按设计规定采取防护措施。

11.2.1 通风与空调工程安装完毕，必须进行系统的测定和调整（简称调试）。系统调试应包括下列项目：

1. 设备单机试运转及调试；

2. 系统无生产负荷下的联合试运转及调试。

11.2.4 防排烟系统联合试运行与调试的结果（风量及正压），必须符合设计与消防的规定。

17.《建筑电气工程施工质量验收规范》(GB 50303—2002)(强制性条文摘要)

强制性条文共十六条，分别为第3.1.7、3.1.8、4.1.3、7.1.1、8.1.3、9.1.4、11.1.1、12.1.1、13.1.1、14.1.2、15.1.1、19.1.2、19.1.6、21.1.3、22.1.2、24.1.2条，摘录如下：

3.1.7 接地(PE)或接零(PEN)支线必须单独与接地(PE)或接零(PEN)干线相连接，不得串联连接。

12.1.1 金属电缆桥架及其支架和引入或引出的金属电缆导管必须接地(PE)或接零(PEN)可靠，且符合下列规定：

1. 金属电缆桥架及其支架全长应不少于两处与接地(PE)或接零(PEN)干线相连接；

2. 非镀锌电缆桥架间连接板的两端跨接铜芯接地线，接地线最小允许截面积不小于$4mm^2$；

3. 镀锌电缆桥架间连接板的两端不跨接接地线，但连接板两端不少于两个有防松螺帽或防松垫圈的连接固定螺栓。

13.1.1 金属电缆支架、电缆导管必须接地(PE)或接零(PEN)可靠。

14.1.2 金属导管严禁对口焊熔连接；镀锌和壁厚小于等于2mm的钢导管不得套管焊熔

连接。
19.1.2 花灯吊钩圆钢直径不应小于灯具挂销直径，且不应小于6mm。大型花灯的固定及悬吊装置，应按灯具重量的2倍做过载试验。
19.1.6 当灯具距地面高度小于2.4m时，灯具的可接近裸露导体必须接地（PE）或接零（PEN）可靠，并应有专用接地螺栓，且有标识。
22.1.2 插座接线应符合下列规定：

1. 单相两孔插座，面对插座的右孔或上孔与相线连接，左孔或下孔与零线连接；单相三孔插座，面对插座的右孔与相线连接，左孔与零地连接；

2. 单相三孔、三相四孔及三相五孔插座的接地（PE）或接零（PEN）线接在上孔。插座的接地端子不与零线端子连接。同一场所的三相插座，接线的相序一致；

3. 接地（PE）或接零（PEN）线在插座间不串联连接。

24.1.2 测试接地装置的接地电阻值必须符合设计要求。

18. 相关规范标准的名称及编号

（1）《地下工程防水质量验收规范》（GB 50208—2002）
（2）《建筑涂饰工程施工及验收规范》（JGJ 29—2003）
（3）《塑料门窗安装及验收规程》（JGJ 103—96）
（4）《建筑玻璃应用技术规程》（JGJ 113—2003）

（四）施工安全

19.《施工现场临时用电安全技术规范》（JGJ 46—2005）（强制性条文摘要）

强制性条文共三十四条，分别为第3.1.2、3.1.3、3.1.4、3.1.5、4.1.1、4.1.3、4.1.5、4.1.7、4.3.7、5.1.8、5.2.2、5.2.3、6.1.1、6.1.2、6.1.17、6.2.1、6.2.4、6.2.7、6.3.1、7.2.5、7.2.7、7.2.9、7.2.15、7.3.4、7.3.10、8.2.6、8.2.8、8.2.10、8.2.11、8.5.1、9.1.1、9.2.2、9.2.5、9.3.11条，摘录如下：
3.1.2 在建工程（含脚手架具）的外侧边缘与外电架空线路的边线之间必须保持安全操作距离。最小安全操作距离应不小于表3.1.2所列数值。

在建筑工程（含脚手架具）的外侧边缘与外电架空线路的边线之间的最小安全操作距离 **表3.1.2**

外电线路电压	1kV以下	1～10kV	35～110kV	154～220kV	330～500kV
最小安全操作距离（m）	4	6	8	10	15

3.1.3 施工现场的机动车道与外电架空线路交叉时，架空线路的最低点与路面的垂直距离应不小于表3.1.3所列数值。

施工现场的机动车道与外电架空线路交叉时的最小垂直距离 **表3.1.3**

外电线路电压	1kV以下	1～10kV	35kV
最小垂直距离（m）	6	7	7

3.1.4 旋转臂架式起重机的任何部位或被吊物边缘与10kV以下的架空线最小水平距离不得小于2m。

3.1.5 施工现场开挖非热管道沟槽的边缘与埋地外电缆沟槽边缘之间的距离不得小于0.5m。

4.1.1 在施工现场专用的中性点直接接地的电力线路中必须采用TN—S接零保护系统。

电气设备的金属外壳必须与专用保护零线连接。专用保护零线（简称保护零线）应由工作接地线、配电室的零线或第一级漏电保护器电源侧的零线引出。

4.1.3 在施工现场与外电线路共用同一供电系统时，电气设备应根据当地的要求作保护接零，或作保护接地。不得一部分设备作保护接零，另一部分设备作保护接地。

4.1.5 在只允许做保护接地的系统中，因条件限制接地有困难时，应设置操作和维修电气装置的绝缘台，并必须使操作人员不致偶然触及外物。

4.1.7 施工现场的电力系统严禁利用大地作地线或零线。

4.3.7 施工现场所有用电设备，除作保护接零外，必须在设备负荷线的首端处设置漏电保护装置。

5.1.8 配电屏（盘）或配电线路维修时，应悬挂停电线路标志牌。停、送电必须由专人负责。

5.2.2 电力为400/200V的自力备发电机组的排烟管道必须伸出室外。发电机组及其控制配电室内严禁存放贮油桶。

6.1.1 架空线必须采用绝缘铜线或绝缘铝线。

6.1.17 经常过负荷的线路、易燃易爆物邻近的线路、照明线路，必须有过负荷保护；

6.2.1 电缆干线应采用埋地或架设敷设，严禁沿地面明设，并应避免机械损伤和介质腐蚀。

6.2.4 电缆穿越建筑物、构筑物、道路、易受机械损伤的场所及引出地面从2m高度至地下0.2m处，必须加设护套管。

6.2.7 橡皮电缆架空敷设时，应沿墙壁或电杆设置，并用绝缘子固定，严禁使用金属裸线作绑线。固定点间距应保证橡皮电缆能承受自重所带来的荷重，橡皮电缆的最大弧垂距地不得小于2.5m。

6.3.1 室内配线必须采用绝缘导线。采用瓷瓶、瓷（塑料）夹等敷设，距地高度不得小于2.5m。

7.2.5 每台用电设备应有各自专用的开关箱，必须实行"一机一闸"制，严禁用同一个开关电器直接控制二台及二台以上用电设备（含插座）。

7.2.7 开关箱中必须装设漏电保护器。

7.2.9 开关箱内的漏电保护器的额定漏电动作电流应不大于30mA，额定漏电动作时间应不小于0.1s。

7.2.15 进入开关箱的电源线，严禁用插销连接。

7.3.4 对配电箱，开关箱进行检查、维修时，必须将其前一级相应的电源开关分闸断电，并悬挂停电标志牌，严禁带电作业。

一、送电操作顺序为：总配电箱——分配电箱——开关箱；

二、停电操作顺序为：开关箱——分配电箱——总配电箱（出现电气故障的紧急情况除外）。

7.3.10 熔断器的熔体更换时，严禁用不符合原规格的熔体代替。

8.2.6 需要夜间工作的塔式起重机，应设置正对工作面的投光灯。塔身高于30m时，应在塔顶和臂架端部装设防撞红色信号灯。

8.2.8 外用电梯轿厢内，外均应安装紧急停止开关。

8.2.10 外用电梯轿厢所经过的楼层，应设置有机械或电气连锁装置的防护门或栅栏。

8.2.11 每日工作前必须对外用电梯和升降机的行程开关、限位开关、紧急停止开关、驱动机构和制动器等进行空载检查，正常后方可使用。检查时必须有防坠落的措施。

8.5.1 焊接机械应放置在防雨和通风良好的地方。焊接现场不得堆放易燃易爆物品。

交流弧焊机变压器的一次侧电源线长度应不大于5m，进线处必须设置防护罩。

9.1.1 停电后，操作人员需要及时撤离现场的特殊工程，必须装设自备电源的应急照明。

9.2.2 对下列特殊场所应使用安全电压照明器：

一、隧道、人防工程，有高温、导电灰尘或灯具离地面高度低于2.4m等场所的照明，电源电压应不大于36V。

二、在潮湿和易触电及带电体场所的照明电源电压不得大于24V。

三、在特别潮湿的场所、导电良好的地面、锅炉或金属容器内工作的照明电源电压不得大于12V。

9.2.5 照明变压器必须使用双绕组型，严禁使用自耦变压器。

9.3.11 对于夜间影响飞机或车辆通行的在建工程或机械设备，必须安装设置醒目的红色信号灯。其电源应设在施工现场电源总开关的前侧。

20.《建筑施工高处作业安全技术规范》(JGJ 80—91)(强制性条文摘要)

强制性条文共二十二条，分别为第2.0.7、2.0.9、3.1.1、3.1.3、3.2.1、3.2.2、4.1.5、4.1.6、4.1.8、4.1.9、4.2.1、4.2.3、4.2.4、4.2.5、4.2.6、4.2.8、5.1.1、5.1.2、5.1.3、5.2.1、5.2.3、5.2.5条，摘录如下：

2.0.7 雨天和雪天进行高处作业时，必须采取可靠的防滑、防寒和防冻措施。凡水、冰、霜、雪均应及时清除；

对进行高处作业的高耸建筑物，应事先设置避雷设施。遇有六级以上强风、浓雾等恶劣气候，不得进行露天攀登与悬空高处作业。暴风雪及台风暴雨后，应对高处作业安全设施逐一加以检查，发现有松动、变形、损坏或脱落等现象，应立即修理完善。

2.0.9 防护棚搭设与拆除时，应设警戒区，并应派专人监护。严禁上下同时拆除。

3.1.1 对临边高处作业，必须设置防护措施，并符合下列规定：

一、基坑周边，尚未安装栏杆或栏板的阳台，料台与挑平台周边，雨篷与挑檐边，无外脚手的屋面与楼层周边及水箱及水塔周边等处，都必须设置防护栏杆；

二、头层墙高度超过3.2m的二层楼面周边，以及无外脚手的高度超过3.2m的楼层周边，必须在外围架设安全平网一道；

三、分层施工的楼梯口和梯段边，必须安装临时护栏。顶层楼梯口应随工程结构进度安装正式防护栏杆；

四、井架与施工用电梯和脚手架等与建筑物通道的两侧边，必须设防护栏杆。地面通道上部应装设安全防护棚。双笼井架通道中间，应予分隔封闭；

五、各种垂直运输接料平台，除两侧设防护栏杆外，平台口还应设置安全门或活动防护栏杆。

3.1.3 搭设临边防护栏杆时，必须符合下列要求：

一、防护栏杆应由上、下两道横杆及栏杆柱组成，上杆离地高度为 1.0～1.2m，下杆离地高度为 0.5～0.6m。坡度大于 1∶2.2 的屋面，防护栏杆应高 1.5m，并加挂安全立网。除经设计计算外，横杆长度大于 2m 时，必须加设栏杆柱。

三、栏杆柱的固定及其与横杆的连接，其整体构造应使防护栏杆在上杆任何处，能经受任何方向的 1000N 外力。当栏杆所处位置有发生人群拥挤、车辆冲击或物件碰撞等可能时，应加大横杆截面或加密柱距。

四、防护栏杆必须自上而下用安全立网封闭，或在栏杆下边设置严密固定的高度不低于 180mm 的挡脚板或 400mm 的挡脚笆。挡脚板与挡脚笆如有孔眼，不应大于 25mm。板与笆下边距离底面的空隙不应大于 10mm。接料平台两侧的栏杆，必须自上而下加挂安全立网或满扎竹笆。

五、当临边的外侧面临街道时，除防护栏杆外，敞口立面必须采取满挂安全网或其他可靠措施作全封闭处理。

3.2.1 进行洞口作业以及在因工程和工序需要而产生的，使人与物有坠落危险或危及人身安全的其他洞口进行高处作业时，必须按下列规定设置防护设施。

一、板与墙的洞口，必须设置牢固的盖板、防护栏杆、安全网或其他防坠落的防护设施。

二、电梯井口必须设防护栏杆或固定栅门；电梯井内应每隔两层并最多隔 10m 设一道安全网。

三、钢管桩、钻孔桩等桩孔上口，杯形、条形基础上口，未填土的坑槽，以及人孔、天窗、地板门等处，均应按洞口防护设置稳固的盖件。

四、施工现场通道附近的各类洞口与坑槽等处，除设置防护设施与安全标志外，夜间还应设红灯示警。

3.2.2 洞口根据具体情况采取设防护栏杆、加盖件、张挂安全网与装栅门等措施时，必须符合下列要求：

四、边长在 1500mm 以上的洞口，四周设防护栏杆，洞口下张设安全平网。

六、位于车辆行驶道旁的洞口、深沟与管道坑、槽，所加盖板应能承受不小于当地额定卡车后轮有效承载力 2 倍的荷载。

八、下边沿至楼板或底面低于 800mm 的窗台等竖向洞口，如侧边落差大于 2m 时，应加设 1.2m 高的临时护栏。

九、对邻近的人与物有坠落危险性的其他竖向的孔、洞口，均应予以盖设或加以防护，并有固定其位置的措施。

4.1.5 梯脚底部应坚实，不得垫高使用。梯子的上端应有固定措施。立梯不得有缺档。

4.1.6 梯子如需接长使用，必须有可靠的连接措施，且接头不得超过 1 处。连接后梯梁的强度，不应低于单梯梯梁的强度。

4.1.8 固定式直爬梯应用金属材料制成。梯宽不应大于 50cm，支撑应采用不小于 L70×6 的角钢，埋设与焊接均必须牢固。梯子顶端的踏棍应与攀登的顶面齐平，并加设 1～

1.5m 高的扶手。使用直爬梯进行攀登作业时，攀登高度超过 8m 必须设置梯间平台。

4.1.9 作业人员应从规定的通道上下，不得在阳台之间等非规定通道进行攀登，也不得任意利用吊车臂架等施工设备进行攀登。上下梯子是，必须面向梯子，且不得手持器物。

4.2.1 悬空作业处应有牢靠的立足处，并必须视具体情况，配置防护栏网、栏杆或其他安全措施。

4.2.3 构件吊装或管道安装时的悬空作业，必须遵守下列规定：

一、钢结构的吊装，构件应尽可能在地面组装，并应搭设进行临时固定、电焊、高强螺栓连接等工序的高空安装设施，随构件同时上吊就位。拆卸时的安全措施，亦应一并考虑和落实。高空吊装预应力钢筋混凝土屋架、桁架等大型构件前，也应搭设悬空作业中所需的安全设施。

二、悬空安装大模板、吊装等第一块预制构件、吊装单独的大中型预制构件时，必须站在操作平台上操作。吊装中的大模板和预制构件以及石棉水泥板等屋面板上，严禁站人和行走。

三、安装管道时必须有已完结构或操作平台为立足点，严禁在安装中的管道上站立和行走。

4.2.4 模板支撑和拆卸时的悬空作业，必须遵守下列规定：

一、支模应按规定的作业程序进行，模板未固定前不得进行下一道工序。严禁在连接件和支撑件上攀登上下，并严禁在上下同一垂直面上装、拆模板。结构复杂的模板，装、拆严格按照施工组织设计的措施进行。

二、支设高度在 3m 以上的柱模板，四周应设斜撑，并应设立操作平台。低于 3m 的可使用马凳操作。

三、支设悬挑形式的模板时，应在稳固的立足点。支设临空构筑物模板时，应搭设支架或脚手架。模板上有预留洞时，应在安装后将洞盖没。混凝土板上拆模后形成的临边或洞口，应按本规范有关章节进行防护。

拆模高处作业，应配置登高用具或搭设支架。

4.2.5 钢筋绑扎时的悬空作业，必须遵守下列规定：

一、绑扎钢筋和安装钢筋骨架时，必须搭设脚手架和马道。

二、绑扎圈梁、挑梁、挑檐、外墙和边柱等钢筋时，应搭设操作台架和张挂安全网；悬空大梁钢筋的绑扎，必须在满铺脚手板的支架和操作平台上操作。

三、绑扎立柱和墙体钢筋时，不得站在钢筋骨架上或攀登骨架上下。3m 以内的柱钢筋，可在地面或楼面上绑扎，整体竖立。绑扎 3m 以上的柱钢筋，必须搭设操作平台。

4.2.6 混凝土浇筑时的悬空作业，必须遵守下列规定：

一、浇筑离地 2m 以上的框架，过梁、雨篷和小平台时，应设操作平台，不得直接站在模板或支撑件上操作。

二、浇筑拱形结构，应自两边拱脚对称地相向进行。浇筑储仓，下口应先行封闭，并搭设脚手架以防人员坠落。

三、特殊情况下如无可靠的安全设施，必须系好安全带并扣好保险钩，或架设安全网。

4.2.8 悬空进行门窗作业时，必须遵守下列规定：

一、安装门、窗，油漆及安装玻璃时，严禁操作人员站在樘子、阳台栏板上操作。让、窗临时固定，封填材料未达到强度，以及电焊时，严禁手拉门、窗进行攀登。

二、在高处外墙安装门、窗，无脚手架时，应张挂安全网。无安全网时，操作人员应系好安全带，其保险钩应挂在操作人员上方的可靠物件上。

三、进行各项窗口作业时，操作人员的重心应位于室内，不得在窗台上站立，必要时应系好安全带进行操作。

5.1.1 移动式操作平台，必须符合下列规定：

三、装设轮子的移动式操作平台，轮子与平台的接合处应牢固可靠，立柱底端离地面不得超过80mm。

五、操作平台四周必须按临边作业要求设置防护栏杆，并应布置登高扶梯。

5.1.2 悬挑式钢平台，必须符合下列规定：

一、悬挑式操作钢平台应按进行的相应规范进行设计，其结构构造应能防止左右晃动，计算书及图纸应编入施工组织设计。

二、悬挑式钢平台的搁支点与上部拉结点，必须位于建筑物上，不得设置在脚手架等施工设备上。

三、斜拉杆或钢丝绳，构造上宜两边各设前后两道，两道中的每一道均应作单道受力计算。

四、应设置4个经过验算的吊环。吊运平台时应使用卡环，不得使吊钩直接钩挂吊环。吊环应用甲类3号沸腾钢制作。

五、钢平台安装时，钢丝绳应采用专用的挂钩挂牢，采取其他方式时卡头的卡子不得少于3个。建筑物锐角利口围系钢丝绳处应加衬软垫物，钢平台外口应略高于内口。

六、钢平台左右两侧必须装置固定的防护栏杆。

七、钢平台吊装，需待横梁支撑点电焊固定，接好钢丝绳，调整完毕，经过检查验收，方可松卸起重吊钩，上下操作。

八、钢平台使用时，应有专人进行检查，发现钢丝绳有锈蚀损坏应及时调换，焊缝脱焊应及时修复。

5.1.3 操作平台上应显著地标明容许荷载值。操作平台上人员和物料的总重量。严禁超过设计的容许荷载。应配备专人加以监督。

5.2.1 支模、粉刷、砌墙等各工种进行上下立体交叉作业时，不得在同一垂直方向操作。下层作业的位置，必须处于依上层高度确定的可能坠落范围半径之外。不符合以上条件时，应设置安全防护层。

5.2.3 钢模板部件拆除后，临时堆放处离楼层边沿不应小于1m，堆放高度不得超过1m。楼层边口、通道口、脚手架边缘等处，严禁堆放任何拆下物件。

5.2.5 由于上方施工可能坠落物件或处于起重机把杆回转范围之内的通道，在其受影响的范围内，必须搭设顶部能防止穿透的双层防护廊。

21.《建筑机械使用安全技术规程》(JGJ 33—2012)(强制性条文摘要)

强制性条文共六十九条，分别为第2.0.1、2.0.5、2.0.8、2.0.9、2.0.15、2.0.16、3.1.7、3.1.8、3.1.11、3.1.14、3.6.17、3.6.19、3.7.14、4.1.5、4.1.8、4.1.10、4.1.12、4.1.16、4.2.6、4.2.10、4.2.12、4.3.21、4.4.6、4.4.42、4.4.47、4.7.8、

5.1.3、5.1.5、5.1.9、5.1.10、5.3.12、5.4.8、5.5.6、5.5.17、5.10.21、5.11.4、5.12.10、5.13.7、5.13.16、5.14.3、6.1.15、6.2.2、6.2.4、6.3.3、6.3.6、6.5.4、6.5.6、6.5.7、6.7.9、6.7.10、6.9.9、6.12.1、6.12.9、7.1.4、7.1.8、7.3.11、7.5.18、7.6.7、7.11.2、8.2.13、8.8.3、9.5.2、10.6.2、12.1.2、12.1.9、12.1.11、12.1.13、12.14.6、12.14.16条，摘录如下：

2.0.1 操作人员应体检合格，无妨碍作业的疾病和生理缺陷，并应经过专业培训、考核合格取得建设行政主管部门颁发的操作证或公安部门颁发的机动车驾驶执照后，方可持证上岗。学员应在专人指导下进行工作。

2.0.5 在工作中操作人员和配合作业人员必须按规定穿戴劳动保护用品，长发应束紧不得外露，高处作业时必须系安全带。

2.0.8 机械必须按照出厂使用说明书规定的技术性能、承载能力和使用条件，正确操作，合理使用，严禁超载作业或任意扩大使用范围。

2.0.9 机械上的各种安全防护装置及监测、指示、仪表、报警等自动报警、信号装置应完好齐全，有缺损时应及时修复。安全防护装置不完整或已失效的机械不得使用。

2.0.15 变配电所、乙炔站、氧气站、空气压缩机房、发电机房、锅炉房等易于发生危险的场所，应在危险区域界限处，设置围栅和警告标志，非工作人员未经批准不得入内。挖掘机、起重机、打桩机等重要作业区域，应设立警告标志及采取现场安全措施。

2.0.16 在机械产生对人体有害的气体、液体、尘埃、渣滓、放射性射线、振动、噪声等场所，必须配置相应的安全保护设备和三废处理装置；在隧道、沉井基础施工中，应采取措施，使有害物限制在规定的限度内。

3.1.7 严禁利用大地作工作零线，不得借用机械本身金属结构作工作零线。

3.1.8 电气设备的每个保护接地或保护接零点必须用单独的接地（零）线与接地干线（或保护零线）相连接。严禁在一个接地（零）线中串接几个接地（零）点。

3.1.11 严禁带电作业或采用预约停送电时间的方式进行电气检修。检修前必须先切断电源并在电源开关上挂“禁止合闸，有人工作”的警告牌。警告牌的挂、取应有专人负责。

3.1.14 发生人身触电时，应立即切断电源，然后方可对触电者作紧急救护。严禁在未切断电源之前与触电者直接接触。

3.6.17 各种电源导线严禁直接绑扎在金属架上。

3.6.19 配电箱电力容量在15kW以上的电源开关严禁采用瓷底胶木刀型开关。4.5kW以上电动机不得用刀型开关直接启动。各种刀型开关应采用静触头接电源，动触头接载荷，严禁倒接线。

3.7.14 使用射钉枪时应符合下列要求：

1. 严禁用手掌推压钉管和将枪口对准人。

2. 击发时，应将射钉枪垂直压紧在工作面上，当两次扣动扳机，子弹均不发射时，应保持原射击位置数秒钟后，再退出射钉弹。

3. 在更换零件或断开射钉枪之前，射枪内均不得装有射钉弹。

4.1.5 起重机的指挥人员必须经过培训取得合格正后，方可担任指挥。作业时应操作人员密切配合。操作人员应严格执行指挥人员的信号。如信号不清或错误时，操作人员可拒绝执行。如果由于指挥失误而造成事故，应由指挥人员负责。

4.1.8 起重机的变幅指示器、力矩限制器以及各种行程限位开关等安全保护装置，必须齐全完整、灵敏可靠，不得随意调整和拆除。严禁利用限位位置代替操纵机构。

4.1.10 起重机械必须按规定的起重性能作业，不得超载荷和起吊不明重量的物件。在特殊情况下需超载荷使用时，必须有保证安全的技术措施，经企业技术负责人批准，有专人在现场监护下，方可起吊。

4.1.12 严禁使用起重机进行斜拉、斜吊和起吊地下埋设或凝固在地面上的重物以及其他不明重量的物体。现场浇筑的混凝土构件或模板，必须全部松动后方可起吊。

4.1.16 严禁起吊重物长时间悬挂在空中，作业中遇突发故障，应采取措施将重物降落到安全地方，并关闭发动机或切断电源后进行检修。在突然停电时，应立即把所有控制器拨到零位，断开电源总开关，并采取措施使重物降到地面。

4.2.6 起重机变幅应缓慢平稳，严禁在起重臂未停稳前变换挡位；起重机载荷达到额定起重量的90%及以上时，严禁下降起重臂。

4.2.10 当起重机如需带载行走时，载荷不得超过允许起重量的70%，行走道路应坚实平整，重物应在起重机正前方向，重物离地面不得大于500mm，并应拴好拉绳，缓慢行驶。严禁长距离带载行驶。

4.3.21 行驶时，严禁人员在底盘走、台上站立或蹲坐，并不得堆放物件。

4.4.6 起重机的拆装必须由取得建设行政主管部门颁发的拆装资质证书的专业队进行，并应有技术和安全人员在场监护。

4.4.42 起重机载人专用电梯严禁超员，其断绳保护装置必须可靠。当起重机作业时，严禁开动电梯。电梯停用时，应降至塔身底部位置，不得长时间悬在空中。

4.4.47 动臂式和尚未附着的塔式起重机的塔身上，不得悬挂标语牌。

4.7.8 卷筒上的钢丝绳应排列整齐，当重叠或斜绕时，应停机重新排列，严禁在转动中用手拉脚踩钢丝绳。

5.1.3 作业前，应查明施工场地明、暗设置物（电线、地下电缆、管道、坑道等）的地点及走向，并采用明显记号表示。严禁在离电缆1m距离以内作业。

5.1.5 配合土石方机械作业的清底、平地、修坡等人员，应在机械的回转半径以外工作，如必须在回转半径以外工作，必须停止机械回转并制动好后方可作业。机上、机下人员应随时取得密切联系，确保安全生产。

5.1.9 在施工中遇下列情况之一时应立即停工，待符合作业安全条件时，方可继续施工：

1. 填挖区土体不稳定，有发生坍塌危险时；
2. 气候突变，发生暴雨、水位暴涨或山洪暴发时；
3. 在爆破警戒区内发出爆破信号时；
4. 地面涌水冒泥，出现陷车或因雨发生坡道打滑时；
5. 工作面净空不足以保证安全作业时；
6. 施工标志、防护设施损毁失效时。

5.1.10 配合机械作业的清底、平地、修坡等人员，应在机械回转半径以外工作。当必须在回转半径以内工作时，应停止机械回转并制动好后，方可作业。

5.3.12 在行驶或作业中，除驾驶室外，挖掘装载机任何地方均严禁乘坐或站立人员。

5.4.8 推土机行驶前，严禁有人站在履带或刀片的支架上，机械四周应无障碍物，确认安全后，方可开动。

5.5.6 作业中，严禁任何人上下机械，传递物件，以及在铲斗内、拖把或机架上坐立。

5.5.17 非作业行驶时，铲斗必须用锁紧链条挂牢在运输行驶位置上，机上任何部位均不得载人或装载易燃、易爆物品。

5.10.21 装载机转向架未锁闭时，严禁站在前后车架之间进行检修保养。

5.11.4 夯实机作业时，应一人扶夯，一人传递电缆线，且必须戴绝缘手套和穿绝缘鞋。递线人员应跟随夯机后或两侧调顺电缆线，电缆线不得扭结或缠绕，且不得张拉过紧，应保持有3～4m的余量。

5.12.10 电动冲击夯应装有漏电保护装置，操作人员必须戴绝缘手套，穿绝缘鞋。作业时，电缆线不应拉得过紧，应经常检查线头安装，不得松动及引起漏电。严禁冒雨作业。

5.13.7 严禁在废炮眼上钻孔和骑马式操作，钻孔时，钻杆与钻孔中心线应保持一致。

5.13.16 在装完炸药的炮眼5m以内，严禁钻孔。

5.14.3 电缆线不得敷设在水中或在金属管道上通过。施工现场应设标志，严禁机械、车辆等在电缆上通过。

6.1.15 在坡道上停放时，下坡停放应挂上倒挡，上坡停放应挂上一挡，并应使用三角木楔等塞紧轮胎。

6.2.2 载重汽车不得人货混装。因工作必须搭人时，人所在位置不得在货物之间或货物与前车厢板间隙内，严禁攀爬或坐卧在货物上面。

6.2.4 运载易燃、有毒、强腐蚀等危险品时，其装载、包装、遮盖必须符合有关的安全规定，并应备有性能良好、有效期内的灭火器。途中停放应避开火源、火种、居民区、建筑群等，炎热季节应选择阴凉处停放。装卸时严禁火种。除必要的行车人员外，不得搭乘其他人员。严禁混装备用燃油。

6.3.3 配合挖装机械装料时，自卸汽车就位后应拉紧手制动器，在铲斗需越过驾驶室时，驾驶室内严禁有人。

6.3.6 自卸汽车卸料后，车厢必须及时复位，不得在倾斜情况下行驶。严禁在车厢内载人。

6.5.4 不得穿有钉子的鞋上下油罐车，不得在油罐车附近吸烟。油罐车停放时必须远离火源。雷雨时不得停放在大树或高压线下方。

6.5.6 油罐车车上所有电器装置，必须绝缘良好，不得有火花产生。车用工作照明均须安装安全灯。

6.5.7 车上所有电气装置，必须绝缘良好，严禁有火花产生。车用工作照明应为36V以下的安全灯。

6.7.9 严禁料斗内载人。料斗不得在卸料工况下行驶或进行平地作业。

6.7.10 内燃机运转或料斗内载荷时，严禁在车底下进行任何作业。

6.9.9 以内燃机为动力的叉车，进入仓库作业时，应有良好的通风设施。严禁在易燃、易爆的仓库内作业。

6.12.1 施工升降机应为人货两用电梯，其安装和拆卸工作必须由取得建设行政主管部门颁发的拆装资质证书的专业队负责，并必须由经过专业培训，取得操作证的专业人员进行操作和维修。

6.12.9 升降机安装后，应经企业技术负责人会同有关部门对基础和附壁支架以及升降机架设安装的质量、精度等进行全面检查，并应按规定程序进行技术试验（包括坠落试验），经试验合格签证后，方可投入运行。

7.1.4 打桩机作业区内应无高压线路。作业区应有明显标志或围栏，非工作人员不得进入。桩锤在施打过程中，操作人员必须在距离桩锤中心 5m 以外监视。

7.1.8 严禁吊桩、吊锤、回转或行走等动作同时进行。打桩机在吊有桩和锤的情况下，操作人员不得离开岗位。

7.3.11 悬挂振动桩锤的起重机，其吊钩上必须有防松脱的保护装置。振动桩锤悬挂钢架的耳环上应加装保险钢丝绳。

7.5.18 压桩时，非工作人员应离机 10m 以外。起重机的起重臂下，严禁站人。

7.6.7 夯锤下落后，在吊钩尚未降至夯锤吊环附近前，操作人员不得提前下坑挂钩。从坑中提锤时，严禁挂钩人员站在锤上随锤提升。

7.11.2 潜水泵放入水中或提出水面时，应先切断电源，严禁拉拽电缆或出水管。

8.2.13 搅拌机作业中，当料斗升起时，严禁任何人在料斗下停留或通过；当需要在料斗下检修或清理料坑时，应将料斗提升后用铁链或插入销锁住。

8.8.3 电缆线应满足操作所需的长度，电缆线上不得堆压物品或让车辆挤压，严禁用电缆线拖拉或吊挂振动器。

9.5.2 钢筋冷拉机冷拉场地在两端地锚外侧设置警戒区，装设防护栏杆及警告标志。严禁无关人员在此停留。操作人员在作业时必须离开钢筋至少 2m 以外。

10.6.2 喷涂燃点在 21℃以下的易燃涂料时，必须接好地线，地线的一端接电动机零线位置，另一端应接涂料桶或被喷的金属物体。喷涂机不得和被喷物放在同一房间内，周围严禁有明火。

12.1.2 焊接操作及配合人员必须按规定穿戴劳动防护用品。并必须采取防止触电、高空坠落、瓦斯中毒和火灾等事故的安全措施。

12.1.9 对承压状态的压力容器及管道、带电设备、承载结构的受力部位和装有易燃、易爆物品容器严禁进行焊接和切割。

12.1.11 当需施焊受压容器、密封容器、油桶、管道、沾有可燃气体和溶液的工件时，应先消除容器及管道内压力，消除可燃气体和溶液，然后冲洗有毒、有害、易燃物质；对存有残余油脂的容器，应先用蒸汽、碱水冲洗，并打开盖口，确认容器清洗干净后，再灌满清水方可进行焊接。在容器内焊接应采取防止触电、中毒和窒息的措施。焊、割密封容器应留出气孔，必要时在进、出气口处装设通风设备；容器内照明电压不得超过 12V，焊工与焊件间应绝缘；容器外应设专人监护。严禁在已喷涂过油漆和塑料的容器内焊接。

12.1.13 高空焊接或切断时，必须系好安全带，焊接周围和下方应采取防火措施，并应有专人监护。

12.14.6 电石起火时必须用干砂或二氧化碳灭火器，严禁用泡沫、四氯化碳灭火器或水灭火。电石粒末应在露天销毁。

12.14.16 未安装减压器的氧气瓶严禁使用。

22. 相关规范标准的名称及编号

（1）《建筑施工扣件式钢管脚手架安全技术规范》（JGJ 130—2011）

(2)《建筑施工门式钢管脚手架安全技术规范》(JGJ 128—2010)
(3)《龙门架及井架物料提升机安全技术规范》(JGJ 88—2010)
(4)《建筑施工安全检查标准》(JGJ 59—2011)
(5)《建筑施工高处作业安全技术规范》(JGJ 80—1991)
(6)《建筑机械使用安全技术规程》(JGJ 33—2001)
(7)《工程建设标准强制性条文》(房屋建筑施工安全部分)(2002 年版)
(8)《施工企业安全生产评价标准》(JGJ/T 77—2003)

(五) 其他

23.《建设工程监理规范》(GB 50319—2000)(节选)

中华人民共和国国家标准

建设工程监理规范(节选)

GB 50319—2000

1 总 则

1.0.1 为了提高建设工程监理水平，规范建设工程监理行为，编制本规范。

1.0.2 本规范适用于新建、扩建、改建建设工程施工、设备采购和制造的监理工作。

1.0.3 实施建设工程监理前，监理单位必须与建设单位签订书面建设工程委托监理合同，合同中应包括监理单位对建设工程质量、造价、进度进行全面控制和管理的条款。

建设单位与承包单位之间与建设工程合同有关的联系活动应通过监理单位进行。

1.0.4 建设工程监理应实行总监理工程师负责制。

1.0.5 监理单位应公正、独立、自主地开展监理工作，维护建设单位和承包单位的合法权益。

1.0.6 建设工程监理除应符合本规范外，还应符合国家现行的有关强制性标准、规范的规定。

2 术 语

项目监理机构 监理单位派驻工程项目负责履行委托监理合同的组织机构。

监理工程师 取得国家监理工程师执业资格证书并经注册的监理人员。

总监理工程师 由监理单位法定代表人书面授权，全面负责委托监理合同的履行、主持项目监理机构工作的监理工程师。

总监理工程师代表 经监理单位法定代表人同意，由总监理工程师书面授权，代表总监理工程师行使其部分职责和权力的项目监理机构中的监理工程师。

专业监理工程师 根据项目监理岗位职责分工和总监理工程师的指令，负责实施某一专业或某一方面的监理工作，具有相应监理文件签发权的监理工程师。

监理员 经过监理业务培训，具有同类工程相关专业知识，从事具体监理工作的监理人员。

监理规划 在总监理工程师的主持下编制、经监理单位技术负责人批准，用来指导项目监理机构全面开展监理工作的指导性文件。

监理实施细则 根据监理规划，由专业监理工程师编写，并经总监理工程师批准，针对工程项目中某一专业或某一方面监理工作的操作性文件。

工地例会 由项目监理机构主持的，在工程实施过程中针对工程质量、造价、进度、合同管理等事宜定期召开的，由有关单位参加的会议。

工程变更 在工程项目实施过程中，按照合同约定的程序对部分或全部工程在材料、工艺、功能、构造、尺寸、技术指标、工程数量及施工方法等方面做出的改变。

工程计量 根据设计文件及承包合同中关于工程量计算的规定，项目监理机构对承包单位申报的已完成工程的工程量进行的核验。

见证 由监理人员现场监督某工序全过程完成情况的活动。

旁站 在关键部位或关键工序施工过程中，由监理人员在现场进行的监督活动。

巡视 监理人员对正在施工的部位或工序在现场进行的定期或不定期的监督活动。

平行检验 项目监理机构利用一定的检查或检测手段，在承包单位自检的基础上，按照一定的比例独立进行检查或检测的活动。

设备监造 监理单位依据委托监理合同和设备订货合同对设备制造过程进行的监督活动。

费用索赔 根据承包合同的约定，合同一方因另一方原因造成本方经济损失，通过监理工程师向对方索取费用的活动。

临时延期批准 当发生非承包单位原因造成的持续性影响工期的事件，总监理工程师所作出暂时延长合同工期的批准。

延期批准 当发生非承包单位原因造成的持续性影响工期事件，总监理工程师所作出的最终延长合同工期的批准。

3 项目监理机构及其设施

3.1 项目监理机构

3.1.1 监理单位履行施工阶段的委托监理合同时，必须在施工现场建立项目监理机构。项目监理机构在完成委托监理合同约定的监理工作后可撤离施工现场。

3.1.2 项目监理机构的组织形式和规模，应根据委托监理合同规定的服务内容、服务期限、工程类别、规模、技术复杂程度、工程环境等因素确定。

3.1.3 监理人员应包括总监理工程师、专业监理工程师和监理员，必要时可配备总监理工程师代表。

总监理工程师应由具有三年以上同类工程监理工作经验的人员担任；总监理工程师代表应由具有二年以上同类工程监理工作经验的人员担任；专业监理工程师应由具有一年以上同类工程监理工作经验的人员担任。

项目监理机构的监理人员应专业配套、数量满足工程项目监理工作的需要。

3.1.4 监理单位应于委托监理合同签订后十天内将项目监理机构的组织形式、人员构成及对总监理工程师的任命书面通知建设单位。当总监理工程师需要调整时，监理单位应征得建设单位同意并书面通知建设单位；当专业监理工程师需要调整时，总监理工程师应书面通知建设单位和承包单位。

3.2 监理人员的职责

3.2.1 一名总监理工程师只宜担任一项委托监理合同的项目总监理工程师工作。当需要同时担任多项委托监理合同的项目总监理工程师工作时，须经建设单位同意，且最多不得超过三项。

3.2.2 总监理工程师应履行以下职责：

1 确定项目监理机构人员的分工和岗位职责；

2 主持编写项目监理规划、审批项目监理实施细则，并负责管理项目监理机构的日常工作；

3 审查分包单位的资质，并提出审查意见；

4 检查和监督监理人员的工作，根据工程项目的进展情况可进行人员调配，对不称职的人员应调换其工作；

5 主持监理工作会议，签发项目监理机构的文件和指令；

6 审定承包单位提交的开工报告、施工组织设计、技术方案、进度计划；

7 审核签署承包单位的申请、支付证书和竣工结算；

8 审查和处理工程变更；

9 主持或参与工程质量事故的调查；

10 调解建设单位与承包单位的合同争议、处理索赔、审批工程延期；

11 组织编写并签发监理月报、监理工作阶段报告、专题报告和项目监理工作总结；

12 审核签认分部工程和单位工程的质量检验评定资料，审查承包单位的竣工申请，组织监理人员对待验收的工程项目进行质量检查，参与工程项目的竣工验收；

13 主持整理工程项目的监理资料。

3.2.3 总监理工程师代表应履行以下职责：

1 负责总监理工程师指定或交办的监理工作；

2 按总监理工程师的授权，行使总监理工程师的部分职责和权力。

3.2.4 总监理工程师不得将下列工作委托总监理工程师代表：

1 主持编写项目监理规划、审批项目监理实施细则；

2 签发工程开工/复工报审表、工程暂停令、工程款支付证书、工程竣工报验单；

工程开工/复工报审表应符合附录 A1 表的格式；工程暂停令应符合附录 B2 表的格

式；工程款支付证书应符合附录B3表的格式；工程竣工报验单应符合附录A10表的格式。

3 审核签认竣工结算；

4 调解建设单位与承包单位的合同争议、处理索赔，审批工程延期；

5 根据工程项目的进展情况进行监理人员的调配，调换不称职的监理人员。

3.2.5 专业监理工程师应履行以下职责：

1 负责编制本专业的监理实施细则；

2 负责本专业监理工作的具体实施；

3 组织、指导、检查和监督本专业监理员的工作，当人员需要调整时，向总监理工程师提出建议；

4 审查承包单位提交的涉及本专业的计划、方案、申请、变更，并向总监理工程师提出报告；

5 负责本专业分项工程验收及隐蔽工程验收；

6 定期向总监理工程师提交本专业监理工作实施情况报告，对重大问题及时向总监理工程师汇报和请示；

7 根据本专业监理工作实施情况做好监理日记；

8 负责本专业监理资料的收集、汇总及整理，参与编写监理月报；

9 核查进场材料、设备、构配件的原始凭证、检测报告等质量证明文件及其质量情况，根据实际情况认为有必要时对进场材料、设备、构配件进行平行检验，合格时予以签认；

10 负责本专业的工程计量工作，审核工程计量的数据和原始凭证。

3.2.6 监理员应履行以下职责：

1 在专业监理工程师的指导下开展现场监理工作；

2 检查承包单位投入工程项目的人力、材料、主要设备及其使用、运行状况，并做好检查记录；

3 复核或从施工现场直接获取工程计量的有关数据并签署原始凭证；

4 按设计图及有关标准，对承包单位的工艺过程或施工工序进行检查和记录，对加工制作及工序施工质量检查结果进行记录；

5 担任旁站工作，发现问题及时指出并向专业监理工程师报告；

6 做好监理日记和有关的监理记录。

3.3 监 理 设 施

3.3.1 建设单位应提供委托监理合同约定的满足监理工作需要的办公、交通、通讯、生活设施。项目监理机构应妥善保管和使用建设单位提供的设施，并应在完成监理工作后移交建设单位。

3.3.2 项目监理机构应根据工程项目类别、规模、技术复杂程度、工程项目所在地的环境条件，按委托监理合同的约定，配备满足监理工作需要的常规检测设备和工具。

3.3.3 在大中型项目的监理工作中，项目监理机构应实施监理工作的计算机辅助管理。

4 监理规划及监理实施细则

4.1 监 理 规 划

4.1.1 监理规划的编制应针对项目的实际情况，明确项目监理机构的工作目标，确定具体的监理工作制度、程序、方法和措施，并应具有可操作性。

4.1.2 监理规划编制的程序与依据应符合下列规定：

1 监理规划应在签订委托监理合同及收到设计文件后开始编制，完成后必须经监理单位技术负责人审核批准，并应在召开第一次工地会议前报送建设单位；

2 监理规划应由总监理工程师主持、专业监理工程师参加编制；

3 编制监理规划应依据：

——建设工程的相关法律、法规及项目审批文件；

——与建设工程项目有关的标准、设计文件、技术资料；

——监理大纲、委托监理合同文件以及与建设工程项目相关的合同文件。

4.1.3 监理规划应包括以下主要内容：

1 工程项目概况；

2 监理工作范围；

3 监理工作内容；

4 监理工作目标；

5 监理工作依据；

6 项目监理机构的组织形式；

7 项目监理机构的人员配备计划；

8 项目监理机构的人员岗位职责；

9 监理工作程序；

10 监理工作方法及措施；

11 监理工作制度；

12 监理设施。

4.1.4 在监理工作实施过程中，如实际情况或条件发生重大变化而需要调整监理规划时，应由总监理工程师组织专业监理工程师研究修改，按原报审程序经过批准后报建设单位。

4.2 监 理 实 施 细 则

4.2.1 对中型及以上或专业性较强的工程项目，项目监理机构应编制监理实施细则。监理实施细则应符合监理规划的要求，并应结合工程项目的专业特点，做到详细具体、具有可操作性。

4.2.2 监理实施细则的编制程序与依据应符合下列规定：

1 监理实施细则应在相应工程施工开始前编制完成，并必须经总监理工程师批准；

2 监理实施细则应由专业监理工程师编制；

3 编制监理实施细则的依据：

——已批准的监理规划；

——与专业工程相关的标准、设计文件和技术资料；

——施工组织设计。

4.2.3 监理实施细则应包括下列主要内容：

1 专业工程的特点；

2 监理工作的流程；

3 监理工作的控制要点及目标值；

4 监理工作的方法及措施。

4.2.4 在监理工作实施过程中，监理实施细则应根据实际情况进行补充、修改和完善。

5 施工阶段的监理工作

5.1 制定监理工作程序的一般规定

5.1.1 制定监理工作总程序应根据专业工程特点，并按工作内容分别制定具体的监理工作程序。

5.1.2 制定监理工作程序应体现事前控制和主动控制的要求。

5.1.3 制定监理工作程序应结合工程项目的特点，注重监理工作的效果。监理工作程序中应明确工作内容、行为主体、考核标准、工作时限。

5.1.4 当涉及到建设单位和承包单位的工作时，监理工作程序应符合委托监理合同和施工合同的规定。

5.1.5 在监理工作实施过程中，应根据实际情况的变化对监理工作程序进行调整和完善。

5.2 施工准备阶段的监理工作

5.2.1 在设计交底前，总监理工程师应组织监理人员熟悉设计文件，并对图纸中存在的问题通过建设单位向设计单位提出书面意见和建议。

5.2.2 项目监理人员应参加由建设单位组织的设计技术交底会，总监理工程师应对设计技术交底会议纪要进行签认。

5.2.3 工程项目开工前，总监理工程师应组织专业监理工程师审查承包单位报送的施工组织设计（方案）报审表，提出审查意见，并经总监理工程师审核、签认后报建设单位。

施工组织设计（方案）报审表应符合附录A2表的格式。

5.2.4 工程项目开工前，总监理工程师应审查承包单位现场项目管理机构的质量管理体系、技术管理体系和质量保证体系，确能保证工程项目施工质量时予以确认。对质量管理体系、技术管理体系和质量保证体系应审核以下内容：

1 质量管理、技术管理和质量保证的组织机构；

2 质量管理、技术管理制度；

3 专职管理人员和特种作业人员的资格证、上岗证。

5.2.5 分包工程开工前，专业监理工程师应审查承包单位报送的分包单位资格报审表和分包单位有关资质资料，符合有关规定后，由总监理工程师予以签认。

分包单位资格报审表应符合附录 A3 表的格式。

5.2.6 对分包单位资格应审核以下内容：

1 分包单位的营业执照、企业资质等级证书、特殊行业施工许可证、国外（境外）企业在国内承包工程许可证；

2 分包单位的业绩；

3 拟分包工程的内容和范围；

4 专职管理人员和特种作业人员的资格证、上岗证。

5.2.7 专业监理工程师应按以下要求对承包单位报送的测量放线控制成果及保护措施进行检查，符合要求时，专业监理工程师对承包单位报送的施工测量成果报验申请表予以签认：

1 检查承包单位专职测量人员的岗位证书及测量设备检定证书；

2 复核控制桩的校核成果、控制桩的保护措施以及平面控制网、高程控制网和临时水准点的测量成果。

施工测量成果报验申请表应符合附录 A4 表的格式。

5.2.8 专业监理工程师应审查承包单位报送的工程开工报审表及相关资料，具备以下开工条件时，由总监理工程师签发，并报建设单位：

1 施工许可证已获政府主管部门批准；

2 征地拆迁工作能满足工程进度的需要；

3 施工组织设计已获总监理工程师批准；

4 承包单位现场管理人员已到位，机具、施工人员已进场，主要工程材料已落实；

5 进场道路及水、电、通讯等已满足开工要求。

5.2.9 工程项目开工前，监理人员应参加由建设单位主持召开的第一次工地会议。

5.2.10 第一次工地会议应包括以下主要内容：

1 建设单位、承包单位和监理单位分别介绍各自驻现场的组织机构、人员及其分工；

2 建设单位根据委托监理合同宣布对总监理工程师的授权；

3 建设单位介绍工程开工准备情况；

4 承包单位介绍施工准备情况；

5 建设单位和总监理工程师对施工准备情况提出意见和要求；

6 总监理工程师介绍监理规划的主要内容；

7 研究确定各方在施工过程中参加工地例会的主要人员，召开工地例会周期、地点及主要议题。

5.2.11 第一次工地会议纪要应由项目监理机构负责起草，并经与会各方代表会签。

5.3 工地例会

5.3.1 在施工过程中，总监理工程师应定期主持召开工地例会。会议纪要应由项目监理机构负责起草，并经与会各方代表会签。

5.3.2 工地例会应包括以下主要内容：

1 检查上次例会议定事项的落实情况，分析未完事项原因；

2 检查分析工程项目进度计划完成情况，提出下一阶段进度目标及其落实措施；

3 检查分析工程项目质量状况，针对存在的质量问题提出改进措施；

4 检查工程量核定及工程款支付情况；

5 解决需要协调的有关事项；

6 其他有关事宜。

5.3.3 总监理工程师或专业监理工程师应根据需要及时组织专题会议，解决施工过程中的各种专项问题。

5.4 工程质量控制工作

5.4.1 在施工过程中，当承包单位对已批准的施工组织设计进行调整、补充或变动时，应经专业监理工程师审查，并应由总监理工程师签认。

5.4.2 专业监理工程师应要求承包单位报送重点部位、关键工序的施工工艺和确保工程质量的措施，审核同意后予以签认。

5.4.3 当承包单位采用新材料、新工艺、新技术、新设备时，专业监理工程师应要求承包单位报送相应的施工工艺措施和证明材料，组织专题论证，经审定后予以签认。

5.4.4 项目监理机构应对承包单位在施工过程中报送的施工测量放线成果进行复验和确认。

5.4.5 专业监理工程师应从以下五个方面对承包单位的试验室进行考核：

1 试验室的资质等级及其试验范围；

2 法定计量部门对试验设备出具的计量检定证明；

3 试验室的管理制度；

4 试验人员的资格证书；

5 本工程的试验项目及其要求。

5.4.6 专业监理工程师应对承包单位报送的拟进场工程材料、构配件和设备的工程材料、构配件、设备报审表及其质量证明资料进行审核，并对进场的实物按照委托监理合同约定或有关工程质量管理文件规定的比例采用平行检验或见证取样方式进行抽检。

对未经监理人员验收或验收不合格的工程材料、构配件、设备，监理人员应拒绝签认，并应签发监理工程师通知单，书面通知承包单位限期将不合格的工程材料、构配件、设备撤出现场。

工程材料、构配件、设备报审表应符合附录 A9 表的格式；监理工程师通知单应符合附录 B1 表的格式。

5.4.7 项目监理机构应定期检查承包单位的直接影响工程质量的计量设备的技术状况。

5.4.8 总监理工程师应安排监理人员对施工过程进行巡视和检查。对隐蔽工程的隐蔽过程、下道工序施工完成后难以检查的重点部位，专业监理工程师应安排监理员进行旁站。

5.4.9 专业监理工程师应根据承包单位报送的隐蔽工程报验申请表和自检结果进行现场检查，符合要求予以签认。

对未经监理人员验收或验收不合格的工序，监理人员应拒绝签认，并要求承包单位严禁进行下一道工序的施工。

隐蔽工程报验申请表应符合附录 A4 表的格式。

5.4.10 专业监理工程师应对承包单位报送的分项工程质量验评资料进行审核，符合要求后予以签认；总监理工程师应组织监理人员对承包单位报送的分部工程和单位工程质量验评资料进行审核和现场检查，符合要求后予以签认。

5.4.11 对施工过程中出现的质量缺陷，专业监理工程师应及时下达监理工程师通知，要求承包单位整改，并检查整改结果。

5.4.12 监理人员发现施工存在重大质量隐患，可能造成质量事故或已经造成质量事故时，应通过总监理工程师及时下达工程暂停令，要求承包单位停工整改。整改完毕并经监理人员复查，符合规定要求后，总监理工程师应及时签署工程复工报审表。总监理工程师下达工程暂停令和签署工程复工报审表，宜事先向建设单位报告。

5.4.13 对需要返工处理或加固补强的质量事故，总监理工程师应责令承包单位报送质量事故调查报告和经设计单位等相关单位认可的处理方案，项目监理机构应对质量事故的处理过程和处理结果进行跟踪检查和验收。

总监理工程师应及时向建设单位及本监理单位提交有关质量事故的书面报告，并应将完整的质量事故处理记录整理归档。

5.5 工程造价控制工作

5.5.1 项目监理机构应按下列程序进行工程计量和工程款支付工作：

1 承包单位统计经专业监理工程师质量验收合格的工程量，按施工合同的约定填报工程量清单和工程款支付申请表；

工程款支付申请表应符合附录 A5 表的格式。

2 专业监理工程师进行现场计量，按施工合同的约定审核工程量清单和工程款支付申请表，并报总监理工程师审定；

3 总监理工程师签署工程款支付证书，并报建设单位。

5.5.2 项目监理机构应按下列程序进行竣工结算：

1 承包单位按施工合同规定填报竣工结算报表；

2 专业监理工程师审核承包单位报送的竣工结算报表；

3 总监理工程师审定竣工结算报表，与建设单位、承包单位协商一致后，签发竣工结算文件和最终的工程款支付证书报建设单位。

5.5.3 项目监理机构应依据施工合同有关条款、施工图，对工程项目造价目标进行风险分析，并应制定防范性对策。

5.5.4 总监理工程师应从造价、项目的功能要求、质量和工期等方面审查工程变更的方案，并宜在工程变更实施前与建设单位、承包单位协商确定工程变更的价款。

5.5.5 项目监理机构应按施工合同约定的工程量计算规则和支付条款进行工程量计量和工程款支付。

5.5.6 专业监理工程师应及时建立月完成工程量和工作量统计表，对实际完成量与计划完成量进行比较、分析，制定调整措施，并应在监理月报中向建设单位报告。

5.5.7 专业监理工程师应及时收集、整理有关的施工和监理资料，为处理费用索赔提供证据。

5.5.8 项目监理机构应及时按施工合同的有关规定进行竣工结算，并应对竣工结算的价款总额与建设单位和承包单位进行协商。当无法协商一致时，应按本规范第6.5节的规定进行处理。

5.5.9 未经监理人员质量验收合格的工程量，或不符合施工合同规定的工程量，监理人员应拒绝计量和该部分的工程款支付申请。

5.6 工程进度控制工作

5.6.1 项目监理机构应按下列程序进行工程进度控制：

1 总监理工程师审批承包单位报送的施工总进度计划；

2 总监理工程师审批承包单位编制的年、季、月度施工进度计划；

3 专业监理工程师对进度计划实施情况检查、分析；

4 当实际进度符合计划进度时，应要求承包单位编制下一期进度计划；当实际进度滞后于计划进度时，专业监理工程师应书面通知承包单位采取纠偏措施并监督实施。

5.6.2 专业监理工程师应依据施工合同有关条款、施工图及经过批准的施工组织设计制定进度控制方案，对进度目标进行风险分析，制定防范性对策，经总监理工程师审定后报送建设单位。

5.6.3 专业监理工程师应检查进度计划的实施，并记录实际进度及其相关情况，当发现实际进度滞后于计划进度时，应签发监理工程师通知单指令承包单位采取调整措施。当实际进度严重滞后于计划进度时应及时报总监理工程师，由总监理工程师与建设单位商定采取进一步措施。

5.6.4 总监理工程师应在监理月报中向建设单位报告工程进度和所采取进度控制措施的执行情况，并提出合理预防由建设单位原因导致的工程延期及其相关费用索赔的建议。

5.7 竣 工 验 收

5.7.1 总监理工程师应组织专业监理工程师，依据有关法律、法规、工程建设强制性标准、设计文件及施工合同，对承包单位报送的竣工资料进行审查，并对工程质量进行竣工预验收。对存在的问题，应及时要求承包单位整改。整改完毕由总监理工程师签署工程竣工报验单，并应在此基础上提出工程质量评估报告。工程质量评估报告应经总监理工程师和监理单位技术负责人审核签字。

5.7.2 项目监理机构应参加由建设单位组织的竣工验收，并提供相关监理资料。对验收中提出的整改问题，项目监理机构应要求承包单位进行整改。工程质量符合要求，由总监理工程师会同参加验收的各方签署竣工验收报告。

5.8 工程质量保修期的监理工作

5.8.1 监理单位应依据委托监理合同约定的工程质量保修期监理工作的时间、范围和内容开展工作。

5.8.2 承担质量保修期监理工作时，监理单位应安排监理人员对建设单位提出的工程质量缺陷进行检查和记录，对承包单位进行修复的工程质量进行验收，合格后予以签认。

5.8.3 监理人员应对工程质量缺陷原因进行调查分析并确定责任归属，对非承包单位原因造成的工程质量缺陷，监理人员应核实修复工程的费用和签署工程款支付证书，并报建设单位。

6 施工合同管理的其他工作

6.1 工程暂停及复工

6.1.1 总监理工程师在签发工程暂停令时，应根据暂停工程的影响范围和影响程度，按照施工合同和委托监理合同的约定签发。

6.1.2 在发生下列情况之一时，总监理工程师可签发工程暂停令：

1 建设单位要求暂停施工、且工程需要暂停施工；

2 为了保证工程质量而需要进行停工处理；

3 施工出现了安全隐患，总监理工程师认为有必要停工以消除隐患；

4 发生了必须暂时停止施工的紧急事件；

5 承包单位未经许可擅自施工，或拒绝项目监理机构管理。

6.1.3 总监理工程师在签发工程暂停令时，应根据停工原因的影响范围和影响程度，确定工程项目停工范围。

6.1.4 由于非承包单位且非 6.1.2 条中 2、3、4、5 款原因时，总监理工程师在签发工程暂停令之前，应就有关工期和费用等事宜与承包单位进行协商。

6.1.5 由于建设单位原因，或其他非承包单位原因导致工程暂停时，项目监理机构应如实记录所发生的实际情况。总监理工程师应在施工暂停原因消失、具备复工条件时，及时签署工程复工报审表，指令承包单位继续施工。

6.1.6 由于承包单位原因导致工程暂停，在具备恢复施工条件时，项目监理机构应审查承包单位报送的复工申请及有关材料，同意后由总监理工程师签署工程复工报审表，指令承包单位继续施工。

6.1.7 总监理工程师在签发工程暂停令到签发工程复工报审表之间的时间内，宜会同有关各方按照施工合同的约定，处理因工程暂停引起的与工期、费用等有关的问题。

6.2 工程变更的管理

6.2.1 项目监理机构应按下列程序处理工程变更：

1 设计单位对原设计存在的缺陷提出的工程变更，应编制设计变更文件；建设单位或承包单位提出的工程变更，应提交总监理工程师，由总监理工程师组织专业监理工程师审查。审查同意后，应由建设单位转交原设计单位编制设计变更文件。当工程变更涉及安全、环保等内容时，应按规定经有关部门审定。

2 项目监理机构应了解实际情况和收集与工程变更有关的资料。

3 总监理工程师必须根据实际情况、设计变更文件和其他有关资料，按照施工合同的有关条款，在指定专业监理工程师完成下列工作后，对工程变更的费用和工期作出评估：

1） 确定工程变更项目与原工程项目之间的类似程度和难易程度；

2）确定工程变更项目的工程量；

3）确定工程变更的单价或总价。

4 总监理工程师应就工程变更费用及工期的评估情况与承包单位和建设单位进行协调。

5 总监理工程师签发工程变更单。

工程变更单应符合附录 C2 表的格式，并应包括工程变更要求、工程变更说明、工程变更费用和工期、必要的附件等内容，有设计变更文件的工程变更应附设计变更文件。

6 项目监理机构应根据工程变更单监督承包单位实施。

6.2.2 项目监理机构处理工程变更应符合下列要求：

1 项目监理机构在工程变更的质量、费用和工期方面取得建设单位授权后，应按施工合同规定与承包单位进行协商，经协商达成一致后，总监理工程师应将协商结果向建设单位通报，并由建设单位与承包单位在变更文件上签字；

2 在项目监理机构未能就工程变更的质量、费用和工期方面取得建设单位授权时，总监理工程师应协助建设单位和承包单位进行协商，并达成一致；

3 在建设单位和承包单位未能就工程变更的费用等方面达成协议时，项目监理机构应提出一个暂定的价格，作为临时支付工程进度款的依据。该项工程款最终结算时，应以建设单位和承包单位达成的协议为依据。

6.2.3 在总监理工程师签发工程变更单之前，承包单位不得实施工程变更。

6.2.4 未经总监理工程师审查同意而实施的工程变更，项目监理机构不得予以计量。

6.3 费用索赔的处理

6.3.1 项目监理机构处理费用索赔应依据下列内容：

1 国家有关的法律、法规和工程项目所在地的地方法规；

2 本工程的施工合同文件；

3 国家、部门和地方有关的标准、规范和定额；

4 施工合同履行过程中与索赔事件有关的凭证。

6.3.2 当承包单位提出费用索赔的理由同时满足以下条件时，项目监理机构应予以受理：

1 索赔事件造成了承包单位直接经济损失；

2 索赔事件是由于非承包单位的责任发生的；

3 承包单位已按照施工合同规定的期限和程序提出费用索赔申请表，并附有索赔凭证材料。

费用索赔申请表应符合附录 A8 表的格式。

6.3.3 承包单位向建设单位提出费用索赔，项目监理机构应按下列程序处理：

1 承包单位在施工合同规定的期限内向项目监理机构提交对建设单位的费用索赔意向通知书；

2 总监理工程师指定专业监理工程师收集与索赔有关的资料；

3 承包单位在承包合同规定的期限内向项目监理机构提交对建设单位的费用索赔申请表；

4 总监理工程师初步审查费用索赔申请表，符合本规范第 6.3.2 条所规定的条件时予以受理；

5　总监理工程师进行费用索赔审查，并在初步确定一个额度后，与承包单位和建设单位进行协商；

6　总监理工程师应在施工合同规定的期限内签署费用索赔审批表，或在施工合同规定的期限内发出要求承包单位提交有关索赔报告的进一步详细资料的通知，待收到承包单位提交的详细资料后，按本条的第4、5、6款的程序进行。

费用索赔审批表应符合附录B6表的格式。

6.3.4　当承包单位的费用索赔要求与工程延期要求相关联时，总监理工程师在作出费用索赔的批准决定时，应与工程延期的批准联系起来，综合作出费用索赔和工程延期的决定。

6.3.5　由于承包单位的原因造成建设单位的额外损失，建设单位向承包单位提出费用索赔时，总监理工程师在审查索赔报告后，应公正地与建设单位和承包单位进行协商，并及时作出答复。

6.4　工程延期及工程延误的处理

6.4.1　当承包单位提出工程延期要求符合施工合同文件的规定条件时，项目监理机构应予以受理。

6.4.2　当影响工期事件具有持续性时，项目监理机构可在收到承包单位提交的阶段性工程延期申请表并经过审查后，先由总监理工程师签署工程临时延期审批表并通报建设单位。当承包单位提交最终的工程延期申请表后，项目监理机构应复查工程延期及临时延期情况，并由总监理工程师签署工程最终延期审批表。

工程延期申请表应符合附录A7表的格式；工程临时延期审批表应符合附录B4表的格式；工程最终延期审批表应符合附录B5表的格式。

6.4.3　项目监理机构在作出临时工程延期批准或最终的工程延期批准之前，均应与建设单位和承包单位进行协商。

6.4.4　项目监理机构在审查工程延期时，应依下列情况确定批准工程延期的时间：

1　施工合同中有关工程延期的约定；

2　工期拖延和影响工期事件的事实和程度；

3　影响工期事件对工期影响的量化程度。

6.4.5　工程延期造成承包单位提出费用索赔时，项目监理机构应按本规范第6.3节的规定处理。

6.4.6　当承包单位未能按照施工合同要求的工期竣工交付造成工期延误时，项目监理机构应按施工合同规定从承包单位应得款项中扣除误期损害赔偿费。

6.5　合同争议的调解

6.5.1　项目监理机构接到合同争议的调解要求后应进行以下工作：

1　及时了解合同争议的全部情况，包括进行调查和取证；

2　及时与合同争议的双方进行磋商；

3　在项目监理机构提出调解方案后，由总监理工程师进行争议调解；

4　当调解未能达成一致时，总监理工程师应在施工合同规定的期限内提出处理该合同争议的意见；

5 在争议调解过程中，除已达到了施工合同规定的暂停履行合同的条件之外，项目监理机构应要求施工合同的双方继续履行施工合同。

6.5.2 在总监理工程师签发合同争议处理意见后，建设单位或承包单位在施工合同规定的期限内未对合同争议处理决定提出异议，在符合施工合同的前提下，此意见应成为最后的决定，双方必须执行。

6.5.3 在合同争议的仲裁或诉讼过程中，项目监理机构接到仲裁机关或法院要求提供有关证据的通知后，应公正地向仲裁机关或法院提供与争议有关的证据。

6.6 合同的解除

6.6.1 施工合同的解除必须符合法律程序。

6.6.2 当建设单位违约导致施工合同最终解除时，项目监理机构应就承包单位按施工合同规定应得到的款项与建设单位和承包单位进行协商，并应按施工合同的规定从下列应得的款项中确定承包单位应得到的全部款项，并书面通知建设单位和承包单位：

1 承包单位已完成的工程量表中所列的各项工作所应得的款项；

2 按批准的采购计划订购工程材料、设备、构配件的款项；

3 承包单位撤离施工设备至原基地或其他目的地的合理费用；

4 承包单位所有人员的合理遣返费用；

5 合理的利润补偿；

6 施工合同规定的建设单位应支付的违约金。

6.6.3 由于承包单位违约导致施工合同终止后，项目监理机构应按下列程序清理承包单位的应得款项，或偿还建设单位的相关款项，并书面通知建设单位和承包单位：

1 施工合同终止时，清理承包单位已按施工合同规定实际完成的工作所应得的款项和已经得到支付的款项；

2 施工现场余留的材料、设备及临时工程的价值；

3 对已完工程进行检查和验收、移交工程资料、该部分工程的清理、质量缺陷修复等所需的费用；

4 施工合同规定的承包单位应支付的违约金；

5 总监理工程师按照施工合同的规定，在与建设单位和承包单位协商后，书面提交承包单位应得款项或偿还建设单位款项的证明。

6.6.4 由于不可抗力或非建设单位、承包单位原因导致施工合同终止时，项目监理机构应按施工合同规定处理合同解除后的有关事宜。

7 施工阶段监理资料的管理

7.1 监 理 资 料

7.1.1 施工阶段的监理资料应包括下列内容：

1 施工合同文件及委托监理合同；

2 勘察设计文件；
3 监理规划；
4 监理实施细则；
5 分包单位资格报审表；
6 设计交底与图纸会审会议纪要；
7 施工组织设计（方案）报审表；
8 工程开工/复工报审表及工程暂停令；
9 测量核验资料；
10 工程进度计划；
11 工程材料、构配件、设备的质量证明文件；
12 检查试验资料；
13 工程变更资料；
14 隐蔽工程验收资料；
15 工程计量单和工程款支付证书；
16 监理工程师通知单；
17 监理工作联系单；
18 报验申请表；
19 会议纪要；
20 来往函件；
21 监理日记；
22 监理月报；
23 质量缺陷与事故的处理文件；
24 分部工程、单位工程等验收资料；
25 索赔文件资料；
26 竣工结算审核意见书；
27 工程项目施工阶段质量评估报告等专题报告；
28 监理工作总结。

7.2 监 理 月 报

7.2.1 施工阶段的监理月报应包括以下内容：
1 本月工程概况；
2 本月工程形象进度；
3 工程进度：
1）本月实际完成情况与计划进度比较；
2）对进度完成情况及采取措施效果的分析。
4 工程质量：
1）本月工程质量情况分析；
2）本月采取的工程质量措施及效果。
5 工程计量与工程款支付：

1）工程量审核情况；

2）工程款审批情况及月支付情况；

3）工程款支付情况分析；

4）本月采取的措施及效果。

6 合同其他事项的处理情况：

1）工程变更；

2）工程延期；

3）费用索赔。

7 本月监理工作小结：

1）对本月进度、质量、工程款支付等方面情况的综合评价；

2）本月监理工作情况；

3）有关本工程的意见和建议；

4）下月监理工作的重点。

7.2.2 监理月报应由总监理工程师组织编制，签认后报建设单位和本监理单位。

7.3 监理工作总结

7.3.1 监理工作总结应包括以下内容：

1 工程概况；

2 监理组织机构、监理人员和投入的监理设施；

3 监理合同履行情况；

4 监理工作成效；

5 施工过程中出现的问题及其处理情况和建议；

6 工程照片（有必要时）。

7.3.2 施工阶段监理工作结束时，监理单位应向建设单位提交监理工作总结。

7.4 监理资料的管理

7.4.1 监理资料必须及时整理、真实完整、分类有序。

7.4.2 监理资料的管理应由总监理工程师负责，并指定专人具体实施。

7.4.3 监理资料应在各阶段监理工作结束后及时整理归档。

7.4.4 监理档案的编制及保存应按有关规定执行。

8 设备采购监理与设备监造

8.1 设备采购监理

8.1.1 监理单位应依据与建设单位签订的设备采购阶段的委托监理合同，成立由总监理工程师和专业监理工程师组成的项目监理机构。监理人员应专业配套、数量应满足监理工作的需要，并应明确监理人员的分工及岗位职责。

8.1.2 总监理工程师应组织监理人员熟悉和掌握设计文件对拟采购的设备的各项要求、技术说明和有关的标准。

8.1.3 项目监理机构应编制设备采购方案，明确设备采购的原则、范围、内容、程序、方式和方法，并报建设单位批准。

8.1.4 项目监理机构应根据批准的设备采购方案编制设备采购计划，并报建设单位批准。采购计划的主要内容应包括采购设备的明细表、采购的进度安排、估价表、采购的资金使用计划等。

8.1.5 项目监理机构应根据建设单位批准的设备采购计划组织或参加市场调查，并应协助建设单位选择设备供应单位。

8.1.6 当采用招标方式进行设备采购时，项目监理机构应协助建设单位按照有关规定组织设备采购招标。

8.1.7 当采用非招标方式进行设备采购时，项目监理机构应协助建设单位进行设备采购的技术及商务谈判。

8.1.8 项目监理机构应在确定设备供应单位后参与设备采购订货合同的谈判，协助建设单位起草及签订设备采购订货合同。

8.1.9 在设备采购监理工作结束后，总监理工程师应组织编写监理工作总结。

8.2 设 备 监 造

8.2.1 监理单位应依据与建设单位签订的设备监造阶段的委托监理合同，成立由总监理工程师和专业监理工程师组成的项目监理机构。项目监理机构应进驻设备制造现场。

8.2.2 总监理工程师应组织专业监理工程师熟悉设备制造图纸及有关技术说明和标准，掌握设计意图和各项设备制造的工艺规程以及设备采购订货合同中的各项规定，并应组织或参加建设单位组织的设备制造图纸的设计交底。

8.2.3 总监理工程师应组织专业监理工程师编制设备监造规划，经监理单位技术负责人审核批准后，在设备制造开始前十天内报送建设单位。

8.2.4 总监理工程师应审查设备制造单位报送的设备制造生产计划和工艺方案，提出审查意见。符合要求后予以批准，并报建设单位。

8.2.5 总监理工程师应审核设备制造分包单位的资质情况、实际生产能力和质量保证体系，符合要求后予以确认。

8.2.6 专业监理工程师应审查设备制造的检验计划和检验要求，确认各阶段的检验时间、内容、方法、标准以及检测手段、检测设备和仪器。

8.2.7 专业监理工程师必须对设备制造过程中拟采用的新技术、新材料、新工艺的鉴定书和试验报告进行审核，并签署意见。

8.2.8 专业监理工程师应审查主要及关键零件的生产工艺设备、操作规程和相关生产人员的上岗资格，并对设备制造和装配场所的环境进行检查。

8.2.9 专业监理工程师应审查设备制造的原材料、外购配套件、元器件、标准件以及坯料的质量证明文件及检验报告，检查设备制造单位对外购器件、外协作加工件和材料的质量验收，并由专业监理工程师审查设备制造单位提交的报验资料，符合规定要求时予以签认。

8.2.10 专业监理工程师应对设备制造过程进行监督和检查，对主要及关键零部件的制造工序应进行抽检或检验。

8.2.11 专业监理工程师应要求设备制造单位按批准的检验计划和检验要求进行设备制造过程的检验工作，做好检验记录，并对检验结果进行审核。专业监理工程师认为不符合质量要求时，指令设备制造单位进行整改、返修或返工。当发生质量失控或重大质量事故时，必须由总监理工程师下达暂停制造指令，提出处理意见，并及时报告建设单位。

8.2.12 专业监理工程师应检查和监督设备的装配过程，符合要求后予以签认。

8.2.13 在设备制造过程中如需要对设备的原设计进行变更，专业监理工程师应审核设计变更，并审查因变更引起的费用增减和制造工期的变化。

8.2.14 总监理工程师应组织专业监理工程师参加设备制造过程中的调试、整机性能检测和验证，符合要求后予以签认。

8.2.15 在设备运往现场前，专业监理工程师应检查设备制造单位对待运设备采取的防护和包装措施，并应检查是否符合运输、装卸、储存、安装的要求，以及相关的随机文件、装箱单和附件是否齐全。

8.2.16 设备全部运到现场后，总监理工程师应组织专业监理工程师参加由设备制造单位按合同规定与安装单位的交接工作，开箱清点、检查、验收、移交。

8.2.17 专业监理工程师应按设备制造合同的规定审核设备制造单位提交的进度付款单，提出审核意见，由总监理工程师签发支付证书。

8.2.18 专业监理工程师应审查建设单位或设备制造单位提出的索赔文件，提出意见后报总监理工程师，由总监理工程师与建设单位、设备制造单位进行协商，并提出审核报告。

8.2.19 专业监理工程师应审核设备制造单位报送的设备制造结算文件，并提出审核意见，报总监理工程师审核，由总监理工程师与建设单位、设备制造单位进行协商，并提出审核报告。

8.2.20 在设备监造工作结束后，总监理工程师应组织编写设备监造工作总结。

8.3 设备采购监理与设备监造的监理资料

8.3.1 设备采购监理的监理资料应包括以下内容：

1 委托监理合同；

2 设备采购方案计划；

3 设计图纸和文件；

4 市场调查、考察报告；

5 设备采购招投标文件；

6 设备采购订货合同；

7 设备采购监理工作总结。

8.3.2 设备采购监理工作结束时，监理单位应向建设单位提交设备采购监理工作总结。

8.3.3 设备监造工作的监理资料应包括以下内容：

1 设备制造合同及委托监理合同；

2 设备监造规划；

3 设备制造的生产计划和工艺方案；

4　设备制造的检验计划和检验要求；

5　分包单位资格报审表；

6　原材料、零配件等的质量证明文件和检验报告；

7　开工/复工报审表、暂停令；

8　检验记录及试验报告；

9　报验申请表；

10　设计变更文件；

11　会议纪要；

12　来往文件；

13　监理日记；

14　监理工程师通知单；

15　监理工作联系单；

16　监理月报；

17　质量事故处理文件；

18　设备制造索赔文件；

19　设备验收文件；

20　设备交接文件；

21　支付证书和设备制造结算审核文件；

22　设备监造工作总结。

8.3.4　设备监造工作结束时，监理单位应向建设单位提交设备监造工作总结。

中华人民共和国国家标准

建设工程监理规范

GB 50319—2000

条文说明

1　总　　则

1.0.1　我国自1988年开始，在工程建设领域实行了一项重大的管理体制改革，即推行建设工程监理制度。建设监理作为一项制度已被正式列入《中华人民共和国建筑法》中。为了提高监理工作水平，充分发挥监理作用，更有效地提高我国工程建设的投资效益，故编制本规范。

1.0.2　在我国的建设监理制度中，监理的工作范围包括两个方面：一是工程类别，其范围确定为各类土木工程、建筑工程、线路管道工程、设备安装工程和装修工程；二是工程建设阶段，其范围确定为工程建设投资决策阶段、勘察设计招投标与勘察设计阶段、施工招投标与施工阶段（包括设备采购与制造和工程质量保修）。因此，本规范在工程类别方面适用各类新建、扩建、改建建设工程；由于目前我国的监理工作在工程建设投资决策阶段、勘察设计招投标与勘察设计阶段尚不够成熟，需要进一步探索完善，在施工招投标方面国家已有比较系统完整的规定和办法，而在施工阶段（包括设备采购与制造和工程质量保修）的监理工作已经摸索总结出一套比较成熟的经验和做法，因而在工程建设阶段方面，本规范适用范围仅限于建设工程施工阶段的监理工作。

1.0.3 监理工作的依据主要是建设工程委托监理合同和建设单位与承包单位签订的承包合同，因此实施建设工程监理前，监理单位必须与建设单位签订合法的书面委托监理合同，以明确双方的权利和义务。

工程建设的综合效益主要体现在工程质量、造价和工期三个方面，使之满足承包合同的要求，从而确保工程的投资效益。为了达到这一目的，建设单位应委托监理单位对工程质量、造价、进度三个目标进行全面控制和管理，并授予监理单位在三项目标控制中的相应权力，才能真正发挥监理作用。

鉴于建设单位已将工程项目的管理工作全部委托监理单位实施，监理单位即为代表建设单位的现场管理者，为了明确建设工程合同双方的责任，保证监理单位独立公正地做好监理工作，顺利完成工程建设任务，避免出现不必要的合同纠纷，建设单位与承包单位之间的各项联系工作，如果涉及建设工程合同，均应通过监理单位完成。

1.0.4 由总监理工程师全面负责建设工程监理的实施工作称为总监理工程师负责制。总监理工程师是由监理单位法定代表人任命的项目监理机构的负责人，是监理单位履行委托监理合同的全权代表，是实施监理工作的核心人员。因此，实施建设工程监理制度，在具体的工程项目中必然要实行总监理工程师负责制。

1.0.5 监理单位作为独立于工程建设承包合同双方之外的第三方，其工作职能是受建设单位委托管理承包合同、监督承包合同的履行，其工作依据主要是法律、法规及承包合同，其工作方式是依靠自身的专业技术知识管理工程建设的实施，因而监理工作具有公正、独立、自主的特点。监理单位必须依法执业，既要维护建设单位的利益，也不能损害承包单位的合法利益。

1.0.6 本规范规定了建设工程监理工作的基本程序、内容和范围，在监理工作中涉及的工程专业技术，应当符合相关的国家现行强制性标准、规范的规定。

2 术 语

项目监理机构

项目监理机构是监理单位为履行委托监理合同，实施工程项目的监理工作而按合同项目设立的临时组织机构。随着工程项目监理工作的结束而撤销。项目监理机构的组织形式应结合工程特点、规模、难易程度等因素综合考虑，可采用直线式、职能式、直线一职能式和矩阵式等不同的组织形式。

监理工程师

监理工程师是岗位职务而不是技术职称。监理工程师是指经过考试，取得国务院建设行政主管部门与人事行政主管部门共同颁发的监理工程师执业资格证书，并经监理工程师注册机关注册，从事建设工程监理工作的人员。

总监理工程师

总监理工程师是由监理单位法定代表人任命，并书面授权，按合同项目设立的行政职务。在项目监理机构中，总监对外代表监理单位，对内负责项目监理机构日常工作。

总监理工程师代表

总监理工程师代表由总监理工程师任命并授权，行使总监理工程师授予的权力，从事总监理工程师指定的工作。

专业监理工程师

专业监理工程师是项目监理机构中的一种岗位设置，可按工程项目的专业设置，也可按部门或某一方面的业务设置。如合同管理、造价控制等。当工程项目规模大，在某些专业或某一方面业务宜设置几名专业监理工程师。总监理工程师在他们中应指定负责人，但均称为专业监理工程师。工程项目中如涉及特殊行业（如爆破工程），从事此类项目监理工作的专业监理工程师还应符合国家有关对专业人员资格的规定。

监理员

监理员属于工程技术人员，不同于项目监理机构中的其他行政辅助人员。

工程变更

建设单位、设计单位、施工单位、项目监理机构各方均有权提出工程变更。

工程计量

工程计量的范围仅限于承包单位完成的合格工程。

临时延期批准、延期批准

延期是指延长了原定的合同工期，其原因是由非承包单位责任引起的。临时延期批准是施工过程中的临时性决定。延期批准则是最终决定，并成为新的合同工期。

3 项目监理机构及其设施

3.1 项 目 监 理 机 构

3.1.1 项目监理机构在撤离施工现场前应由监理单位书面通知建设单位，并办理相应的移交手续。

3.1.2 项目监理机构的组织形式和规模应考虑有利于监理目标的控制、承包合同的管理，有利于监理的决策和信息的沟通，有利于监理职能的发挥和人员的分工协作。项目监理机构的组成应符合适应、精简、高效的原则。

3.1.3 项目监理机构中配备监理人员的数量和专业应根据监理的任务范围、内容、期限、专业类别以及工程的类别、规模、技术复杂程度、工程环境等因素综合考虑，并应符合委托监理合同中对监理深度和密度的要求，能体现监理机构的整体素质，满足监理目标控制的要求。监理人员数量一般不少于3人。

监理人员的数量和专业配备可随工程施工进展情况作相应的调整，从而满足不同阶段监理工作的需要。

监理单位可根据监理工作的需要，在项目监理机构中配备必要的文秘、翻译和其他行政辅助人员。

3.1.4 调整监理人员应考虑监理工作的延续性，并应做好相应的交接工作。

3.2 监理人员的职责

3.2.5 本条款中所列的1～5项职责均必须由总监理工程师亲自履行，其他总监理工程师的职责可委托总监理工程师代表履行。

3.2.6 专业监理工程师的监理日记应记录当日主要的施工和监理情况。

3.2.7 监理员的监理日记应记录当日的检查情况和发现的问题。

3.3 监 理 设 施

3.3.1 监理设施一般应在委托监理合同中予以明确，并在实际开工前到位。对于建设单位提供的设施，项目监理机构应登记造册。

4 监理规划及监理实施细则

4.1 监 理 规 划

4.1.1 监理规划是在项目监理机构充分分析和研究工程项目的目标、技术、管理、环境以及参与工程建设各方等方面的情况后制定的指导工程项目监理工作的实施方案。监理规划要真正能够起到指导项目监理机构进行该项目监理工作的作用，所以监理规划中应有明确具体的、符合项目要求的工作内容、工作方法、监理措施、工作程序和工作制度。

4.1.2 监理规划应针对项目的实际情况进行编制，所以应在收到工程项目的设计文件之后开始编制。如果能在收到施工图设计文件后开始编制监理规划，则更能掌握项目的实际情况。

监理规划作为监理单位的技术文件应经过监理单位的技术负责人审核批准。

监理规划应在召开第一次工地会议之前完成内部审核并报送建设单位。监理规划是否要经过建设单位的认可，由委托监理合同或双方协商来确定。

监理规划应由总监理工程师主持，专业监理工程师共同参加编制，共同分析项目特点、提出项目监理措施和方法，确定项目监理工作的程序和制度等。

4.1.3 监理规划至少应包括条文中所示的主要内容，当工程项目较为特殊时也可增加其他必要的内容。

4.1.4 在监理工作实施过程中，工程项目的实施可能会发生较大的变化，如设计方案重大修改、承包方式发生变化、建设单位的出资方式发生变化，工期和质量要求发生重大变化，或者当原监理规划所确定的方法、措施、程序和制度不能有效地发挥控制作用时，总监理工程师应及时召集专业监理工程师进行修订，按原程序报建设单位。

4.2 监理实施细则

4.2.1 中型工程项目对应于建设部第16号部令《工程建设监理单位资质管理试行办法》附表中的二等工程项目。在二等及以上工程项目开展监理工作之前，项目监理机构应分专业编制监理工作实施细则，以达到规范监理工作行为的目的。对项目规模较小、技术不复杂且管理有成熟经验和措施，并且监理规划可以起到监理实施细则的作用时，监理实施细则可不必另行编写。

监理实施细则应体现项目监理机构对于该工程项目在各专业技术、管理和目标控制方面的具体要求。

4.2.2 监理实施细则可按工程进展情况编写，尤其是当施工图未出齐就开工的情况。但是当某分部工程或单位工程或按专业划分构成一个整体的局部工程开工前，该部分的监理实施细则应编制完成，并在开工前经过总监理工程师的审批。

监理实施细则不应与条文中所列编写依据的有关要求相冲突。

4.2.3 监理实施细则至少应包括条文中所规定的主要内容。

4.2.4 当发生工程变更、计划变更或原监理实施细则所确定的方法、措施、流程不能有效地发挥管理和控制作用等情况时，总监理工程师应及时根据实际情况安排专业监理工程师对监理实施细则进行补充、修改和完善。

5 施工阶段的监理工作

5.1 制定监理工作程序的一般规定

1 制定监理工作程序有利于项目监理机构的工作规范化、程序化、制度化，有利于建设单位、承包单位及其他相关单位与监理单位之间工作配合协调。

2 在制定监理工作程序时，要按照监理工作开展的先后次序，明确每一阶段完成的工作内容、行为主体、工作时限和考核（检查）标准。

3 在实际监理过程中，由于工程项目的具体情况，可能会产生监理工作内容的增减或工作程序颠倒的现象，但无论出现何种变化都必须坚持监理工作“先审核后实施、先验收后施工（下道工序）”的基本原则。

5.2 施工准备阶段的监理工作

5.2.1 项目总监理工程师组织监理人员熟悉施工图是监理预先控制的一项重要工作，其目的是熟悉图纸，了解工程特点、工程关键部位的施工方法、质量要求，以督促承包单位按图施工。虽然监理单位对设计问题不承担责任，但如发现图纸中存在按图施工困难、影响工程质量以及图纸错误等问题，应通过建设单位向设计单位提出书面意见和建议。

5.2.2 项目监理人员参加设计技术交底会应了解的基本内容是：

1 设计主导思想、建筑艺术构思和要求、采用的设计规范、确定的抗震等级、防火等级、基础、结构、内外装修及机电设备设计（设备造型）等；

2 对主要建筑材料、构配件和设备的要求、所采用的新技术、新工艺、新材料、新设备的要求以及施工中应特别注意的事项等；

3 对建设单位、承包单位和监理单位提出的对施工图的意见和建议的答复。

在设计交底会上确认的设计变更应由建设单位、设计单位、施工单位和监理单位会签。

5.2.3 审查施工组织设计的工作程序及基本要求：

1 施工组织设计审查程序

1）承包单位必须完成施工组织设计的编制及自审工作，并填写施工组织设计（方案）报审表，报送项目监理机构。

2）总监理工程师应在约定时间内，组织专业监理工程师审查，提出审查意见后，由总监理工程师审定批准。需要承包单位修改时，由总监理工程师签发书面的意见，退回承包单位修改后再报审，总监理工程师应重新审定。

3）已审定的施工组织设计由项目监理机构报送建设单位。

4）承包单位应按审定的施工组织设计文件组织施工。如需对其内容做较大变更，应在实施前将变更内容书面报送项目监理机构重新审定。

5）对规模大、结构复杂或属新结构、特种结构的工程，项目监理机构应在审查施工组织设计后，报送监理单位技术负责人审查，其审查意见由总监理工程师签发。必要时与建设单位协商，组织有关专家会审。

2 审查施工组织设计的基本要求：

1）施工组织设计应有承包单位负责人签字。

2）施工组织设计应符合施工合同要求。

3）施工组织设计应由专业监理工程师审核后，经总监理工程师签认。

4）发现施工组织设计中存在问题应提出修改意见，由承包单位修改后重新报审。

5.2.4 监理工作是在承包单位建立健全质量管理体系、技术管理体系和质量保证体系的基础上完成的，如果承包单位不建立质量管理体系、技术管理体系和质量保证体系，难以保证施工合同的履行。

5.2.5 如在施工合同中未指明分包单位，项目监理机构应对该分包单位的资格进行审查。

5.2.7 监理工程师应审核测量成果及现场查验桩、线的准确性及桩点、桩位保护措施的有效性，符合规定时，由专业监理工程师签认。

5.2.8 经专业监理工程师现场检查，具备开工条件，由总监理工程师签发工程开工报审表，并报送建设单位备案。

5.3 工 地 例 会

5.3.3 专题工地会议是为解决施工过程中的专门问题而召开的会议，由总监理工程师或其授权的监理工程师主持。工程项目各主要参建单位均可向项目监理机构书面提出召开专题工地会议的动议。动议内容包括：主要议题，与会单位、人员及召开时间。经总监理工程师与有关单位协商，取得一致意见后，由总监理工程师签发召开专题工地会议的书面通知，与会各方应认真做好会前准备。专题工地会议纪要的形成过程与工地例会相同。

5.4 工程质量控制工作

5.4.1 项目监理机构应要求承包单位必须严格按照批准的（或经过修改后重新批准的）施工组织设计（方案）组织施工。

5.4.2 工程项目的重点部位、关键工序应由项目监理机构与承包单位协商后共同确认。

5.4.4 承包单位在测量放线完毕，应进行自检，合格后填写施工测量放线报验申请表，并附上放线的依据材料及放线成果表报送项目监理机构。专业监理工程师应实地查验放线精度是否符合规范及标准要求，施工轴线控制桩的位置、轴线和高程的控制标志是否牢靠、明显等。经审核、查验合格，签认施工测量报验申请表。

5.4.5 专业监理工程师对承包单位自有试验室或外委实验室均应按本条规定的五个方面进行审核。

5.4.6 对新材料、新产品，承包单位应报送经有关部门鉴定、确认的证明文件；对进口材料、构配件和设备，承包单位还应报送进口商检证明文件，并按照事先约定，由建设单位、承包单位、供货单位、监理单位及其他有关单位进行联合检查。

5.4.7 计量设备是指施工中使用的衡器、量具、计量装置等设备。

5.4.8 监理人员应经常地、有目的地对承包单位的施工过程进行巡视检查、检测。主要检查内容如下：

1 是否按照设计文件、施工规范和批准的施工方案施工；

2 是否使用合格的材料、构配件和设备；

3 施工现场管理人员，尤其是质检人员是否到岗到位；

4 施工操作人员的技术水平、操作条件是否满足工艺操作要求、特种操作人员是否持证上岗；

5 施工环境是否对工程质量产生不利影响；

6 已施工部位是否存在质量缺陷。

对施工过程中出现的较大质量问题或质量隐患，监理工程师宜采用照相、摄影等手段予以记录。

5.4.9 承包单位完成隐蔽工程作业并自检合格后，应填写隐蔽工程报验申请表，报送项目监理机构。经检验合格，专业监理工程师应签认隐蔽工程报验申请表，承包单位方可进行下一道工序施工。

5.4.10 监理人员应按国家工程施工质量验收标准检查分项、分部及单位工程质量。

5.5 工程造价控制工作

5.5.3 专业监理工程师进行风险分析主要是找出工程造价最易突破部分（如施工合同中有关条款不明确而造成突破造价的漏洞，施工图中的问题易造成工程变更、材料和设备价格不确定等）以及最易发生费用索赔的原因和部位（如因建设单位资金不到位、施工图纸不到位，建设单位供应的材料、设备不到位等），从而制定出防范性对策，书面报告总监理工程师，经其审核后向建设单位提交有关报告。

5.5.4 发生工程变更，无论是由设计单位或建设单位或承包单位提出的，均应经过建设单位、设计单位、承包单位和监理单位的代表签认，并通过项目总监理工程师下达变更指令后，承包单位方可进行施工。同时，承包单位应按照施工合同的有关规定，编制工程变更概算书，报送项目总监理工程师审核、确认，经建设单位、承包单位认可后，方可进入工程计量和工程款支付程序。

5.5.5 专业监理工程师对承包单位报送的工程款支付申请表进行审核时，应会同承包单位对现场实际完成情况进行计量，对验收手续齐全、资料符合验收要求并符合施工合同规定的计量范围内的工程量予以核定。

工程款支付申请中包括合同内工作量、工程变更增减费用、经批准的索赔费用，应扣除的预付款、保留金及施工合同约定的其他支付费用。专业监理工程师应逐项审查后，提出审查意见报总监理工程师审核签认。

5.5.7 涉及工程索赔的有关施工和监理资料包括施工合同、协议、供货合同、工程变更、施工方案、施工进度计划，承包单位工、料、机动态记录（文字、照相等）、建设单位和承包单位的有关文件、会议纪要、监理工程师通知等。

5.6 工程进度控制工作

5.6.1 施工进度计划审核的主要内容有：

1 进度计划是否符合施工合同中开竣工日期的规定；

2 进度计划中的主要工程项目是否有遗漏，分期施工是否满足分批动用的需要和配套动用的要求，总承包、分承包单位分别编制的各单项工程进度计划之间是否相协调；

3 施工顺序的安排是否符合施工工艺的要求；

4 工期是否进行了优化，进度安排是否合理；

5 劳动力、材料、构配件、设备及施工机具、设备、水、电等生产要素供应计划是否能保证施工进度计划的需要，供应是否均衡；

6 对由建设单位提供的施工条件（资金、施工图纸、施工场地、采供的物资等），承包单位在施工进度计划中所提出的供应时间和数量是否明确、合理，是否有造成因建设单位违约而导致工程延期和费用索赔的可能。

编制和实施施工进度计划是承包单位的责任。因此，监理工程师对施工进度计划的审查或批准，并不解除承包单位对施工进度计划的责任和义务。

5.6.2 施工进度控制方案的主要内容包括：

1 施工进度控制目标分解图；

2 实现施工进度控制目标的风险分析；

3 施工进度控制的主要工作内容和深度；

4 监理人员对进度控制的职责分工；

5 进度控制工作流程；

6 进度控制的方法（包括进度检查周期、数据采集方式、进度报表格式、统计分析方法等）；

7 进度控制的具体措施（包括组织措施、技术措施、经济措施及合同措施等）；

8 尚待解决的有关问题。

5.6.3 在实施进度控制过程中，专业监理工程师的主要工作是：

1 检查和记录实际进度完成情况；

2 通过下达监理指令、召开工地例会、各种层次的专题协调会议，督促承包单位按期完成进度计划。

3 当发现实际进度滞后于计划进度时，总监理工程师应指令承包单位采取调整措施。

5.7 竣　工　验　收

5.7.1 竣工预验收的程序：

1 当单位工程达到竣工验收条件后，承包单位应在自审、自查、自评工作完成后，填写工程竣工报验单，并将全部竣工资料报送项目监理机构，申请竣工验收。

2 总监理工程师应组织各专业监理工程师对竣工资料及各专业工程的质量情况进行全面检查，对检查出的问题，应督促承包单位及时整改。

3 对需要进行功能试验的工程项目（包括单机试车和无负荷试车），监理工程师应督促承包单位及时进行试验，并对重要项目进行现场监督、检查，必要时请建设单位和设计单位参加；监理工程师应认真审查试验报告单。

4 监理工程师应督促承包单位搞好成品保护和现场清理。

5 经项目监理机构对竣工资料及实物全面检查、验收合格后，由总监理工程师签署工程竣工报验单，并向建设单位提出质量评估报告。

5.7.2 在竣工验收时，对某些剩余工程和缺陷工程，在不影响交付的前提下，经建设单位、设计单位、施工单位和监理单位协商，承包单位应在竣工验收后的限定时间内完成。

5.8 工程质量保修期的监理工作

5.8.1 建设工程质量保修期按《建设工程质量管理条例》的规定确定。在质量保修期内的监理工作期限，应由监理单位与建设单位根据工程实际情况，在委托监理合同中约定，一般以一年为宜。

5.8.2 在承担工程质量保修期的监理工作时，监理单位可不设立项目监理机构，宜在参加施工阶段监理工作的监理人员中保留必要的人员。对承包单位修复的工程质量进行验收和签认，应由专业监理工程师负责。

5.8.3 对于非承包单位原因造成的工程质量缺陷，修复费用的核实及签署支付证明，宜由原施工阶段的总监理工程师或其授权人签认。

6 施工合同管理的其他工作

6.1 工程暂停及复工

6.1.1 签发“工程暂停令”的权限应属于总监理工程师，但实施程序应按施工合同和委托监理合同中的规定来执行。

6.1.7 总监理工程师在签发工程暂停令之后，应尽快按施工合同的规定处理因工程暂停引起的与工期、费用等有关问题。

6.2 工程变更的管理

6.2.2 项目监理机构应按照委托监理合同的约定进行工程变更的处理，不应超越所授权限，并应协助建设单位与承包单位签定工程变更的补充协议。

6.3 费用索赔的处理

6.3.1 施工合同文件是处理索赔的重要依据，处理索赔时除了依据合同的明示条款外，还应考虑合同的暗示条款。

6.3.2 索赔理由要同时满足本条所规定的三个条件才能成立。

6.3.3 在本条第5款规定审查和初步确定索赔批准额时，项目监理机构要审查以下三个方面：

1 索赔事件发生的合同责任；

2 由于索赔事件的发生，施工成本及其他费用的变化和分析；

3 索赔事件发生后，承包单位是否采取了减少损失的措施。承包单位报送的索赔额中是否包含了让索赔事件任意发展而造成的损失额。

项目监理机构在确定索赔批准额时，可采用实际费用法。索赔批准额等于承包单位为了某项索赔事件所支付的合理实际开支减去施工合同中的计划开支，再加上应得的管理费和利润。

总监理工程师在签署费用索赔审批表时，可附一份索赔审查报告。索赔审查报告可包括以下内容：

1 正文：受理索赔的日期，工作概况，确认的索赔理由及合同依据，经过调查、讨论、协商而确定的计算方法及由此而得出的索赔批准额和结论。

2 附件：总监理工程师对该索赔的评价，承包单位的索赔报告及其有关证据和资料。

6.3.4 费用索赔与工期索赔有时候会相互关联，在这种情况下，建设单位可能不愿给予工程延期批准或只给予部分工程延期批准，此时的费用索赔批准不仅要考虑费用补偿还要给予赶工补偿。所以总监理工程师要综合作出费用索赔和工程延期的批准决定。

6.4 工程延期及工程延误的处理

工期索赔经过批准的部分为工程延期，余为工程延误。

6.4.2 总监理工程师在作出临时延期批准时，要按正常的工程延期批准审查的同样程序和同样要求进行审查。

在最终进行工程延期审查与批准时，总监理工程师应复查与工程延期有关的全部情况。因此，总监理工程师在作临时延期批准时，不应认为其具有临时性而放松控制。

6.4.3 项目监理机构审查和批准临时延期或最终工程延期的程序与费用索赔的处理程序相同。

6.4.4 在确定各影响工期事件对工期或区段工期的综合影响程度时，可按下列步骤进行：

1　以事先批准的详细的施工进度计划为依据，确定假设工程不受影响工期事件影响时应该完成的工作或应该达到的进度；

2　详细核实受该影响工期事件影响后，实际完成的工作或实际达到的进度；

3　查明因受该影响工期事件的影响而受到延误的作业工种；

4　查明实际的进度滞后是否还有其他影响因素，并确定其影响程度；

5　最后确定该影响工期事件对工程竣工时间或区段竣工时间的影响值。

7　施工阶段监理资料的管理

7.1　监　理　资　料

7.1.1　施工合同文件、勘察设计文件均是施工阶段监理工作依据，应由建设单位无偿提供（数量在委托监理合同中约定）。项目监理机构应作为监理资料予以保管。

7.2　监　理　月　报

7.2.2　监理月报报送时间由监理单位和建设单位协商确定。

7.3　监 理 工 作 总 结

7.3.1　监理合同履行情况应包括目标控制情况、委托监理合同纠纷的处理情况。监理工作成效部分应包括目标完成情况、合理化建议产生的实际效果情况。

7.3.2　在监理工作过程中，7.1.1中的部分监理资料及与工程质量有关的隐蔽工程验收资料和质量评定资料，项目监理机构均已提交给建设单位，故监理工作结束时，监理单位只向建设单位提交监理工作总结。

7.4　监理资料的管理

为保证监理资料的完整、分类有序，工程开工前总监应与建设单位、承包单位对资料的分类、格式（包括用纸尺寸）、份数达成一致意见。

监理资料的组卷及归档，各地区各部门有不同的要求。因此，项目开工前，项目监理机构应主动与当地档案部门进行联系，明确具体要求。竣工资料要求，应与建设单位取得共识，以使资料管理符合有关规定和要求。

8　设备采购监理与设备监造

8.1　设 备 采 购 监 理

8.1.1　监理单位在设备采购阶段是作为建设单位设备采购的咨询服务单位开展工作，协助建设单位选择合适的设备供应单位和签订完整有效的设备订货合同是本阶段委托监理合同的重要工作内容。

项目监理机构成立后，应依据委托监理合同制定监理工作的程序、内容、方法和措施。

8.1.3 设备采购的原则应包括：拟采购的设备应完全符合设计要求和有关的标准；设备的质量可靠，价格合理，交货期有保证等。

采购的范围和内容应包括采购设备的种类、数量、技术性能以及验收标准，交货时间、地点和方式等。

采购的程序应包括确定采购招标方式、制订采购计划、确定合格供应单位、编制询价文件、报价评审、谈判和签订合同等。

8.1.5 考察潜在设备供应单位的内容包括：资质情况、营业执照、生产许可证、生产能力和单位信誉等内容。对于需要承担设计并制造专用设备的供应单位或者承担制造并安装设备的供应单位，则还应审查有关设计资格证书或安装资格证书。

8.1.6 招标文件应明确招标的标的，即设备名称、型号、规格、数量、技术性能，制造和安装验收标准，要求的交货时间及交货方式、地点，对设备的外购配套零部件与元器件以及材料有专门要求时应在标书中明确。

8.1.8 设备采购合同主要合同条款一般应包括定义、使用范围、技术规范或标准、专利权、包装、装运条件和装运通知、保险、支付、技术资料、价格、质量保证、检验、索赔、延期交货与核定损失额，不可抗力、税费、履约保证金、仲裁、违约终止合同、破产终止合同、变更指示、合同修改、转让与分包、使用法律、主导语言与计量单位、通知、合同文件资料的使用、合同生效和其他等。

8.1.9 监理工作总结一般应包括采购设备的基本情况及主要技术性能要求，监理组织机构，监理人员组成及监理合同履行情况，监理工作成效，出现的问题及处理情况和建议。

8.2 设 备 监 造

8.2.3 设备监造规划一般应包括监造的概况要求，监造工作的范围和内容，监理工作的目标，监理工作的依据，项目监理机构的组织形式、人员配备以及岗位职责，监理工作的程序、方法及措施，监理工作控制的重点，监理工作制度和监理设施等。

8.2.4 设备制造生产计划和工艺方案必须经总监理工程师批准后方可实施。监理人员应重点掌握主要和关键零件的生产工艺规程及检验要求。

8.2.5 审核设备制造分包单位的实际生产能力时，应重点对其制造设备、检测手段、测量和测验设备、生产制造人员技能、生产环境等进行审核。

8.2.6 检验工作内容包括对原材料进货、制造加工、组装、中间产品试验、除锈、强度试验、严密性试验、整机性能考核试验、油漆、包装直至完成出厂并具备装运条件的检验。另外，应对检验所配备的检测手段、设备仪器、试验方法、标准、时间、频率等进行审查。

8.2.8 对生产制造人员的上岗资格应审查其技能、培训记录和相关证书。对设备制造和装配场所的环境检查包括时间、温度、湿度、压力、清洁度等内容。

8.2.10 过程监督检查主要是监督零件加工制造是否按工艺规程的规定进行，检查零件制造是否经检验合格后才转入下一道工序，主要和关键零件的材质和工序是否符合图纸、工艺的规定，零件加工制造的进度是否符合生产计划的要求。对重要零部件的重要工艺操作过程应实行旁站。

8.2.11 总监理工程师下达停工令后，应提出如下处理意见：

1 要求设备制造单位作出原因分析；

2 要求设备制造单位提出整改措施；

3 确定复工条件。

8.2.12 在设备装配过程中，应检查配合面的配合质量，零部件的定位质量及它们的连接质量，运动件的运动精度等装配质量是否符合设计及标准要求。

8.2.13 对原设计进行变更时，专业监理工程应进行审核，并督促办理相应的设计修改手续和移交修改函件或技术文件等。对可能引起的费用增减和制造工期的变化按设备制造合同规定进行调整。

8.2.15 防护和包装措施应考虑运输、装卸、储存、安装的要求，一般包括防潮湿、防雨淋、防日晒、防振动、防高温、防低温、防泄漏、防锈蚀、须屏蔽及放置形式等内容。

8.2.17 监理人员可在制造单位备料阶段、加工阶段、完工交付阶段控制费用支出，或按合同规定审核进度付款，由总监理工程师签发进度款支付证书。

8.2.19 结算工作应依据合同规定进行。

8.2.20 设备监造工作总结应包括制造设备的情况及主要技术性能指标，监理工作的范围及内容，监理组织机构，监理人员组成及监理合同履行情况，监理工作成效，出现的问题及处理情况和建议。

8.3 设备采购监理与设备监造的监理资料

监理工作完成后，由总监理工程师按要求负责整理汇总设备采购监理或设备监造的监理资料，并提交本监理单位归档。

附录：施工阶段监理工作的基本表式

附录中的表式，可一表多用。对于工程质量用表，由于各行业各部门的专业要求不同，已各自形成比较完整、系统的表式，各类工程的质量检验及评定均有相应的技术标准，质量检查及验收应按相关标准的要求办理。如果没有相应的表式，工程开工前，项目监理机构应与建设单位、承包单位进行协商，根据工程特点、质量标准、竣工及归档组卷要求协商一致后，制定相应的表式。

填表说明：

A1 表

1 用于工程项目开工及停工后恢复施工。如整个项目一次开工，只填报一次，如工程项目中涉及较多单位工程，且开工时间不同，则每个单位工程开工都应填报一次。此时将表头的“复工”两个字划掉。

2 因各种原因工程暂停，承包单位准备恢复施工，工程复工报审时，将表头上的

"开工"划掉。

3 表中证明文件，是指证明已具备开工或复工条件的相关资料。

A2 表

用于承包单位报审施工组织设计（方案）。施工过程中，如经批准的施工组织设计（方案）发生改变，项目监理机构要求将变更的方案报送时，也采用此表。本规范 5.4.2、5.4.3 中，承包单位对重点部位、关键工序的施工工艺、新工艺、新材料、新技术、新设备的报审，也采用此表。

A4 表

本表主要用于工程质量检查验收申报。

1 用于隐蔽工程的检查和验收时，当承包单位完成自检，填报此表提请监理人员确认。在填报此表时应附有相应工序和部位的工程质量检查证。

2 用于施工放样报检申请时，应附有承包单位的施工放样成果。

3 用于分项、分部、单位工程质量检验评定报审时，应附有相关的质量检验的评定标准要求的资料及规范规定的表。

A5 表

表中附件是指和付款申请有关的资料，如已完成合格工程的工程量清单、价款计算及其他和付款有关的证明文件和资料。

A10 表

表中附件是指可用于证明工程已按合同约定完成并符合竣工验收要求的资料。

B1 表

在监理工作中，项目监理机构按委托监理合同授予的权限，对承包单位所发出的指令、提出的要求，除另有规定外，均应采用此表。监理工程师现场发出的口头指令及要求，也应采用此表予以确认。

B4 表、B5 表

表中"说明"，是指总监理工程师同意或不同意工程临时延期，或工程最终延期的理由和依据。

C1 表

施工过程中，与监理有关各方进行工作联系的用表。

C2 表

附件应包括工程变更的详细内容，变更的依据，对工程造价及工期的影响程度，对工程项目功能、安全的影响分析及必要的图示。

24.《建设工程工程量清单计价规范》(GB 50500—2013)(节选)

中华人民共和国国家标准

建设工程工程量清单计价规范(节选)

GB 50500—2013

1 总 则

1.0.1 为规范建设工程施工发承包计价行为,统一建设工程工程量清单的编制和计价方法,根据《中华人民共和国建筑法》、《中华人民共和国合同法》、《中华人民共和国招标投标法》,制定本规范。

1.0.2 本规范适用于建设工程施工发承包计价活动。

1.0.3 全部使用国有资金投资或国有资金投资为主(以下二者简称国有资金投资)的建设工程施工发承包,必须采用工程量清单计价。

1.0.4 非国有资金投资的建设工程,宜采用工程量清单计价。

1.0.5 不采用工程量清单计价的建设工程,应执行本规范除工程量清单等专门性规定外的其他规定。

1.0.6 招标工程量清单、招标控制价、投标报价、工程价款结算等工程造价文件的编制与核对应由具有资格的工程造价专业人员承担。

1.0.7 建设工程施工发承包计价活动应遵循客观、公正、公平的原则。

1.0.8 建设工程施工发承包计价活动,除应遵守本规范外,尚应符合国家现行有关标准的规定。

2 术 语

2.0.1 工程量清单

建设工程的分部分项工程项目、措施项目、其他项目、规费项目和税金项目的名称和相应数量等的明细清单。

2.0.2 招标工程量清单

招标人依据国家标准、招标文件、设计文件以及施工现场实际情况编制的,随招标文件发布供投标报价的工程量清单。

2.0.3 已标价工程量清单

构成合同文件组成部分的投标文件中已标明价格，经算术性错误修正（如有）且承包人已确认的工程量清单，包括对其的说明和表格。

2.0.4 综合单价

完成一个规定计量单位的分部分项工程和措施清单项目所需的人工费、材料和工程设备费、施工机具使用费和企业管理费、利润以及一定范围内的风险费用。

2.0.5 工程量偏差

承包人按照合同签订时图纸（含经发包人批准由承包人提供的图纸）实施，完成合同工程应予计量的实际工程量与招标工程量清单列出的工程量之间的偏差。

2.0.6 暂列金额

招标人在工程量清单中暂定并包括在合同价款中的一笔款项。用于施工合同签订时尚未确定或者不可预见的所需材料、设备、服务的采购，施工中可能发生的工程变更、合同约定调整因素出现时的工程价款调整以及发生的索赔、现场签证确认等的费用。

2.0.7 暂估价

招标人在工程量清单中提供的用于支付必然发生但暂时不能确定价格的材料、工程设备的单价以及专业工程的金额。

2.0.8 计日工

在施工过程中，承包人完成发包人提出的施工图纸以外的零星项目或工作，按合同中约定的综合单价计价的一种方式。

2.0.9 总承包服务费

总承包人为配合协调发包人进行的专业工程分包，发包人自行采购的设备、材料等进行保管以及施工现场管理、竣工资料汇总整理等服务所需的费用。

2.0.10 安全文明施工费

承包人按照国家法律、法规等规定，在合同履行中为保证安全施工、文明施工，保护现场内外环境等所采用的措施发生的费用。

2.0.11 施工索赔

在工程合同履行过程中，合同当事人一方因非己方的原因而遭受损失，按合同约定或法规规定应由对方承担责任，从而向对方提出补偿的要求。

2.0.12 现场签证

发包人现场代表与承包人现场代表就施工过程中涉及的责任事件所作的签认证明。

2.0.13 提前竣工（赶工）费

承包人应发包人的要求，采取加快工程进度的措施，使合同工程工期缩短产生的，应由发包人支付的费用。

2.0.14 误期赔偿费

承包人未按照合同工程的计划进度施工，导致实际工期大于合同工期与发包人批准的延长工期之和，承包人应向发包人赔偿损失发生的费用。

2.0.15 企业定额

施工企业根据本企业的施工技术和管理水平而编制的人工、材料和施工机械台班等的消耗标准。

2.0.16 规费

根据省级政府或省级有关权力部门规定必须缴纳的，应计入建筑安装工程造价的费用。

2.0.17 税金

国家税法规定的应计入建筑安装工程造价内的营业税、城市维护建设税及教育费附加等。

2.0.18 发包人

具有工程发包主体资格和支付工程价款能力的当事人以及取得该当事人资格的合法继承人。

2.0.19 承包人

被发包人接受的具有工程施工承包主体资格的当事人以及取得该当事人资格的合法继承人。

2.0.20 工程造价咨询人

取得工程造价咨询资质等级证书，接受委托从事建设工程造价咨询活动的当事人以及取得该当事人资格的合法继承人。

2.0.21 招标代理人

取得工程招标代理资质等级证书，接受委托从事建设工程招标代理活动的当事人以及取得该当事人资格的合法继承人。

2.0.22 造价工程师

取得《造价工程师注册证书》，在一个单位注册从事建设工程造价活动的专业人员。

2.0.23 造价员

取得《全国建设工程造价员资格证书》，在一个单位注册从事建设工程造价活动的专业人员。

2.0.24 招标控制价

招标人根据国家或省级、行业建设主管部门颁发的有关计价依据和办法，以及拟定的招标文件和招标工程量清单，编制的招标工程的最高限价。

2.0.25 投标价

投标人投标时报出的工程合同价。

2.0.26 签约合同价

发、承包双方在施工合同中约定的，包括了暂列金额、暂估价、计日工的合同总金额。

2.0.27 竣工结算价（合同价格）

发、承包双方依据国家有关法律、法规和标准规定，按照合同约定确定的，包括在履行合同过程中按合同约定进行的工程变更、索赔和价款调整，是承包人按合同约定完成了全部承包工作后，发包人应付给承包人的合同总金额。

3 一 般 规 定

3.1 计 价 方 式

3.1.1 建设工程施工发承包造价由分部分项工程费、措施项目费、其他项目费、规费和税金组成。

3.1.2 分部分项工程和措施项目清单应采用综合单价计价。

3.1.3 招标工程量清单标明的工程量是投标人投标报价的共同基础，竣工结算的工程量按发、承包双方在合同中约定应予计量且实际完成的工程量确定。

3.1.4 措施项目清单中的安全文明施工费应按照国家或省级、行业建设主管部门的规定计价，不得作为竞争性费用。

3.1.5 规费和税金应按国家或省级、行业建设主管部门的规定计算，不得作为竞争性费用。

3.2 计 价 风 险

3.2.1 采用工程量清单计价的工程，应在招标文件或合同中明确计价中的风险内容及其范围（幅度），不得采用无限风险、所有风险或类似语句规定计价中的风险内容及其范围（幅度）。

3.2.2 下列影响合同价款的因素出现，应由发包人承担

1 国家法律、法规、规章和政策变化；

2 省级或行业建设主管部门发布的人工费调整。

3.2.3 由于市场物价波动影响合同价款，应由发承包双方合理分摊并在合同中约定。合同中没有约定，发、承包双方发生争议时，按下列规定实施。

1 材料、工程设备的涨幅超过招标时基准价格5%以上由发包人承担。

2 施工机械使用费涨幅超过招标时的基准价格10%以上由发包人承担。

3.2.4 由于承包人使用机械设备、施工技术以及组织管理水平等自身原因造成施工费用增加的，应由承包人全部承担。

3.2.5 不可抗力发生时，影响合同价款的，按本规范第9.11条的规定执行。

4 招标工程量清单

4.1 一 般 规 定

4.1.1 招标工程量清单应由具有编制能力的招标人或受其委托，具有相应资质的工程造价咨询人或招标代理人编制。

4.1.2 招标工程量清单必须作为招标文件的组成部分，其准确性和完整性由招标人负责。

4.1.3 招标工程量清单是工程量清单计价的基础，应作为编制招标控制价、投标报价、计算工程量、工程索赔等的依据之一。

4.1.4 工程量清单应由分部分项工程量清单、措施项目清单、其他项目清单、规费项目清单、税金项目清单组成。

4.1.5 编制工程量清单应依据：

1 本规范和相关工程的国家计量规范；

2 国家或省级、行业建设主管部门颁发的计价依据和办法；

3 建设工程设计文件；

4 与建设工程有关的标准、规范、技术资料；

5 拟定的招标文件；

6 施工现场情况、工程特点及常规施工方案；

7 其他相关资料。

4.2 分部分项工程

4.2.1 分部分项工程量清单应载明项目编码、项目名称、项目特征、计量单位和工程量。

4.2.2 分部分项工程量清单应根据相关工程现行国家计量规范规定的项目编码、项目名称、项目特征、计量单位和工程量计算规则进行编制。

4.3 措施项目

4.3.1 措施项目清单应根据相关工程现行国家计量规范的规定编制。

4.3.2 措施项目清单应根据拟建工程的实际情况列项。

4.4 其他项目

4.4.1 其他项目清单应按照下列内容列项：

1 暂列金额；

2 暂估价：包括材料暂估单价、工程设备暂估单价、专业工程暂估价；

3 计日工；

4 总承包服务费。

4.4.2 暂列金额应根据工程特点，按有关计价规定估算。

4.4.3 暂估价中的材料、工程设备暂估价应根据工程造价信息或参照市场价格估算；专业工程暂估价应分不同专业，按有关计价规定估算。

4.4.4 计日工应列出项目和数量。

4.4.5 出现本规范第4.4.1条未列的项目，应根据工程实际情况补充。

4.5 规费

4.5.1 规费项目清单应按照下列内容列项：

1 工程排污费；

2 社会保障费：包括养老保险费、失业保险费、医疗保险费；

3 住房公积金；

4 工伤保险

4.5.2 出现本规范第 4.5.1 条未列的项目，应根据省级政府或省级有关权力部门的规定列项。

4.6 税 金

4.6.1 税金项目清单应包括下列内容：

1 营业税；

2 城市维护建设税；

3 教育费附加。

4.6.2 出现本规范 4.6.1 条未列的项目，应根据税务部门的规定列项。

5 招标控制价

5.1 一 般 规 定

5.1.1 国有资金投资的工程建设项目应实行工程量清单招标，招标人应编制招标控制价。

5.1.2 招标控制价超过批准的概算时，招标人应将其报原概算审批部门审核。

5.1.3 投标人的投标报价高于招标控制价的，其投标应予以拒绝。

5.1.4 招标控制价应由具有编制能力的招标人或受其委托具有相应资质的工程造价咨询人编制和复核。

5.1.5 招标控制价应在招标时公布，不应上调或下浮，招标人应将招标控制价及有关资料报送工程所在地工程造价管理机构备查。

5.2 编 制 与 复 核

5.2.1 招标控制价应根据下列依据编制与复核：

1 本规范；

2 国家或省级、行业建设主管部门颁发的计价定额和计价办法；

3 建设工程设计文件及相关资料；

4 拟定的招标文件及招标工程量清单；

5 与建设项目相关的标准、规范、技术资料；

6 施工现场情况、工程特点及常规施工方案；

7 工程造价管理机构发布的工程造价信息；工程造价信息没有发布的，参照市场价；

8 其他的相关资料。

5.2.2 分部分项工程费应根据拟定的招标文件中的分部分项工程量清单项目的特征描述及有关要求计价，并应符合下列规定：

1 综合单价中应包括拟定的招标文件中要求投标人承担的风险费用。拟定的招标文件没有明确的，应提请招标人明确。

2 拟定的招标文件提供了暂估单价的材料和工程设备，按暂估的单价计入综合单价。

5.2.3 措施项目费应根据拟定的招标文件中的措施项目清单按本规范第 3.1.2 和 3.1.4 条的规定计价。

5.2.4 其他项目费应按下列规定计价：

1 暂列金额应按招标工程量清单中列出的金额填写；

2 暂估价中的材料、工程设备单价应按招标工程量清单中列出的单价计入综合单价；

3 暂估价中的专业工程金额应按招标工程量清单中列出的金额填写；

4 计日工应按招标工程量清单中列出的项目根据工程特点和有关计价依据确定综合单价计算；

5 总承包服务费应根据招标工程量清单列出的内容和要求估算。

5.2.5 规费和税金应按本规范第 3.1.5 条的规定计算。

5.3 投诉与处理

5.3.1 投标人经复核认为招标人公布的招标控制价未按照本规范的规定进行编制的，应当在招标控制价公布后 5 天内向招投标监督机构和工程造价管理机构投诉。

5.3.2 投诉人投诉时，应当提交书面投诉书，包括以下内容：

1 投诉人与被投诉人的名称、地址及有效联系方式；

2 投诉的招标工程名称、具体事项及理由；

3 相关请求和主张及证明材料。

投诉书必须由单位盖章和法定代表人或其委托人的签名或盖章。

5.3.3 投诉人不得进行虚假、恶意投诉，阻碍投标活动的正常进行。

5.3.4 工程造价管理机构在接到投诉书后应在二个工作日内进行审查，对有下列情况之一的，不予受理：

1 投诉人不是所投诉招标工程的投标人。

2 投诉书提交的时间不符合本规范第 5.3.1 条规定的。

3 投诉书不符合本规范第 3.5.2 条规定的。

5.3.5 工程造价管理机构决定受理投诉后，应在不迟于次日将受理情况书面通知投诉人、被投诉人以及负责该工程招投标监督的招投标管理机构。

5.3.6 工程造价管理机构受理投诉后，应立即对招标控制价进行复查，组织投诉人、被投诉人或其委托的招标控制价编制人等单位人员对投诉问题逐一核对。有关当事人应当予以配合，并保证所提供资料的真实性。

5.3.7 工程造价管理机构应当在受理投诉的十天内完成复查（特殊情况下可适当延长），并作出书面结论通知投诉人、被投诉人及负责该工程招投标监督的招投标管理机构。

5.3.8 当招标控制价复查结论与原公布的招标控制价误差＞±3%的，应当责成招标人改正。

5.3.9 招标人根据招标控制价复查结论，需要修改公布的招标控制价的，且最终招标控制价的发布时间至投标截止时间不足十五天的，应当延长投标文件的截止时间。

6 投 标 价

6.1 一 般 规 定

6.1.1 投标价应由投标人或受其委托具有相应资质的工程造价咨询人编制。

6.1.2 除本规范强制性规定外，投标人应依据招标文件及其招标工程量清单自主确定报价成本。

6.1.3 投标报价不得低于工程成本。

6.1.4 投标人应按招标工程量清单填报价格。项目编码、项目名称、项目特征、计量单位、工程量必须与招标工程量清单一致。

6.1.5 投标人可根据工程实际情况结合施工组织设计，对招标人所列的措施项目进行增补。

6.2 编 制 与 复 核

6.2.1 投标报价应根据下列依据编制和复核：

1 本规范；

2 国家或省级、行业建设主管部门颁发的计价办法；

3 企业定额，国家或省级、行业建设主管部门颁发的计价定额；

4 招标文件、工程量清单及其补充通知、答疑纪要；

5 建设工程设计文件及相关资料；

6 施工现场情况、工程特点及拟定的投标施工组织设计或施工方案；

7 与建设项目相关的标准、规范等技术资料；

8 市场价格信息或工程造价管理机构发布的工程造价信息；

9 其他的相关资料。

6.2.2 分部分项工程费应依据招标文件及其招标工程量清单中分部分项工程量清单项目的特征描述确定综合单价计算，并应符合下列规定：

1 综合单价中应考虑招标文件中要求投标人承担的风险费用。

2 招标工程量清单中提供了暂估单价的材料和工程设备，按暂估的单价计入综合单价。

6.2.3 措施项目费应根据招标文件中的措施项目清单及投标时拟定的施工组织设计或施工方案按本规范第 3.1.2 条的规定自主确定。其中安全文明施工费应按照本规范第 3.1.4 条的规定确定。

6.2.4 其他项目费应按下列规定报价：

1 暂列金额应按招标工程量清单中列出的金额填写；

2 材料、工程设备暂估价应按招标工程量清单中列出的单价计入综合单价；

3 专业工程暂估价应按招标工程量清单中列出的金额填写；

4 计日工应按招标工程量清单中列出的项目和数量，自主确定综合单价并计算计日工总额；

5　总承包服务费应根据招标工程量清单中列出的内容和提出的要求自主确定。

6.2.5　规费和税金应按本规范第 3.1.5 条的规定确定。

6.2.6　招标工程量清单与计价表中列明的所有需要填写的单价和合价的项目，投标人均应填写且只允许有一个报价。未填写单价和合价的项目，视为此项费用已包含在已标价工程量清单中其他项目的单价和合价之中。竣工结算时，此项目不得重新组价予以调整。

6.2.7　投标总价应当与分部分项工程费、措施项目费、其他项目费和规费、税金的合计金额一致。

7　合同价款约定

7.1　一般规定

7.1.1　实行招标的工程合同价款应在中标通知书发出之日起 30 日内，由发承包双方依据招标文件和中标人的投标文件在书面合同中约定。

合同约定不得违背招、投标文件中关于工期、造价、质量等方面的实质性内容。招标文件与中标人投标文件不一致的地方，以投标文件为准。

7.1.2　不实行招标的工程合同价款，在发、承包双方认可的工程价款基础上，由发承包双方在合同中约定。

7.1.3　实行工程量清单计价的工程，应当采用单价合同。合同工期较短、建设规模较小，技术难度较低，且施工图设计已审查完备的建设工程可以采用总价合同；紧急抢险、救灾以及施工技术特别复杂的建设工程可以采用成本加酬金合同。

7.2　约定内容

7.2.1　发承包双方应在合同条款中对下列事项进行约定：

1　预付工程款的数额、支付时间及抵扣方式；

2　安全文明施工措施的支付计划，使用要求等；

3　工程计量与支付工程进度款的方式、数额及时间；

4　工程价款的调整因素、方法、程序、支付及时间；

5　施工索赔与现场签证的程序、金额确认与支付时间；

6　承担计价风险的内容、范围以及超出约定内容、范围的调整办法；

7　工程竣工价款结算编制与核对、支付及时间；

8　工程质量保证（保修）金的数额、预扣方式及时间；

9　违约责任以及发生工程价款争议的解决方法及时间；

10　与履行合同、支付价款有关的其他事项等。

7.2.2　合同中没有按照本规范第 7.2.1 条的要求约定或约定不明的，若发承包双方在合同履行中发生争议由双方协商确定；协商不能达成一致的，按本规范的规定执行。

8 工程计量

8.1 一般规定

8.1.1 工程量应当按照相关工程的现行国家计量规范规定的工程量计算规则计算。

8.1.2 工程计量可选择按月或按工程形象进度分段计量，具体计量周期在合同中约定。

8.1.3 因承包人原因造成的超范围施工或返工的工程量，发包人不予计量。

8.2 单价合同的计量

8.2.1 工程计量时，若发现招标工程量清单中出现缺项、工程量偏差，或因工程变更引起工程量的增减，应按承包人在履行合同过程中实际完成的工程量计算。

8.2.2 承包人应当按照合同约定的计量周期和时间，向发包人提交当期已完工程量报告。发包人应在收到报告后7天内核实，并将核实计量结果通知承包人。发包人未在约定时间内进行核实的，则承包人提交的计量报告中所列的工程量视为承包人实际完成的工程量。

8.2.3 发包人认为需要进行现场计量核实时，应在计量前24小时通知承包人，承包人应为计量提供便利条件并派人参加。双方均同意核实结果时，则双方应在上述记录上签字确认。承包人收到通知后不派人参加计量，视为认可发包人的计量核实结果。发包人不按照约定时间通知承包人，致使承包人未能派人参加计量，计量核实结果无效。

8.2.4 如承包人认为发包人的计量结果有误，应在收到计量结果通知后的7天内向发包人提出书面意见，并附上其认为正确的计量结果和详细的计算资料。发包人收到书面意见后，应对承包人的计量结果进行复核后通知承包人。承包人对复核计量结果仍有异议的，按照合同约定的争议解决办法处理。

8.2.5 承包人完成已标价工程量清单中每个项目的工程量后，发包人应要求承包人派员共同对每个项目的历次计量报表进行汇总，以核实最终结算工程量。发承包双方应在汇总表上签字确认。

8.3 总价合同的计量

8.3.1 总价合同项目的计量和支付应以总价为基础，发承包双方应在合同中约定工程计量的形象目标或时间节点。承包人实际完成的工程量，是进行工程目标管理和控制进度支付的依据。

8.3.2 承包人应在合同约定的每个计量周期内，对已完成的工程进行计量，并向发包人提交达到工程形象目标完成的工程量和有关计量资料的报告。

8.3.3 发包人应在收到报告后7天内对承包人提交的上述资料进行复核，以确定实际完成的工程量和工程形象目标。对其有异议的，应通知承包人进行共同复核。

8.3.4 除按照发包人工程变更规定引起的工程量增减外，总价合同各项目的工程量是承包人用于结算的最终工程量。

9 合同价款调整

9.1 一 般 规 定

9.1.1 以下事项（但不限于）发生，发承包双方应当按照合同约定调整合同价款：

1 法律法规变化；

2 工程变更；

3 项目特征描述不符；

4 工程量清单缺项；

5 工程量偏差；

6 物价变化；

7 暂估价；

8 计日工；

9 现场签证；

10 不可抗力；

11 提前竣工（赶工补偿）；

12 误期赔偿；

13 施工索赔；

14 暂列金额；

15 发承包双方约定的其他调整事项。

9.1.2 出现合同价款调增事项（不含工程量偏差、计日工、现场签证、施工索赔）后的14天内，承包人应向发包人提交合同价款调增报告并附上相关资料，若承包人在14天内未提交合同价款调增报告的，视为承包人对该事项不存在调整价款。

9.1.3 发包人应在收到承包人合同价款调增报告及相关资料之日起14天内对其核实，予以确认的应书面通知承包人。如有疑问，应向承包人提出协商意见。发包人在收到合同价款调增报告之日起14天内未确认也未提出协商意见的，视为承包人提交的合同价款调增报告已被发包人认可。发包人提出协商意见的，承包人应在收到协商意见后的14天内对其核实，予以确认的应书面通知发包人。如承包人在收到发包人的协商意见后14天内既不确认也未提出不同意见的，视为发包人提出的意见已被承包人认可。

9.1.4 如发包人与承包人对不同意见不能达成一致的，只要不实质影响发承包双方履约的，双方应实施该结果，直到其按照合同争议的解决被改变为止。

9.1.5 出现合同价款调减事项（不含工程量偏差、施工索赔）后的14天内，发包人应向承包人提交合同价款调减报告并附相关资料，若发包人在14天内未提交合同价款调减报告的，视为发包人对该事项不存在调整价款。

9.1.6 经发承包双方确认调整的合同价款，作为追加（减）合同价款，与工程进度款或结算款同期支付。

9.2 法律法规变化

9.2.1 招标工程以投标截止日前28天，非招标工程以合同签订前28天为基准日，其后国家的法律、法规、规章和政策发生变化引起工程造价增减变化的，发承包双方应当按照省级或行业建设主管部门或其授权的工程造价管理机构据此发布的规定调整合同价款。

9.2.2 因承包人原因导致工期延误，且第9.2.1条规定的调整时间在合同工程原定竣工时间之后，不予调整合同价款。

9.3 工程变更

9.3.1 工程变更引起已标价工程量清单项目或其工程数量发生变化，应按照下列规定调整：

1. 已标价工程量清单中有适用于变更工程项目的，采用该项目的单价；但当工程变更导致该清单项目的工程数量发生变化，且工程量偏差超过15%，此时，该项目单价的调整应按照本规范第9.6.2条的规定调整；

2. 已标价工程量清单中没有适用、但有类似于变更工程项目的，可在合理范围内参照类似项目的单价；

3. 已标价工程量清单中没有适用也没有类似于变更工程项目的，由承包人根据变更工程资料、计量规则和计价办法、工程造价管理机构发布的信息价格和承包人报价浮动率提出变更工程项目的单价，报发包人确认后调整。承包人报价浮动率可按下列公式计算：

招标工程：承包人报价浮动率 $L=(1-\text{中标价}/\text{招标控制价})\times 100\%$；

非招标工程：承包人报价浮动率 $L=(1-\text{报价值}/\text{施工图预算})\times 100\%$

4. 已标价工程量清单中没有适用也没有类似于变更工程项目，且工程造价管理机构发布的信息价格缺价的，由承包人根据变更工程资料、计量规则、计价办法和通过市场调查等取得有合法依据的市场价格提出变更工程项目的单价，报发包人确认后调整。

9.3.2 工程变更引起施工方案改变，并使措施项目发生变化的，承包人提出调整措施项目费的，应事先将拟实施的方案提交发包人确认，并详细说明与原方案措施项目相比的变化情况。拟实施的方案经发承包双方确认后执行。该情况下，应按照下列规定调整措施项目费：

1. 安全文明施工费，按照实际发生变化的措施项目调整。

2. 采用单价计算的措施项目费，按照实际发生变化的措施项目按本规范第9.3.1条的规定确定单价。

3. 按总价（或系数）计算的措施项目费，按照实际发生变化的措施项目调整，但应考虑承包人报价浮动因素，即调整金额按照实际调整金额乘以本规范第9.3.1条规定的承包人报价浮动率计算。

如果承包人未事先将拟实施的方案提交给发包人确认，则视为工程变更不引起措施项目费的调整或承包人放弃调整措施项目费的权利。

9.3.3 如果工程变更项目出现承包人在工程量清单中填报的综合单价与发包人招标控制价或施工图预算相应清单项目的综合单价偏差超过15%，则工程变更项目的综合单价可由发承包双方按照下列规定调整：

1 当 $P_0 < P_1 \times (1-L) \times (1-15\%)$ 时，该类项目的综合单价按照 $P_1 \times (1-L) \times (1-15\%)$ 调整。

2 当 $P_0 > P_1 \times (1+15\%)$ 时，该类项目的综合单价按照 $P_1 \times (1+15\%)$ 调整。

式中　P_0——承包人在工程量清单中填报的综合单价；

P_1——发包人招标控制价或施工预算相应清单项目的综合单价；

L——第 9.3.1 条定义的承包人报价浮动率。

9.3.4 如果发包人提出的工程变更，因为非承包人原因删减了合同中的某项原定工作或工程，致使承包人发生的费用或(和)得到的收益不能被包括在其他已支付或应支付的项目中，也未被包含在任何替代的工作或工程中，则承包人有权提出并得到合理的利润补偿。

9.4 项目特征描述不符

9.4.1 承包人在招标工程量清单中对项目特征的描述，应被认为是准确的和全面的，并且与实际施工要求相符合。承包人应按照发包人提供的工程量清单，根据其项目特征描述的内容及有关要求实施合同工程，直到其被改变为止。

9.4.2 合同履行期间，出现实际施工设计图纸(含设计变更)与招标工程量清单任一项目的特征描述不符，且该变化引起该项目的工程造价增减变化的，应按照实际施工的项目特征重新确定相应工程量清单项目的综合单价，计算调整的合同价款。

9.5 工程量清单缺项

9.5.1 合同履行期间，出现招标工程量清单项目缺项的，发承包双方应调整合同价款。

9.5.2 招标工程量清单中出现缺项，造成新增工程量清单项目的，应按照本规范第 9.3.1 条规定确定单价，调整分部分项工程费。

9.5.3 由于招标工程量清单中分部分项工程出现缺项，引起措施项目发生变化的，应按照本规范第 9.3.2 条的规定，在承包人提交的实施方案被发包人批准后，计算调整的措施费用。

9.6 工程量偏差

9.6.1 合同履行期间，出现工程量偏差，且符合本规范第 9.6.2、9.6.3 条规定的，发承包双方应调整合同价款。出现本规范第 9.3.3 条情形的，应先按照其规定调整，再按照本条规定调整。

9.6.2 对于任一招标工程量清单项目，如果因本条规定的工程量偏差和第 9.3 条规定的工程变更等原因导致工程量偏差超过 15%，调整的原则为：当工程量增加 15%以上时，其增加部分的工程量的综合单价应予调低；当工程量减少 15%以上时，减少后剩余部分的工程量的综合单价应予调高。此时，按下列公式调整结算分部分项工程费：

1. 当 $Q_1 > 1.15Q_0$ 时，$S = 1.15Q_0 \times P_0 + (Q_1 - 1.15Q_0) \times P_1$

2. 当 $Q_1 < 0.85Q_0$ 时，$S = Q_1 \times P_1$

式中　S——调整后的某一分部分项工程费结算价；

Q_1——最终完成的工程量；

Q_0——招标工程量清单中列出的工程量；

P_1——按照最终完成工程量重新调整后的综合单价；

P_0——承包人在工程量清单中填报的综合单价。

9.6.3 如果工程量出现本规范第9.6.2条的变化，且该变化引起相关措施项目相应发生变化，如按系数或单一总价方式计价的，工程量增加的措施项目费调增，工程量减少的措施项目费适当调减。

9.7 物 价 变 化

9.7.1 合同履行期间，出现工程造价管理机构发布的人工、材料、工程设备和施工机械台班单价或价格与合同工程基准日期相应单价或价格比较出现涨落，且符合本规范第9.7.2、9.7.3条规定的，发承包双方应调整合同价款。

9.7.2 按照本规范第9.7.1条规定人工单价发生涨落的，应按照合同工程发生的人工数量和合同履行期与基准日期人工单价对比的价差的乘积计算或按照人工费调整系数计算调整的人工费。

9.7.3 承包人采购材料和工程设备的，应在合同中约定可调材料、工程设备价格变化的范围或幅度，如没有约定，则按照本规范第9.7.1条规定的材料、工程设备单价变化超过5%，施工机械台班单价变化超过10%，则超过部分的价格应予调整。该情况下，应按照价格系数调整法或价格差额调整法(具体方法见条文说明)计算调整的材料设备费和施工机械费。

9.7.4 执行本规范第9.7.3条规定时，发生合同工程工期延误的，应按照下列规定确定合同履行期用于调整的价格或单价：

因发包人原因导致工期延误的，则计划进度日期后续工程的价格或单价，采用计划进度日期与实际进度日期两者的较高者；

因承包人原因导致工期延误的，则计划进度日期后续工程的价格或单价，采用计划进度日期与实际进度日期两者的较低者。

9.7.5 承包人在采购材料和工程设备前，应向发包人提交一份能阐明采购材料和工程设备数量和新单价的书面报告。发包人应在收到承包人书面报告后的3个工作日内核实，并确认用于合同工程后，对承包人采购材料和工程设备的数量和新单价予以确定；发包人对此未确定也未提出修改意见的，视为承包人提交的书面报告已被发包人认可，作为调整合同价款的依据。承包人未经发包人确定即自行采购材料和工程设备，再向发包人提出调整合同价款的，如发包人不同意，则合同价款不予调整。

9.7.6 发包人供应材料和工程设备的，本规范第9.7.3、9.7.4、9.7.5条规定均不适用，由发包人按照实际变化调整，列入合同工程的工程造价内。

9.8 暂 估 价

9.8.1 发包人在招标工程量清单中给定暂估价的材料、工程设备属于依法必须招标的，由发承包双方以招标的方式选择供应商。中标价格与招标工程量清单中所列的暂估价的差额以及相应的规费、税金等费用，应列入合同价格。

9.8.2 发包人在招标工程量清单中给定暂估价的材料和工程设备不属于依法必须招标的，由承包人按照合同约定采购。经发包人确认的材料和工程设备价格与招标工程量清单中所列的暂估价的差额以及相应的规费、税金等费用，应列入合同价格。

9.8.3 发包人在工程量清单中给定暂估价的专业工程不属于依法必须招标的，应按照本规范第9.3节相应条款的规定确定专业工程价款。经确认的专业工程价款与招标工程量清单中所列的暂估价的差额以及相应的规费、税金等费用，应列入合同价格。

9.8.4 发包人在招标工程量清单中给定暂估价的专业工程，依法必须招标的，应当由发承包双方依法组织招标选择专业分包人，并接受有管辖权的建设工程招标投标管理机构的监督。

除合同另有约定外，承包人不参与投标的专业工程分包招标，应由承包人作为招标人，但招标文件评标工作、评标结果应报送发包人批准。与组织招标工作有关的费用应当被认为已经包括在承包人的签约合同价(投标总报价)中。

承包人参加投标的专业工程分包招标，应由发包人作为招标人，与组织招标工作有关的费用由发包人承担。同等条件下，应优先选择承包人中标。

9.8.5 专业工程分包中标价格与招标工程量清单中所列的暂估价的差额以及相应的规费、税金等费用，应列入合同价格。

9.9 计 日 工

9.9.1 发包人通知承包人以计日工方式实施的零星工作，承包人应予执行。

9.9.2 采用计日工计价的任何一项变更工作，承包人应在该项变更的实施过程中，每天提交以下报表和有关凭证送发包人复核：

1. 工作名称、内容和数量；
2. 投入该工作所有人员的姓名、工种、级别和耗用工时；
3. 投入该工作的材料名称、类别和数量；
4. 投入该工作的施工设备型号、台数和耗用台时；
5. 发包人要求提交的其他资料和凭证。

9.9.3 任一计日工项目持续进行时，承包人应在该项工作实施结束后的24小时内，向发包人提交有计日工记录汇总的现场签证报告一式三份。发包人在收到承包人提交现场签证报告后的2天内予以确认并将其中一份返还给承包人，作为计日工计价和支付的依据。发包人逾期未确认也未提出修改意见的，视为承包人提交的现场签证报告已被发包人认可。

9.9.4 任一计日工项目实施结束。发包人应按照确认的计日工现场签证报告核实该类项目的工程数量，并根据核实的工程数量和承包人已标价工程量清单中的计日工单价计算，提出应付价款；已标价工程量清单中没有该类计日工单价的，由发承包双方按本规范第9.3节的规定商定计日工单价计算。

9.9.5 每个支付期末，承包人应按照本规范第10.4节的规定向发包人提交本期间所有计日工记录的签证汇总表，以说明本期间自己认为有权得到的计日工价款，列入进度款支付。

9.10 现 场 签 证

9.10.1 承包人应发包人要求完成合同以外的零星项目、非承包人责任事件等工作的，发包人应及时以书面形式向承包人发出指令，提供所需的相关资料；承包人在收到指令后，应及时向发包人提出现场签证要求。

9.10.2 承包人应在收到发包人指令后的7天内，向发包人提交现场签证报告，报告中应写明所需的人工、材料和施工机械台班的消耗量等内容。发包人应在收到现场签证报告后的48小时内对报告内容进行核实，予以确认或提出修改意见。发包人在收到承包人现场签证报告后的48小时内未确认也未提出修改意见的，视为承包人提交的现场签证报告已被发包人认可。

9.10.3 现场签证的工作如已有相应的计日工单价，则现场签证中应列明完成该类项目所需的人工、材料、工程设备和施工机械台班的数量。

如现场签证的工作没有相应的计日工单价，应在现场签证报告中列明完成该签证工作所需的人工、材料设备和施工机械台班的数量及其单价。

9.10.4 合同工程发生现场签证事项，未经发包人签证确认，承包人便擅自施工的，除非征得发包人同意，否则发生的费用由承包人承担。

9.10.5 现场签证工作完成后的7天内，承包人应按照现场签证内容计算价款，报送发包人确认后，作为追加合同价款，与工程进度款同期支付。

9.11 不 可 抗 力

9.11.1 因不可抗力事件导致的费用，发、承包双方应按以下原则分别承担并调整工程价款：

1. 工程本身的损害、因工程损害导致第三方人员伤亡和财产损失以及运至施工场地用于施工的材料和待安装的设备的损害，由发包人承担；
2. 发包人、承包人人员伤亡由其所在单位负责，并承担相应费用；
3. 承包人的施工机械设备损坏及停工损失，由承包人承担；
4. 停工期间，承包人应发包人要求留在施工场地的必要的管理人员及保卫人员的费用由发包人承担；
5. 工程所需清理、修复费用，由发包人承担。

9.12 提前竣工(赶工补偿)

9.12.1 发包人要求承包人提前竣工，应征得承包人同意后与承包人商定采取加快工程进度的措施，并修订合同工程进度计划。

9.12.2 合同工程提前竣工，发包人应承担承包人由此增加的费用，并按照合同约定向承包人支付提前竣工(赶工补偿)费。

9.12.3 发承包双方应在合同中约定提前竣工每日历天应补偿额度。除合同另有约定外，提前竣工补偿的最高限额为合同价款的5%。此项费用列入竣工结算文件中，与结算款一并支付。

9.13 误 期 赔 偿

9.13.1 如果承包人未按照合同约定施工，导致实际进度迟于计划进度的，发包人应要求承包人加快进度，实现合同工期。

合同工程发生误期，承包人应赔偿发包人由此造成的损失，并按照合同约定向发包人支付误期赔偿费。即使承包人支付误期赔偿费，也不能免除承包人按照合同约定应承担的任何责任和应履行的任何义务。

9.13.2 发承包双方应在合同中约定误期赔偿费，明确每日历天应赔额度。除合同另有约定外，误期赔偿费的最高限额为合同价款的5%。误期赔偿费列入竣工结算文件中，在结算款中扣除。

9.13.3 如果在工程竣工之前，合同工程内的某单位工程已通过了竣工验收，且该单位工程接收证书中表明的竣工日期并未延误，而是合同工程的其他部分产生了工期延误，则误期赔偿费应按照已颁发工程接收证书的单位工程造价占合同价款的比例幅度予以扣减。

9.14 施工索赔

9.14.1 合同一方向另一方提出索赔时，应有正当的索赔理由和有效证据，并应符合合同的相关约定。

9.14.2 根据合同约定，承包人认为非承包人原因发生的事件造成了承包人的损失，应按以下程序向发包人提出索赔：

1. 承包人应在索赔事件发生后28天内，向发包人提交索赔意向通知书，说明发生索赔事件的事由。承包人逾期未发出索赔意向通知书的，丧失索赔的权利；

2. 承包人应在发出索赔意向通知书后28天内，向发包人正式提交索赔通知书。索赔通知书应详细说明索赔理由和要求，并附必要的记录和证明材料；

3. 索赔事件具有连续影响的，承包人应继续提交延续索赔通知，说明连续影响的实际情况和记录；

4. 在索赔事件影响结束后的28天内，承包人应向发包人提交最终索赔通知书，说明最终索赔要求，并附必要的记录和证明材料。

9.14.3 承包人索赔应按下列程序处理：

1. 发包人收到承包人的索赔通知书后，应及时查验承包人的记录和证明材料；

2. 发包人应在收到索赔通知书或有关索赔的进一步证明材料后的28天内，将索赔处理结果答复承包人，如果发包人逾期未作出答复，视为承包人索赔要求已经发包人认可；

3. 承包人接受索赔处理结果的，索赔款项在当期进度款中进行支付；承包人不接受索赔处理结果的，按合同约定的争议解决方式办理。

9.14.4 承包人要求赔偿时，可以选择以下一项或几项方式获得赔偿：

1. 延长工期；

2. 要求发包人支付实际发生的额外费用；

3. 要求发包人支付合理的预期利润；

4. 要求发包人按合同的约定支付违约金。

9.14.5 若承包人的费用索赔与工期索赔要求相关联时，发包人在作出费用索赔的批准决定时，应结合工程延期，综合作出费用赔偿和工程延期的决定。

9.14.6 发承包双方在按合同约定办理了竣工结算后，应被认为承包人已无权再提出竣工结算前所发生的任何索赔。承包人在提交的最终结清申请中，只限于提出竣工结算后的索赔，提出索赔的期限自发承包双方最终结清时终止。

9.14.7 根据合同约定，发包人认为由于承包人的原因造成发包人的损失，应参照承包人索赔的程序进行索赔。

9.14.8 发包人要求赔偿时，可以选择以下一项或几项方式获得赔偿：

1 延长质量缺陷修复期限；

2 要求承包人支付实际发生的额外费用；

3 要求承包人按合同的约定支付违约金。

9.14.9 承包人应付给发包人的索赔金额可从拟支付给承包人的合同价款中扣除，或由承包人以其他方式支付给发包人。

9.15 暂 列 金 额

9.15.1 已签约合同价中的暂列金额由发包人掌握使用。

9.15.2 发包人按照本规范第9.1～9.14节的规定所作支付后，暂列金额如有余额归发包人。

10 合同价款中期支付

10.1 预 付 款

10.1.1 预付款用于承包人为合同工程施工购置材料、工程设备，购置或租赁施工设备、修建临时设施以及组织施工队伍进场等所需的款项。

预付款的支付比例不宜高于合同价款的30%。承包人对预付款必须专用于合同工程。

10.1.2 承包人应在签订合同或向发包人提供与预付款等额的预付款保函(如有)后向发包人提交预付款支付申请。

发包人应对在收到支付申请的7天内进行核实后向承包人发出预付款支付证书，并在签发支付证书后的7天内向承包人支付预付款。

10.1.3 发包人没有按时支付预付款的，承包人可催告发包人支付；发包人在付款期满后的7天内仍未支付的，承包人可在付款期满后的第8天起暂停施工。发包人应承担由此增加的费用和(或)延误的工期，并向承包人支付合理利润。

10.1.4 预付款应从每支付期应支付给承包人的工程进度款中扣回，直到扣回的金额达到合同约定的预付款金额为止。

10.1.5 承包人的预付款保函(如有)的担保金额根据预付款扣回的数额相应递减，但在预付款全部扣回之前一直保持有效。发包人应在预付款扣完后的14天内将预付款保函退还给承包人。

10.2 安全文明施工费

10.2.1 安全文明施工费的内容和范围，应以国家和工程所在地省级建设行政主管部门的规定为准。

10.2.2 发包人应在工程开工后的28天内预付不低于当年的安全文明施工费总额的50%，其余部分与进度款同期支付。

10.2.3 发包人没有按时支付安全文明施工费的，承包人可催告发包人支付；发包人在付款期满后的7天内仍未支付的，若发生安全事故的，发包人应承担连带责任。

10.2.4 承包人应对安全文明施工费专款专用，在财务账目中单独列项备查，不得挪作他用，否则发包人有权要求其限期改正；逾期未改正的，造成的损失和(或)延误的工期由承包人承担。

10.3 总承包服务费

10.3.1 发包人应在工程开工后的28天内向承包人预付总承包服务费的20%，分包进场后，其余部分与进度款同期支付。

10.3.2 发包人未给合同约定向承包人支付总承包服务费，承包人可不履行总包服务义务，由此造成的损失(如有)由发包人承担。

10.4 进度款

10.4.1 进度款支付周期，应与合同约定的工程计量周期一致。

10.4.2 承包人应在每个计量周期到期后的7天内向发包人提交已完工程进度款支付申请一式四份，详细说明此周期自己认为有权得到的款额，包括分包人已完工程的价款。支付申请的内容包括：

1 累计已完成工程的工程价款；

2 累计已实际支付的工程价款；

3 本期间完成的工程价款；

4 本期间已完成的计日工价款；

5 应支付的调整工程价款；

6 本期间应扣回的预付款；

7 本期间应支付的安全文明施工费；

8 本期间应支付的总承包服务费；

9 本期间应扣留的质量保证金；

10 本期间应支付的、应扣除的索赔金额；

11 本期间应支付或扣留(扣回)的其他款项；

12 本期间实际应支付的工程价款。

10.4.3 发包人应在收到承包人进度款支付申请后的14天内根据计量结果和合同约定对申请内容予以核实。确认后向承包人出具进度款支付证书。

10.4.4 发包人应在签发进度款支付证书后的14天内，按照支付证书列明的金额向承包人支付进度款。

10.4.5 若发包人逾期未签发进度款支付证书，则视为承包人提交的进度款支付申请已被发包人认可，承包人可向发包人发出催告付款的通知。发包人应在收到通知后的14天内，按照承包人支付申请阐明的金额向承包人支付进度款。

10.4.6 发包人未按照本规范第10.4.4、10.4.5条规定支付进度款的，承包人可催告发包人支付，并有权获得延迟支付的利息；发包人在付款期满后的7天内仍未支付的，承包人可在付款期满后的第8天起暂停施工。发包人应承担由此增加的费用和(或)延误的工期，向承包人支付合理利润，并承担违约责任。

10.4.7 发现已签发的任何支付证书有错、漏或重复的数额，发包人有权予以修正，承包人也有权提出修正申请。经发承包双方复核同意修正的，应在本次到期的进度款中支付或扣除。

11 竣工结算与支付

11.1 竣 工 结 算

11.1.1 合同工程完工后，承包人应在提交竣工验收申请前编制完成竣工结算文件，并在提交竣工验收申请的同时向发包人提交竣工结算文件。

承包人未在规定的时间内提交竣工结算文件，经发包人促后14天内仍未提交或没有明确答复，发包人有权根据已有资料编制竣工结算文件，作为办理竣工结算和支付结算款的依据，承包人应予以认可。

11.1.2 发包人应在收到承包人提交的竣工结算文件后的28天内审核完毕。

发包人经核实，认为承包人还应进一步补充资料和修改结算文件，应在上述时限内向承包人提出核实意见，承包人在收到核实意见后的14天内按照发包人提出的合理要求补充资料，修改竣工结算文件，并再次提交给发包人复核后批准。

11.1.3 发包人应在收到承包人再次提交的竣工结算文件后的28天内予以复核，并将复核结果通知承包人。

1 发包人、承包人对复核结果无异议的，应在**7**天内在竣工结算文件上签字确认，竣工结算办理完毕；

2 发包人或承包人对复核结果认为有误的，无异议部分按照本条第1款规定办理不完全竣工结算。

有异议部分由发承包双方协商解决，协商不成的，按照合同约定的争议解决方式处理。

11.1.4 发包人在收到承包人竣工结算文件后的28天内，不审核竣工结算或未提出审核意见的，视为承包人提交的竣工结算文件已被发包人认可，竣工结算办理完毕。

承包人在收到发包人提出的核实意见后的28天内，不确认也未提出异议的，视为发包人提出的核实意见已被承包人认可，竣工结算办理完毕。

11.1.5 发包人委托造价咨询人审核竣工结算的，工程造价咨询人应在28天内审核完毕，审核结论与承包人竣工结算文件不一致的，应提交给承包人复核，承包人应在14天内将同意审核结论或不同意见的说明提交工程造价咨询人。工程造价咨询人收到承包人提出的异议后，应再次复核，复核无异议的，按本规范第11.1.3条1款规定办理，复核后仍有异议的，按本规范第11.1.3条2款规定办理。

承包人逾期未提出书面异议，视为工程造价咨询人审核的竣工结算文件已经承包人认可。

11.1.6 对发包人或造价咨询人指派的专业人员与承包人经审核后无异议的竣工结算文

件，除非发包人能提出具体、详细的不同意见，发包人应在竣工结算文件上签名确认，拒不签认的，承包人可不交付竣工工程。承包人并有权拒绝与发包人或其上级部门委托的工程造价咨询人重新核对竣工结算文件。

承包人未及时提交竣工结算文件的，发包人要求交付竣工工程，承包人应当交付；发包人不要求交付竣工工程，承包人承担照管所建工程的责任。

11.1.7 发承包双方或一方对工程造价咨询人出具的竣工结算文件有异议时，可向当地工程造价管理机构投诉，申请对其进行执业质量鉴定。

11.1.8 工程造价管理机构受理投诉后，应当组织专家对投诉的竣工结算文件进行质量鉴定，并作出鉴定意见。

11.1.9 竣工结算办理完毕，发包人应将竣工结算书报送工程所在地(或有该工程管辖权的行业主管部门)工程造价管理机构备案，竣工结算书作为工程竣工验收备案、交付使用的必备文件。

11.2 结 算 款 支 付

11.2.1 承包人应根据办理的竣工结算文件，向发包人提交竣工结算款支付申请。该申请应包括下列内容：

1 竣工结算总额；

2 已支付的合同价款；

3 应扣留的质量保证金；

4 应支付的竣工付款金额。

12.2.2 发包人应在收到承包人提交竣工结算款支付申请后7天内予以核实，向承包人签发竣工结算支付证书。

12.2.3 发包人签发竣工结算支付证书后的14天内，按照竣工结算支付证书列明的金额向承包人支付结算款。

12.2.4 发包人未按照本规范第12.2.3条规定支付竣工结算款的，承包人可催告发包人支付，并有权获得延迟支付的利息。竣工结算支付证书签发后56天内仍未支付的，除法律另有规定外，承包人可与发包人协商将该工程折价，也可直接向人民法院申请将该工程依法拍卖。承包人就该工程折价或拍卖的价款优先受偿。

11.3 质量保证(修)金

11.3.1 承包人未按照法律法规有关规定和合同约定履行质量保修义务的，发包人有权从质量保证金中扣留用于质量保修的各项支出。

11.3.2 发包人应按照合同约定的质量保修金比例从每支付期应支付给承包人的进度款或结算款中扣留，直到扣留的金额达到质量保证金的金额为止。

11.3.3 在保修责任期终止后的14天内，发包人应将剩余的质量保证金返还给承包人。剩余质量保证金的返还，并不能免除承包人按照合同约定应承担的质量保修责任和应履行的质量保修义务。

11.4 最 终 结 清

11.4.1 发承包双方应在合同中约定最终结清款的支付时限。承包人应按照合同约定的期限向发包人提交最终结清支付申请。发包人对最终结清支付申请有异议的，有权要求承包人进行修正和提供补充资料。承包人修正后，应再次向发包人提交修正后的最终结清支付申请。

11.4.2 发包人应在收到最终结清支付申请后的14天内予以核实，向承包人签发最终结清证书。

11.4.3 发包人应在签发最终结清支付证书后的14天内，按照最终结清支付证书列明的金额向承包人支付最终结清款。

11.4.4 若发包人未在约定的时间内核实，又未提出具体意见的，视为承包人提交的最终结清支付申请已被发包人认可。

11.4.5 发包人未按期最终结清支付的，承包人可催告发包人支付，并有权获得延迟支付的利息。

11.4.6 承包人对发包人支付的最终结清款有异议的，按照合同约定的争议解决方式处理。

12 合同解除的价款结算与支付

12.0.1 发承包双方协商一致解除合同的，按照达成的协议办理结算和支付工程款。

12.0.2 由于不可抗力解除合同的，发包人应向承包人支付合同解除之日前已完成工程但尚未支付的工程款，并退回质量保证金。此外，发包人还应支付下列款项：

1 已实施或部分实施的措施项目应付款项；

2 承包人为合同工程合理订购且已交付的材料和工程设备货款。发包人一经支付此项货款，该材料和工程设备即成为发包人的财产；

3 承包人为完成合同工程而预期开支的任何合理款项，且该项款项未包括在本款其他各项支付之内；

4 由于不可抗力规定的任何工作应支付的款项；

5 承包人撤离现场所需的合理款项，包括雇员遣送费和临时工程拆除、施工设备运离现场的款项。

发承包双方办理结算工程款时，应扣除合同解除之日前发包人向承包人收回的任何款项。当发包人应扣除的款项超过了应支付的款项，则承包人应在合同解除后的56天内将其差额退还给发包人。

12.0.3 因承包人违约解除合同的，发包人应暂停向承包人支付任何款项。发包人应在合同解除后28天内核实合同解除时承包人已完成的全部工程款以及已运至现场的材料和工程设备货款，并扣除误期赔偿费(如有)和发包人已支付给承包人的各项款项，同时将结果通知承包人。发承包双方应在28天内予以确认或提出意见，并办理结算工程款。如果发包人应扣除的款项超过了应支付的款项，则承包人应在合同解除后的56天内将其差额退还给发包人。

12.0.4 因发包人违约解除合同的，发包人除应按照本规范第12.0.2条规定向承包人支付各项款项外，还应支付给承包人由于解除合同而引起的损失或损害的款项。该笔款项由承包人提出，发包人核实后与承包人协商确定后的7天内向承包人签发支付证书。协商不能达成一致的，按照合同约定的争议解决方式处理。

13 合同价款争议的解决

13.1 监理或造价工程师暂定

13.1.1 若发包人和承包人之间就工程质量、进度、价款支付与扣除、工期延期、索赔、价款调整等发生任何法律上、经济上或技术上的争议，首先应根据已签约合同的规定，提交合同约定职责范围内的总监理工程师或造价工程师解决，并抄给另一方。总监理工程师或造价工程师在收到此提交件后14天之内应将暂定结果通知发包人和承包人。发承包双方对暂定结果认可的，应以书面形式予以确认，暂定结果成为最终决定。

13.1.2 发承包双方在收到总监理工程师或造价工程师的暂定结果通知之后的14天内，未对暂定结果予以确认也未提出不同意见的，视为发承包双方已认可该暂定结果。

13.1.3 发承包双方或一方不同意暂定结果的，应以书面形式向总监理工程师或造价工程师提出，说明自己认为正确的结果，同时抄送另一方，此时该暂定结果成为争议。在暂定结果不实质影响发承包双方当事人履约的前提下，发承包双方应实施该结果，直到其被改变为止。

13.2 管理机构的解释或认定

13.2.1 计价争议发生后，发承包双方可就下列事项以书面形式提请下列机构对争议作出解释或认定：

1 有关工程安全标准等方面的争议应提请建设工程安全监督机构作出；

2 有关工程质量标准等方面的争议应提请建设工程质量监督机构作出；

3 有关工程计价依据等方面的争议应提请建设工程造价管理机构作出。

上述机构应对上述事项就发承包双方书面提请的争议问题作出书面解释或认定。

13.2.2 发承包双方或一方在收到管理机构书面解释或认定后仍可按照合同约定的争议解决方式提请仲裁或诉讼。除上述管理机构的上级管理部门作出了不同的解释或认定，或在仲裁裁决或法院判决中不予采信的外，第13.2.1条规定的管理机构作出的书面解释或认定是最终结果，对发承包双方均有约束力。

13.3 友 好 协 商

13.3.1 计价争议发生后，发承包双方任何时候都可以进行协商。协商达成一致的，双方应签订书面协议，书面协议对发承包双方均有约束力。

13.3.2 如果协商不能达成一致协议，发包人或承包人都可以按合同约定的其他方式解决争议。

13.4 调 解

13.4.1 发承包双方应在合同中约定争议调解人，负责双方在合同履行过程中发生争议的调解。

对任何调解人的任命，可以经过双方相互协议终止，但发包人或承包人都不能单独采取行动。除非双方另有协议，在最终结清支付证书生效后，调解人的任期即终止。

13.4.2 如果发承包双方发生了争议，任一方可以将该争议以书面形式提交调解人，并将副本送另一方，委托调解人做出调解决定。

发承包双方应按照调解人可能提出的要求，立即给调解人提供所需要的资料、现场进入权及相应设施。调解人应被视为不是在进行仲裁人的工作。

13.4.3 调解人应在收到调解委托后 28 天内，或由调解人建议并经发承包双方认可的其他期限内，提出调解决定，发承包双方接受调解意见的，经双方签字后作为合同的补充文件，对发承包双方具有约束力，双方都应立即遵照执行。

13.4.4 如果任一方对调解人的调解决定有异议，应在收到调解决定后 28 天内，向另一方发出异议通知，并说明争议的事项和理由。但除非并直到调解决定在友好协商或仲裁裁决中作出修改，或合同已经解除，承包人应继续按照合同实施工程。

13.4.5 如果调解人已就争议事项向发承包双方提交了调解决定，而任一方在收到调解人决定后 28 天内，均未发出表示异议的通知，则调解决定对发承包双方均具有约束力。

13.5 仲裁、诉讼

13.5.1 如果发承包双方的友好协商或调解均未达成一致意见，其中的一方已就此争议事项根据合同约定的仲裁协议申请仲裁，应同时通知另一方。

13.5.2 仲裁可在竣工之前或之后进行，但发包人、承包人、调解人各自的义务不得因在工程实施期间进行仲裁而有所改变。如果仲裁是在仲裁机构要求停止施工的情况下进行，则对合同工程应采取保护措施，由此增加的费用由败诉方承担。

13.5.3 在本规范第 13.1～13.4 节规定的期限之内，上述有关的暂定或友好协议或调解决定已经有约束力的情况下，如果发承包中一方未能遵守暂定或友好协议或调解决定，则另一方可在不损害他可能具有的任何其他权利的情况下，将未能遵守暂定或不执行友好协议或调解达成书面协议的事项提交仲裁。

13.5.4 发包人、承包人在履行合同时发生争议，双方不愿和解、调解或者和解、调解不成，又没有达成仲裁协议的，可依法向人民法院提起诉讼。

13.6 造 价 鉴 定

13.6.1 在合同纠纷案件处理中，需作工程造价鉴定的，应委托具有相应资质的工程造价咨询人进行。

13.6.2 工程造价鉴定应根据合同约定作出，如合同条款约定出现矛盾或约定不明确，应根据本规范的规定，结合工程的实际情况作出专业判断，形成鉴定结论。

14 工程计价资料与档案

14.1 计 价 资 料

14.1.1 发承包双方应当在合同中约定各自在合同工程中现场管理人员的职责范围，双方现场管理人员在职责范围内的签字确认的书面文件，是工程计价的有效凭证，但如有其他有效证据，或经实证证明其是虚假的除外。

14.1.2 发承包双方不论在何种场合对与工程计价有关的事项所给予的批准、证明、同意、指令、商定、确定、确认、通知和请求，或表示同意、否定、提出要求和意见等，均应采用书面形式，口头指令不得作为计价凭证。

14.1.3 任何书面文件由人面交应取得对方收据，通过邮寄应采用挂号传送，或发承包双方商定的电子传输方式发送。交付、传送或传输至指定的接收人的地址。如接收人通知了另外地址时，随后通信信息应按新地址发送。

14.1.4 发承包双方分别向对方发出的任何书面文件，均应将其抄送现场管理人员，如系复印件应加盖合同工程管理机构印章，证明与原件同样。双方现场管理人员向对方所发任何书面文件，亦应将其复印件发送给发承包双方。复印件应加盖其合同工程管理机构印章，证明与原件同样。

14.1.5 发承包双方均应当及时签收另一方送达其指定接收地点的来往信函，拒不签收的，送达信函的一方可以采用特快专递或者公证方式送达，所造成的费用增加(包括被迫采用特殊送达方式所发生的费用)和(或)延误的工期由拒绝签收一方承担。

14.1.6 书面文件和通知不得扣压，一方能够提供证据证明另一方拒绝签收或已送达的，视为对方已签收并承担相应责任。

14.2 计 价 档 案

14.2.1 发承包双方以及工程造价咨询人对具有保存价值的各种载体的计价文件，均应收集齐全，整理立卷后归档。

14.2.2 发承包双方和工程造价咨询人应建立完善的工程计价档案管理制度，并符合国家和有关部门发布的档案管理相关规定。

14.2.3 工程造价咨询人归档的计价文件，保存期不宜少于五年。

14.2.4 归档的工程计价成果文件应包括纸质原件和电子文件。其他归档文件及依据可为纸质原件、复印件或电子文件。

14.2.5 归档文件必须经过分类整理，并应组成符合要求的案卷。

14.2.6 归档可以分阶段进行，也可以在项目结算完成后进行。

14.2.7 向接受单位移交档案时，应编制移交清单，双方签字、盖章后方可交接。

25. 相关规范标准的名称及编号

(1)《建设工程项目管理规范》(GB/T 50326—2001)

(2)《建筑施工场界环境噪声排放标准及测量方法》(GB 12523—2011)

(3)《中华人民共和国国家标准大气污染物综合排放标准》GB 16297—1996)

(4)《中华人民共和国室内空气质量标准》(GB/T 18883—2002)

(5)《用能单位能源计量器具配备和管理通则》(GB 17167—2006)

(6)《中华人民共和国声环境质量标准》(GB 3096—2008 代替 GB 3096—93. GB/T 14623—93 2008 年 10 月 1 日实施)

(7)《用能单位能源计量器具配备和管理通则》(GB 17167—2006)

第六部分

辅导材料

编者按：

《建筑法》自 1997 年 11 月 1 日发布，1998 年 3 月 1 日实施以来，为促进我国建筑业的健康发展发挥了积极作用。

但是，随着我国市场经济的快速发展，现行《建筑法》已经逐渐不能适应客观需要。目前，由建设部牵头，修订《建筑法》的工作已经进入了实质性阶段。尽管如此，今天我们重读张鲁风先生的这篇力作，对我们更好的认识和掌握《建筑法》，仍具有十分重要的现实意义。

《中华人民共和国建筑法》学习要点

张鲁风

《中华人民共和国建筑法》自1998年3月1日起正式施行。这是新中国成立以来，我国第一部规定建筑活动的国家大法。所有从事建筑活动的单位和个人，以及对建筑活动实施监督管理的单位及其工作人员，都要很好地学习、宣传和贯彻执行这部法律，使建筑活动真正走上有法可依、有法必依、执法必严、违法必究的法制轨道。

第一节　关于法名和适用范围

在该法的起草和论证修改过程中，对于法名曾有过《建筑业法》、《建设法》、《建筑市场管理法》和《建筑法》之争，最后定名为《建筑法》。主要理由是：

1. 如果定名为《建筑业法》，只能是一部行业行为的规范法，其调整范围有限，在调整的主体上不能覆盖到建设单位和一些市场中介组织。而当前建筑市场上存在的最突出的问题，恰恰是建筑市场各方主体的行为都不够规范，包括建设单位、承包单位和中介组织等。定名为《建筑法》，既可规范市场各方主体的行为，又可规范建筑工程的管理，相对来讲，法名比较合理。

2. 如果定名为《建设法》，则覆盖的范围过宽。作为建设的全过程，包括了可行性研究、立项审批等前期阶段的工作，也包括了勘察设计、施工、材料采购、监理直至竣工验收等实施阶段的工作，还可以延伸到建成后的一些管理，如保修、修缮、装修的管理等。这不仅涉及多个不同的主管部门，还涉及与相关法律的关系问题。近年来，我国已相继出台了《城市规划法》、《土地管理法》、《投资法》、《招标投标法》。作为前期的可行性研究、立项审批、投资许可管理等，主要应当受《投资法》的调整；作为用地规划许可的管理，主要应当受《城市规划法》、《土地管理法》的调整；作为工程建设的实施阶段，即从工程报建开始，勘察、设计、施工、材料设备采购、建设监理直到竣工验收、工程保修的全过程，主要是受《建筑法》的调整；建成后的使用管理即物业管理，主要是受《城市房地产管理法》的调整。这样，几部法律相互衔接、相互配套，就可以形成比较完整的法律体系。

3. 如果定名为《建筑市场管理法》，则覆盖范围也较窄。尽管施工现场是建筑市场的延续，施工现场中发生的许多问题，究其根源还是在于市场行为的不规范。但《建筑市场管理法》毕竟很难涵盖到工程的质量和安全，而这些问题又恰恰是当前很突出的问题。

所以，法名最后还是定为《建筑法》，我们在宣传和贯彻时要注意正确使用法名。

关于《建筑法》的适用范围，我们要全面地、正确地加以理解，在《建筑法》中涉及适用范围的共有4条，即第2、81、83、84条。1996年8月经国务院第49次常务会议讨论通过并提请全国人大常委会审议的《建筑法》(草案)中，当时所规定的适用范围是："土木建筑工程和建筑业范围内的线路、管道、设备安装工程的新建、扩建、改建活动及建筑装修装饰活动"。这主要是基于《建筑法》是国家的立法，应当对全国的建筑活动进行统一的规范和管理。这一立法思想得到了国务院领导同志的肯定，在国务院第49次常务会议上讨论《建筑法》时，国务院领导同志一再强调要实行建筑行业的统一管理，依法规范建筑市场，保证工程质量和安全。

在全国人大法制工作机构对《建筑法》进行审查修改时，考虑到目前在工程建设领域中，各类房屋建筑工程量大、面广，而且直接关系到老百姓的切身利益和公众利益，工程质量问题也比较多，因此提出《建筑法》应重点调整“各类房屋建筑及其附属设施的建造和与其相配套的线路、管道、设备的安装活动。”这个方案在出台的《建筑法》中被采纳。当然，这里也有管理体制的因素。在原稿中，尽管调整范围比较宽，但却是多个执法主体并存。在正式出台的《建筑法》中，虽然第 2 条规定的适用范围较窄，但第 6 条规定的主管部门是明确的，解决了多个执法主体并存的问题。应该讲，在目前出台的《建筑法》中，其调整对象的重点确实是各类房屋建筑工程，但也包括了专业建筑工程。在《建筑法》第 81 条中明确规定：“本法关于施工许可、建筑施工企业资质审查和建筑工程发包、承包、禁止转包，以及建筑工程监理、建筑工程安全和质量管理的规定，适用于其他专业建筑工程的建筑活动，具体办法由国务院规定”。就是说，作为各种专业建筑工程，也要按照《建筑法》所确定的各项法律制度、行业规范去运作，至于具体的管理办法主要是管理分工，则留待国务院去规定，这也是为国务院机构改革创造便利的条件。因此，不能认为《建筑法》只是一部房屋的《建筑法》，其实质仍然是一部规范包括专业工程在内的各种建筑活动的基本法。第 81 条是适用性条款，而不是排除性条款。这从第 83、84 条可以看出，在第 83 条中规定了一个参照、四个排除，第 84 条则对军用房屋建筑活动的管理做出了授权性的规定。

对于各类房屋建筑和其他专业建筑工程的内在涵义也要加以正确理解。究竟什么是房屋建筑工程?《辞海》、《辞源》、《大百科全书》等都有解释，我国的《城市房地产管理法》和美国、韩国、日本等国以及台湾的建筑立法中也有界定。这些解释和界定尽管不完全相同，但基本相近。按照《城市房地产管理法》的规定，房屋是指“土地上的房屋等建筑物及构筑物”。一般地说，是指工业建筑、民用建筑和公共建筑。具体还可分为：

1. 住宅建筑：包括普通住宅、公寓、别墅等；

2. 公共建筑：包括会堂、展览馆、车站、民航候机楼、电信楼、办公楼、电视塔等；

3. 商业旅游建筑：包括商店、商场、饭店、旅馆、宾馆、休养所等；

4. 文教卫生体育建筑：包括学校、医院、影剧院、体育馆场等；

5. 工业建筑：包括工业厂房、仓库等；

6. 农牧业建筑。

房屋建筑的附属设施，还包括水塔、锅炉房、配电室等。

至于其他专业建筑工程，不是泛指一般意义上的专业建筑工程，而是有其特定的涵义，即指除了各种房屋建筑以外的专业工程。如铁路工程中，车站、候车室属房屋建筑，而铺设轨道、路基等属其他专业建筑工程；民航工程中，候机楼、飞机库属房屋建筑，飞机跑道、停机坪则属其他专业建筑工程。因此，在贯彻执行《建筑法》中，要特别注意对于房屋建筑不能只理解为住宅建筑或民用建筑，它们仅仅是房屋建筑的重要组成部分，而各类房屋建筑的实际涵义要广泛得多；对于其他专业建筑工程的理解，也不要延伸到与专业工程相关的房屋建筑上，否则将会走入执法的误区。

第二节　关于《建筑法》中确立的基本法律制度

在《建筑法》中，将多年来的改革与管理实践中一些行之有效的制度给予了法律肯定。这些法律制度主要有19种：

一、建筑工程施工许可制度

对此，在法中专设了一节即第二章第一节，有5条规定。早在1991年，建设部发布的《建设工程施工现场管理规定》中，就已确立了"建设工程实行施工许可证制度"。实行施工许可制度也是不少国家和地区通行的做法，如日本、韩国和我国台湾在建筑立法中都规定了施工许可的内容。目前，我国大多数省、自治区、直辖市都由人大出台了建筑市场管理的地方性法规，也都基本上确立了这项制度。

建立施工许可制度，主要是通过对建筑工程进行施工所应具备的基本条件进行审查，以避免不具备条件的工程开工后不能顺利进行所造成的损失或浪费。在法的第8条中规定了8项条件，前7项是现行规定的条件，第8项是可以做出补充规定的条款。这是一种事先的控制。按照《建筑法》的规定，施工许可证是由建设单位而不是施工单位负责申请领取，并且要在开工前办理，未经施工许可，不得擅自开工。

这里需要注意的是：

1. 有两类工程不需办理施工许可：一是由国务院建设行政主管部门规定的限额以下的小型工程；二是按照国务院规定的权限和程序批准开工报告的建筑工程。实行开工报告的工程，必须是国务院的规定，而不能是其他任何部门。

2. 申请领取施工许可证，建设行政主管部门要在收到申请之日起15日内做出是否发证的决定。如果对符合条件的不予发证或是拖延发证，就有可能会引起行政诉讼。

3. 领取施工许可证后，应在3个月内开工。因故不得开工的，可以申请延期，但最多可以延两次，每次不得超过3个月。

4. 在建工程如果中止施工的，应当在1个月内向原发证机关报告；在恢复施工时也应报告，如果中止施工1年以上的，在恢复施工前还要报请核验施工许可证。

按照《建筑法》的规定，凡申请领取施工许可证、申办延期、中止施工以及恢复施工的报告、核验等，均由建设单位负责办理。

二、从业资格管理制度

由于建筑活动的专业性、技术性都很强，而且建筑工程多为投资大、周期长，一旦发生问题，将给国家和人民的生命财产安全造成极大的损失。因此，为保证建筑工程的质量和安全，保证建筑活动的顺利进行，必须对从事建筑活动的单位和专业技术人员实行从业资格制度。《建筑法》的第二章第二节专门规定了关于从业资格制度的内容。

根据《建筑法》的规定，对于建筑活动从业资格的管理包括两个方面的内容：

一是对从业单位的资质管理，包括建筑施工企业、勘察设计单位和工程监理单位，要按照其所拥有的注册资本、专业技术人员、技术装备和已完成的建筑工程业绩等，划分不同的资质等级；

二是对部分从业人员即从事建筑活动的专业技术人员的资格管理，目前我国已建立起4种执业资格制度，即注册建筑师、监理工程师、注册结构工程师和造价工程师。

在法中还规定，从事建筑活动的单位和专业技术人员应经审查取得相应的资质证书或执业资格证书后，方可在证书许可的范围内从事建筑活动。就是说，没有取得相应资质证书或执业资格证书的单位和个人，不得从事建筑活动；已取得资质证书或执业资格证书的单位和个人，也不能超越证书许可的范围从事建筑活动。这主要是解决无证和越级承包、执业的问题。

三、建筑工程招标投标制度

建筑工程采用招投标是国际上通行的做法，在许多发达国家已形成一套完整的法律制度。在我国，1992年建设部出台了《工程建设施工招标投标管理办法》，1997年又修订发布了建筑工程招标投标示范文本，不少省、自治区、直辖市也发布了招投标的地方性法规和规章。

在《建筑法》的第三章中，专门用了7条（即第16、18、19、20、21、22、23条）对建筑工程招投标所应遵循的原则、造价的约定、公开招标的程序和方式等都做出了规定：

1. 招投标的原则，就是“公开、公正、平等竞争”，并要择优选择承包单位（第16条）。

公开：就是招投标要公开进行，不要搞私下交易，现全国已有267个地级以上城市（包括地、州、盟）建立了建设工程交易中心，即有形建筑市场，为增强工程交易的透明度创造了有利条件。

公正：就是在开标、评标、定标的过程中要公正、科学、合理和合法。

平等竞争：就是要排除一切不正当的竞争行为，包括招标方、投标方都不能采用违法或其他不正当的方式干扰正常的竞争。

择优选择承包单位：包括了“合理价中标”的原则。在国际上通行的做法，特别是政府工程，一般是采取最低价中标的做法。但在中国，由于正在向市场经济过渡，在工程造价的管理上还留有不少计划经济的痕迹，如利润率的名称及确定，建筑业还没有形成并达到社会的平均利润率，是个微利行业，在现阶段还难以实行最低价中标。因为，企业是个自负盈亏的经济组织，在某个工程上为创出企业的知名度而“赔钱赚吆喝”是可以的，但不可能所有的工程或相当数量的工程都低价甚至低于成本价而中标，这就势必会出现偷工减料，最终影响工程的质量。

2. 工程造价的确定，要按照国家的有关规定，由承发包双方在合同中约定（第18条）。这是因为，目前我国建筑工程完全实行由市场形成价格还做不到，一方面国家还要进行预算定额管理，如1991年建设部颁布了《关于调整工程造价价差的若干规定》、1995年建设部又颁布了《全国统一建筑工程基础定额》和《全国统一建筑工程预算工程量计算规则》等；另一方面也要按市场经济规律办事，对工程造价管理进行改革，实行“控制量、放开价、竞争费”。

3. 建筑工程要依法实行招标发包，不适于招标发包的可以直接发包（第19条）。这里讲的可以直接发包的工程，主要是指保密工程、小型工程和某些有特殊要求的专业工程。

4. 公开招标的工程要按法定的程序和方式办事，并择优选定中标者（第20条）。

5. 开标、评标、定标由建设单位依法组织实施，同时还要接受有关行政主管部门的监督（第21条）。这既体现了项目法人责任制，又强调了要实行必要的政府监督，有关行政主管部门指的是建设、工商、监察部门。

6. 实行招标发包的工程，必须发包给依法中标的承包单位；实行发包的工程，必须发包给具有相应资质条件的承包单位。否则，就是违法(第 22 条)。

7. 政府及其所属部门也不得利用手中的某些权力滥加行政干预，让应招标的工程不招标，或是强行指定中标单位(第 23 条)，包括行业垄断、地区封锁。

此外，由于招投标制度只是《建筑法》中所要确定的多项法律制度之一，在法中只能做出一些原则性的规定，具体的规定还要靠专业法律和配套的法规、规章来进行补充和完善。因此，在法中规定："本法没有规定的，适用有关招标投标法律的规定"(第 16 条第 2 款)。

四、建筑工程总承包制度

《建筑法》第 24 条明确规定："提倡对建筑工程实行总承包，禁止将建筑工程肢解发包"。同时还规定："不得将应当由一个承包单位完成的建筑工程肢解成若干部分发包给几个承包单位"。近些年来，业主肢解发包工程是一个相当突出的问题，已成为导致建筑市场混乱的重要根源之一，也造成了施工现场上的管理混乱，严重影响了工程的质量和施工的安全。《建筑法》从法律上肯定了总承包制度，并明确禁止肢解发包工程，为解决这个问题提供了法律依据。

在《建筑法》第 28、29 条中还对禁止转包、合法分包的条件等也做了规定：

1. 对于非法转包的问题，不仅禁止将全部的工程都转包给他人，也禁止将全部工程肢解后以分包的名义分别转包给他人。

2. 对于分包的问题，按照《建筑法》的规定，合法分包的条件是：

(1)不能是全部工程，只能是部分工程，而且总包单位要自行完成主体结构的施工；

(2)分包单位必须具备相应的资质条件；

(3)如果分包工程，应当在总承包合同中事先约定，或经建设单位认可；

(4)总包、分包单位就分包的工程，对建设单位承担连带责任。

需要说明三点：

一是法中第 29 条第 1 款规定："施工总承包的，建筑工程主体结构的施工必须由总承包单位自行完成"。近几年，我国的工程总承包发展较快，也开始出现了一些不带施工队伍的管理型。智力密集型的总承包单位。但这种类型的总承包毕竟刚刚起步，还没有取得成熟的经验，全国人大法律委员会在审查《建筑法》时认为，有的企业打着"总承包"的旗号，实质上是在搞非法转包或资质挂靠。为规范建筑市场和保证工程质量，当前还是应当管得严一些，待将来条件成熟后可以再修改法律，据此而做出了上述规定。

二是关于总包、分包单位的责任，在第 29 条第 2 款中规定："建筑工程总承包单位按照总承包合同的约定对建设单位负责；分包单位按照分包合同的约定对总承包单位负责"。这一款的规定，明确了总包、分包单位各自的权利和义务。法中规定分包单位不直接向建设单位负责，既增强了总承包单位的权威，也加大了其责任，便于对施工现场实行统一管理。一旦出现问题，不论是总包单位的责任还是分包单位的责任，总包单位首先要向建设单位负责，但在承担责任后可以依法和依照分包合同的约定，对属于分包单位的责任进行追究。

三是关于连带责任。在 29 条第 2 款中又规定："总承包单位和分包单位就分包工程对建设单位承担连带责任"。按照我国《民法通则》第 87 条规定："债权人或者债务人一方人数为二人以上的，依照法律的规定或者当事人的约定，享有连带权利的每个债权人，都有权要求债务人履行义务；负有连带义务的每个债务人，都负有清偿全部债务的义务，履行了义务的人，有权要求其他负有连带义务的人偿付他应当承担的份额”。就是说，建设单位对于分包工程所发生的违约问题，既可以向总承包单位请求赔偿，也可向分包单位请求赔偿，任何被请求方都负有承担赔偿责任的义务，但在赔偿后有权再依照分包合同的约定向另一方进行追偿。这种规定就要求总包、分包各方都要认真负起责任，并要运用法律武器来保护自己的合法权益。

五、联合共同承包制度

第 27 条中对联合共同承包的问题做出了规定。这主要有三层涵义：

1. 只有大型或结构复杂的建筑工程，可以搞联合共同承包，其他的工程不行；

2. 联合共同承包的各方，对承包合同的履行承担连带责任；

3. 由不同资质等级的单位进行联合共同承包的，按资质等级低的业务许可范围承揽工程，这主要是防止搞资质挂靠。

六、建筑工程合同制度

建设工程合同是《中华人民共和国合同法》中规定的 15 项合同之一。按照我国的法律规定，合同有两种，一种是书面合同，一种是口头约定。《建筑法》第 15 条规定：“建筑工程的发包单位与承包单位应当依法订立书面合同，明确双方的权利和义务”。因此，建筑工程合同不能采用口头约定的方式，否则属无效合同。

在《建筑法》的第三章中，有关合同的条款内容主要有：

1. 发包单位和承包单位应当全面履行合同约定的内容。不按合同约定履行义务的，要依法承担违约责任(第 15 条第 2 款)。目前，我国建筑工程的合同管理还存在着不少问题，最突出的就是不能或者是不能完全按照合同履约，而且违约的责任方得不到应有的制裁。《建筑法》的出台，为解决这些问题提供了法律武器，按照《中华人民共和国合同法》的规定，承担违约责任主要有两种方式：一是支付违约金，即当事人一方不履行或是不完全履行合同时，要按照合同的约定或法律的规定向对方支付一定数量的货币，如甲方拖欠工程款或乙方拖延工期、工程质量不能符合要求等；二是支付赔偿金，即因违约而给对方造成了财产损失，在没有法定或约定违约金，或违约金不足以弥补损失时向对方支付的货币。这两者的共同点都是违约，但区别在于前者不一定造成了损失，而后者必须是造成了损失，并且是在没有违约金或违约金不足以弥补损失的情况下才发生。这实际上也属于一种工程索赔。

2. 针对当前拖欠工程款十分严重的问题，《建筑法》第 18 条第 2 款明确规定：“发包单位应当按照合同的约定，及时拨付工程款项”。在“法律责任”一章中，虽然没有对不及时拨付工程款应承担何种法律责任做出进一步的规定，但这毕竟是为解决拖欠工程款的问题提供了重要的法律依据，将来可以通过相关法律和配套法规再作进一步的解决。

3. 按照合同约定，建筑材料、构配件和设备由工程承包单位采购的，发包单位不得指定承包单位购入有关的材料、构配件和设备，或者指定生产厂、供应商(第 25 条)。这一条是以合同约定为前提。在市场经济的情况下，如果没有法律的规定，合同的约定就是强制性的执行依据。在实践中，对于材料、设备的供应可以有两种选择：一是由甲方负责供应(在法中没有禁止)，但应当明确甲、乙双方的责任；二是乙方负责采购，按《建筑法》的规定，甲方不得干涉其材料。设备采购权，否则应承担相应的法律责任和违约责任。

4. 实行总承包的，总承包单位要同建设单位签订总承包合同，分包单位要同总承包单位签订分包合同，并依据合同约定，分别向建设单位和总承包单位负责(第 29 条第 2 款)。

七、建筑工程监理制度

建筑监理制度是我国工程建设领域中的一项重大改革。我国从 1988 年开始试点，到目前已全面推行。实践证明，推行建筑工程监理制度，对于保证工程质量和工期，提高投资效益，起到了重要的作用。《建筑法》中专设了第四章肯定了这项制度，明确规定“国家推行建筑工程监理制度”，并授权国务院可以规定实行强制监理的建筑工程的范围(第 30 条)。

在这一章中，还规定了实施监理的依据、内容及监理单位的权利、义务等。这主要有 5 个方面的内容：

1. 实行监理的工程，要由建设单位进行委托，监理单位必须具备相应的资质条件，并应订立书面委托监理合同(第 31 条)。对于具体的委托方式，在法中未作规定，在实践中可采用招投标或是直接委托。

2. 监理的依据，是法律、行政法规及有关技术标准、设计文件和建筑工程承包合同。监理的内容，主要是代表建设单位对施工质量、建设工期和建设资金的使用等进行监督。监理单位在施工监理中的权利和义务，一是如果认为施工不符合设计要求、技术标准和合同约定的，有权要求施工企业改正；二是如果发现设计不符合工程质量标准或合同约定的质量要求，则应报告建设单位要求设计单位改正(第 32 条)。

3. 在实施监理前，建设单位应将委托的监理单位、监理内容及监理权限，书面通知施工企业(第 33 条)。这是实施监理前必经的法定程序，也是建设单位应尽的义务。

4. 监理单位不得超越资质等级承接监理业务，也不得转让监理业务。监理单位与被监理工程的承包单位以及建筑材料、构配件和设备供应单位不得有隶属关系或其他利害关系(第 34 条)。做出这个规定，是为了保证监理的质量及其客观、公正性。同施工企业一样，监理单位也是有资质等级的，没有资质证书或超越资质等级承接监理任务，都是不允许的。至于隶属关系，一般是指具有上下级或以产权为纽带的母子公司等；其他利害关系，一般是指参股、联营或有其他业务合作关系等。

5. 监理单位因过失或故意行为而给建设单位造成损失的，要承担赔偿责任，在法中规定了两种情况：一是监理单位不按合同约定履行监理义务，对应当监督检查的项目不检查或不按规定检查，给建设单位造成损失的，要承担相应的赔偿责任(第 35 条第 1 款)。至于赔偿的数额，应根据责任的轻重和损失的大小而定。二是监理单位与承包单位串通，为承包单位谋取非法利益，给建设单位造成损失的，要与承包单位承担连带赔偿责任(第 25 条第 2 款)。但是，施工企业正当的、合法的权益应当给予保护。

八、建筑安全生产责任制度

在法中规定了 4 个方面的安全生产责任制度：

(一)建设行政主管部门的安全生产责任制。在《建筑法》第 43 条中明确规定：“建设行政主管部门负责建筑安全生产管理”。同时还规定，建设行政主管部门要“依法接受劳动行政主管部门对建筑安全生产的指导和监督”。按照国务院的规定，我国的安全生产管理体制和总的要求是“企业负责、行业管理、国家监察、群众监督和劳动者遵章守纪”。《建筑法》从法律上进一步界定了行业管理同国家监察的关系，即建设行政主管部门负责对建筑施工企业和施工现场的各项安全生产进行管理，同时还要接受劳动部门依照《劳动法》等法律、法规所进行的指导和监督。这样，既明确了行业管理的具体内容，又确立了国家监察的重要地位，二者分工明确，各司其职，各负其责，从不同的角度来共同做好安全工作。国务院办公厅以国办发[1997]36号文发出了《转发劳动部关于认真落实安全生产责任制意见的通知》，进一步明确了安全生产管理体制及其要求，规定了行业主管部门的6项职责，企业5项职责，劳动部门4项职责。

(二)建设单位的安全生产责任制。在第五章中共涉及3条，即第40、42、49条：

1. 第40条规定："建设单位应当向建筑施工企业提供与施工现场相关的地下管线资料"。近几年来，由于供水、供气、供电等地下管线的资料不全或缺乏，在施工中损毁地下管线的事件时有发生，不仅影响了周围单位和居民的正常生产及生活，而且还极易发生有害气体中毒或爆炸等事故。

2. 第42条规定，在5种特殊情况或特殊作业时(如可能损坏道路、管线、电力、邮电通讯等公共设施，需要临时停水、停电、中断道路交通，以及需要进行爆破作业等)，要由建设单位按照有关规定办理申请批准手续。

3. 第49条规定："涉及建筑主体和承重结构变动的装修工程，建设单位应当在施工前委托原设计单位或者具有相应资质条件的设计单位提出设计方案；没有设计方案的，不得施工"。近年来，随着国民经济的发展和人民生活水平的提高，我国的建筑装饰装修发展很快，但也出现了一些问题，如有的单纯追求美观，乱开乱挖，随意拆改主体结构，不仅给今后的使用留下了不安全的隐患，也给作业人员的安全构成了威胁，极易出现施工中的伤亡事故。所以，在法中规定，凡涉及建筑主体和承重结构变动的装修工程，都要有设计方案，而且要由建设单位进行委托。

(三)设计单位的安全生产责任制。《建筑法》第37条规定："建筑工程设计应当符合按照国家规定制定的建筑安全规程和技术规范，保证工程的安全性能"。这有两层涵义：

1. 工程设计要保证在建过程中的施工安全，即人的安全；

2. 工程设计要保证建成后的使用安全，即工程质量。

(四)施工单位的安全生产责任制。在法中有7条，即第38、39、40、41、44、45、50条：

1. 第44条规定："建筑施工企业必须依法加强对建筑安全生产的管理，执行安全生产责任制度，采取有效措施，防止伤亡和其他安全生产事故的发生"。并明确"建筑施工企业的法定代表人对本企业的安全生产负责"。施工企业是施工生产活动的主体，施工企业必须对施工现场的安全负责。特别是企业的法定代表人是本企业安全生产的第一责任人，必须对企业的安全生产负全面责任，制定安全生产责任制，采取安全防范措施，并组织落实。

2. 第45条规定："实行施工总承包的，由总承包单位负责。分包单位向总承包单位负责，服从总承包单位对施工现场的安全生产管理"。这就明确了总包单位和分包单位的安全生产责任。总包单位不仅要对工程质量、工期和造价的控制负责，还要对现场的施工组织和安全生产进行统一管理，并全面负责，包括对分包单位要进行监督检查。分包单位要服从总包单位的统一管理，在其分包的范围内也要建立起安全生产责任制，并组织落实。

3. 第 50 条规定："房屋拆除应当由具备保证安全条件的建筑施工单位承担，由建筑施工单位负责人对安全负责"。房屋拆除是一种特殊作业，近几年相继发生了在房屋拆除中因违章指挥、违章作业而发生的重大事故。如 1997 年 4 月，在宁夏银川就发生了一起在拆除一座旧体育馆时，因违反拆除操作规程而造成死亡 8 人、重伤 7 人的重大事故。因此，非施工单位不能承担拆除任务，承担拆除任务的施工单位还必须具备能够保证安全的条件，如能够编制房屋拆除的专项安全技术措施或施工组织设计，具有相应的专业技术人员及机械设备等。同时，施工单位的负责人必须对安全负责。

4. 第 38 条规定："建筑施工企业在编制施工组织设计时，应当根据建筑工程的特点制定相应的安全技术措施；对专业性较强的工程项目，应当编制专项安全施工组织设计，并采取安全技术措施"。施工组织设计是指导施工的纲领性文件。作为一般的工程，要在施工组织设计中制定安全技术措施；对于特殊的、专业性较强的工程，如土石方工程、脚手架工程、拆除工程、爆破工程等，还要编制专门的安全施工组织设计。

5. 第 39 条规定："……有条件的，应当对施工现场实行封闭管理"。封闭管理包括了两大内容：一是对在建的工程采用密目式安全网围裹，既保护作业人员的安全，又防止高处坠物伤人，减少扬尘污染环境；二是在施工现场四周设置不低于 1.8 米的围挡，健全门卫及其他保卫制度，维护施工现场的秩序，保证施工作业的正常进行。对于"有条件的"限定，主要是考虑到各地的经济发展水平和施工现场所处的位置都有较大的差异，对于地处偏僻或小型的工程，不一定都要强制实行封闭管理，可以根据条件逐步做到封闭管理。但作为大中城市特别是主要工地，都要实行封闭管理。

6. 第 40 条规定，施工企业应当采取措施，在施工中保护地下管线。在这一条中规定了建设单位应当向施工企业提供有关的地下管线资料，而施工企业在获得这些资料后，应当制定相应的安全技术措施，并严格按照施工组织设计和安全技术措施组织施工，以保护地下管线在施工中不致受到损毁。

7. 第 41 条规定，对于施工现场的各种粉尘、废气、废水、固体废物和噪声、振动，施工企业要按照有关环境保护和安全生产的法律、法规的规定，采取措施进行控制和处理。这六大污染和危害，不仅会出现扰民的问题，也会对作业人员的身体健康和生命安全造成危害，必须采取有效措施，予以控制和治理。同时，在本法第 5 条第 2 款中，对解决民扰问题也做出了规定。该款明确规定："任何单位和个人都不得妨碍和阻挠依法进行的建筑活动"。依法进行的建筑活动是受到法律保护的。从总体上讲，建筑活动是造福于民的。但限于当前的技术发展水平，在施工中还不可能完全做到不扰民，如施工噪声的问题。因此，一方面施工企业要尽可能地采取措施，减少或控制扰民现象的发生；另一方面相关的单位和居民，也要理解和支持建筑活动的正常进行，不要妨碍和阻挠正常的建筑活动，避免"民扰"问题的发生。当然，这里也包括不得向施工企业乱收费、乱摊派、故意刁难或卡压施工企业。

九、安全生产教育培训制度

《建筑法》第 46 条规定："建筑施工企业应当建立健全劳动安全生产教育培训制度，加强对职工安全生产的教育培训；未经安全生产教育培训的人员，不得上岗作业"。由于建筑生产一个突出的特点是多为高处作业、露天作业，不安全的因素较多，因此建筑业一直属于事故多发的行业之一，每年在施工中死亡的人数仅低于矿山井下，在全国各行业中居第二位。目前，全国建筑业的从业人数为3300多万人，农民工有2000多万人，在施工一线的作业人员中80%以上是农民工。这些农民工，一方面为建筑业注入了新的生机和活力，另一方面则文化素质相对比较低，安全意识比较淡薄，安全知识比较缺乏，在近几年发生的事故中，伤亡的人员绝大多数是农民工。因此，加强安全教育培训十分重要。在法中把安全教育培训作为一项法律制度明确下来，并规定未经过安全教育培训的不得上岗。1997年5月建设部颁发了《建筑业企业职工安全培训教育暂行规定》，对不同的岗位、不同的对象分别提出了安全培训教育的内容和时间要求。这个规定应很好地贯彻执行。

十、关于2011年4月22日《建筑法》的修改

2011年4月22日第十一届全国人民代表大会常务委员会第二十次会议决定对《建筑法》进行局部修改，将第四十八条修改为："建筑施工企业应当依法为职工参加工伤保险缴纳工伤保险费。鼓励企业为从事危险作业的职工办理意外伤害保险，支付保险费。"

修改前，建筑工人意外伤害保险是一种法定保险，施工单位或发包单位必须为建筑工人投保意外保险，保额一般不低于10万/人。

现在，根据《建筑法》的这个修改，建筑工人意外伤害保险不再是强制保险，而工伤保险成为强制保险。建筑工人意外保险本质上是一种商业保险，工伤保险是社会保险。之后，使得原来强制性的建筑工人意外伤害商业保险市场消失。

《建筑法》的这次修改，属于一种法律清理性的修改，不是全面的修改。这几年大家对建筑法的全面修改，呼声很高，国家有关部门也有这样的打算，但是这次仅仅的修改了一条，是因为建筑法的个别条款和当年刚刚颁布的《社会保险法》的有关条款有冲突，而进行的一次清理性的修改。

意外伤害保险和《社会保险法》通过的工伤保险完全是两种不同性质的保险，意外伤害保险属于商业保险范畴，而工伤保险是属于国家举办的强制性的社会保险的一个险种。按工伤保险赔偿，保额最低接近40万，甚至可达到60万，工伤保险范围较大，是增加工人的社会保障的一种做法。而商业保险是盈利性质的险种。

《社会保险法》没有出台之前，国家对工伤保险的规范是国务院颁布的《工伤保险条例》。而《建筑法》是1997年颁布的，所以虽然《工伤保险条例》里已经明确提出了所有的企业都要为职工参加工伤保险，但是因为这个规定属于行政法规层次，就比不上《建筑法》的法律层次高。因此，这几年一些企业按照《建筑法》的规定，在为建筑领域从事有风险作业的职工投保意外伤害保险，也有一些企业参加工伤保险。去年颁布了《社会保险法》以后，就出现了同一法律层次的法律规定有冲突的问题。

因此《社会保险法》颁布以后，《建筑法》有关规定，就应该服从于《社会保险法》。还有一点，意外伤害保险既然是商业保险，所以它是盈利性的，除了计算成本，还要有盈利。而工伤保险作为国家办的社会保险是不能有盈利的，收取的所有费用，连管理费都不允许提取，要全部用于职工的工伤保险费用的支付。还要说明的是，一般来说，商业保险都是自愿参加的，而社会保险都是强制参加的(有一个例外的是交强险，其属于商业保险，但目前在我国是强制实施的)。

也就是说，工伤保险和意外伤害保险的保障水平是不同的。现在的意外伤害保险都是由各地的商业保险机构组织开展的，全国没有一个共同的标准，商业保险有一个原则，多投多保，少投少保，分了好几个档。总的来讲，工伤保险赔付的标准是高于意外伤害保险的。另外，意外伤害保险都是一次性的，因公死亡或者因公伤残的，一次性就支完了，而社会保险中的工伤保险既有一次性的也有长期性的，比如工伤的康复就是属于长期的，而不是一次给完就完事了。这次修改后如果企业在参加了工伤保险以后，仍然有意愿为建筑领域的一些有高风险的职工投保商业保险，这次法律修改也依然是可以的，但是很明显的，不是必须的。

十一、安全生产群防群治制度

《建筑法》第 36 条规定，要建立健全安全生产的群防群治制度。职工是企业的主体，在社会主义企业中是主人翁。搞好企业的安全生产，必须依靠广大职工群众。在法中的第 47 条又将这一制度作了进一步的细化，主要有三方面的内容：

1. 施工企业和作业人员在施工过程中必须遵守有关安全生产的法律、法规等，不得违章指挥或违章作业；

2. 作业人员有权对影响人身健康的作业程序和作业条件提出改进意见，有权获得安全生产所需的防护用品；

3. 作业人员对危及生命安全和人身健康的行为有权提出批评、检举和控告。

十二、伤亡事故报告制度

《建筑法》第 50 条规定："施工中发生事故时，建筑施工企业应当采取紧急措施减少人员伤亡和事故损失，并按照国家有关规定及时向有关部门报告"。这里规定得很明确，一旦发生事故，一方面是要采取紧急措施，包括科学组织抢救，排除险情，抢救伤员，防止事故的进一步扩大和人员的再伤亡；另一方面要及时向有关部门报告，以及时得到指导和配合。建设部 1989 年颁布了第 3 号令《工程建设重大事故报告和调查程序的规定》，规定在重大事故发生后，事故的发生单位应在 24 小时之内写出书面报告，向其上级主管部门、市县级建设行政主管部门以及检察、劳动部门报告；市县级建设行政主管部门接到报告后，应向同级人民政府和省级建设行政主管部门报告；省级建设行政主管部门接到报告后，应向同级人民政府和建设部报告。一次死亡 3 人以上的重大事故，应在事故发生后的 2 小时之内上报建设部。实行总承包的，由总承包单位负责统计上报事故的情况。

十三、质量体系认证制度

在我国《产品质量法》中，已明确规定国家根据国际通用的质量管理标准，推行质量体系认证制度：一是企业质量体系认证制度；二是产品质量体系认证制度。但由于建筑工程不适用于《产品质量法》，因此《建筑法》的第 53 条规定："国家对从事建筑活动的单位推行质量体系认证制度"。这就使广大从事建筑活动的单位推行质量体系的认证有了法律依据。需要说明的是：

第一，推行质量体系认证制度不仅仅是指施工企业，而是所有从事建筑活动的单位，包括了勘察设计单位、监理单位和建设单位等；

第二，质量体系认证不是强制的，而是一种自愿的行为，国家是"推行"而不是"实行"，企业要根据自愿的原则提出申请，不提出申请的不能强令认证；

第三，认证机构须经国务院产品质量监督管理部门(即国家技术监督局)或其授权的部门认可，未经认可的机构，不得从事认证活动。

在我国，质量体系认证工作的开展已有几年的历史。1987 年 3 月，国际标准化组织

(ISO)发布了ISO 9000《质量管理和质量保证》系列标准后，我国于1992年发布了等同采用国际标准的GB/T 1900—ISO 9000《质量管理和质量保证》系列标准。该标准提出并阐述了企业质量体系的原理、原则和一般应包括的质量要素，是企业质量管理和建立质量体系的通用参考模式。近几年来，在国家技术监督局的指导下，建设部和各地建设行政主管部门积极引导建筑施工企业贯彻实施ISO 9000标准。截止到1997年上半年，全国已有248家建筑施工企业通过了质量体系的第三方认证。实践证明，贯标工作对促进企业加强基础管理工作，提高质量意识和质量保证能力，强化员工素质，保证工作质量等起到了重要的作用。

十四、建筑工程质量责任制度

建筑工程的质量要受到多种因素的制约，必须从各个环节严把质量关。因此，建立并落实各有关方面的质量责任制，是保证工程质量的重要前提和基础。《建筑法》的第54条到第60条，分别规定了建设单位、建筑施工企业、勘察设计单位的质量责任，在"法律责任"一章中还对负责工程质量监督检查和竣工验收的部门及其工作人员应承担的质量责任做出了规定。如第54条规定，建设单位不得以任何理由(包括赶工期、降低造价等)，要求设计单位或施工企业违反法律、行政法规和建筑工程质量、安全标准，降低工程的质量；第55条规定，实行总承包的，工程质量由总承包单位责任，分包单位要服从总承包单位的质量管理，总包、分包单位对分包工程的质量要承担连带责任；第56、57条规定，勘察、设计单位要对勘察、设计的质量负责，设计单位在设计文件中对所选用的建筑材料、构配和设备应注明其规格、型号、性能等技术指标，但不得指定生产厂、供应商；第58、59、60条规定，施工企业要对工程的施工质量负责，必须按设计图纸和技术标准施工，不得偷工减料，不得擅自修改工程设计。施工企业还必须按照设计图纸、技术标准和合同的约定，对建筑材料、构配件和设备进行检验(包括自行采购和甲方供应的)，不合格的不得使用。工程竣工时，如发现有质量缺陷，施工企业应当修复。

在《建筑法》中，对建筑材料、建筑构配件和设备生产供应单位的质量责任没有明确作出规定，主要是考虑《产品质量法》中已对这些单位的质量责任做出了规定，在《建筑法》中可不作重复表达，如果要追究其质量责任可依据《产品质量法》来执行。

十五、建筑工程竣工验收制度

建筑工程的竣工验收，是全面考核投资效益、检验设计和施工质量的重要环节，也是建设投资成果转入生产或使用的一个标志。《建筑法》第61条明确规定，交付竣工验收的建筑工程，必须具有4个条件：

1. 符合规定的建筑工程质量标准；
2. 有完整的工程技术经济资料；
3. 有经签署的工程保修书；
4. 具备国家规定的其他竣工条件。

同时还规定，建筑工程竣工后须经验收合格，方可交付使用；未经验收或者验收不合格的，不得交付使用。

在具体执行中应当注意，如果为了提前获得投资效益，工程未经验收即提前使用，一旦发现质量问题，按照《中华人民共和国合同法》第34条的规定，责任要由建设单位自己来承担，至于竣工验收由谁组织，怎样去组织，在法中未作出具体规定，还需要在制订配套的法规、规章时去研究和解决。

十六、建筑工程质量保修制度

《建筑法》第62条规定："建筑工程实行质量保修制度。建筑工程的保修范围应当包括地基基础工程、主体结构工程、屋面防水工程和其他土建工程，以及电气管线、上下水管线的安装工程，供热、供冷系统工程等项目"。同时，还明确了保修期限的确定原则有二：

1. 应当保证建筑物在合理寿命年限内能够正常使用；

2. 要维护使用者的合法权益。

至于具体的保修范围和最低的保修期限，则授权国务院做出具体的规定。

十七、建筑工程质量的检举、控告、投诉制度

《建筑法》第63条明确规定："任何单位和个人对建筑工程的质量事故、质量缺陷都有权向建设行政主管部门或者其他有关部门进行检举、控告、投诉"。这一条是关于工程质量实行社会监督和用户评价的规定。这里的任何单位和个人，包括了两大类型：

一是同工程质量事故、质量缺陷无利害关系的第三方，可以依法享有和行使检举权；

二是受到质量事故或缺陷所侵害的当事人，可以依法享有和行使控告权、投诉权。

这里讲的其他有关部门，是指工商、监察、消费者协会等部门。这些部门不但要受理检举、控告和投诉，还要按照职责范围积极地去查处或协助查处。

十八、连带责任制度

在法中，第27、29、55条分别规定了联合共同承包工程的各方、总分包单位，要对合同的履行及质量承担连带责任；第35、66、67、69条则分别规定了监理单位与建设单位或施工企业串通，弄虚作假、降低工程质量，以及施工企业转让、出借资质证书、转包、违法分包等，因质量问题而造成了损失的，要承担连带赔偿责任。需要注意的是，因违约而承担连带责任，不仅仅限于赔偿责任，还有其他责任，如延误工期，就要设法把工期补回来。

十九、法律责任制度

第七章"法律责任"，共17条。所谓法律责任，是指从事或涉及建筑活动的各方主体因其行为违反《建筑法》，依法所必须承担的消极的法律后果。这种主体不仅包括了建设单位、勘察设计单位、施工单位和监督单位，也包括了管理机关；不仅包括了中国的企业和公民，也包括了在中国的外国企业及外国人和无国籍的人。

按照《建筑法》的规定，需要承担法律责任的行为主要有20种。其中：

1. 属于建设单位或发包单位的行为有4种：

(1)未取得施工许可证或开工报告未经批准而擅自施工的(第64条)；

(2)发包单位将工程发包给不具有相应资质条件的承包单位，或肢解发包工程的(第65条第1款)；

(3)涉及建筑主体或承重结构变动的装修工程违反规定擅自施工的(第70条)；

(4)建设单位要求设计单位或施工企业违反工程质量、安全标准，降低工程质量的(第72条)。

2. 属于勘察设计单位、施工企业、监理单位的行为有2种：

(1)无证或越级承揽工程的(第65条第2、3款)；

(2)以欺骗手段取得资质证书的(第 65 条第 4 款)。

3. 属于发包单位、承包单位的行为 1 种：在工程发包与承包中索贿、受贿、行贿的(第68条)。

4. 属于施工企业的行为有 6 种：

(1)施工企业转让、出借资质证书或以其他方式允许他人以本企业名义承揽工程的(第66条)；

(2)承包单位转包工程或违法进行分包的(第 67 条)；

(3)施工企业对建筑安全事故隐患不采取措施予以消除的(第 71 条第 1 款)；

(4)施工企业的管理人员违章指挥、强令职工冒险作业，因而发生重大伤亡事故或造成其他严重后果的(第 71 条第 2 款)；

(5)施工企业偷工减料，使用不合格的建筑材料、构配件和设备，或者有其他不按照设计图纸、技术标准施工行为的(第 74 条)；

(6)施工企业不履行保修义务或拖延履行保修义务的(第 75 条)。

5. 属于监理单位的行为有 2 种：

(1)监理单位与建设单位或施工企业串通，弄虚作假、降低工程质量的(第 69 条第 1 款)；

(2)监理单位转让监理业务的(第 69 条第 2 款)。

6. 属于设计单位的行为有 1 种：设计单位不按照工程质量、安全标准进行设计的(第73条)。

7. 属于政府及其主管部门的行为有 3 种：

(1)对不具备相应资质等级条件的单位颁发该等级资质证书的(第 77 条)；

(2)政府及其所属部门的工作人员限定发包单位将招标发包的工程发包给指定的承包单位的(第 78 条)；

(3)负责颁发施工许可证的部门及其工作人员对不符合施工条件的建筑工程颁发施工许可证，负责工程质量监督检查或竣工验收的部门及其工作人员对不合格的建筑工程出具质量合格文件或按合格工程验收的(第 79 条)。

8. 属于有关责任者的行为有 1 种：在建筑物的合理使用寿命内，因工程质量不合格而给他人造成损害的(第 80 条)。

在《建筑法》中，规定了法律责任有三种形式，即民事法律责任、刑事法律责任和行政法律责任。

民事法律责任：主要是给他人造成了损失，要依法进行赔偿，包括承担连带赔偿责任，如第 66、67、69、70、73、74、75、79、80 条。

刑事法律责任：是指构成了犯罪，要依法追究刑事责任，如第 65、68、69、70、71、72、73、74、77、78、79 条。

行政法律责任：包括了行政处罚和行政处分，这种法律责任的规定最多，在日常执法中的运用也最普遍。行政处罚是指由特定的行政机关或法律、法规授权和行政委托的机构，对违法的单位或个人进行的处罚；行政处分，则是由上级机关或本单位对国家机关工作人员或本企业职工进行的惩罚。按照《建筑法》的规定，行政处罚的种类主要有 8 种，即罚款、责令停止施工、责令停业整顿、降低资质等级、吊销资质证书、吊销营业执照、没收违法所得和没收贿赂的财物(后两种也可以合并算一种)。至于责令改正，按《行政处罚法》的规定，属行政措施，往往不单独使用，如第 67 条规定："承包单位将承包的工程转包的，或违反本法规定进行分包的，责令改正，没收违法所得，并处罚款"。这里需要注意的是：在法中有的行政处罚规定是必须行使，有的则是可以处罚也可以不处罚，如第 64 条规定："可以处以罚款"。第 65 条规定："可以责令停业整顿"。这就赋予处罚机关一定的"自由裁量权"，由其根据违法的情节和程度而定。如果没有"可以"二字，就是必须行使的行政处罚。

第三节　关于在贯彻执行《建筑法》中需要注意处理的几个关系问题

一、《建筑法》与地方法规的关系

《建筑法》是我国法律体系中的重要组成部分。我国的法律体系分三个层次，即法律、法规和规章。法规又分为行政法规和地方性法规；规章分部门规章及地方规章。

《建筑法》作为一部国家的大法，不可能把建筑活动中所有需要规范的行为和内容都纳入法的调整范围，还需要有配套的法规、规章加以补充，以保证《建筑法》的顺利执行。目前，绝大部分省、自治区、直辖市都由人大和政府出台了有关建筑市场管理、工程招投标、工程质量、建设监理、建筑安全生产的地方性法规和规章。这些地方性法规和规章在适用范围上与《建筑法》不尽相同，按照我国《宪法》的规定，在相同适用范围的情况下，如果地方性法规和规章的某些内容与《建筑法》相抵触，那就要对这部分内容作相应的调整；但对于不同的适用范围，包括《建筑法》中没有规范到的内容，仍可继续按照地方性法规和规章执行。因此，应当做到双学习、双宣传、双贯彻。

二、《建筑法》同各级建设行政主管部门职责范围的关系

《建筑法》作为一部法律，主要是规范有关建筑方面的活动和行为。当然，在法中涉及主管部门的某些职责问题，但政府部门的职责分工主要还是由各级政府决定，在法中也不可能把主管部门的全部职责都写上。因此，《建筑法》的适用范围同各级建设行政主管部门的职责确实有一定关系，但又不能完全等同起来。对于《建筑法》中已经明确的法定职责，各级建设行政主管部门都要认真贯彻执行，切实加大执法力度；对于《建筑法》中尚未涵盖的职责，各级建设行政主管部门要严格按照"三定"方案和现行的法规、规章执行。

三、关于工程报建的问题

工程报建制度是近年来在改革实践中总结出来的一种有效的管理制度。通过这种制度，可以及时了解和掌握建设项目的数量、规模、投资来源等基本情况，为加强建筑市场管理、规范市场行为提供了可靠的保证。目前，这项制度已在全国普遍推开，并在地方立法中得到了肯定。全国人大法律委员会在审查《建筑法》时，认为工程报建制度属于一种工作程序，在法中可不写上，但这并不影响在实际工作中的执行。有形建筑市场在法中也未写上，但仍应继续推行。因此，各地应按照现行的规定继续做好这些工作。

四、关于建筑装饰装修的问题

全国人大法律委员会在审查《建筑法》时认为，建筑装修装饰活动属于一种建造活动，在法的第 2 条已明确把"各类房屋建筑及其附属设施的建造"列为调整范围。因此，不必在"总则"中再作专门表述。至于原有房屋的装修装饰，全国人大法律委员会在审查时认为，装饰主要是解决美观的问题，不涉及建筑主体和承重结构，可不在法中表述；装修则涉及建筑主体和承重结构，在法中要有所规范。因此，在第 49 条中明确规定：“涉及建筑主体和承重结构变动的装修工程，建设单位应当在施工前委托原设计单位或者具有相应资质条件的设计单位提出设计方案；没有设计方案的，不得施工”。第 70 条则对违反第 49 条者应负的法律责任做出了规定。

我们通常所说的建筑装修装饰，都是与建筑主体相关连的，而“涉及建筑主体”的装修工程，实际上与建筑装修装饰是基本等同的。因此，建筑装修装饰活动是有法可依的，应当遵循《建筑法》和现行的有关规定执行。

五、关于推行项目法人责任制与加强政府监督管理的关系问题

对于这个问题，集中表现在两点：一是工程招投标怎样管；二是工程质量怎样管。《建筑法》第 21 条明确规定：“建筑工程招标的开标、评标、定标由建设单位依法组织实施，并接受有关行政主管部门的监督”。这里讲得很清楚，作为招标活动的具体组织是建设单位即业主的事情，政府主管部门不要去参与具体的组织活动，但要依法进行监督。需要说明的是，这里也不排除对于某些政府工程的招标还要参与甚至是负责组织，但此时的身份应是政府业主，而不是监督者。作为政府主管部门，其主要职能应当是立法和执法，即研究和制定市场规则，监督业主在市场规则中组织招投标活动。只要它不越轨，就不加以行政干预；但如果违反了规则，就要依法加以纠正。因此，政府主管部门对招投标活动进行监督管理是有法可依的，如果不进行监督，反而是执法不严、违法不究，这也是一种违法行为。

至于对工程质量的政府监督，有的同志认为在法中没有写，今后的工作很难开展。这实际上是一种误解。在《建筑法》“总则”的第 1 条即立法目的中，明确把“为了加强对建筑活动的监督管理”摆在了首位。在第 6 条中又明确规定：“国务院建设行政主管部门对全国的建筑活动实施统一的监督管理”。“总则”是整部法律的总纲，后面的所有条文都要与其相对应。工程质量是整个建筑活动的重要内容，也是建筑活动的最终成果，而且还要涉及到公众的利益，政府主管部门必须依法加强监督管理。在“总则”中已对监督管理有所规定，以后的各章、各节、各条不必要也不可能再一一加以重复。如果没有特指，法中的各项内容都要纳入建设行政主管部门监督管理的范畴。此外，在《建筑法》的第 79 条中，明确规定对负责工程质量监督检查的部门及其工作人员为不合格的建筑工程出具质量合格文件的，也要承当相应的法律责任。在这一条中明确提出了工程质量监督检查的部门。因此，对于工程实行政府监督是有法可依的，而且质量监督机构在法中也是有所表述的。

在市场经济的情况下，必要的政府监督是不可少的，即使是在市场经济非常发达的西方国家，政府对于市场的运行和企业的某些行为也是要加以一定干预的，只不过是在监督管理的方式和内容上有所不同。我国目前正处在由计划经济向市场经济过渡的大变革时期，特别是工程建筑管理体制的改革还在不断深化，还有许许多多的问题需要在实践中去摸索、去总结。譬如说业主，作为投资的主体或项目建成后的经营管理者，本应很好地组织招投标，关心和重视工程质量，不应当出现有可能造成工程本身的质量、效益等问题的不规范行为。但目前我们的业主，有的是真业主，也有的是假业主；有的是负责任的业主，也有的不是负责任的业主。在香港按投资主体分，工程有两大类，一种是私人工程，一种是政府工程，业主也分为私人业主和政府业主。作为私人业主，决不会拿着自己的钱开玩笑，什么“回扣”、“受贿”等，对他们没有多大的意义，反正是“羊毛出在羊身上”，搞不好还会损坏自己的利益；作为政府业主，也不敢胡干乱来，因廉政公署紧紧盯着他们。这是体制和机制所决定的。

我们现在一方面是管理体制尚未完全理顺，另一方面责任约束机制也没有完全建立起来。同时，建筑工程又直接关系到公众利益和公共安全。在这种情况下，对工程质量不但要有政府监督，而且还要强化这种监督。当然，我们也要很好地研究具体的监督方式和内容，即到底管什么和怎么管，管得过宽、过多、过细是不行的，那是包办代替，但不问不管、放任自流也是不对的。在加强监督管理的同时，还要努力创造出一种机制，即自我约束的机制、责任的机制。让业主能够真正负起责任，能尽快地成熟起来。应该讲，政府监督的方式和内容也是在变化的，它要根据市场的发育和业主的成熟程度而加以调整。从当前来讲，还是管得严一些为好，但不要包办代替，不要成为招投标的当事人即组织者或参与者。

总之，我们要很好地学习、宣传和贯彻《建筑法》，真正做到了解法、熟悉法，不但能够自觉地去守法、去执法，而且能够运用法律的武器来保护自己的合法权益。

《最高人民法院关于审理建设工程施工合同纠纷适用法律问题的解释》学习要点

周显峰

前言

为统一人民法院执法尺度，公平保护各方当事人的合法权益，维护建筑市场的正常秩序，促进建筑行业的健康发展，根据最高人民法院工作部署，自2002年3月起，最高人民法院民事审判第一庭组成起草工作组，开始着手《最高人民法院关于审理建设工程施工合同纠纷案件适用法律问题的解释》的起草工作，并于2003年12月向社会公布了该司法解释的征求意见稿。

该司法解释征求意见稿受到了社会各界的广泛关注，社会各界以不同的形式提出修改意见近千条。起草工作组在对相关意见进行整理归纳、认真研究后，形成了送审稿。该司法解释经最高人民法院审判委员会第1327次会议讨论通过，于2004年10月25日正式公布，并将于2005年1月1日起正式实施。

最高人民法院此次颁布的司法解释，是在我国大力整治拖欠工程款背景下出台的。该司法解释为人民法院审理工程建设领域包括拖欠工程款、阴阳合同等在内的一系列疑难纠纷，提供了统一的司法审判依据；对明确建设工程施工合同发承包双方的权利和义务，维护建筑市场的交易秩序，促进建筑业的健康发展，具有十分重要的现实意义。

一、如何认定施工合同无效

根据《合同法》第52条第(五)项的规定，“违反法律、行政法规的强制性规定”的合同无效。

建设工程施工合同不仅受到《合同法》的调整，还要受到不同领域的法律、行政法规和其他相关规范性文件的调整。仅以工程建设领域为例，“两法三条例”，即《建筑法》、《招标投标法》以及《建设工程质量管理条例》、《建设工程勘察设计管理条例》、《建设工程安全生产管理条例》均是调整建设工程施工合同的重要法律依据。此外，还包括大量的部门规章、地方性法规和地方政府规章。

在“两法三条例”中，有大量的强制性规定(即以“应当”、“必须”、“不得”、“禁止”等形式出现的法律条文)。如果因违反这些强制性规定而一律认定施工合同无效，将很容易影响合同的稳定性，破坏建筑市场正常的交易秩序。这既不符合《合同法》的立法本意，也不利于保护各方当事人的合法权益。

就这个问题，该司法解释起草工作组认为：对于其中部分属于行政管理规范范畴的强制性规定，如果违反，应当承担相应的行政责任，但不应当影响民事合同的法律效力。

鉴此，该司法解释第1、4条规定了如下五种施工合同无效情形：

(一)承包人未取得建筑施工企业资质或者超越资质等级的；

(二)没有资质的实际施工人借用有资质的建筑施工企业名义的；

（三）建设工程必须进行招标而未招标或者中标无效的；

（四）承包人非法转包建设工程的；

（五）承包人违法分包建设工程的。

注：在第（四）、（五）情形下，是非法转包、违法分包合同无效。

●《合同法》第 52 条规定："有下列情形之一的，合同无效：

（一）一方以欺诈、胁迫的手段订立合同，损害国家利益；

（二）恶意串通，损害国家、集体或者第三人利益的；

（三）以合法形式掩盖非法目的；

（四）损害社会公共利益；

（五）违反法律、行政法规的强制性规定。"

●最高人民法院关于适用《中华人民共和国合同法》若干问题的解释（一）第四条规定："合同法实施以后，人民法院确认合同无效，应当以全国人大及其常委会制定的法律和国务院制定的行政法规为依据，不得以地方性法规、行政规章为依据。"

我国《立法法》规定的法律体系

名称		制定机构	范例
法律		全国人大及其常委会	《建筑法》、《招标投标法》 《合同法》、《安全生产法》
行政法规		国务院	《建设工程质量管理条例》 《建设工程勘察设计管理条例》 《建设工程安全生产管理条例》
地方性法规		省、自治区、直辖市、较大市人大及其常委会	《北京市招标投标条例》
行政规章	部门规章	国务院各部委、央行、审计署、直属机构	《工程建设项目施工招标投标办法》 《房屋建筑和市政基础设施工程施工分包管理办法》
	地方政府规章	省、自治区、直辖市、较大市人民政府	《北京市建筑工程施工许可办法》 《北京市工程建设项目招标范围和规模标准规定》

●《建筑法》第 26 条规定："承包建筑工程的单位应当持有依法取得的资质证书，并在其资质等级许可的业务范围内承揽工程。禁止建筑施工企业超越本企业资质等级许可的业务范围或者以任何形式用其他建筑施工企业的名义承揽工程。禁止建筑施工企业以任何形式允许其他单位或者个人使用本企业的资质证书、营业执照，以本企业的名义承揽工程。"

●关于不得转包和违法分包的强制性规定

《建设工程质量管理条例》第 25 条第 3 款规定："施工单位不得转包或者违法分包工程。"

《建设工程质量管理条例》第 78 条第 2 款规定："本条例所称违法分包，是指下列行为：

（一）总承包单位将建设工程分包给不具备相应资质条件的单位的；

（二）建设工程总承包合同中未有约定，又未经建设单位认可，承包单位将其承包的部分建设工程交由其他单位完成的；

(三)施工总承包单位将建设工程主体结构的施工分包给其他单位的；

(四)分包单位将其承包的建设工程再分包的。

第3款规定："本条例所称转包，是指承包单位"承包建设工程后，不履行合同约定的责任和义务，将其承包的全部建设工程转给他人或者将其承包的全部建设工程肢解以后以分包的名义分别转给其他单位承包的行为。"

注：关于对违法分包和转包行为的界定，《房屋建筑与市政基础设施工程施工分包管理办法》有更加具体的规定。

● 必须进行招标的工程建设项目范围

《招标投标法》第3条第1款规定："在中华人民共和国境内进行下列工程建设项目包括项目的勘察、设计、施工、监理以及与工程建设有关的重要设备、材料等的采购，必须进行招标：

(一)大型基础设施、公用事业等关系社会公共利益、公众安全的项目；

(二)全部或者部分使用国有资金投资或者国家融资的项目；

(三)使用国际组织或者外国政府贷款、援助资金的项目。"

注：关于必须招标的工程建设项目的范围和规模标准，《工程建设项目招标范围和规模标准规定》有更加具体的规定。

● 六种导致中标无效的情形(见《招标投标法》第50、52～55、57条的具体规定)

二、施工合同无效，应当如何进行结算

《合同法》第58条规定："合同无效或者被撤销后，因该合同取得的财产，应当予以返还；不能返还或者没有必要返还的，应当折价补偿。"

由于建设工程施工合同履行过程的特殊性，合同被确认无效的，已履行部分无法适用"返还原则"，而只能采取"折价补偿"的方式处理。但在司法实践中，如何确定折价补偿的依据始终是一个焦点、难点问题。

最高人民法院在该司法解释2003年12月征求意见稿中规定，"建设工程施工合同无效，工程款根据承包方已完成的工作量，参照当年适用的工程定额标准据实结算。"定额标准反映的是一种社会平均成本。受这种传统计价模式的长期影响，目前我国建筑市场的各有关主体，无论是在编制标底还是编制投标报价时，仍主要是以定额为参照系的。

这种按定额标准据实结算的处理方式，是基于"合同无效，合同中约定的计价方式也应无效"而规定的。但是，这种折价补偿方式的问题在于：我国目前建筑市场处于买方市场阶段，发包人压价、承包人低价竞标的现象非常普及和严重。在施工合同被确认无效后，如果脱离合同原有约定而按定额标准重新计价，其结果很可能比有效合同条件下的计价结果还要高。同时，重新计价的过程往往也是进行造价司法鉴定过程。启动造价鉴定程序不仅会增加一笔不菲的鉴定费，而且会大大延长诉讼时间，降低诉讼效率，这样反而不能及时有效的保护当事人合法权益。

为更好的平衡合同当事人的利益，最高人民法院结合我国建筑市场的实际情况，在该司法解释第2条明确规定："建设工程施工合同无效，但建设工程经竣工验收合格，承包人请求参照合同约定支付工程价款的，应予支持。"这种参照合同约定来折价补偿的处理方式，是建立在当事人在订立合同时意思表示一致的基础上进行的，操作起来比较方便，容易被当事人所接受，既能节省诉讼费用，又能提高诉讼效率。

但是，适用上述规定的一个非常重要的前提条件是“建设工程经验收合格”。如果建设工程经修复后仍无法通过竣工验收，那么按照该司法解释第 3 条及其他相关规定，无论合同是否有效，承包人请求支付工程价款的，人民法院将不予支持。换句话说，如果工程质量不合格，发包人将有权拒付工程款。这一规定无论是对发包人还是承包人来说，都是非常重要的。

《合同法》第 269 条对“建设工程合同”所下的定义是“建设工程合同是承包人进行工程建设，发包人支付价款的合同。”对于建设工程施工合同而言，承包人向发包人交付质量合格的工程是施工合同履行的主要目的。《合同法》第 279 条则进一步明确规定“验收合格的，发包人应当按照约定支付价款，并接收该建设工程。”因此，该司法解释对承包人在工程质量问题上的严格规定，与《合同法》的基本原则是一致的。

三、垫资条款是否有效，垫资款利息如何处理

在以往的司法实践当中，人民法院一般倾向于认定含有垫资内容的施工合同条款无效，其认定的依据主要有两个：

第一，认为垫资行为违反了 1996 年原国家计委、建设部及财政部联合发布的《关于严格禁止在工程建设中带资承包的通知》的有关规定；

第二，认为垫资行为在性质上属于非金融机构企业之间的借贷行为，违反了《贷款通则》及最高人民法院有关司法解释的规定。

但是，《合同法》颁布实施后，只有违反法律、行政法规强制性规定的，才能认定合同无效。由于《关于严格禁止在工程建设中带资承包的通知》仅属行政规范性文件，《贷款通则》则属于部门规章，都不具有法律、行政法规的效力等级，因此均不能作为确认垫资条款无效的依据。此外，在我国目前的建筑市场，垫资承包已经相当普遍，在一定程度上已成为体现承包人竞争力的重要指标：同时，国际建筑市场是允许垫资的，为业主提供融资服务早已成为国际承包商综合实力竞争的重要领域。由于我国加入 WTO 后已经开放了国内建筑市场，如果对垫资承包一律认定为无效，也不符合国际惯例。

基于以上原因，该司法解释第 6 条第 1 款规定：“当事人对垫资及其利息有约定，请求按照合同约定返还垫资款和利息的，应当予以支持，但是约定的利息计算标准高于中国人民银行发布的同期同类贷款利率的部分除外。”该条规定实际确立了垫资条款有效的基本原则，但同时对垫资利息计算标准设置了限制条件，即不得超过国家规定的贷款利率。

● 自 2004 年 10 月 29 日起，我国开始实行新的贷款利率(见下表)：

人民币贷款利率调整表

单位：%

项　　目	调整前利率	调整后利率	项　　目	调整前利率	调整后利率
其中：6 个月	5.04	5.22	3～5 年(含)	5.58	5.85
1 年	5.31	5.58	5 年以上	5.76	6.12
1～3 年(含)	5.49	5.76			

四、“阴阳合同”，将以哪个作为结算依据

目前，我国建设行政主管部门对建设工程交易(包括招投标以及施工合同签订)实行备案制度，即自行招标备案、招标文件备案、招投标情况备案以及施工合同备案。

根据《招标投标法》第 46 条第 1 款的规定，“招标任何中标人应当按照招标文件和中标人订立书面合同。招标人和中标人不得再行订立背离合同实质性内容的其他协议。"但在工程实践中，很多建设单位为获取不正当利益，往往强迫施工单位压价、垫资承包、压缩工期以及将工程肢解发包。由于在实践中，上述这四种行为均为我国建设行政主管部门所禁止，因此，如果在招标文件或施工合同中出现，建设单位将无法办理招标文件备案和施工合同备案手续。这样一来，建设单位在签订一份"规规矩矩"的备案合同(即"阳合同")之外，还会在私下里和施工单位签订各种形式的补充协议(即"阴合同")，在补充协议中体现其利益要求。

因为"阴阳合同"发生的施工合同纠纷，首要的问题就是应当以哪份合同作为合同履行的依据。在以往的司法实践中，人民法院往往根据"实际履行原则"，判决阴合同有效，并按阴合同结算。但是，《招标投标法》颁布实施后，《招标投标法》第46条第1款又对"实际履行原则"形成了巨大冲击。2003年11月，被称为建筑业首例"阴阳合同"纠纷案的北京某建筑公司诉北京某房地产公司工程款纠纷案在北京第二中级人民法院开庭审理。在案件审理过程中，承包商主张按价格高的阳合同结算，而开发商则坚持主张按价格低的阴合同结算。法院最终依据《招标投标法》第46条第1款，判决阳合同有效。

为统一司法实践，最高人民法院在该司法解释第21条明确规定："当事人就同一建设工程另行订立的建设工程施工合同与经过备案的中标合同实质性内容不一致的，应当以备案的中标合同作为结算工程价款的根据。"这一规定实际是对《招标投标法》第46条第1款在司法实践中的具体落实。也就是说，在今后的司法审判中，人民法院将会依据"阳合同"作为工程款结算的依据，"阴合同"将不受法律保护。这将有利于维护建筑市场公平竞争秩序，也有利于《招标投标法》的贯彻实施。

● 招标文件备案

《房屋建筑和市政基础设施工程施工招标投标管理办法》第19条规定："依法必须进行施工招标的工程，招标人应当在招标文件发出的同时，将招标文件报工程所在地的县级以上地方人民政府建设行政主管部门备案。建设行政主管部门发现招标文件有违反法律、法规内容的，应当责令招标人改正。"

第20条规定："招标人对已发出的招标文件进行必要的澄清或者修改的，应当在招标文件要求提交投标文件截止时间至少15日前，以书面形式通知所有招标文件收受人，并同时报工程所在地的县级以上地方人民政府建设行政主管部门备案。该澄清或者修改的内容为招标文件的组成部分。"

● 施工合同备案

《房屋建筑和市政基础设施工程施工招标投标管理办法》第47条第1款规定："招标人和中标人应当自中标通知书发出之日起30日内，按照招标文件和中标人的投标文件订立书面合同；招标人和中标人不得再行订立背离合同实质性内容的其他协议。订立书面合同后7日内，中标人应当将合同送工程所在地的县级以上地方人民政府建设行政主管部门备案。"

五、设计变更在约定不明时将如何计价

在工程实施过程中，往往会发生大量的设计变更。在确定变更价款问题上，《建设工程施工合同(示范文本)》(GF—1999—0201)第31条规定按如下方法进行：

"(1)合同中已有适用于变更工程的价格，按合同已有的价格变更合同价款；

(2)合同中只有类似于变更工程的价格，可以参照类似价格变更合同价款；

(3)合同中没有适用或类似于变更工程的价格，由承包人提出适当的变更价格，经工程师确认后执行。”

对于前两种情况，由于有合同约定的计价标准或方法，所以争议不大。但是对于第三种情况，由于无法按合同约定确定价格，导致当事人在协商确定价格的过程中很容易发生争议。

为了解决此类争议，该司法解释在第16条第2款规定：“因设计变更导致建设工程的工程量或者质量标准发生变化，当事人对该部分工程价款不能协商一致的，可以参照签订建设工程施工合同时当地建设行政主管部门发布的计价方法或者计价标准结算工程价款。”

目前地方建设行政主管部门发布的计价方法和计价标准主要有两类：一个是传统的概预算定额及相应计价规则；另一个是和《建设工程工程量清单计价规范》相配套的计价规则。此外，地方建设行政主管部门的造价管理机构还会定期发布市场价格信息。建设行政主管部门发布的计价方法或计价标准属于行业惯例，其计价结果反映的是一种社会平均成本水平。这样一来，在当事人没有约定或约定不明的情况下，按照建设行政主管部门发布的计价方法或标准进行结算，比较容易被当事人所接受。

●《建设工程价款结算暂行办法》第10条“工程设计变更价款调整”规定：

(一)施工中发生工程变更，承包人按照经发包人认可的变更设计文件，进行变更施工，其中，政府投资项目重大变更，需按基本建设程序报批后方可施工。

(二)在工程设计变更确定后14天内，设计变更涉及工程价款调整的，由承包人向发包人提出，经发包人审核同意后调整合同价款。变更合同价款按下列方法进行：

1. 合同中已有适用于变更工程的价格，按合同已有的价格变更合同价款；

2. 合同中只有类似于变更工程的价格，可以参照类似价格变更合同价款；

3. 合同中没有适用或类似于变更工程的价格，由承包人或发包人提出适当的变更价格，经对方确认后执行。如双方不能达成一致的，双方可提请工程所在地工程造价管理机构进行咨询或按合同约定的争议或纠纷解决程序办理。

(三)工程设计变更确定后14天内，如承包人未提出变更工程价款报告，则发包人可根据所掌握的资料决定是否调整合同价款和调整的具体金额。重大工程变更涉及工程价款变更报告和确认的时限由发承包双方协商确定。

收到变更工程价款报告一方，应在收到之日起14天内予以确认或提出协商意见，自变更工程价款报告送达之日起14天内，对方未确认也未提出协商意见时，视为变更工程价款报告已被确认。

确认增(减)的工程变更价款作为追加(减)合同价款与工程进度款同期支付。

六、发包人拖延结算，承包人将获得怎样的法律保护

工程经竣工验收合格后，即进入工程竣工结算程序。工程竣工结算对业主和承包商的关键作用在于，经双方确认的工程竣工结算文件将形成明确的债权债务关系。正因为如此，业主拖延结算或不结算的行为已经成为其拖欠工程款的主要手段。

在《建设工程施工合同(示范文本)》(GF—1999—0201)中，尽管对有关工程竣工结算的程序进行了较为详细的规定。但是，该规定的内容和工程实践有一定差距，因此可操作性较差。而且，由于该示范文本仅为推荐使用，不具有强制性，业主完全可以利用优势地位在专用条款中进行对其有利的修改。由于缺乏合同条款的明确约定，承包商很难找到对自己有利的条款保护自身的合法权益，这常常使承包商陷入十分被动的境地。因为即使承包商起诉，由于尚未形成结算文件，即没有形成最终确定的债权债务关系，承包商接下来面临的很可能是旷日持久的造价鉴定程序，这往往是承包商所不愿接受的。

在我国现行的法律、行政法规当中，在工程竣工结算问题上没有任何有针对性的规定。2001 年 11 月 5 日，建设部发布了建设部第 107 号令《建筑工程发包与承包计价管理办法》。该办法在工程竣工结算程序上的显著特点，一是规定了业主在收到竣工结算文件后的约定期限内未答复的，竣工结算文件将视为已被认可；二是规定了未约定期限的默认值均为 28 日。2004 年 10 月 20 日由财政部和建设部联合发布的《建设工程价款结算办法》则按结算报告金额对发包人完成审核的时间分别进行了规定，并规定“发包人收到竣工结算报告及完整的结算资料后，在本办法规定或合同约定期限内，对结算报告及资料没有提出意见，则视同认可。”这两个办法的出台，对弥补《建设工程施工合同(示范文本)》的不足，明确工程竣工结算的程序，约束业主的竣工结算行为，保护承包商的合法权益具有积极的指导意义。但是，由于这两个办法既不是法律也不是行政法规，而分别属于部门规章和行政规范性文件，因此一般不能直接作为人民法院的审判依据。这样一来，该办法本应发挥的积极作用在实践中受到很大的限制。

为了更好地制约业主故意拖延结算的行为，使建设部第 107 号令更具有可操作性，该司法解释第 20 条明确规定：“当事人约定，发包人收到竣工结算文件后，在约定期限内不予答复，视为认可竣工结算文件的，按照约定处理。承包人请求按照竣工结算文件结算工程价款的，应予支持。”

但必须注意的是，适用该条规定的必要前提是合同中有“逾期不答复即视为认可”的约定；如果由于各种原因无法进行类似的约定，则可替代的方法是在合同中约定适用《建筑工程发包与承包计价管理办法》或《建设工程价款结算暂行办法》。否则，该条司法解释并不能真正发挥作用。

●《建筑工程发包与承包计价管理办法》第 16 条第 1 款规定：“工程竣工验收合格，应当按照下列规定进行竣工结算：

(一)承包方应当在工程竣工验收合格后的约定期限内提交竣工结算文件。

(二)发包方应当在收到竣工结算文件后的约定期限内予以答复。逾期未答复的，竣工结算文件视为已被认可。

(三)发包方对竣工结算文件有异议的，应当在答复期内向承包方提出，并可以在提出之日起的约定期限内与承包方协商。

(四)发包方在协商期内未与承包方协商或者经协商未能与承包方达成协议的，应当委托工程造价咨询单位进行竣工结算审核。

(五)发包方应当在协商期满后的约定期限内向承包方提出工程造价咨询单位出具的竣工结算审核意见。”

第 2 款规定：“发承包双方在合同中对上述事项的期限没有明确约定的，可认为其约定期限均为 28 日。”

●《建设工程价款结算暂行办法》第 14 条(三)工程竣工结算审查期限规定：

“单项工程竣工后，承包人应在提交竣工验收报告的同时，向发包人递交竣工结算报告及完整的结算资料，发包人应按以下规定时限进行核对(审查)并提出审查意见。

工程竣工结算报告金额	审查时间
1. 500万元以下	从接到竣工结算报告和完整的竣工结算资料之日起20天
2. 500～2000万元	从接到竣工结算报告和完整的竣工结算资料之日起30天
3. 2000～5000万元	从接到竣工结算报告和完整的竣工结算资料之日起45天
4. 5000万元以上	从接到竣工结算报告和完整的竣工结算资料之日起60天

建设项目竣工总结算在最后一个单项工程竣工结算审查确认后15天内汇总，送发包人后30天内审查完成。”

第16条第1款规定：“发包人收到竣工结算报告及完整的结算资料后，在本办法规定或合同约定期限内，对结算报告及资料没有提出意见，则视同认可。”

七、拖欠工程款的利息如何确定

在工程款纠纷案件中，利息应从何时起算往往是争议的焦点之一。工程款主要表现为预付款、进度款和结算款这三种形式。在《建设工程施工合同(示范文本)》(GF—1999—0201)体系下，对于这三类工程款的应付款时间均有明确的规定，相应的对逾期付款的利息应计算也约定得较为明确(在示范文本的基础上，《建设工程价款结算暂行办法》对各类工程款的支付和结算有更为详细的规定)。但是，由于示范文本基本采用按月支付进度款的付款模式，而在工程实践中，不少工程项目是按形象进度付款的，这样就导致在很多工程款纠纷案件中，无法确定应付款日，进而无法确定利息的起算日。

为了统一拖欠工程款的利息起算时间，该司法解释第18条规定：“利息从应付工程价款之日计付。当事人对付款时间没有约定或者约定不明的，下列时间视为应付款时间：

(一)建设工程已实际交付的，为交付之日；

(二)建设工程没有交付的，为提交竣工结算文件之日；

(三)建设工程未交付，工程价款也未结算的，为当事人起诉之日。”

从上述内容当中不难看出，该条规定主要是针对拖欠结算款的，但合同中如果对预付款、进度款的支付有约定，同样可以适用。事实上，进度款的拖欠是造成结算款拖欠的根源。因此，在新司法解释出台后，加强对进度款支付和结算的管理是一个必须引起高度关注的重要问题。

●《建设工程价款结算暂行办法》第13条规定：工程进展款结算与支付应当符合下列规定：

(一)工程进度款结算方式

1. 按月结算与支付。即实行按月支付进度款，竣工后清算的办法。合同工期在两个年度以上的工程，在年终进行工程盘点，办理年度结算。

2. 分段结算与支付。即当年开工、当年不能竣工的工程按照工程形象进度，划分不同阶段支付工程进度款。具体划分在合同中明确。

(二)工程量计算

1. 承包人应当按照合同约定的方法和时间，向发包人提交已完工程量的报告。发包人接到报告后14天内核实已完工程量，并在核实前1天通知承包人，承包人应提供条件并派人参加核实，承包人收到通知后不参加核实，以发包人核实的工程量作为工程价款支付的依据。发包人不按约定时间通知承包人，致使承包人未能参加核实，核实结果无效。

2. 发包人收到承包人报告后14天内未核实完工程量，从第15天起，承包人报告的工程量即视为被确认，作为工程价款支付的依据，双方合同另有约定的，按合同执行。

3. 对承包人超出设计图纸(含设计变更)范围和因承包人原因造成返工的工程量，发包人不予计量。

(三)工程进度款支付

1. 根据确定的工程计量结果，承包人向发包人提出支付工程进度款申请，14 天内，发包人应按不低于工程价款的 60%，不高于工程价款的 90%向承包人支付工程进度款。按约定时间发包人应扣回的预付款，与工程进度款同期结算抵扣。

2. 发包人超过约定的支付时间不支付工程进度款，承包人应及时向发包人发出要求付款的通知，发包人收到承包人通知后仍不能按要求付款，可与承包人协商签订延期付款协议，经承包人同意后可延期支付，协议应明确延期支付的时间和从工程计量结果确认后第 15 天起计算应付款的利息(利率按同期银行贷款利率计)。

3. 发包人不按合同约定支付工程进度款，双方又未达成延期付款协议，导致施工无法进行，承包人可停止施工，由发包人承担违约责任。

八、因发包人直接指定分包造成的质量缺陷，发包人应否承担责任

在工程质量问题上，发包人是重要的责任主体。特别是在我国建筑市场仍不规范的今天，因发包人的原因导致的工程质量问题屡见不鲜。为了更好地约束发包人的质量行为，合理划分发承包双方的质量责任，该司法解释第 12 条第 1 款规定："发包人具有下列情形之一，造成建设工程质量缺陷，应当承担过错责任：

(一)提供的设计有缺陷；

(二)提供或者指定购买的建筑材料、建筑构配件、设备不符合强制性标准；

(三)直接指定分包人分包专业工程。"

值得注意的是，该司法解释明确将"发包人直接指定分包"作为其应当承担质量责任的情形之一。《建筑法》明确禁止发包单位将建筑工程肢解发包，但对于什么是"肢解发包"至今仍无具体规定。而在工程实践中，大量发生的是发包人直接指定分包商，发包人往往要求总承包人和指定分包商就指定分包工程的质量承担连带责任。由于直接指定分包缺乏竞争性，这一方面无法保证指定分包商的履约能力，另一方面也大大增加了总承包人的协调管理难度。

鉴此，《工程建设项目施工招标投标办法》和《房屋建筑和市政基础设施工程施工分包管理办法》均明确规定发包人不得直接指定分包单位。此次司法解释则进一步明确规定，因发包人直接指定分包商而造成质量缺陷的，发包人将承担过错责任。该规定对限制发包人直接指定分包的违法行为，确保工程质量，维护承包人的合法权益，具有重要的现实意义。

●《工程建设项目施工招标投标办法》第 66 条规定："招标人不得直接指定分包人。"

●《房屋建筑和市政基础设施工程施工分包管理办法》第 7 条规定："建设单位不得直接指定分包工程承包人。任何单位和个人不得对依法实施的分包活动进行干预。"

九、发包人未经竣工验收提前交付使用的，将承担什么样的责任

工程建设项目应当先竣工验收后交付使用，这是确保工程质量的客观要求。我国不论是《建筑法》、《合同法》，还是《建设工程质量管理条例》，对此均有强制性规定。

在《合同法》颁布实施前，我国《经济合同法》对发包人提前交付使用的行为，要求发包人承担严格的民事责任。《经济合同法》第34条规定：(发包方)工程未经验收，提前使用，发现质量问题，自己承担责任。

1999年3月15日正式颁布的《合同法》第279条第2款规定，“建设工程经验收合格后，方可交付使用；未经验收或者验收不合格的，不得交付使用。”但是，《合同法》虽然仍规定建设工程必须经验收合格后方可交付使用，但对于发包人提前交付使用应如何承担民事责任并无明确规定。由于《经济合同法》和《建筑安装工程承包合同条例》相继废止，关于业主提前交付使用所应承担的质量责任问题，出现了立法真空。

为了有效制约发包人未经竣工验收，擅自使用的行为，明确发承包双方的质量责任，该司法解释第13条规定：“建设工程未经竣工验收，发包人擅自使用后，又以使用部分质量不符合约定为由主张权利的，不予支持；但是承包人应当在建设工程的合理使用寿命内对地基基础工程和主体结构质量承担民事责任。”

从该司法解释第13条的内容来看，基本上沿袭了原《经济合同法》所采取的“严格责任”原则，即不管发包人是否对质量问题有过错，均要承担民事责任。但是，该司法解释又从工程实际情况出发，规定承包人要对地基基础和主体结构承担质量责任。这种责任划分，既能够有效制约发包人的违法行为，又能够保证承包人满足基本的工程质量要求，因此是比较符合实际的。

●《建筑法》第61条规定：“支付竣工验收的建筑工程，必须符合规定的建筑工程质量标准，有完整的工程技术经济资料和经签署的工程保修书，并具备国家规定的其他竣工条件。建筑工程竣工经验收合格后，方可交付使用；未经验收或者验收不合格的，不得交付使用。”

●《合同法》第279条规定：“建设工程竣工后，发包人应当根据施工图纸及说明书、国家颁发的施工验收规范和质量检验标准及时进行验收。验收合格的，发包人应当按照约定支付价款，并接收该建设工程。建设工程竣工经验收合格后，方可交付使用；未经验收或者验收不合格的，不得交付使用。”

十、法院将对农民工采取什么样的特殊保护措施

该司法解释第26条规定：“实际施工人以转包人、违法分包人为被告起诉的，人民法院应当依法受理。

实际施工人以发包人为被告主张权利的，人民法院可以追加转包人或者违法分包人为本案当事人。发包人只在欠付工程价款范围内对实际施工人承担责任。”

发生转包或者违反分包的，实际存在着两层合同法律关系：一个是发包人与承包人之间的合同关系；另一个是承包人与实际施工人之间的合同关系。在前一个合同法律关系中，实际施工人是第三人；在后一个合同法律关系中，发包人是第三人。

合同具有相对性，《合同法》第121条规定：“当事人一方因第三人的原因造成违约的，应当向对方承担违约责任，当事人一方和第三人之间的纠纷，依照法律规定或者按照约定解决。”这意味着，当承包人拖欠实际施工人工程款时，实际施工人只能向与其有合同关系的承包人主张权利，而不应向第三人——发包人主张权利。该条第2款关于实际施工人可以起诉发包人的规定，在某种程度上是对合同相对性的突破，这是为保护农民工的合法权益而特别设立的。

在工程实践中，承包人将工程转包的目的在于收取管理费，对工程的具体实施并不干预。因此，其对工程结算与否，结算多少往往并不关心。由于实际施工人与发包人没有合同关系，如果实际施工人无法向发包人主张权利，则不仅实际施工人的利益不能得到保护，更重要的是农民工工资将直接受到影响。因此，该司法解释特别赋予了实际施工人可以直接起诉发包人的权利。

同时，为了不致给发包人造成不必要的损害，该司法解释还规定“发包人只在欠付工程价款范围内对实际施工人承担责任”。这样一来，如果发包人已经将工程价款全部支付给承包人，发包人就不必再承担付款责任了。

结语

本文仅撷取了新司法解释中与发承包双方利益关系最为密切的十个问题。事实上，该司法解释对诸如“如何行使合同解除权”、“工程造价鉴定应遵循什么原则”以及“实际竣工日期将如何认定”等重要问题均有明确规定，限于篇幅，就不在这里一一介绍了。

新司法解释从2005年1月1日起就要正式实施了。在本文的前言中，对该司法解释的重要性已有所介绍，这里不再赘述。最后，希望大家能够充分结合实践，认真学习和掌握这个司法解释，依法维护自己的合法权益。

《建设工程安全生产管理条例》图解要点

周显峰

前言

《建设工程安全生产管理》于 2003 年 11 月 12 日经国务院第 28 次常务会议通过，2003 年 11 月 24 日国务院总理温家宝签署国务院第 393 号令，自 2004 年 2 月 1 日起施行。

《建设工程安全生产管理条例》是我国第一部规范建设工程安全生产的行政法规。该条例的颁布实施，是我国工程建设领域贯彻落实《建筑法》和《安全生产法》的具体体现，标志着我国建设工程安全生产管理进入了法制化、规范化发展的新时期。《建设工程安全生产管理条例》全面总结了我国建设工程安全管理的实践经验，借鉴了国外发达国家建设工程安全管理的成熟做法，对工程建设活动各方主体的安全责任、政府监督管理、生产安全事故的应急救援和调查处理以及相应的法律责任作了明确规定，确立了一系列符合中国国情以及适应社会主义市场经济要求的建设工程安全管理制度。《建设工程安全生产管理条例》的颁布实施，对于规范和增强建设工程各方主体的安全行为和安全责任意识，强化和提高政府安全监管水平和依法行政能力，保障从业人员和广大人民群众的生命财产安全，具有十分重要的意义。

下面，笔者拟将《建设工程安全生产管理条例》的主要内容，用图解的方式进行系统归纳，希望能够帮助广大读者更好地学习和掌握这部重要的行政法规。

一、建设单位的安全责任

建设单位是工程建设项目的投资主体，是整个建设工程的总负责人，在工程建设的全过程都起着主导作用。就建设工程安全生产而言，建设单位的行为对包括施工单位在内的各参建单位的安全生产活动均有重大影响。但是，长期以来，我国对建设单位安全责任的法律规范不足。而在工程实践中，因建设单位的不规范行为，直接或间接导致生产安全事故的案例时有发生。鉴此，《建设工程安全生产管理条例》对建设单位的安全责任作了明确规定，具体内容如下图所示：

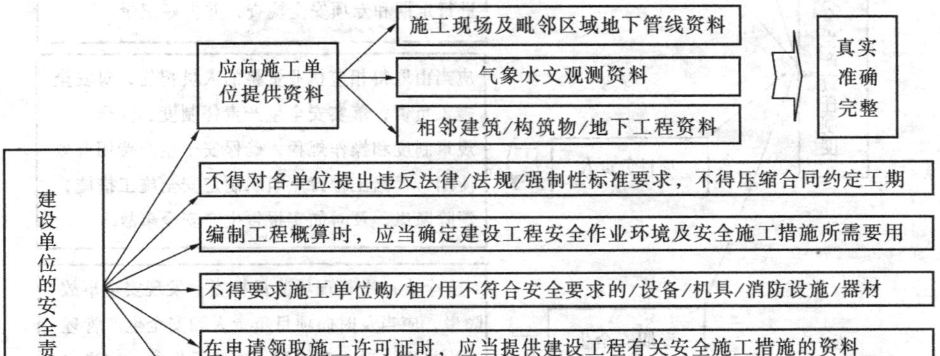

二、施工单位的安全责任

建设工程的施工是工程建设全过程的关键环节。施工现场的复杂性、特殊性以及建设工程自身施工周期长、易受环境影响等特性，决定了建设工程的施工安全除要符合《建筑法》、《安全生产法》的基本规定外，还需要更具体和有针对性的法律规定。鉴此，根据《建筑法》和《安全生产法》的有关规定，针对实践中施工现场存在的主要问题，《建设工程安全生产管理条例》对施工单位的资质等级、安全资金的保障制度、安全生产责任制度、安全教育培训制度以及安全措施保障制度等一系列重要制度作了详细规定。具体内容如图所示：

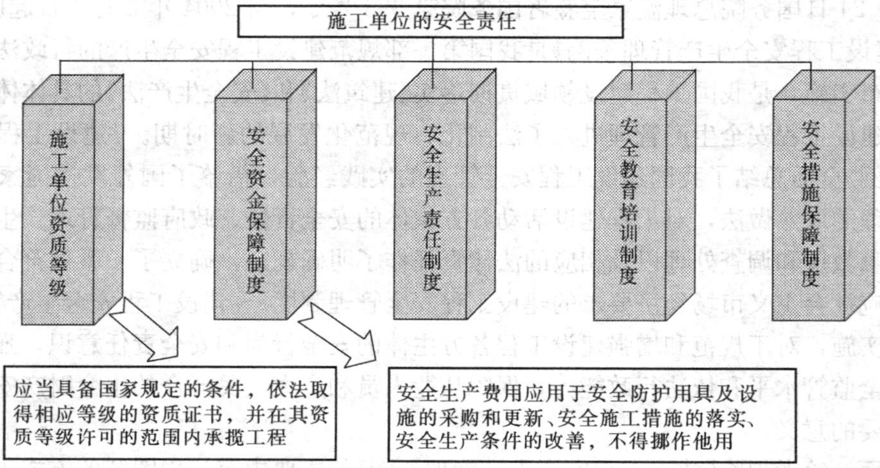

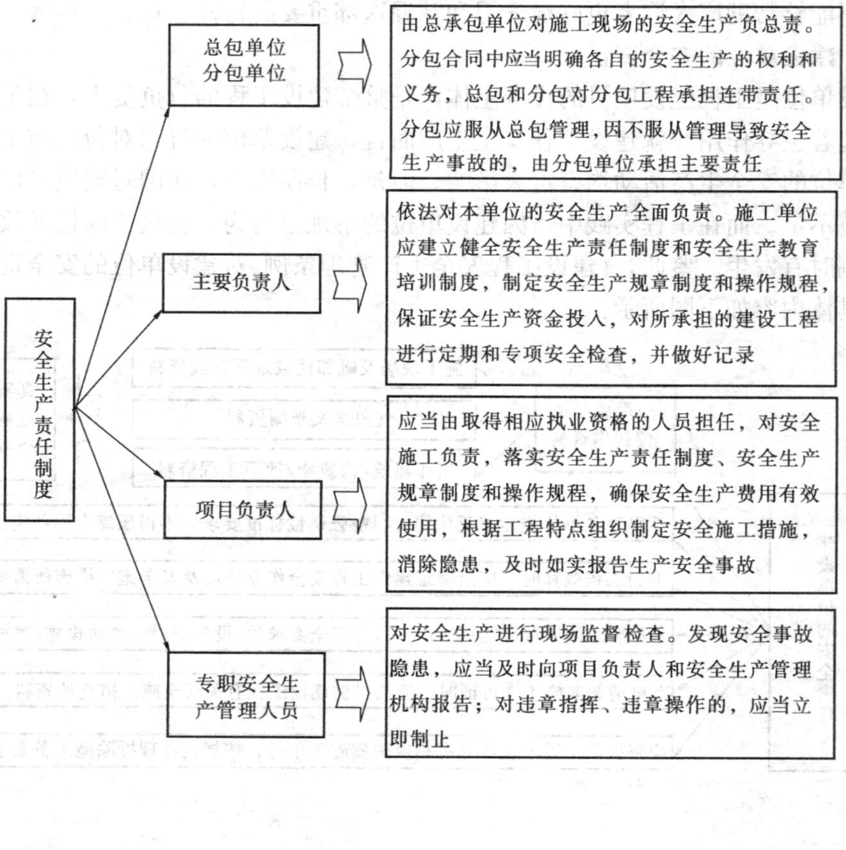

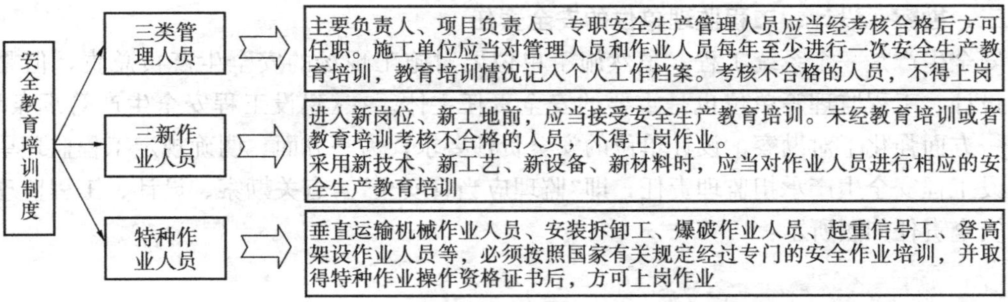
安全教育培训制度
三类管理人员
主要负责人、项目负责人、专职安全生产管理人员应当经考核合格后方可任职。施工单位应当对管理人员和作业人员每年至少进行一次安全生产教育培训，教育培训情况记入个人工作档案。考核不合格的人员，不得上岗
三新作业人员
进入新岗位、新工地前，应当接受安全生产教育培训。未经教育培训或者教育培训考核不合格的人员，不得上岗作业。
采用新技术、新工艺、新设备、新材料时，应当对作业人员进行相应的安全生产教育培训
特种作业人员
垂直运输机械作业人员、安装拆卸工、爆破作业人员、起重信号工、登高架设作业人员等，必须按照国家有关规定经过专门的安全作业培训，并取得特种作业操作资格证书后，方可上岗作业

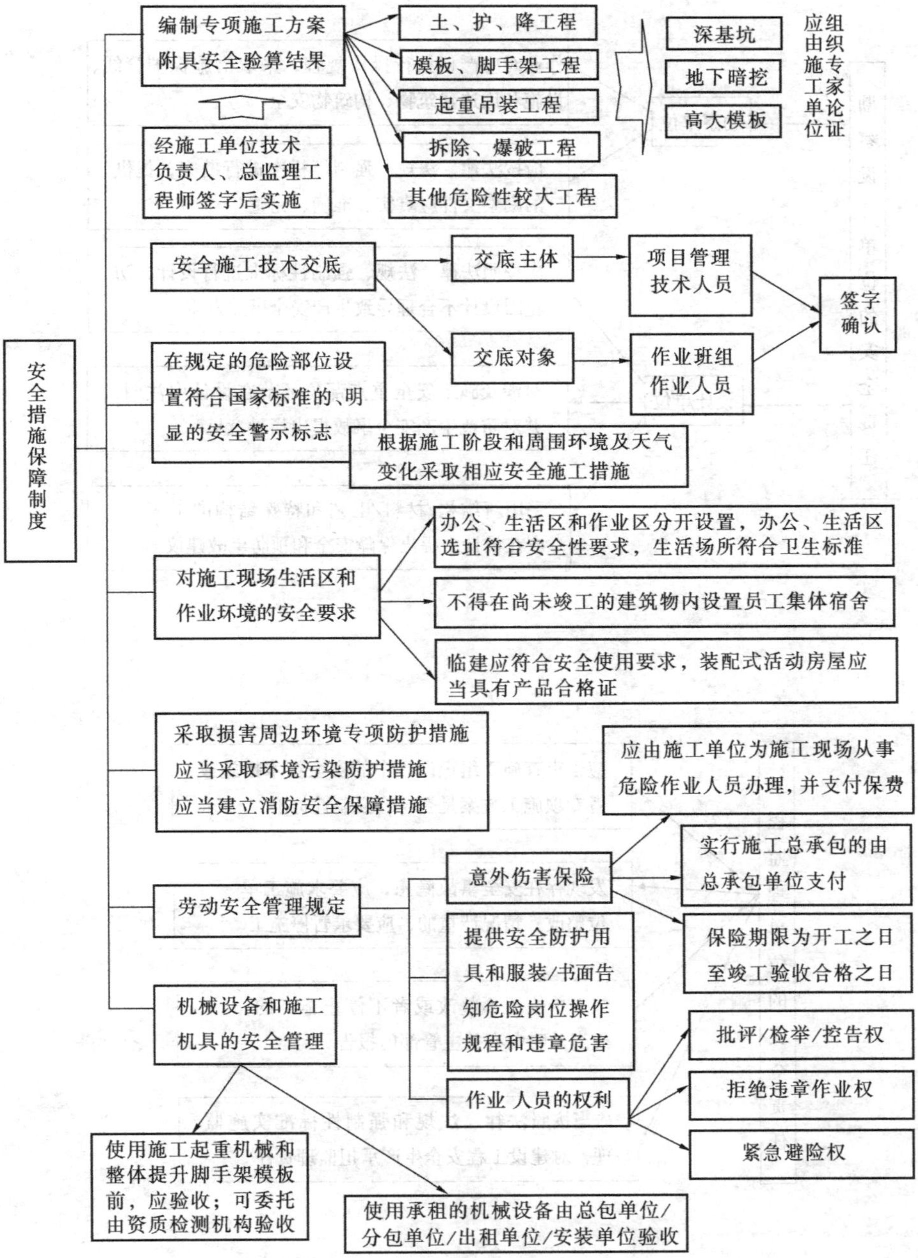
安全措施保障制度
编制专项施工方案附具安全验算结果
土、护、降工程
模板、脚手架工程
起重吊装工程
拆除、爆破工程
其他危险性较大工程
深基坑
地下暗挖
高大模板
应由施工单位组织专家论证
经施工单位技术负责人、总监理工程师签字后实施
安全施工技术交底
交底主体
项目管理技术人员
交底对象
作业班组作业人员
签字确认
在规定的危险部位设置符合国家标准的、明显的安全警示标志
根据施工阶段和周围环境及天气变化采取相应安全施工措施
对施工现场生活区和作业环境的安全要求
办公、生活区和作业区分开设置，办公、生活区选址符合安全性要求，生活场所符合卫生标准
不得在尚未竣工的建筑物内设置员工集体宿舍
临建应符合安全使用要求，装配式活动房屋应当具有产品合格证
采取损害周边环境专项防护措施
应当采取环境污染防护措施
应当建立消防安全保障措施
劳动安全管理规定
意外伤害保险
应由施工单位为施工现场从事危险作业人员办理，并支付保费
实行施工总承包的由总承包单位支付
保险期限为开工之日至竣工验收合格之日
提供安全防护用具和服装/书面告知危险岗位操作规程和违章危害
作业 人员的权利
批评/检举/控告权
拒绝违章作业权
紧急避险权
机械设备和施工机具的安全管理
使用施工起重机械和整体提升脚手架模板前，应验收；可委托由资质检测机构验收
使用承租的机械设备由总包单位/分包单位/出租单位/安装单位验收

三、勘察、设计、工程监理单位的安全责任

安全生产是一个系统工程。虽然施工单位要对施工现场的安全生产负总责，但是勘察、设计、工程监理等单位也是重要的安全责任主体。在《建设工程安全生产管理条例》中，一方面强化了对勘察、设计单位的安全责任要求；另一方面，明确规定工程监理单位对建设工程安全生产承担监理责任，即“监理应当管安全”。有关勘察、设计、工程监理单位的安全责任如图所示：

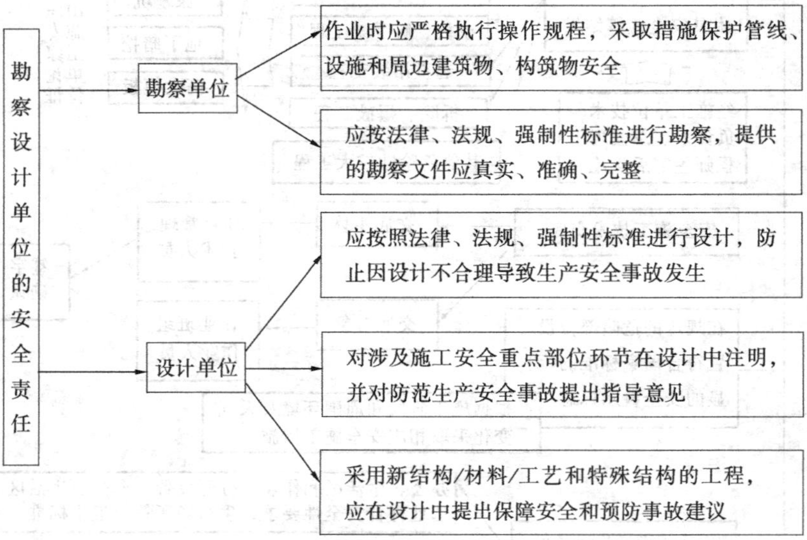

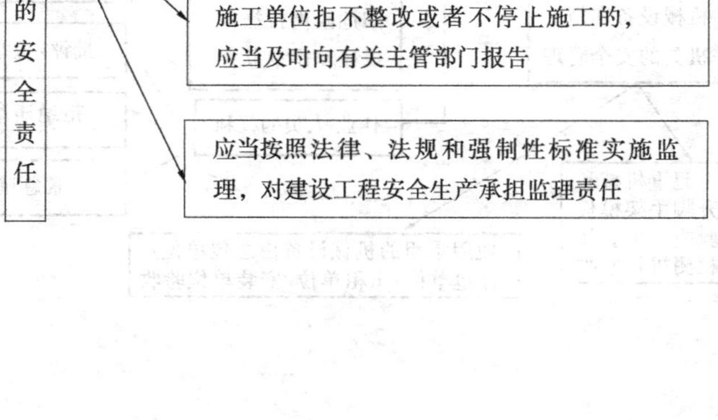

四、其他有关单位的安全责任

除建设单位、施工单位、勘察、设计单位以及工程监理单位这几类建设工程安全生产责任主体外，《建设工程安全生产管理条例》还对提供或出租机械设备和施工机具及配件单位的安全责任进行了规定，并对施工起重机械和自升式架设设施的安全管理进行了特别规定。具体内容如下图所示：

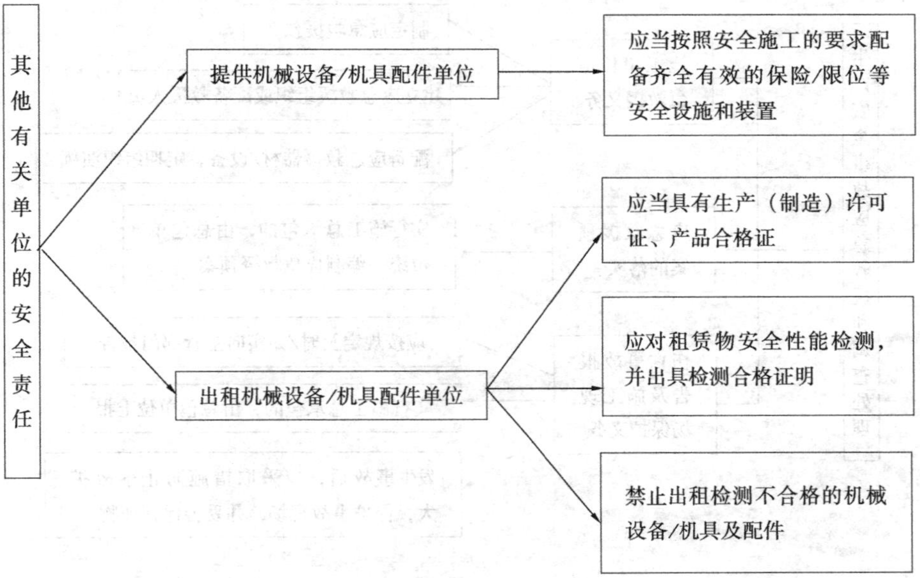

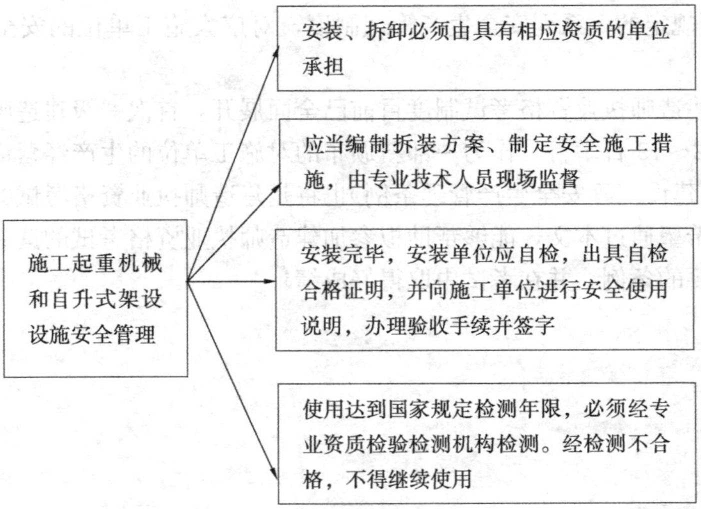

五、生产安全事故的应急救援和调查处理

建设工程生产安全事故一旦发生，最重要的是应急救援。围绕着施工单位应急救援制度的建立和落实，《建设工程安全生产管理条例》进行了一系列明确规定。此外，生产安全责任事故必须在查明事故原因的基础上，依法追究责任主体的法律责任，只有这样，才能避免类似事故的重复发生，真正落实"安全第一，预防为主"的安全生产管理方针。该部分具体内容如下图所示：

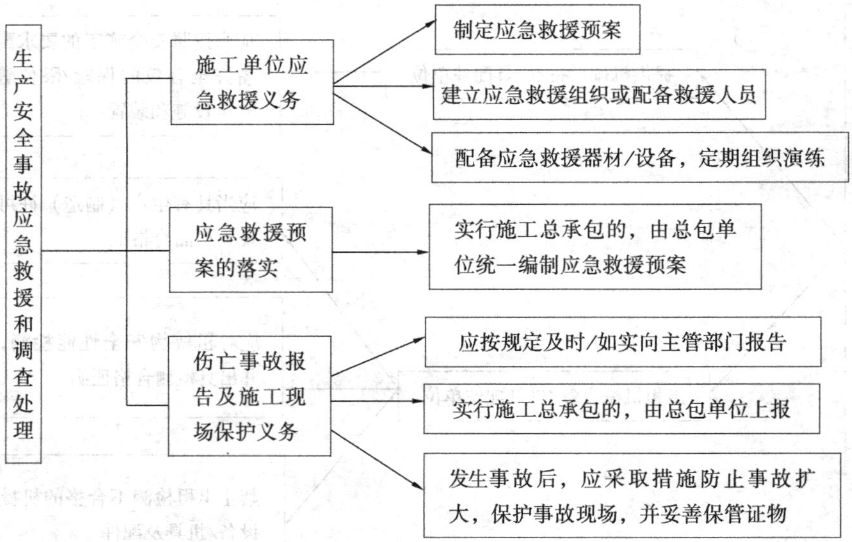

结语

从施工单位安全责任在《建设工程安全生产管理条例》中所占的篇幅不难看出，施工单位是建设工程安全生产的最基本和最关键的责任主体。因此，学习和掌握《建设工程安全生产管理条例》所规定的一系列安全生产管理制度，对广大施工单位的安全生产具有特别重要的意义。

此外，我国建造师执业资格考试制度目前已全面展开，首次一级建造师执业资格考试于 2005 年 3 月 12～13 日举行。作为一部新颁布的对施工单位的生产经营活动具有重要作用的行政法规，《建设工程安全生产管理条例》也将是建造师执业资格考试的重点和难点内容。笔者衷心地希望通过本文，能够帮助拟参加建造师执业资格考试的读者们，更好的学习和掌握这部重要的条例，并在考试中取得好成绩！

《安全生产法》要点总结

第一章 《安全生产法》概论

《安全管理法》于2002年11月1日正式生效。标志着我国的安全生产立法进入了一个全新的阶段。对安全生产领域乃至全国的经济建设均会产生深远的影响，使我国的安全生产逐步走向了法制化轨道。

一、《安全生产法》的立法背景

(1)我国安全生产状况总体较好，但形势依然严峻。

1998～2000年，全国共发生企业职工伤亡事故39400起，死亡38928人；各类火灾事故509568起，死亡8145人，受伤13870人；道路、水上、铁路和民用航空交通运输事故1417170起，死亡和失踪282882人。2001年，全国共发生各类事故1000629起，死亡130491人，同比分别上升20.5%和10.4%。其中工矿企业事故死亡12554人；火灾事故死亡2314人；道路交通死亡106367人；水上交通死亡和失踪490人；铁路路外死亡8409人。特大伤亡事故的发生也较为频繁，据统计，1998年～2000年，全国共发生一次死亡10人以上的事故489起，死亡9183人，2001年，发生140起，死亡2556人，其中一次死亡30人以上的事故16起，死亡707人。

(2)"三违"现象严重，职工的安全生产权利和义务不明确。

经济体制改革以来，生产经营单位从业人员流动性增大，乡镇企业和民营中小企业大量招收民工，由于这些企业负责人和从业人员安全素质较低。缺乏应有的安全知识、安全技能和自我保护措施，在生产经营中经常出现违章指挥，违章冒险作业和违反劳动纪律的"三违"现象，并引发事故。而原有的有关法律法规对从业人员安全生产的权利与义务的规定不够全面、明确，企业侵犯从业人员安全生产义务和从业人员不履行安全生产义务的情况时有发生。

(3)企业的安全生产行为不规范，不能正确处理安全与经济的关系。

目前，大量企业的安全投入严重不足，安全技术装备老化、落后、带病运行，安全性能下降，抗灾能力差，不能及时有效的预防和抵御事故灾害。

企业安全生产管理混乱，基础工作薄弱，许多企业的安全生产责任制不健全或不落实，企业负责人的安全责任不明确，没有必要的安全管理机构和人员，安全工作得不到应有的重视，不能做到预防为主。

此外，计划经济体制下制定的安全生产法律法规基本上是针对国有企业的，而经济体制改革后，非公有制企业增多，国家对其安全生产条件有明确的、严格的、具体的法律规范，安全立法落后于经济体制的改革，以致相当多的私营企业、集体企业、合伙企业和股份制的老板不能正确处理经济效益与安全生产的关系，违法生产经营，导致事故不断，死伤众多，据统计，全国非公有制企业发生事故的起数和死亡人数分别占整个工矿企业总事故起数和总死亡人数的58%和67%，其中小煤矿，小工厂，小运输等三小企业条件最差，管理最乱，事故最多。

(4)地方政府及有关部门的安全监管不到位，已有的立法难以适应当前安全生产行政执法的需要，一些地方政府和有关部门领导人的安全生产责任不明确，权责分离，只要权力不要责任，对安全生产不重视，疏于管理。

二、《安全生产法》的立法目的。(第一条)

(1)加强安全生产监督管理。

(2)防止和减少生产安全事故，保障人民群众生命和财产安全。

(3)促进经济发展。

三、《安全生产法》的调整范围。

《安全生产法》是我国第一部全面规范安全生产的综合性法律。是我国安全生产法律体系的主体法。适用于所有生产经营单位，是各类生产经营单位及其从业人员必须遵循的行为规范，是各级人民政府及其有关部门进行监督管理和行政执法的法律依据，是制裁各种安全生产违法犯罪行为的有利武器。其他相关法律法规有特殊规定的，适用其规定。

四、《安全生产法》确立的基本法律制度。

《安全生产法》的主要内容是："劳、资、政府"三方在安全生产领域的权利，义务和责任，具体确立了对各类经营单位普遍适用的7项基本法律制度。

1. 安全生产监督管理制度。各级人民政府和安全生产监督管理部门及其他有关部门各自的安全监督管理职责，安全监督检查人员职责，社区基层组织和新闻媒体进行安全生产监督的权利和义务等。

2. 生产经营单位安全保障制度。这项制度主要包括生产经营单位的安全生产条件，安全管理机构及其人员设置，安全投入，从业人员资质，安全条件论证和安全评价，建设工程"三同时"，安全设施的设计审查和竣工验收，安全技术装备管理，生产经营场所安全管理，社会工伤保险等。

3. 生产经营单位负责人安全责任制度。这项制度主要包括生产经营单位主要负责人和其他负责人，安全生产管理人员的资质及其在安全生产工作中的主要职责。

4. 从业人员安全生产权利义务制度。这项制度主要包括生产经营单位的从业人员在生产经营活动中的基本权利和义务，以及应当承担的法律责任。

5. 安全中介服务制度。主要包括从事安全评价，检测，检验，咨询服务等工作中的安全中介机构和安全专业技术人员的法律地位、任务和责任。

6. 事故应急救援与处理制度。主要包括事故应急救援预案的制度，事故应急体系的建立，事故报告，调查处理的原则和程序，事故责任的追究，事故信息发布等。

7. 安全生产责任追究制度。主要包括安全生产的责任主体，安全生产责任的确定和责任行使，追究安全责任的机关，依据程序和安全生产法律责任。

第二章　生产经营单位的安全生产保障

《安全生产法》第一章总则中的第四条，对生产经营单位的安全生产职责做了概括性的说明：遵守安全生产的法律法规，加强安全生产管理，建立健全安全生产责任制度，完善安全生产条件．确保安全生产。

第二章共二十八条　用较多的篇幅专门规定了生产经营单位的安全生产保障条件，明确了生产经营单位在安全生产方面的义务与职责，其中除了生产经营单位主要负责人的安全职责规定以外，还涉及生产经营单位安全生产的组织保障，基础保障及管理保障三大类共十六个方面的问题。

一、生产经营单位主要负责人的安全职责

生产经营单位主要负责人，一般来说指的是对生产经营单位全面负责，有生产经营决策权的这个人，就是主要负责人。

《安全生产法》第五条规定，生产经营单位主要负责人对本单位的安全生产工作全面负责，并在第十七条中规定了主要负责人的6条具体职责。

1. 建立健全本单位安全生产责任制。

2. 组织制定本单位安全生产规章制度和操作规程。

3. 保证本单位安全生产投入的有效实施。

4. 督促检查本单位的安全生产工作，及时消除生产安全事故隐患。

5. 组织并实施本单位的生产安全事故应急救援预案。

6. 及时如实报告生产安全事故。

二、生产经营单位安全生产的组织保障

1. 安全生产管理机构的设置与安全生产管理人员的配备。

《安全生产法》第十九条对安全生产管理机构的设置和安全生产管理人员的配备做了以下规定，按生产性质分两种情况。

(1)矿山、建筑施工单位和危险物品的生产、经营、储存单位应当设置安全生产管理机构或者配备专职安全生产管理人员。

(2)其他生产经营单位从业人员超过300人的，应当设置安全生产管理机构或配备专职安全生产管理人员；从业人员在300人以下的，应当配备专职或者兼职的安全生产管理人员，或者委托具备相应资质的工程技术人员提供安全生产管理服务，但保证安全生产的责任仍由本单位负责。

2. 人员的安全素质要求与安全教育的培训。

《安全生产法》第二十条至第二十三条对人员的安全素质要求与安全教育培训做了规定。

(1)生产经营单位的主要负责人和安全生产管理人员必须具备与本单位所从事的生产经营活动相应的安全生产知识和管理能力。危险物品的生产、经营、储存单位以及矿山、建筑施工单位的主要负责人和安全生产管理人员，应当由有关主管部门对其安全生产知识和管理能力考试合格后方可任职。

(2)生产经营单位应当对从业人员进行安全教育和培训，保证从业人员具备必要的安全生产知识，熟悉安全生产规章制度和安全操作规程，掌握本岗位的安全操作技能。

(3)特种作业人员必须经过专业的安全作业培训，取得特种作业操作资格证书，方可上岗作业。

三、生产经营单位安全生产的基础保障。

1. 安全生产条件与经费投入。

《安全生产法》第十六条与第十八条对安全生产条件与经费投入做了规定。一是应当具备安全生产方面的法律、法规、标准所规定的安全生产条件，不具备的不得从事生产经营活动。二是生产经营单位的决策机构、主要负责人或者个人经营的投资人应对安全生产所必须的资金予以保证，并对资金投入不足导致的后果承担责任。

2. 建设项目安全设施的“三同时”。

《安全生产法》第二十四条、第二十六条、第二十七条，对建设项目安全设施的“三同时”做了规定。生产经营单位新建、改建、扩建工程项目的安全设施，必须与主体工程同时设计、同时施工、同时投入生产和使用，安全设施资金应当纳入建设项目概算。

3. 建设项目的安全评价。

《安全生产法》第二十五条规定，矿山和用于生产、储存危险物品的建设项目，应按国家有关规定进行安全条件论证和安全评价。

4. 劳动防护用品。

生产经营单位必须为从业人员提供符合国家标准或者行业标准的劳动防护用品。并监督教育从业人员按照使用规则佩戴、使用。

5. 工伤保险。

生产经营单位必须参加工伤社会保险，为从业人员缴纳保险费。

四、生产经营单位安全生产的管理保障。

1. 安全警示标志。生产经营单位应当在有较大危险因素的生产经营场所和有关设施设备上，设置明显的安全警示标志。

2. 设备的安全管理。安全设备的设计、制造、安装、使用、检测、维修、改造和报废，应当符合国家标准或者行业标准。特种设备应经取得专业资质的检测、检验机构检测，检验合格。不得使用国家已经淘汰，禁止使用危及生产安全的工艺、设备。

3. 危险物品的安全管理。

生产、经营、运输、储存、使用危险物品或者处置废弃危险物品的，由有关主管部门依照有关法律、法规的规定和国家标准或者行业标准审批并实施监督管理。

4. 重大危险源的安全管理。

对重大危险源应当登记建档，进行定期检测、评估、监控、并制定应急预案，告之从业人员和相关人员在紧急情况下应当采取的应急措施。

5. 安全距离与安全出口。

6. 爆破、吊装等危险作业的安全管理。

7. 现场安全检查。

8. 交叉作业的安全管理。

9. 租赁承包的安全管理。

第三章　从业人员的安全生产权利与义务

《安全生产法》第六条规定：从业人员有依法获得安全生产保障的权利，并应当依法履行安全生产方面的义务。第六章对此做出了详细规定。

一、从业人员的安全生产权利。

1. 享受工伤保险与伤亡赔偿权。（包括三方面的含义）

(1)劳动合同应包括劳动安全卫生与工伤保险的条款。

(2)禁止生产经营单位通过协议免除或减轻对从业人员的工伤应承担的法律责任。

(3)从业人员依法享有获得工伤保险和民事赔偿的权利。

2. 安全生产知情权和建议权。

3. 对安全管理的批评、检举、控告权与拒绝违章指挥权。

4. 紧急情况下停止作业与撤离权。

二、从业人员的安全生产义务。

1. 遵章守纪、服从管理。

2. 正确佩戴与使用劳保用品。

3. 接受培训，掌握安全生产技能。

4. 及时报告事故隐患。

三、工会的安全生产职责。

1. 对“三同时”的监督权。

2. 对侵犯从业人员合法权益和行为的监督权。

3. 解决违章指挥，强令冒险作业及重大事故隐患的建议权。

4. 紧急情况下的建议撤离权。

5. 参与事故调查处理权。

第四章　安全生产的监督管理

《安全生产法》第四章“安全生产的监督管理”共十五条，从不同的方面规定了安全生产的监督管理，其中的“监督”是广义中的监督，既包括国家安全生产监督，即政府及其有关部门的监督，也包括社全力量的监督。

一、安全生产的监督管理体制。

安全生产法以法律的形式规定了安全生产的监督管理部门及其职责，一个重要特点是统一管理与分级管理相结合，综合管理与专门管理相结合，从而构成了完善的安全生产监督管理体系。

1. 负责安全生产监督管理的部门的职责。

国务院负责安全生产监督管理的部门依照本法对全国安全生产工作实施综合监督管理。县级以上地方各级人民政府负责安全生产监督管理的部门依照本法，对本行政区域内安全生产工作实施综合监督管理。主要职责是：依照有关法律、法规的规定，对有关涉及安全生产的事项进行审批、验收。依法对生产经营单位执行安全生产法律、法规、标准的情况进行监督检查，按照国务院规定的权限对重大事故的调查处理，对安全生产中的违法行为依法给予行政上的处罚等。

2. 其他有关部门的职责。

其他有关部门指的是前款以外的依照有关法律、法规和国务院有关部门“三定”方案的规定，对安全生产事项负有监督管理的部门，如公安部门，质量技术监督部门，建设行政部门、交通部门、铁路主管部门、民航主管部门。主要职责是依照本法和其他有关法律、法规和规定，在各自的职责范围内对有关安全生产工作实施监督管理。

二、安全生产的国家监督。

国家监督指的是各级人民政府和含有安全生产监督管理职责的部门对安全生产的监督

管理。同时，监察机关依照行政监察法的规定对安全生产监督管理部门及其工作人员履职情况实施监督。

1. 政府的安全生产监督管理职责

(1)加强对安全生产工作的领导、支持，督促有关部门依法履行安全生产监督管理职责。

(2)及时协调、解决安全生产监督管理中存在的重大问题。

(3)组织安全生产检查，及时处理事故隐患。

(4)组织有关部门制定特大事故应急救援预案。

(5)加强对安全生产的宣传教育，提高职工的安全生产意识。

2. 政府有关部门的安全监督管理职责。

(1)依法履行审批、验收等监督管理职责。

(2)审批验收过程中的行为规范，一是不得收费，二是不得要求购买指定产品。

(3)进行现场检查监督，且有以下职责；一是现场检查或调查取证权，二是对违法行为的处理权，三是对事故隐患的处理权，四是对有关设施、设备器材的处理权。

(4)建立举报制度。公开举报电话，信箱或者电子邮件地址，受理举报，调查核实，督促整改。

三、安全生产的社会监督。

1. 发挥安全生产中介机构的作用。

2. 任何单位或者个人对事故隐患或者安全生产违法行为有权举报。

3. 基层群众性自设组织、居委会、村委会发现所在区域存在事故隐患或违法行为时，应当向当地人民政府和有关部门报告。

4. 新闻媒体有进行安全生产宣传教育的义务，也有对违法行为进行舆论监督的权力。

5. 对举报有功人员，县级以上人民政府及其有关部门应给予奖励。

第五章　安全生产事故的应急救援与调查处理

《安全生产法》第五条规定了安全生产事故应急救援预案的编制，应急救援体系的建立，生产安全事故的报告，调查与处理结案。

按有关规定，根据人员的伤亡情况，国家对不同严重程度的事故进行了分类。

(1)轻伤事故，只发生人员轻伤的事故。

(2)重伤事故，发生人员重伤，不能含人员轻伤的事故。

(3)一般伤亡事故，一次死亡 1～2 人的事故。

(4)重大伤亡事故，一次死亡 3～9 人的事故。

(5)特大伤亡事故，一次死亡 10 人及 10 人以上的事故。

(6)特别重大事故：

民航客机机毁人亡(死亡 40 人及其以上)事故。

专机和外国民航在中国境内发生的机毁人亡事故。

铁路、水运、矿山、水利、电力事故造成一次死亡 50 人及其以上，或者一次造成直接经济损失 1000 万元及其以上的。

公路和其他发生一次死亡 30 人及其以上或直接经济损失在 500 万元及其以上的事故。

一次造成职工或居民100人及其以上的急性中毒事故。

其他性质特别严重，产生重大影响的事故。

根据国务院2001年4月21日发布的302号令和湖北省人民政府2004年5月18日发布的第261号令规定，重特大事故包括7大类型：(1)重特大火灾事故，(2)重特大交通安全事故，(3)重特大建筑质量安全事故，(4)民用爆炸物品和化学危险品重特大事故；(5)煤矿与其他矿山重特大安全事故；(6)锅炉、压力容器、压力管道和特种设备重特大安全事故；(7)其他重大安全事故。

一、生产安全事故的应急救援。

1. 建立特大安全事故预控系统。

2. 建立安全事故应急救援预案和应急救援体系。

3. 组织生产安全事故的现场抢救。

《安全生产法》第七十条、第七十二条对事故的现场抢救做了规定：

一是单位负责人接到报告后，应迅速组织抢救。

二是地方人民政府的主要负责人接到报告后应立即赶到现场，组织抢救。

三是安全生产监督管理部门的负责人也应立即赶到现场，组织抢救。

四是任何单位、个人都应支持配合，并提供一切便利条件。

二、安全生产事故的报告、调查与处理结案。

生产安全事故的报告包括三个层次：

(1)生产经营单位内部的报告，生产经营单位发生生产安全事故后，现场有关人员应立即报告给本单位主要负责人。

(2)生产经营单位应立即如实报告当地安监部门，报告的内容包括时间、地点、类别、伤亡情况，简要经过，直接原因，组织抢救，安全措施，事故灾区的控制等。

(3)安监部门应立即报告当地政府，并按系统逐级上报，不得隐瞒不报、谎报或者拖延不报。要求一般死亡事故24小时内报至省安监部门，重大伤亡事故在24小时内报至国家安监局，特大伤亡事故24小时内报至省人民政府．国家安监局，并立即向国务院报告。

生产安全事故的调查：

事故调查组的组成：轻伤、重伤事故发生后，可由生产经营单位组织本单位生产、技术、安全等有关人员和工会成员组成事故调查组进行调查。一般死亡事故由事故单位所在的设区的市会同有关部门和工会组成事故调查组进行事故调查。重大伤亡事故由省级负有安全生产监督管理的部门会同公安、监察部门和工会组成调查组进行调查。

特大伤亡事故由省人民政府或者国务院安监部门组成调查组进行调查。

生产安全事故的统计与公布：

县级以上地方各级人民政府安监部门应当定期统计分析本行政区域内发生安全事故的情况，并定期向社会公布。

第六章　违反《安全生产法》的法律责任

一、概述

法律责任是指法律关系主体对违反法律、规范、不履行法定义务所产生的法律后果应承担的责任。分为民事责任，行政责任和刑事责任三种。

二、安全生产法律责任主体

本法明确了 4 种责任主体。

1. 当地政府和负有安全生产监督管理部门及其领导人与负责人。

2. 生产经营单位及其负责人。

3. 生产经营单位的从业人员。

4. 安全生产中介服务机构和中介服务人员。

三、地方政府和有关部门及有关人员违反《安全生产法》的法律责任

违法行为之一：负有安全生产监督管理职责的部门的工作人员违法的行政行为：

(1)对不符合法定安全生产条件的涉及安全生产的事项予以批准或者验收通过的。

(2)发现未依法取得批准，验收的单位擅自从事有关活动或者接到举报后不予取缔或者不予以处理的。

(3)对已经依法取得批准的单位不履行监督管理职责，发现其不再具备安全生产条件而不撤销原批准或者发现安全生产违法行为不予查处的。

相应的法律责任：

(1)行政责任：给予降级或者撤职的行政处分。

(2)刑事责任：构成犯罪处 3 年以下有期徒刑或者拘役，情节特别严重的处罚 3 年以上 7 年以下有期徒刑。

违法行为之二：有关地方人民政府，负有安全生产监督管理的部门，对安全生产事故隐瞒不报，谎报或者拖延不报的。

相应的法律责任：(1)行政责任，对主管人员和其他直接负责人给予行政处分。(2)刑事责任，构成犯罪的，追究刑事责任。

四、生产经营单位及其负责人违反《安全生产法》的法律责任

《安全生产法》第八十条至九十五条规定了生产经营单位违法行为应负的行政民事和刑事责任，根据不同的违法行为，行政责任有撤职、罚款(最高 20 万元)、吊销证照、关闭、停产停业整顿，没收违法所得等。民事责任为发生安全事故造成人员伤亡，他人财产损失的应依法承担赔偿责任，违法行为构成犯罪的，处以 3 年以上 7 年以下有期徒刑。